军用飞机主动防护技术

Active Protection Technology for Military Aircraft

陈黎　著

国防工业出版社

·北京·

内 容 简 介

本书汇集了作者对军用飞机战场防护问题多年的研究成果，从现代战争对军机自防护能力要求不断提高，而传统军机自防护手段弊端日益暴露这一现实出发，对迥异于传统软杀伤手段，基于硬杀伤原理的军机主动防护技术进行了全面介绍。全书分11章，在系统分析军机主动防护相关概念，发展此类装备的现实必要性及技术可行性的基础上，创造性地对适应未来战场环境的军机主动防护系统初步解决方案及其系统构成进行了探索，同时对适用于直升机、大型军用飞机、战术作战飞机以及基于高能激光武器的机载主动防护系统的未来发展进行了预测和展望。

本书题材新颖，内容翔实，图文并茂，通俗易懂，对从事军用飞机、机载武器、机载自防护装备等领域设计研究的工程技术人员和决策管理人员具有较高的参考价值，同时也可供部队官兵、大中专院校师生以及广大军事/航空爱好者阅读。

图书在版编目(CIP)数据

军用飞机主动防护技术 / 陈黎著. —北京：国防工业出版社，2020.9

ISBN 978-7-118-12168-1

Ⅰ.①军… Ⅱ.①陈… Ⅲ.①军用飞机-防护-研究 Ⅳ.①V271.4

中国版本图书馆CIP数据核字(2020)第155792号

※

国防工業出版社出版发行

(北京市海淀区紫竹院南路23号　邮政编码100048)

三河市众誉天成印务有限公司印刷

新华书店经售

*

开本710×1000　1/16　印张26¼　字数440千字

2020年9月第1版第1次印刷　印数1—4000册　定价68.00元

国防书店：(010)88540777　　书店传真：(010)88540776

发行业务：(010)88540717　　发行传真：(010)88540762

序

从20世纪下半叶开始，人类社会逐渐由工业时代进入信息时代，人类战争形态也相应地由机械化战争向信息化战争转变。目前在世界范围内，以信息化为核心的新军事变革愈演愈烈，极大地冲击着传统的安全观念和战争理论，使战争样式、制胜机理、作战手段发生深刻变化，并从作战思想、指挥体制、部队编制、装备发展等方面给各国军队带来重大而深远的影响；与此同时，以信息技术为先导的各种高新技术飞速发展并广泛应用于军事领域，催生了一大批综合作战效能发生质的飞跃，杀伤威力、命中精度、机动能力等性能指标空前提高的新型武器装备，并在历次局部战争中初试锋芒。这样的时代背景，既给军用飞机发展带来难得的历史机遇，同时也使其在未来战争中面临严峻挑战：一方面，高性能推进系统、精确制导弹药、低可探测(隐身)、综合航电系统、人工智能等先进技术的应用，将会极大地提高军用飞机的任务效能，巩固并进一步提升空中力量在现代战争中的地位；另一方面，新一代面空/空空导弹、反隐身探测设备、定向能武器、网络化协同空战系统等先进装备已经或即将投入使用，导致传统的机载自防护系统越来越力不从心，进而会使军用飞机的战场安全受到日益严重的威胁。

有鉴于此，今后的军用飞机将需要大量应用最新科学技术成果，进一步强化自身的“攻防兼备”能力，不但拥有更尖锐的进攻之“矛”(机载武器弹药)，还要配备更坚固的防御之“盾”(机载自防护装备)，在突防/生存能力方面寻求新的突破，才能适应未来高技术、多样化的战场环境，有效应对敌方对空兵器的侦测攻击，在战场上生存下来并高效完成各种作战任务。为此，目前世界主要国家均在大力探索各种对军用飞机战场生存力有重大影响的新概念、新原理、新技术，主动防护就是其中非常具有代表性的一种。

与软杀伤(有源/无源干扰)、机动规避等传统防护措施相比，主动防护是通过拦截、消灭来袭威胁这一更加“积极主动”的方式来达到防护目的，而不是靠躲避、诱骗等“消极被动”方式来实现对载机的防护，因此相对于前二者具有很多独特优势，甚至被誉为军用飞机自防护技术领域的一次历史性变革。尽管迄今为止军用飞机主动防护系统尚没有成熟产品正式投入使用，其作战效能还有待今后实战的检验，但从多年来国外进行的相关研究测试以及类似装备在水面舰艇、坦克装甲车辆等作战平台上的应用情况来看，主动防护技术在军用飞机自防护领域无疑具有广阔的应用前景，其发展动向非常值得国内关注。

目前世界上，美国、俄罗斯、欧洲、以色列等国家(地区)均在积极进行军用飞机主动防护技术研究工作并取得了不同程度的进展，多型固定翼飞机/直升机主动防护系统已经进入产品研制阶段，预计将在今后十年内陆续面世。相比之下，国内在军用飞机主动防护技术研究方面显得有些滞后，个别领域甚至还存在空白。例如在学术理论研究方面，尽管有关机构近年来对国外相关领域的动向进行了一些跟踪研究工作，但由于种种原因，这些工作大都局限于新闻动态性质的报道或评论，很少对军用飞机主动防护这一先进理念及相关技术进行综合分析和系统研究。

《军用飞机主动防护技术》一书的作者陈黎同志长期跟踪研究军/民用飞机前沿技术，在飞机生存力及自防护技术领域有较丰富的积累。他在多年研究工作的基础上形成本书，在国内首次对军用飞机主动防护技术进行了系统梳理和综合研究，对世界主要国家在军用飞机主动防护技术研究领域的进展情况做了全面介绍，同时还就军用飞机主动防护系统的未来发展提出了一些比较独到的见解和构想。总的来看，此书具有较强的现实性、针对性和指导性，既是一部具有一定理论价值和实用价值的学术著作，也是一本可读性较强的军事科普读物。希望此书的出版，能够在一定程度上弥补国内在军用飞机主动防护技术研究领域的空白和不足，对国内有关机构学习借鉴国外先进技术和经验、推进航空武器装备研发工作起到积极的作用。

中国航空研究院院长 孙聪
中 国 工 程 院 院 士
2019.12.31

PREFACE | 前言

自20世纪50年代面空/空空导弹问世并对军用飞机构成严重威胁以来，发展机载主动防护系统、以“硬杀伤”方式拦截摧毁来袭导弹，进而提高军用飞机的战场生存力，就成为世界各国军方、工业界、乃至普通军事爱好者极力追求，却迟迟没能实现的夙愿。进入21世纪后，随着面空/空空导弹抗干扰能力的持续提高和攻击高机动目标能力的不断增强，以及RPG等非制导近距直瞄武器在局部战争和武装冲突中被大量用于反直升机作战，软杀伤、机动规避等传统军用飞机防护手段的局限性日益暴露，主动防护的独特优势则非常引人注目地显现出来，其对各国军方的吸引力也与日俱增。与此同时，随着精确制导、微电子、新材料、先进制造、新概念武器等技术的飞速发展，一些曾严重阻碍军用飞机主动防护技术实用化的瓶颈问题，如今均已不同程度地得到缓解、甚至基本消除。在这样的时代背景下，美国、以色列、欧洲等国家(地区)加大了军用飞机主动防护系统的研发力度，并陆续推出了“小型先进能力导弹”、“微型自卫弹药”、Fliker、“硬杀伤防御辅助系统”等技术方案，其中部分方案已经进入产品研制阶段。

由于主动防护从根本上颠覆了传统的军用飞机防护模式，使其由消极被动地躲避、干扰、诱骗敌方导弹，转向积极主动地探测、跟踪、消灭来袭威胁，不仅可以有效弥补传统防护手段在防护效能方面的先天不足，使军用飞机在未来战场上的生存力获得革命性提升，还能最大程度地避免传统防护手段对载机作战任务完成的各种不利影响，因此该技术一旦成熟并广泛应用，将会大幅提高未来军用飞机的综合任务效能，甚至在相当程度上改变未来空中作战的“游戏规则”，进而在战术思想、编制体制、装备体系、兵力运用等方面给世界空中力量的未来发展带来深远影响。全面把握世界航空武器装备的未来发展趋势，密切关注国外军用飞机自防护技术领域的最新动向，学习借鉴主要军事强国研发军用飞机主动防护系统的成功经验，对于缩短我国在军用飞机领域与世界先进水平的差距，加快我军航空兵部队装备现代化建设步伐，促进新质战斗力的生成和提升，拓展克敌制胜的技术手段，均具有重要的现实意义。

本书根据20世纪50年代以来美国、俄罗斯(苏联)、欧洲、以色列等国家(地区)在相关领域的研究成果和经验教训，对军用飞机主动防护的基本理念、工作原理、关键技术、发展历程、应用前景进行了综合研究和集中梳理。全书共分11章，其中第1~3章分别对军用飞机主动防护的相关概念/发展背景、当前条件下研发军用飞机主动防护系统的现实必要性和技术可行性进行了分析介绍，第4章对适应未来战场环境的军用飞机主动防护系统概念方案做了初步探讨，第5~7章对发展军用飞机主动防护系统所涉及到的关键技术进行了全面梳理，第8~10章分别对适用于军用直升机、大型军用飞机和战术作战飞机的机载主动防护系统展开系统研究，第11章则对以高能激光为反导拦截武器的军用飞机主动防护系统的未来发展进行了评估展望。通过撰写本书，力求使读者能够对军用飞机主动防护系统的概貌有一个基本完整的了解，进而准确把握国外在军用飞机自防护技术领域的最新动向；同时还希望起到抛砖引玉的作用，使相关科技人员能够在此基础上对军用飞机主动防护技术进行更深入的研究。

在本书撰写过程中，参考了大量来自不同渠道的国内外公开文献资料，同时使用了互联网上的部分信息和图片，在此特向相关作者和媒体致以深切的谢意。这些引用、参考过的文献信息资源，本书已尽可能地列入正文后面的参考文献中；部分重要数据和全部图片，还专门在正文中标注了来源。不过，由于本书涉及资料众多，书中所列文献/图片来源难免会有遗漏；部分文献/图片由于经过多次转载，其原始作者(出处)已经很难确认，因此本书的数据/图片来源和参考文献可能存在不准确之处；此外，根据相关章节内容的需要，本书还对部分图片进行了不同程度的修改、裁剪、组合、标注或汉化。对于这部分资料和图片的作者，本书作者在表示衷心感谢的同时，也诚挚地表达歉意。

由于本书大量参考国外文献资料，书中难免会涉及相当数量的英文缩写。为了方便广大读者阅读，对书中的英文缩写，除了APS(主动防护系统)、RPG(火箭推进榴弹)、RCS(雷达散射面积)等极少数名词由于在书中大量使用或者在日常工作中广为人知，因而一直以英文缩写形式表达外，其余的均尽可能以中文词义表达，只是在书中首次出现时才附上英文缩写。与此同时，本书还将所使用到的各种英文缩写进行了集中整理，编制成缩略语表并列入附录中，以供读者随时查阅。

本书的撰写和出版得到了中国航空研究院领导和机关的大力支持，作者对此表示衷心的感谢。特别是我国著名飞机设计师、中国航空研究院院长孙聪院士欣然拨冗为本书做序，中国航空研究院宋庆国书记、孙侠生常务副院长以及科研管理二部的宋国珍部长、陈少军副部长、李小飞副部长等领导为本书的顺利出版提供了重要帮助和热忱指导，使作者倍受鼓舞与砥励。此外，作者的挚友、中国航空工业发展研究中心的张洋研究员为本书撰写提出了大量建设性意见，中国航空研究院的吴耕宇工程师为本书封面设计和插图制作提出了很多宝贵建议，国防工业出版社的各位编辑则为本书的出版发行付出了辛勤劳动。在本书付梓之际，作者也对上述同志一并致以诚挚的谢意。

由于军用飞机主动防护技术目前仍处于发展成熟中，在很多方面还需要进一步探讨研究(本书引用的数据和信息截至2019年12月31日)，加之作者水平、视野和时间有限，本书中难免会存在疏漏、偏颇甚至谬误之处，还有待广大读者批评指正，以便今后修正完善。

作者

2020年3月

CONTENTS | 目录

第1章　军机主动防护的相关概念及发展背景

“保存自己，消灭敌人”是一切战争的基本原则和根本目的。任何武器装备只有在消灭敌人的同时能够有效地保存自己，才能算是高效完成了作战任务，对于军用固定翼飞机/直升机（军机）①来说也同样如此。然而，随着现代侦测技术的进步和对空武器的发展，再先进的军机投入战场后，都难以指望其不会遭到敌方的火力反击，因而战场上的每一架军机，往往同时扮演着“进攻者”和“被攻击目标”两种角色。在这样的环境下，军机要想有效地贯彻“保存自己，消灭敌人”这一作战思想，在夺取战斗胜利的同时最大程度地减少损失，就必须采取各种技战术措施来提高自身在战场上的生存力。

1.1　军机生存力及其影响要素

根据目前国内外相关文献资料，军机生存力（Survivability）定义为“军机在执行作战任务时，躲避或承受人为敌对环境的能力”，也就是军机不被击中，或者被击中后仍能继续执行作战任务，至少也能带伤返航/迫降的能力。由此定义可以看出，军机生存力主要由对敌对威胁环境的躲避和承受两方面能力构成，因此在进行相关研究时，通常将敏感性和易损性作为影响军机生存力的两个基本要素。

敏感性（Susceptibility），是指军机在完成作战任务过程中被发现和命中的可能性，它反映了军机躲避敌对威胁环境（避免被敌方发现、截获、跟踪和击中）的能力，通常与军机的飞行性能（飞行速度、飞行高度、机动性等）及各种信号特征（雷达、红外、目视等）有关。在战场环境下，军机的敏感性越高，意味着其越容易被敌方发现和击中。易损性（Vulnerability），是指军机经受敌对环境损伤的特性，它反映了军机承受打击的能力，通常与机体总体布置、结

① 本书中除特别指明之处外，把军用固定翼飞机、直升机、倾转旋翼机等各种军用航空器统称为军用飞机，简称军机。

构材料、装甲防护等因素有关。军机的易损性越高，意味着其被敌方发现和击中后，将越容易遭到损伤。

从上述两个影响要素可以看出，要想有效地提高军机的战场生存力，需要遵循两个基本原则：①战时尽可能使军机不被敌方发现，即使被发现，也尽可能躲避敌方武器的打击(降低军机的敏感性)；②当军机被敌方发现并遭到其武器打击后，能最大程度地控制或减少其杀伤后果(降低军机的易损性)。根据这两项原则，未来战争中军机战场生存力的提高，将可通过设计提高和使用提高两种方式来实现。设计提高是指通过缩减军机各种信号特征和降低易损性等设计手段来提高其生存力，它体现了军机自身所固有、内在的生存力属性，通常在军机设计阶段就已基本确定(服役期间经重大改装后可能有所改变)；使用提高则是指在战场环境下通过改变使用方法，以避开、削弱、消除威胁的方式来提高军机的生存力，相关措施主要包括战术规避(高速飞行、低空/超低空突防、急剧机动等)、电磁对抗、以机载武器消灭威胁等。

为了使上述提高军机战场生存力的基本原则/实现方式得到贯彻和应用，将需要在军机的设计、制造和使用过程中采取一系列技战术措施。这些措施均是以提高军机战场生存力为最终目的，以避免/减轻敌方打击对军机造成损伤破坏为具体实现途径，本书将其统称为军机防护(Protection)措施。在战斗中，军机仅依靠自身所具有的能力对抗来袭威胁称为自防护(Self Protection)，而军机实施自防护时所使用的全套机载系统设备称为自防护系统(Self - Protection System)，目前世界各国军机上大量配装、用于对来袭导弹实施有源/无源干扰的机载电子战(软杀伤)系统就是一种典型的自防护系统。在实际应用中，需要根据相关措施对军机战场生存力的贡献大小，同时结合军机自身的平台特性、所承担的作战任务、所面临的战场威胁等因素，对包括机载自防护系统在内的各种防护措施进行综合权衡，合理取舍。

1.2 军机在现代战场上面临的主要威胁

军机自出现在战场上以来，其与对空武器之间的对抗竞争就从未停止过，并且这种对抗竞争随着时代的发展和科技的进步而不断升级。在深入研究军机的防护措施之前，有必要对其在现代战场上面临的主要威胁进行分析和梳理。第二次世界大战后历次局部战争的经验教训表明，现代战场上能对军机构成威胁的武器尽管种类繁多、性能各异，但根据这些武器发射的弹药有无制导，可以将现代军机面临的战场威胁简单地分为制导弹药和非制导弹药两大类。

1. 以对空导弹为代表的制导弹药

这类弹药主要是指各种空空、地空、舰空和潜空导弹(其中后三者可称为防空导弹或面空导弹)，本书将其统称为对空导弹。此外，部分具备一定对空作战能力的炮射导弹、制导炮弹、反坦克导弹和制导火箭弹，也包括在这类弹药之内，如图 1－1 所示。

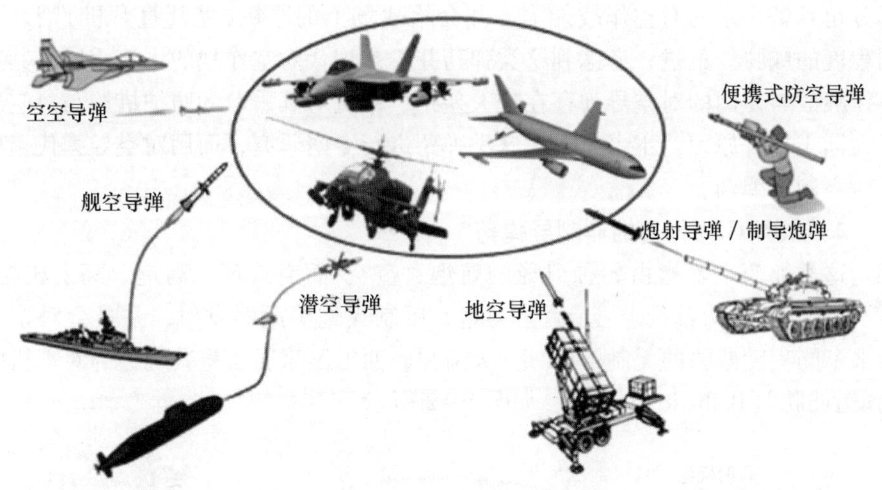

图 1－1　现代战场上军机面临的制导对空弹药威胁

与高射机枪、高炮、航炮等传统对空作战武器相比，对空导弹由于配装有制导系统和动力装置，具有作战空域广、命中精度高、战斗部威力大尤其是杀伤概率在有效射界内基本不变等突出优点，因此自 20 世纪 50 年代对空导弹正式投入使用以来，随着相关领域技术的发展，其战技性能不断提高，对军机的威胁也相应地不断加剧。在 20 世纪 50 年代末以来的多次局部战争和武装冲突中，对空导弹都得到了广泛使用，并取得了令人瞩目的战绩；尤其是在部分高技术局部战争中，对空导弹更是成为交战双方打击对方军机的基本手段。不仅如此，相关研究还表明，在多次局部战争和武装冲突中，对空导弹不仅会取得击落击伤来袭敌机的直接战果，其他各种非制导对空武器所取得的战绩也有很大一部分与对空导弹间接相关。例如在越南战争中，尽管当时美军被击落的固定翼飞机/直升机中的大部分仍是各种口径高炮甚至步兵轻武器等传统对空火力的战果，但出现这种情况的一个重要原因就是越军 SA－2 地空导弹大量投入使用后，美机为了避开中、高空空域的导弹威胁，不得不转向低空、超低空突防，而这又为越军各种传统防空武器提供了战机。因此，在现代战争、尤其是高技术战争中，各种对空导弹已经毫无疑义地成为军机最主要、最严重的战场威胁，如何防御敌方发起的各种形式的导弹攻击，将是未来战争中提高军机战场生存力的关键所在。

除了对空导弹外，多次局部战争的实战经验教训还表明，在高技术条件下的较大规模战争中，反坦克导弹、制导炮弹、炮射导弹、制导火箭弹、制导炸弹等其他各种先进精确制导弹药也被交战双方大量使用，这些弹药中的相当一部分也具备一定的对空作战能力，并会给战场上的军机(尤其直升机)带来不同程度的威胁。不过，考虑到这类弹药并不是现代对空作战的主流手段、其对空作战效与专门的对空导弹存在较大差距、军机对其采取的防护措施与对空导弹大同小异等原因，本书将不对这类弹药进行专门研究，而用对空导弹代指所有对空制导弹药。

2. 以 RPG 为代表的非制导弹药

这类弹药主要指由各种口径的航炮、空空/面空火箭、高炮、高射机枪、步/机枪、RPG 火箭筒[①]、无后坐力炮、压制火炮等武器发射，并且会对军机带来不同程度威胁的无制导枪/炮/火箭弹，西方国家通常将其统称为对军机的“弹道威胁”(Ballistic Threat)，如图 1 - 2 所示。

图 1 - 2　现代战场上军机面临的非制导对空弹药威胁

① RPG 是西方国家对俄罗斯 РПГ 系列便携式反坦克武器的称呼，其英文全称为“Rocket Propelled Grenade”，意为“火箭推进榴弹”或“火箭助推榴弹”，其俄文全称为“ручной противотанковый гранатомёт”，意为“手持式反坦克榴弹发射器”，在我国则俗称为火箭筒。RPG 主要包括 RPG - 7/ - 22/ - 26/ - 27/ - 29/ - 30 等型别，RPG - 7 则是其中最具代表性、使用也最广的一种。除此之外，美国 M - 72/SMAW、瑞典 AT - 4/“卡尔·古斯塔夫”、德国“铁拳”/“弩”等也可归属于这类武器。

在现代战争中，尽管对空导弹已经当仁不让地成为对空作战的主力，但由于对空导弹存在着技术复杂、成本昂贵、火力持续性较差、近界盲区较大、一旦被干扰作战效能将急剧下降等种种缺点，因此在当今世界各国(包括欧美发达国家)军队中，航炮、空空/面空火箭、高射机枪、高炮等传统非制导对空武器仍有不同规模的装备，用以弥补对空导弹性能和数量的不足。此外，两次世界大战以及历次局部战争的实战经验证明，各种步/机枪、RPG 火箭筒、无后坐力炮、坦克炮、压制火炮等轻重武器尽管是典型的地面作战装备，但战时在一些特殊情况下也会被用来打击空中飞行或地面滑行/停放的军机。

与对空导弹相比，上述非制导武器发射的弹药无制导装置，遭其攻击的军机即使探测到了来袭弹药，也无法通过软杀伤手段来进行对抗，再加上这类武器的发射距离大都相当近，留给军机飞行员的反应时间非常有限，往往会导致其来不及采取机动规避措施，由此会在相当程度上增加来袭弹药的命中率。不仅如此，这类武器作为现代武装力量的基本装备，在战场上数量多，使用广，即使单件武器的对空作战效能不甚理想，但从整个战斗、战役乃至战争的全局来看，其累积下来的总战果仍可能相当可观。由于这些原因，尽管总的来说非制导弹药在现代战争中对军机的威胁已经远不如对空导弹，但在研究军机的防护措施时仍需要将其考虑在内。

根据口径和威力大小，可以将非制导对空弹药分成两大类：由各种步/机枪、高射机枪和小口径高/航炮发射的小口径枪/炮弹，由 RPG、无后坐力炮、压制火炮、空空/面空火箭和大/中口径高炮发射的较大口径火箭/炮弹。在这两类弹药中，小口径枪/炮弹尽管命中率相对较高，但由于威力有限，目前已不再被视为军机的典型威胁(参见 3.3 节)；较大口径火箭/炮弹尽管命中率通常较低，但由于这类弹药普遍威力巨大，军机一旦被命中，往往会造成严重毁伤，因此其对军机的威胁性也更大。而在较大口径火箭/炮弹中，RPG 是特别值得关注的一种，因为这种弹药尽管对空作战效能并算不出众，但却在多次局部战争和武装冲突中被大量用于打击直升机，导致其在世界范围内的知名度远高于其他同类弹药，本书也将其作为非制导对空弹药的代表进行重点研究。

1.3　现代军机常用的防护措施

军机自诞生以来，在与对空弹药(包括制导弹药与非制导弹药两大类)的对抗中，其防护措施(包括技术和战术两方面)也在不断改进。在历经一百多年的发展，尤其是吸取两次世界大战和多次局部战争的经验教训后，现代军机的防护措施已经相当成熟完善。考虑到战场上对空弹药攻击军机的全过程大体可分为发射前、发射后飞向目标途中、命中目标并引爆战斗部三个阶段(图1-3)，而军机在这三个阶段中对应采取的防护手段存在明显差异，本书将现代战争中军机常用的防护措施分为三大类。

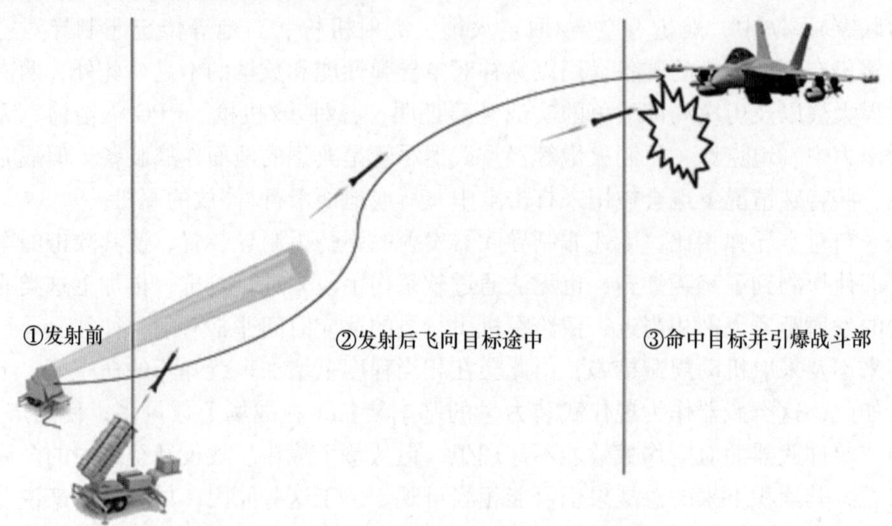

图1-3　对空弹药攻击军机全程“三个阶段”示意图

1. 对空弹药发射前

此阶段敌方对空弹药尚未发射升空，通常处于作战准备、探测或跟踪目标阶段，对于军机来说，此时可通过破坏敌方的作战准备或敌方传感器设备的探测跟踪，来阻止其对空弹药的发射，从而达到防护自身的目的。在目前技术条件下，此阶段可供军机采取的防护措施主要有以下几种。

(1) 改善隐身性能：削减军机的雷达、红外、射频、声学、目视等信号特征，以降低被敌方对空探测器材发现的概率。

(2) 提升威胁感知能力：借助各种机载威胁告警设备以及己方作战体系的支持，使军机能及时获取战场威胁信息并采取应对措施。

(3) 改进飞行性能：提升军机的高空性能，使其能在敌方对空武器的最大射高之外飞行，或者使军机具备超声速巡航甚至高超声速飞行能力，以压缩敌方对空武器系统的反应时间和“射击窗口”，甚至可凭高速性能“甩掉”来袭弹药。

(4) 战术规避：军机通过剧烈的机动飞行，破坏敌方对空武器系统中各种探测器材的探测、跟踪、瞄准，或者使军机具备地形跟随/地形回避能力，利用敌方雷达工作盲区实施低空/超低空突防。

(5) 任务规划：根据己方所掌握的敌方情报及相关作战经验，为执行任务的军机选择合适的飞行路径以回避敌方对空武器系统的探测和杀伤。

(6) 对敌方实施电磁压制：通过软杀伤(实施有源/无源干扰)和硬杀伤(以反辐射导弹等武器摧毁敌方雷达设施)两种手段，使敌方对空武器系统的雷达迷盲、指挥中断、武器失控，以致于无法对己方军机构成威胁。

(7) 防区外打击：为军机配装远射程武器，使其能在敌方防空火力圈外发起打击，在完成预定任务的同时回避自身面临的风险。

(8) 战斗中先发制人：在与敌方对空武器系统直接较量的过程中(如双方战斗机空战)，力争实现先敌发现、先敌攻击、先敌摧毁，在敌方对空弹药发射前就消灭其搭载平台。

(9) 多机种混合编队作战：将作战飞机与电子战飞机等作战支援飞机混合编组，以提升整个机队的任务效能和战场生存力。

(10) 多军兵种协同作战：在作战行动初期，先由己方其他兵力(如巡航导弹、弹道导弹)发起突袭，打击敌方对空作战体系中的关键节点，在敌方防空网中撕开缺口，从而为己方军机的后续攻击扫清道路。

2. 对空弹药飞向目标途中

此阶段是指敌方对空弹药从发射升空直至其战斗部引爆①前的一段时间。在这期间，来袭弹药将处于自然弹道或制导飞行状态，不断逼近目标(军机)，最终实现弹目交会。对于军机来说，此阶段需要尽可能阻止来袭弹药接近本机，尤其是避免来袭弹药逼近到其战斗部有效杀伤范围之内，才能达到有效防护自身的目的。在目前技术条件下，此阶段可供军机采取的防护措施主要有以下两种。

(1) 机动规避：军机通过剧烈的机动飞行，避开来袭非制导弹药的命中，或者破坏来袭对空导弹导引头的追踪，最终使其脱靶。

(2) 软杀伤：机载电子战自防护系统对来袭对空导弹实施有源/无源干扰，增加其瞄准误差，最终使其偏离目标。

3. 对空弹药命中目标并引爆战斗部

在此阶段，来袭弹药已经逼近到其有效杀伤范围之内，并引爆战斗部、对目标(军机)进行不同方式的杀伤。对于军机来说，此阶段应尽可能躲避破片、子弹丸、杆条等杀伤元素以及爆轰/冲击波对本机的命中毁伤；或者尽可能控制本机遭毁伤的程度并减轻其带来的后果，力争本机能继续执行作战任务；即

① 本节以采用近炸战斗部的典型对空弹药为研究对象，枪械发射的枪弹、小口径高炮发射的穿甲弹/触发引信榴弹、采用破甲战斗部的 RPG、采用撞击杀伤(HTK)方式的对空导弹等对空弹药，将需要直接命中目标(军机)，才能对其造成毁伤。

使本机遭受严重毁伤并完全丧失战斗力，也力争能带伤返回基地或飞抵己方控制区域内迫降。要达到这样的目的，需要在军机设计阶段就采取以下多种技术措施。

(1) 减小全机被弹面积：适当缩减整个机体的外廓尺寸，并采用专门设计的特殊外形(如武装直升机采用狭长机身)，以降低被来袭弹药直接命中或者被爆轰/冲击波/各种杀伤元素命中毁伤的概率。

(2) 余度设计：采用双/多发动机以及多路燃油输送系统、多路飞控系统、多路承力结构等，并且尽量使它们之间的距离足够大，以确保在一次打击中不会同时被损伤。

(3) 关键部件的布置定位：将机上关键部件布置在合适的位置，尽量利用其余较次要部件的遮挡来降低其遭致命破坏的概率。

(4) 损伤容限设计：通过各种技术手段保证机体在遭到战斗损伤后的一定时间内，其余结构仍然能够承受使用载荷的作用，不会发生严重破坏或过分变形而给军机带来灾难性后果。

(5) 抗损伤设计：在机体部分重要部位使用抗碎片高强度材料，并采用泄漏抑制(如自封燃油箱和自封输油管线)、防火抑爆(如燃油箱内充填聚氨酯泡沫或抑爆金属格栅)、主动损伤抑制(如燃油箱惰化)等技术。

(6) 容损飞控技术：通过采用容损智能飞控系统，可对战伤军机的外形损伤进行判断并及时做出响应，尽可能使受伤后的军机仍能保持平稳飞行，以确保其能带伤返航。

(7) 装甲防护：在驾驶舱、燃油箱、供氧装置、重要传动部件等要害部位敷设防弹装甲，以增强这些部位的抗打击能力。

(8) 空勤人员临场自救：空勤人员根据机体遭受损伤的具体部位和严重程度，进行合适的应急处置以尽可能挽救军机。

1.4 军机主动防护的基本概念

由上节的分析可以看出，现代战场上军机对来袭弹药实施防护的整个作战全程中，第二阶段(来袭弹药从发射到命中之间的这段时间)所能采取的防护措施是最少的，目前技术条件下仅有机动规避和软杀伤这两种手段可供选用，并且很多场合下往往还只能采用其中的一种(如当非制导弹药来袭时就只能靠机动规避手段来应对)，因而此阶段可以说是军机防护来袭弹药的整个作战全程中最薄弱的环节。不仅如此，由于机动规避和软杀伤这两种手段是靠躲避、干扰、诱骗来袭弹药来达到防护目的，均属于消极被动的对抗方式，今后随着对空弹药性能的不断提高和战场环境的日趋复杂，单靠这样的防护措施，将越来越难以满足军机战场防护的要求，这已为坦克装甲车辆、水面舰艇、潜艇等作战平台防护技术的发展历程所证实(参见 2.4.2 节)。面对这样的现实，只有转变观念，大胆创新，寻求更加积极主动的手段措施，才能有效增强军机在来袭弹药飞行全程第二阶段的防护，进而提升其在未来战争中的战场生存力，军机主动防护(Active Protection)就是在这样的背景下应运而生的一种新概念防护手段。

军机主动防护就是将目前已广泛应用于水面舰艇、坦克装甲车辆和地面军事设施的主动防护概念引入到军用航空领域，通过为军机配装一套与现役舰载近防武器系统(CIWS)、坦克装甲车辆主动防护系统(APS)和地面“反火箭炮、火炮及迫击炮”(C－RAM)系统①类似，可直接对来袭弹药实施火力拦截的机载主动防护系统(机载 APS)，使其在战场上能以消灭来袭弹药的方式来提升自身的自防护能力。对于配装有 APS 的军机来说，当其在战斗中遭到敌方制导/非制导对空弹药的攻击而情况危急，尤其是传统的机动规避和软杀伤手段均难以有效对抗时，机上的 APS 将会及时启动，探测、跟踪来袭弹药并适时发射拦截弹，以硬杀伤的方式对其实施火力拦截，力争在来袭弹药战斗部的有效杀伤范围之外将其彻底摧毁，至少也使其遭到局部毁伤或偏离正常飞行弹道以致于无法继续追踪目标，最终达到提高自身战场生存力的目的(图 1－4)。

显然，通过引入主动防护技术，一方面可以在传统的机动规避和软杀伤手段之外，再为军机增加一种对付来袭弹药的防护手段，从而有效弥补当前军机在来袭弹药飞行全程第二阶段对抗手段过少，致使该阶段防护过于薄弱的问题；更重要的是，它将从根本上改变、甚至颠覆传统的军机防护模式，使其由消极被动地躲避、干扰、诱骗敌方弹药，转为积极主动地探测、跟踪、消灭来袭威胁，由此可以突破传统思想观念给军机防护技术发展带来的桎梏，使军机在未来战场上的生存力获得革命性提升。由于机载 APS 在对抗来袭弹药的过程中，将无须考虑后者有无制导、所采用的制导方式/体制、制导技术水平的高低，受军机平台机动性能、飞行员技能经验等因素的影响也很小，由此可从根本上克服机动规避、软杀伤等传统军机自防护手段的种种不足，极大地提高防护效能和作战灵活性。不仅如此，与目前舰载/车载/地面 APS 通常会与其他防护手段配合使用一样，军机主动防护与机动规避/软杀伤手段之间也将是互补而不是取代的关系，因此今后在为军机配装 APS 的过程中，还可以将其

① 这三类防护系统的详情参见 2.4.2 节，为方便起见，本书中除特别指明之处外，将三者分别称为舰载、车载和地面 APS。

图 1－4　军机主动防护概念示意图

与机上原有的软杀伤自防护系统相整合，构成一套“软硬结合”式的综合自防护系统，战时可对来袭弹药(对空导弹)同时实施软杀伤和硬摧毁，从而进一步提高军机在未来战场上的自防护能力。

值得指出的是，目前坦克装甲车辆上的车载 APS 在对抗来袭弹药时既可以采用软杀伤手段(施放烟幕、光电干扰、水雾等)，也可以采用硬杀伤手段(发射拦截弹)，以此为标准还可以将其划分为软杀伤型车载 APS 和硬杀伤型车载 APS 两大类。也就是说，车载 APS 的所谓“主动”是相对于传统装甲防护来说的(后者只有在被来袭弹药撞击时才能“被动”地发挥防护作用)，而不是根据其防护手段是软杀伤还是硬摧毁来确定的。今后的机载 APS 则与此不同，之所以将其定性为“主动”，是因为其采用了硬杀伤防护手段，可通过消灭来袭弹药的方式来防护自己，与机动规避、软杀伤等传统“被动”防护手段相比，显得更加积极主动。如果只是从所采用的防护手段类型来看，机载 APS 更接近于通常意义上的硬杀伤型车载 APS。

1.5　军机主动防护技术的发展历程

主动防护作为一种军机防护理念，在世界军用航空装备发展史上出现的时间并不晚。早在 20 世纪 50 年代，随着对空导弹对军机威胁的日趋严重，苏联、美国等国在研制军机自防护系统的过程中，就提出了对来袭导弹实施硬杀伤的设想并着手将其付诸实施。例如，苏联在 20 世纪 50 年代研发的图 - 95 远程轰炸机配备有三个活动炮塔作为自卫武器，每个炮塔上安装有 2 门雷达/光学瞄准的 AM - 23 型 23mm 航炮，该炮除了主要用来对付敌方战斗机外，也被要求具备一定的拦截来袭对空导弹的能力；美国在这一时期研发著名的 B - 52 战略轰炸机和具备“双三”[①]性能的 XB - 70“女武神”高空高速轰炸机时，除了同样考虑过在机上安装反导航炮外，还曾计划为二者配备名为“轰炸机自卫导弹”(BDM)的反导自卫空空导弹。不过，由于当时科技水平的限制，苏联、美国等国在军机主动防护领域的这些早期尝试均没能取得成功，其后续发展也非常缓慢。相比之下，软杀伤技术早在第二次世界大战期间就崭露头角，战后更是获得了飞速发展并且在历次局部战争中的实战效果非常显著，因此军机自防护领域逐渐形成了软杀伤手段一统天下的局面。到目前，软杀伤已基本成为军机自防护技术的代名词，软杀伤自防护系统也早已成为世界各国军机(尤其一线作战军机)的标准配置，而机载 APS 迄今仍没能见到有成熟实用的产品出现。

尽管这样，由于主动防护在提高军机战场生存力方面有着其他手段难以替代的独特优势，其潜在的广阔应用前景一直对各国军方和工业界极富诱惑力，甚至在社会各界乃至普通民众中，也有不少人长期对军机主动防护技术保持着浓厚兴趣，并对其今后的发展应用充满了期待和幻想，这从多年来国外的一系列相关文学作品和影视剧中就可得到反映。例如，20 世纪 70 年代英国作家克莱格·托马斯(Craig Thomas)的著名军事题材科幻小说《火狐》(*Firefox*，后改编成同名电影)中就有这样的情节：书中主人公米歇尔·甘特少校驾驶盗取来的米格 - 31 战斗机[②]在逃离苏联途中遭到苏军防空导弹的拦截，几经努力仍无法摆脱，最后靠机上的“意念控制系统”启动自防护系统，向后喷射出一个巨大“火球”摧毁了尾追而来的导弹，才化险为夷；而在 2005 年风靡一时的美国科幻电影《绝密飞行》(*Stealth*)里，也出现了人工智能(AI)控制的无人战斗机“艾迪”(EDI)在遭到敌机先发制人的空空导弹攻击时，发射具备反导自卫功能的空空导弹，拦截摧毁来袭导弹的战斗场面。甚至在国内，对军机主动防护技术“情有独钟”者也不乏其人。例如早在 1975 年，国内著名航空科普杂志《航空知识》在一篇介绍机尾防护雷达的文章中，就提出了利用机尾火控雷达控制多管小口径机炮，摧毁来袭敌方空空导弹的构想(图 1 - 5)。

正是在这样的背景下，尽管推出一种满足实战需求的机载 APS 产品长期

---

① “双三”指最大飞行速度为三倍声速，最大飞行高度为三万米。

② 该书中虚构的一种苏联先进战斗机，其外形和性能均迥异于后来真正的米格 - 31。

图 1－5　国内军机主动防护的早期构想：“用雷达控制机炮射击，摧毁敌机施放的导弹”（图片来源：思翼 |《航空知识》）

面临着众多难以克服的技术障碍，但相关各国在军机主动防护领域的探索研究一直没有间断。从 20 世纪 50 年代到 21 世纪初的数十年间，美国、俄罗斯(苏联)、以色列、英国、法国等国均在此领域进行了大量的概念探索和技术论证，开展相关工作的不仅有这些国家的军方和工业界，各国高等院校、防务智库甚至民间个人也都曾积极参与，所提出的反导①拦截武器包括航炮、火箭弹、抛射式反导榴弹、反导自卫导弹、高能激光等多种方案，对目标的毁伤则考虑了破片/子弹丸杀伤、网状物柔性拦阻、弹体直接撞击、高能激光烧蚀等多种方式。尽管由于部分关键技术仍无法取得突破，致使这些概念方案大都停留在纸面阶段，而没能转入正式的产品研制，但通过这一系列富有开拓意义的先期探索，为今后新一代机载 APS 的研发做了大量经验积累和技术储备。

进入 21 世纪以来，军机面临的战场威胁进一步复杂和严重：一方面，随着对空导弹战技性能的不断提高，传统软杀伤手段的对抗难度越来越大；另一方面，在一系列局部战争和武装冲突中，以 RPG 为代表的非制导弹药对直升机的威胁日渐突出，而软杀伤手段对这类来袭弹药完全无效。显然，面对这样的战场环境，传统的软杀伤自防护系统将很难给军机提供可靠有效的防护，主动防护手段的独特优势(其防护效能不受来袭弹药有无制导、制导方式/体制、制导技术水平高低的影响)则引人注目地显现出来。与此同时，随着精确制

① 本书中如果没有特别说明的话，“反导”均指对所有种类的来袭弹药实施拦截，并不仅仅是对来袭导弹实施拦截。

导、微电子、新材料、先进制造等技术的发展，研制实用的机载 APS 产品中所涉及到的各种关键技术陆续被突破，甚至部分现役空空导弹都已具备了拦截摧毁来袭对空导弹的潜力，这表明发展新一代机载 APS 的技术条件也已初步具备。正是在这样的时代背景下，以美国、以色列、欧洲[①]为代表的部分国家(地区)对军机主动防护理念的兴趣日趋浓厚，在相关领域的投入力度逐年加大，其技术也越来越接近实用化。尤其是在 21 世纪初的阿富汗、伊拉克战争和以色列 - 黎巴嫩、以色列 - 巴勒斯坦冲突中，由于美/以军直升机频频遭受便携式防空导弹、RPG 等武器的袭击，两国工业界相继提出了一系列直升机 APS 方案，其中美国“直升机主动防护系统”(HAPS)和以色列 Fliker 已经进入产品研制阶段并成功进行了靶场测试。不仅如此，美国还已开始同步研发技术难度更高、应用范围也更广的固定翼飞机 APS，先后提出了“小型先进能力导弹”(SACM)、“微型自卫弹药”(MSDM)、“硬杀伤自防护对抗系统”(HK-SPCS)等计划，并将其作为今后基于全新杀伤机理、反导作战效能也更高的机载高能激光武器服役前的过渡装备。到 2019 年，欧洲也推出了自己的战术作战飞机 APS 方案——“硬杀伤防御辅助系统”(HK - DAS)，并将“硬杀伤反导自卫”视作其新一代战斗机——“暴风”和“未来空战系统”(FCAS)的一项重要能力特征。

① 本书中的“欧洲”若无特别说明，均是指德国、法国、意大利等欧盟国家和已经“脱欧”的英国，而非地理意义上的“欧洲”。

第2章 发展军机主动防护技术的现实意义

冷战结束以来历次局部战争的经验教训表明，随着时代环境的发展变化，加强军机的战时防护，提高其战场生存力，不仅在军事方面的作用进一步突出，而且在经济、政治和社会影响方面都有着重要的现实意义。然而，随着对空弹药技术的持续进步和战场环境的日趋复杂，传统的军机自防护手段正面临着越来越严峻的挑战，如何在不影响军机任务效能的前提下，有效克服传统自防护手段的性能缺陷，全面提升军机在未来战争中的生存力，已经成为一个亟待解决的问题。正是在这样的时代背景下，问世于20世纪50年代的军机主动防护技术再次引起了相关各国军方和工业界的关注。

2.1 当前时代背景下加强军机战场防护的重要性日渐突出

自冷战结束以来，世界各国积极奉行压缩规模、强调质量的建军方针，对空中力量建设高度重视，通过广泛应用各种高新技术，大力推进航空武器装备的更新换代，在显著提高空中力量作战效能的同时，也使其在战争中的地位和作用更加突出。与此同时，以1991年海湾战争为标志，人类战争逐步进入信息化战争时代，并呈现出许多迥异于传统机械化战争的特点，不仅作战形式发生重大变化，战争受经济、政治、外交等非军事因素的影响也更加直接。在这样的背景下，提高军机战场生存力，减少其战时损失的重要性正日显突出，自防护能力太差，战斗中易遭毁伤的军机将很难被各国军方认可和接受。

2.1.1 各国空中力量规模萎缩导致现役每架军机都非常宝贵，其损失将越来越难以承受

现代航空科技的飞速发展，在使军机战技性能不断获得提升的同时，也导致其研发、采购和使用成本的持续上涨。以战斗机、轰炸机等主战飞机为例，其采购单价已经从第二次世界大战期间的数万、数十万美元一路攀升至目前的数千万、上亿美元甚至更高，要想大量采购装备变得越来越困难(图2－1)。

例如，美国 F－22 隐身战斗机的单机成本目前已达 3.5 亿美元（为目前世界上最昂贵的战斗机），而美国 B－2A 隐身轰炸机的单机成本更是高达 21 亿美元（为目前世界上最昂贵的军用飞机）①，最终这两种飞机仅分别生产了 187、21 架即告停产，这与先前同类飞机动辄数百、上千架的产量完全不可同日而语。由于这样的原因，再加上现代军机单机作战效能的大幅提升（通常相当于先前同类飞机的数倍、数十倍甚至更高）以及冷战结束后大规模世界大战风险的基本消除，世界各国军方均没能力也没必要再像以前那样维持一支较大规模的空中力量，尤其是在机队更新换代中根本不可能做到一对一地用新机替换旧机，因此自冷战结束以来各国军机机队的规模普遍大幅萎缩，即使是美国、俄罗斯这样的军事大国也不例外。以美国空军（包括空军现役、预备役和空中国民警卫队）为例，在冷战高峰期的 1986 财年②，美国空军曾一度拥有 10559 架固定翼飞机/直升机③，然而这一数字到 2018 财年差不多下降了一半，仅为 5328 架④。

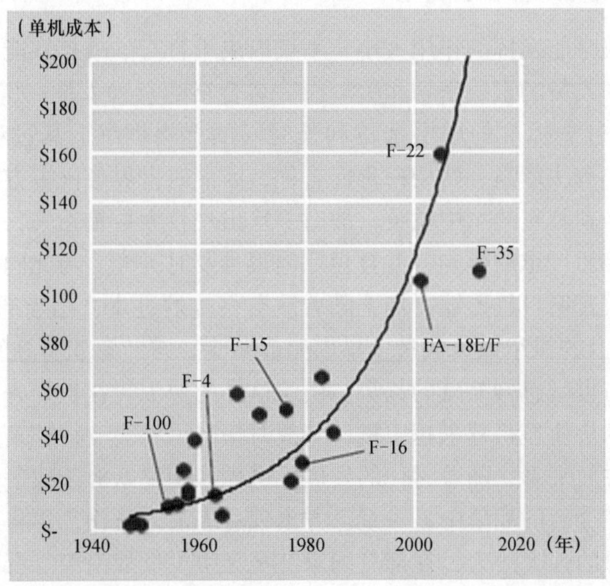

图 2－1　1940 年以来美军部分作战飞机单机成本变化曲线图
（2014 年美元值，图片来源：美国新美国安全中心⑤）

① 数据来自文献[31]。

② 按照美国政府的财年划分，1986 财年为 1985 年 10 月 1 日至 1986 年 9 月 30 日，2018 财年为 2017 年 10 月 1 日至 2018 年 9 月 30 日，以此类推。

③ 数据来自文献[33]。

④ 数据来自文献[34]。

⑤ 该中心为一家美国防务智库。

在这样的背景下，对于世界各国军方来说，在役的每一架军机都非常宝贵，谁也经不起大量损失。在今后的战争中，交战双方在一场战役中动辄损失数百、上千甚至更多架飞机的场景(这在第二次世界大战期间非常普遍)将很难再现，即使是局部战争和武装冲突中出现的少量飞机损失，在当今信息传媒高度发达、作战行动备受外界关注的时代环境下，也将会变得越来越引人瞩目。尤其是对于美国 F－22 战斗机、B－2A 轰炸机这类价格昂贵，装备数量有限并且多年来就一直是媒体关注焦点的高性能军机来说，在作战中哪怕损失一架，就足以在美国国内甚至世界范围内引起轩然大波。例如，1999 年 3 月科索沃战争中，名噪一时的美国空军 F－117A 隐身战斗轰炸机被南联盟军队击落，就曾一度在世界范围内引起了极大轰动。

2.1.2 空勤人员数量下降加上民众对战争伤亡承受力降低，其战时减员将越来越难以容忍

军机在战时能发挥的作用大小，不仅取决于自身的战技性能，也与部队官兵尤其是空勤人员的素质密切相关。而一名合格的空勤人员(尤其是战斗机飞行员)需要经过高标准的层层选拔和长时间的严格训练，其过程一向以难度大、周期长、淘汰率高、费用昂贵而著称，因而对世界各国军方来说，在役空勤人员均是名副其实的军中精英，战时一旦出现较大数量损失，将会给部队战斗力带来直接而严重的影响，并且短期内很难及时补充。与此同时，由于各国军机机队规模普遍日趋萎缩，加上随着航空科技的进步，相当部分军机(如轰炸机、运输机)的机组成员数量较早期明显减少，多年来世界主要国家军队的空勤人员队伍也呈急剧缩减的趋势。由于这样的原因，在世界各国军队中，现役空勤人员的价值显得越来越宝贵，其战时损失也将会变得越来越难以容忍。

从另一方面来看，随着时代的发展，世界各国民众对于战争伤亡的承受力越来越低。在今后的战争中，一旦己方出现过多的人员伤亡，将不可避免地会面临国内舆论的强大压力，在部分国家甚至会引发反战浪潮。有鉴于此，世界各国政府和军方对于减少战争中的己方人员损失也越来越重视，以美国为代表的部分西方国家甚至提出了“零伤亡”的作战理念。然而自第二次世界大战结束以来，空中力量在战争中的地位日显突出，已逐渐由战争“配角”上升为“主角”(1999 年科索沃战争甚至成为一场完全依靠空中力量获胜的战争)，在相当部分局部战争和武装冲突中还成为参战各方投入作战的首选甚至唯一兵力；因此在今后的战争中一旦出现人员伤亡，空勤人员往往会首当其冲，并且其在战争期间人员总损失中所占的比重也将日趋上升，有时甚至会成为战争中的唯一伤亡。在这样的背景下，尽量减少战争期间空勤人员的损失，对于降低己方战

争总伤亡，缓解国内舆论压力，影响战争进程甚至结局均具有重要的现实意义。

对于世界各国军方来说，要解决上述问题，除了需要采取加强搜救力量建设(以便战时能及时营救被击落的己方空勤人员)、推广使用无人机(以减少战时己方军机被击落/击伤所带来的空勤人员损失)等措施外，还应尽可能提高己方军机的自防护能力，以降低其战时遭敌方击落的概率。

2.1.3 现代局部战争快节奏、短进程的特点，使现役装备/人员的战时价值更显珍贵

在以往的较大规模战争中，各参战国可通过国家转入战时状态，大量增产军机并动员后备人员的方式，来补充己方空中力量在战争中的损耗，甚至根据需要对其进行不同规模的扩编，从而最大程度地发挥己方空中力量在战争中的作用。例如第二次世界大战期间，仅美国就生产各种军机 299230 架(其中 95272 架是在 1944 年一年内生产的)，仅美国陆军航空队就培训各类空勤人员超过 156 万人(包括飞行员、领航员、通信员等)①，为盟国一方最终夺取战争胜利做出了巨大贡献。然而在今后的高技术局部战争②中，这种方式的优越性将很难得到再现，因此不宜简单地沿用。因为对于现代局部战争来说，由于作战效率提高、战争目的有限以及国际政治环境制约等原因，整个战争的节奏加快，进程缩短，同时战争的突然性、速决性更加突出，达成战争目的未必需要经过若干次战役、战斗胜利的积累，一场战争完全有可能浓缩为一次战役甚至一次战斗，首战很可能就是决战；由此一来，交战各方往往来不及在国内实施充分的动员，战争形势就已大致明朗甚至已决出胜负。

由于这样的原因，再考虑到现代军机生产的复杂程度以及空勤人员的培训难度，对于今后局部战争中的各参战国来说，要想在战争爆发后迅速大规模扩充空中力量并使其立竿见影地发挥作用将非常困难，而立足于现役部队并最大程度地提高其战时效能才更加现实可行。例如在冷战后的历次局部战争中，除了海湾战争等个别军事行动中曾征用过民航飞机运送兵员、物资外，各国参战的空中力量尤其是一线主战军机及其空勤人员，均主要来自现役部队。由此可见，要想有效应对未来的高技术局部战争，相关各国除了平时就应保持一支技术水平先进，规模结构合理，战备完好率较高的空中力量外，战时也应尽可能

① 数据来自文献[28]。

② 本节谈及的局部战争属于 2.2 节中所述传统战争的范畴，而非 21 世纪初阿富汗战争、伊拉克战争那样的非传统战争。

采取措施，提高军机机队的战斗出动率和出动强度，让同样规模的空中力量发挥更大的作用。这就更加体现出在役的每架飞机、每名空勤人员价值的重要性，因为在己方空中力量规模一定、难以快速大量补充和扩充的情况下，每损失一架飞机或一名空勤人员，都可能会对部队战斗力、战场形势甚至战争进程带来直接影响。

2.2 军机在未来战争中面临的战场威胁将日趋严重

如前所述，现代战争中军机所面临的战场威胁可以简单地分为以对空导弹为代表的制导对空弹药和以 RPG 为代表的非制导对空弹药两大类。在今后，随着时代的发展和科技的进步，未来战争中的战场环境将进一步复杂化，这两大类威胁都将呈加剧趋势，届时军机的战场生存力问题也将会更加突出。

2.2.1 战争形态的多样化将导致未来战场环境日益复杂险恶

进入 21 世纪后，国际安全形势正发生着冷战结束以来最为深刻的变化。一方面，和平与发展仍然是当今世界的时代主题，世界大战在可以预见的将来仍打不起来；另一方面，世界总体和平与局部战争、总体缓和与局部紧张、总体稳定与局部动荡相伴相生，国际安全形势更加错综复杂，各种不确定因素有增无减，传统安全威胁与非传统安全威胁相互交织。与这样的时代背景和安全形势相对应，今后的战争形态也将日益复杂多样。基于多年来国内外相关领域的研究结果，尤其是参考美国军方 2015 年 7 月发布的《国家军事战略》(*National Military Strategy*)，本书将今后军机可能参与的战争行动简单地分为传统战争和非传统战争两大类。在这两类战争行动中，尽管军机所面临的战场环境和威胁情况差异很大，但二者均对传统的军机自防护措施提出了严峻挑战。

1. 传统战争中敌方作战体系完善，火力强度、技术水平普遍较高

传统战争主要是指由国家安全、主权和领土争端等原因而引发的战争行为，类似于美国《国家军事战略》中所描述的一个国家与其他“国家行为体”(State actor)之间的武装冲突，以历次中东战争、1965—1975 年越南战争、1980—1988 年两伊战争、1982 年马岛战争、1991 年海湾战争、1999 年科索沃战争、2003 年美国推翻伊拉克萨达姆政权的战争为代表。这类战争通常表现为国家正规武装力量或有组织的军事集团之间的对抗，交战双方的军事实力往往相差不太悬殊，有时甚至旗鼓相当；或者交战一方尽管与对手各方面差距较大，但仍具备相当实力，借助本土作战、外部援助等有利条件，仍可与对手一搏，甚至形成自己的不对称优势。

从军事技术角度来看，由于传统战争中的交战双方均是国家政府领导下的正规武装力量，导致战争的技术含量也普遍较高，尤其是美国等西方国家参加的部分传统战争，基本上代表了当时世界军事科技的最高水平。在这类战争中，交战双方以各自国家的经济、政治和科技实力为后盾，不仅普遍拥有一支以战斗机为核心，以空空导弹为主要空战武器的空中力量，而且均建立起以性能各异的防空导弹为骨干的较为先进完善的陆上/海上防空体系，部分国家军队还将便携式防空导弹配发至排一级地面部队或甚至供坦克装甲车辆单车使用。因此在传统战争中，出现在战场上的对空导弹无论品种型号，还是部署使用数量，往往都相当惊人，其对参战军机带来的威胁也是显而易见的。在上面所列举的历次传统战争性质的局部战争中，面空/空空导弹均得到了大量使用，并取得了令人瞩目的战果；甚至在一些交战双方力量对比非常悬殊的战争中，劣势一方使用的对空导弹数量也非常可观，并给对手的军机带来很大威胁。例如，越南战争中尽管美军拥有压倒性军力优势，但其发起的空袭行动却一再遭到越军的强大地空导弹火力反击，尤其是战争后期美军发起的“后卫”Ⅱ作战行动期间，越军在短短 11 天[①]内一共发射约 1240 枚SA－2地空导弹，其中在行动首日(1972 年 12 月 18 日)的发射数量就超过 200 枚，某些时候“战场上空甚至同时有 40 枚以上的SA－2导弹在穿梭飞行”[②]；而在科索沃战争和美国推翻伊拉克萨达姆政权的战争中，尽管南联盟和伊拉克的战争实力与对手不可同日而语，但是仍然拥有令人生畏的地空导弹火力：南联盟军队在持续 78 天的战争期间一共发射 894 枚地空导弹，伊拉克军队则在 25 天内发射了 3884 枚地空导弹，并且其 66% 的机动式地空导弹发射装置直至战争结束也没有被发现[③]。

不仅如此，由于传统战争中交战双方的装备技术水平普遍较高，因此除了对空导弹外，其他各种具备一定对空作战能力的精确制导弹药(反坦克导弹、制导炮弹、炮射导弹等)也将会大量出现在战场上，进而会给参战军机尤其是直升机带来很大威胁。此外，多次局部战争的经验教训还表明，在较高强度的传统战争中，不仅航炮、高炮、高射机枪、面空/空空火箭等传统非制导对空武器将会大量用于对空作战，各种步/机枪、RPG、无后坐力炮、坦克炮、压制火炮等地面作战武器也会对参战军机构成不同程度的威胁。尤其是在部分高

① 美军“后卫”Ⅱ行动起于 1972 年 12 月 18 日，止于 12 月 29 日，其中 12 月 25 日(圣诞节)暂停一天。

② 数据来自文献[35]。

③ 数据来自文献[48]。

强度、高技术的传统战争中，战场电磁环境往往非常恶劣，很可能会导致制导弹药的作战效能严重下降，非制导对空弹药的作用和地位则相对上升，此时其对军机的威胁性将会更加突显出来。

2. 非传统战争中战场环境复杂多样，作战行动受政治因素严格制约

非传统战争主要是指反游击战、反暴乱、反颠覆、反恐、强制维和等各种低强度军事行动与武装冲突，类似于美国《国家军事战略》中所描述的一个国家与其他“非国家行为体”(non - state actor)之间的冲突，以1979—1989年苏联入侵阿富汗战争(苏阿战争)①、1993年美军在索马里的“维和”行动、21世纪初美军在阿富汗和伊拉克进行的“治安战”②为代表。这类战争行动与传统战争不同，交战中的一方并不是正规的国家武装力量，而是各形各色的非政府武装组织。这些武装组织由于经济技术实力有限，很多时候还受到外界的封锁制裁，其装备往往较为简陋，通常以各种轻武器为主，至多拥有一些中小口径火炮/迫击炮和便携式防空/反坦克导弹，而严重缺乏坦克装甲车辆、大口径火炮、固定翼飞机/直升机等重型装备，更不可能建立起价格昂贵、技术复杂、需要雷达预警网络支撑的先进防空体系。因此在这类战争中，参战军机遭遇较大型防空导弹的可能性基本不存在，更不会发生双方作战飞机之间的较大规模空战。

实战经验教训证明，在非传统战争中，尽管武装组织通常会将其手中几乎所有武器用于对空作战，但其中真正能对参战军机构成实质性威胁的主要有两种：便携式防空导弹和RPG。美军军机在阿富汗和伊拉克战争中的战损情况就证明了这一点：这两场战争中美军军机(主要是直升机)战斗损失的大部分是由便携式防空导弹和RPG造成的，并且迄今为止尚没见到有美军军机曾遭技术相对更复杂的雷达制导防空导弹袭击的报道。尤其值得指出的是，在部分非传统战争中，武装组织就连装备便携式防空导弹这类技术相对高端、作战效能也更高的防空武器的条件也不具备，或者即便拥有少量便携式防空导弹，也属于同类武器中的较老型别(如俄制SA - 7、美制FIM - 92“毒刺”早期型等)，其性能大都陈旧过时，甚至已过了保质期，对配装有先进自防护系统的现代军机的威胁相当有限，此时RPG将会成为参战军机面临的最主要甚至唯一的威胁。例如，在1993年10月的“黑鹰坠落”事件中，索马里武装分子就没有装备包括便携式防空导弹在内的任何防空导弹，RPG作为一种“大杀伤力武器”，是其手中少数能对美军直升机构成现实威胁的“先进装备”之一。

---

① 本书以后均称苏阿战争，以区别美国于21世纪初以“反恐”为名发动的第二次阿富汗战争。

② 本书以后均称阿富汗战争和伊拉克战争，二者分别在2001—2014、2003—2010年间进行。

尽管这样，由于非传统战争通常具有战场地形/气候环境复杂、前线与后方区别模糊、武装分子与普通民众混杂等迥异于传统战争的特点，再加上多年来世界主要国家尤其是各军事大国的军备建设基本上都针对传统战争，以大规模有组织的正规武装力量为潜在对手，对于新形势下的非传统战争并不适应，由此会导致参战军机面临一系列全新挑战。

一方面，武装分子借助非传统战争中复杂战场环境的掩护，通过伏击、偷袭、近战等战术手段，往往可以使手中武器的对空作战潜力得到接近极致的发挥，即便使用相当落后甚至非常简陋的武器，也经常取得令外界意想不到的战果。自 20 世纪 90 年代以来，美军先进直升机在索马里、阿富汗、伊拉克等地频频遭到 RPG 这种“石器时代”武器的袭击并且损失不断，就在相当程度上证明了这一点。

另一方面，非传统战争中复杂的战场环境还使军机在打击地面目标的过程中，很难完全避免对周围人员、设施的附带杀伤，而在信息高度发达的当今世界上，一旦出现较严重的误伤平民事件，相关信息往往很快广为人知，并给当事国政府和军方形成很大的舆论压力。例如，在阿富汗和伊拉克战争中，美军军机“误炸”平民的事件曾多次被媒体曝光，并遭到国际舆论的猛烈抨击。由此一来，军机在很多战斗中将难以“完全放开手脚”，不仅影响对目标的打击效果，而且会在相当程度上增大自身遭受攻击的风险。

2.2.2　未来战场上对空导弹对军机的威胁将进一步加剧

第二次世界大战结束以来，随着导弹技术的发展，各种对空导弹逐步取代传统的高炮/航炮，成为军机在现代战场上面临的主要威胁。目前对空导弹技术仍在持续发展中，相关各国在改进升级现役对空导弹的同时，也开始了性能更加先进的新一代对空导弹的研制，因此在今后的战争中，参战军机面临的导弹威胁还将会进一步加剧。

1. 对空导弹机动能力不断提高，机动规避对军机摆脱攻击的帮助将越来越小

在对空导弹面世的初期，由于技术水平的限制，当时对空导弹导引头随动跟踪能力差，最大可用过载低，目标往往可以通过剧烈机动“甩掉”来袭导弹，这也是早期对空导弹实战效果不佳的主要原因之一。直至 1991 年海湾战争期间，还曾有过美军 F－16 战斗机通过机动规避连续摆脱多枚地空导弹攻击的战例。然而现代对空导弹普遍采用了随动跟踪能力更强，尤其是跟踪角速度大幅提高的先进导引头，其探测跟踪高机动目标的能力较先前有了成倍提升，军机要想再像以前那样，通过剧烈机动、逃离导弹导引头视角范围而摆脱攻击，其难度将越来越大。例如，美国 AIM－9B/D“响尾蛇”等早期红外制导空空导弹导引头的最大跟踪角速度仅为10~12°/s，而目前南非、巴西合作研制的“敏捷射水鱼”(A-Darter)导弹的这一指标已经提高到120°/s，使导引头更加容易适应弹-目双方相对运动而出现的巨大角速度变化，目标即使进行剧烈机动，也很难逃出导引头的视场范围。

与此同时，随着弹体气动设计、高性能动力装置、非常规控制①和弹体结构强度等技术的进步，现代对空导弹的最大可用过载也不断提高，军机已经很难再像以前那样，通过剧烈机动使导弹的需用过载超出可用过载而丢失目标。因此在未来空中战场上，军机以机动规避的方式来摆脱来袭导弹攻击，将会变得越来越困难。例如，美国AIM-9X、德国IRIS-T等第四代近距空空导弹普遍采用了推力矢量控制技术，俄罗斯S-400(SA-21)、欧洲“紫菀”15/30等第四代防空导弹则引入了直接侧向力控制技术，二者均具有可用过载大、过载响应时间短、受飞行环境约束小等传统气动力控制方式难以比拟的优点，可大幅提高导弹的机动能力和快速响应能力，从而更有效地对付高机动目标。

此外值得注意的是，美国AIM-120D、欧洲“流星”中远距空空导弹还分别采用了先进的双脉冲固体火箭发动机和整体式固体火箭冲压发动机，不仅飞行全程平均速度大大提高，而且主动段显著延长，不可逃逸攻击区扩大，尤其是在弹道末段仍旧能够保持较好的机动性能，从而有效增强了导弹对抗高机动目标的能力。不仅如此，AIM-120等部分先进对空导弹还可通过采用更加合理的导引规律，对目标及导弹自身的加速度、过载、惯性等因素进行补偿，从而大大降低对飞行末段过载的需求，在同等战场条件下可命中机动性更高的目标。

2. 对空导弹导引头抗干扰能力不断增强，对其实施干扰将越来越力不从心

随着各种先进制导技术的采用，现代对空导弹的抗干扰能力越来越强，对其实施有效干扰的难度也越来越大。目前以美国AIM-9X为代表的第四代近距空空导弹普遍采用了红外成像制导，可以利用目标各部位红外辐射强度的不同，直接获取目标的外形或基本结构，其探测到的目标是一个图像，而不再像以前的红外点源制导那样是一个点，因而大幅提高了导引头识别真假目标的能力，传统的红外干扰弹、红外有源干扰机等技术措施对它来说基本上无效。而现代对空导弹广泛采用的多模导引(如红外/紫外双模、微波/毫米波/红外三模导引)和复合制导(如初段惯性+中段指令修正+末段主动雷达)技术，可在充分发挥各种制导方式/体制优势的同时，有效弥补各自的不足，从而极大地增强了导弹的抗干扰能力。例如美国第四代中距空空导弹AIM-120具有三种

① 非常规控制包括推力矢量(TVC)和直接侧向力(PIF)控制，在现代对空导弹上，二者通常会与传统的气动力控制技术结合使用，形成推力矢量/气动力复合控制和直接侧向力/气动力复合控制系统。

发射方式(无干扰正常发射、机载雷达跟踪干扰源发射和目视截获发射)、三种中段制导方式(惯导、惯导指令修正和跟踪干扰源)和三种末段制导方式(高脉冲重复频率主动雷达制导、中脉冲重复频率主动雷达制导和跟踪干扰源),可以组合成 27 种不同的作战使用方式，在显著改善作战灵活性的同时，也有效增强了导弹的抗干扰能力。在 AIM－120 所采用的这些制导方式中，跟踪干扰源方式值得特别关注，因为目标飞机若对采用这种制导方式的导弹实施有源干扰，反而可能会“引火烧身”，引来导弹对自身的攻击。

此外，目前世界各国现役的对空导弹中，有部分型号采用了较为独特的制导方式，其工作原理决定了外界很难对其实施有效干扰。例如，德、法两国合作研制的“独眼巨人”潜空导弹采用了光纤制导，发射后可由弹上的红外/电视摄像机搜索目标，并将捕获到的目标视频图像通过光纤显示在控制台屏幕上，由操作员进行人工识别并发出指令，控制导弹追踪目标，其整个制导过程中是通过有线光缆来完成的，并且光缆中传送的是光信号而不是电信号，因而拥有极强的抗干扰能力；又如，瑞典 RBS－70 便携式防空导弹采用的是激光驾束制导，其制导系统中的激光接收机位于弹体尾部，只接收来自后方的信号，因而很难被从前方(即目标方向)来的信号所干扰。

3. 制导精度的提高和引战技术的改进，使对空导弹的杀伤效能较先前成倍提升

前述各种先进制导方式的采用，在有效增强对空导弹抗干扰能力的同时，也极大地提高了其制导精度。例如，目前的先进红外成像导引头已经有能力根据目标的外形识别其要害部位，并选择该部位的中心作为攻击点；而多模导引/复合制导技术通过多种制导方式的相互取长补短，即使在远射程、恶劣气象和复杂环境等不利条件下，也能确保对空导弹达到极高的制导精度。由于这样的原因，再加上相关导引方法、导引规律的优化以及非常规控制技术的采用，现代对空导弹的制导精度较先前有了成倍提高。例如，俄罗斯 S－400、欧洲“紫菀”30 等第四代防空导弹的最大脱靶量已从早期防空导弹的数十米(SA－2 为 60m 左右)提高到 3m 以内，以美国 AIM－120、俄罗斯 R－77(AA－12)为代表的第四代雷达制导中距空空导弹的制导精度(脱靶量约 7m)已逐渐接近先前红外制导近距空空导弹的水平，而美国第四代红外制导近距空空导弹 AIM－9X 在测试中甚至多次直接命中靶机。

不仅如此，现代先进对空导弹还广泛采用了制导/引信一体化精确引爆和定向爆破战斗部等先进技术，可以在最后的弹－目交会段，自主选择最佳起爆时机，并使战斗部引爆后产生的高能破片飞向目标的要害部位，从而提高毁伤概率。美国“毒刺”、俄罗斯 SA－18 等先进便携式防空导弹，为了尽可能提高弹上小型战斗部对目标的毁伤效果，其制导系统还可在导弹即将命中目标的最后时刻，使命中点避开目标的发动机尾喷口，而前移至机身部位。今后随着对空导弹制导精度的进一步提高，在可确保直接命中目标时，甚至可以取消战斗部，依靠弹体撞击目标时所产生的巨大动能来对其实施杀伤。例如，美国MIM-104F“爱国者”-3这类主要用于执行反导弹道导弹任务，兼顾打击飞机目标的防空导弹就采用了“撞击杀伤”(HTK)体制；2012年以色列拉斐尔公司和美国洛克希德·马丁公司分别推出的“怪蛇”-6(FAAM即“未来先进空空导弹”)、CUDA空空导弹概念方案，也采用了这样的杀伤方式。

4. 超远程对空导弹技术日渐成熟，目标即使在后方空域活动也不再安全

在以往的战争中，由于战线的阻隔，当军机在己方一侧的纵深空域活动时，敌方各种对空兵器往往鞭长莫及，因而其安全通常是可以得到保证的。例如，按照传统观点，射程在100 km以上的空空导弹和200 km以上的面空导弹，才有可能对空中预警指挥机(以下均称预警机)这类通常远离一线作战空域的空中目标构成威胁。但随着现代对空导弹射程的不断增加，这种状况已经发生了很大变化。

自20世纪90年代以来，国外推出的部分先进对空导弹通过采用高性能动力装置、优化气动外形、更合理的飞行路线(如高抛弹道)、轻质结构材料等措施，其最大射程较先前同类导弹有了成倍增加，可达300~400km，因此目标即使在后方空域活动也不再安全。目前在超远程面空导弹领域，俄罗斯现役第四代地空导弹S-400的最大射程已达400 km，其研制中的第五代地空导弹S-500则将射程进一步提升到500~600 km；美国RIM-174“标准”-6舰空导弹不仅最大射程可达370~400 km，而且该弹在美国海军“协同作战能力”(CEC，图2-2)体系的支持下，可以通过其他水面舰艇、E-2C/D预警机、无人机等平台提供目标信息和修正指令，具备了跨地平线拦截能力(图2-2)。在超远程空空导弹领域，俄罗斯推出的K-100(KS-172)和R-37(AA-13)两型导弹的最大射程均达300~400km，其中R-37已经配装在米格-31BM战斗机上，该弹改进型R-37M则将用于苏-30/35和苏-57战斗机；而西方国家中，除了美法两国早年曾考虑过在各自的“阿萨姆”(ASALM)、“阿斯姆普”(ASMP)空地巡航导弹基础上改型发展射程300km以上的超远程空空导弹外，2017年以来美国推出的“远程交战武器”(LREW)、AIM-260等远程空空导弹研究计划均把射程作为一个重要性能指标，也有向超远程方向发展的趋势。

可以预见，当上述超远程对空导弹在未来战场上投入使用后，将会给预警机、空中加油机(以下均称加油机)这类自防护能力差，主要依靠护航兵力和远离作战空域来保证自身安全的军机带来致命威胁，即使不能当场将这些飞机

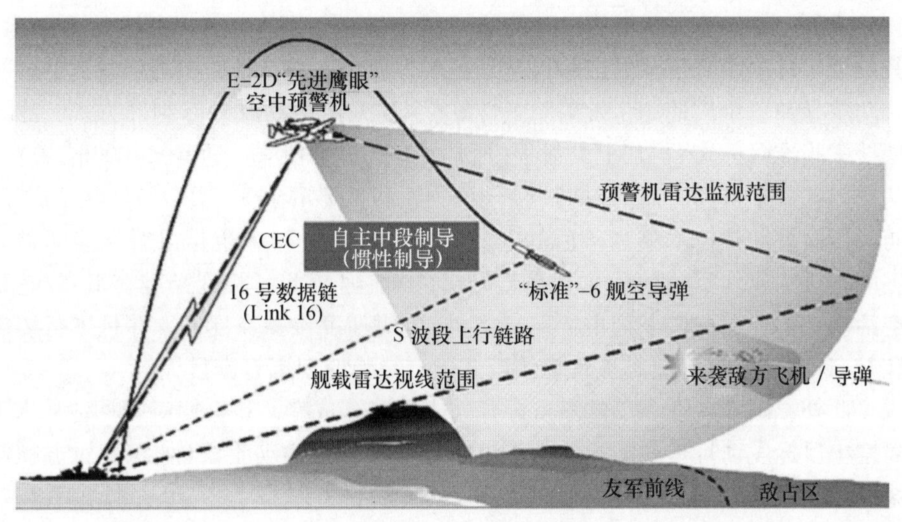

图 2-2　美国海军“标准”-6 舰空导弹在 CEC 系统支持下可对本舰雷达视线范围外的目标发起攻击　（图片来源：美国海军作战部）

击落，也将迫使其逃离任务空域，以致无法在战争中发挥应有作用。就算是战术作战飞机，其战时行动也将会因此受到严重影响，其活动空间将被极大压缩，尤其是对于部分国土面积有限、缺乏作战纵深的国家来说，其军机很可能刚从机场跑道起飞升空，就马上会面临敌方导弹攻击的危险。

5. 对空导弹发射平台日趋隐蔽化、多样化，目标防护的难度将进一步增大

随着技术的进步，对空导弹在自身技术性能不断提升的同时，其发射平台也日趋隐蔽化、小型化、多样化，使导弹攻击的突然性不断增加，对其进行防护和反制的难度也相应增大。

例如，今后战争中隐身飞机将会大量投入使用，这类飞机的雷达、红外等信号特征大幅缩减，致使防御一方对来袭敌机的探测距离急剧缩短，由此很可能会导致防御一方的军机尚未发现敌机来袭时，自身就已进入敌方空空导弹的有效攻击范围，因而来不及采取应对措施。尤其是对于以美国 F-22 为代表的第五代战斗机①来说，其先进的隐身技术与超声速巡航、超机动等性能相结合，再配以 AIM-9X、AIM-120D 等高性能空空导弹，将会给在后方空域活动、疏于防备的敌方各种军机（如正在执行任务的预警机、加油机、运输机，返航途中燃油即将耗尽或起降过程中的战术作战飞机）带来前所未有的威胁。

① 由于本书大量使用国外资料，因此在战斗机划代上也采用国外标准（参见 10.1 节），此处的第五代战斗机相当于国内所称的第四代战斗机，其余以此类推。

再如，20 世纪 80 年代以来便携式防空导弹逐渐在全球范围内大量扩散，其给世界各国军机带来的威胁也越来越不容忽视。与其他对空导弹相比，便携式防空导弹可单兵使用、发射隐蔽性好(主要采用被动红外等制导方式，靠目视搜索瞄准目标)，再加上其射程(通常≮5000m)和射高(通常≮4000m)有限，从发射到命中目标所需的时间非常短(通常仅为数秒钟)，往往令对方防不胜防，因而即便是技术相当落后的老式导弹(如 SA－7)，也足以对性能非常先进的军机构成现实威胁。尤其是直升机(其航速较低，并且经常在低空/超低空活动)和处于起/降状态的固定翼飞机(此时速度慢、高度低，并且飞行姿态和航向相对固定)，更是被视为便携式防空导弹的理想打击目标。

此外，国外探索多年的潜空导弹技术正日渐成熟，将会使潜艇具备从水下对空中目标发动打击的能力。由于潜空导弹主要以被动手段(如探测对方螺旋桨/旋翼或发动机辐射到水下的噪声)来获取目标信息，并且从水下隐蔽发射，攻击突然性强，将会给敌方的对抗带来极大困难，因此这类导弹投入使用后，将会极大地改善潜艇在与反潜机对抗中的长期弱势地位，甚至可能导致双方攻守易位，使反潜机从传统的“猎手”角色变成“猎物”(图 2－3)。不仅如此，国外还已开始探讨战时让潜艇携带中/远程防空导弹，越过战线并深入到敌后方海域，以游猎或设伏的方式，对其预警机等高价值空中目标实施出其不意的打击。

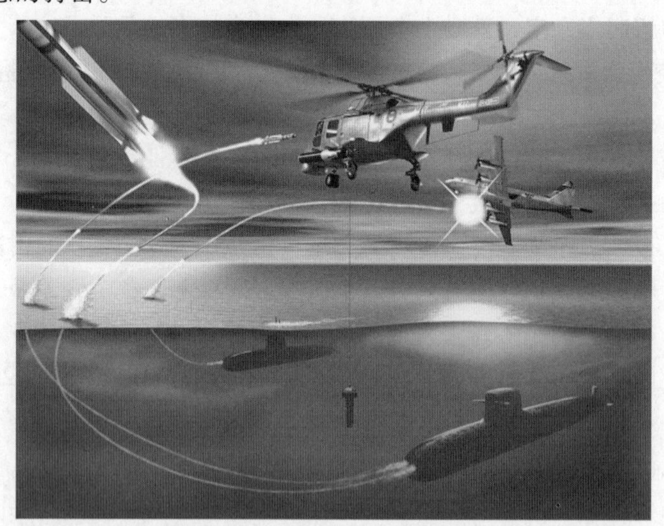

图 2－3　潜空导弹从水下攻击空中反潜直升机/固定翼飞机示意图

(图片来源：法国 DCNS 公司①)

① 该公司后于 2017 年改组为海军集团(NG)公司。

2.2.3 未来战场上 RPG 对直升机的威胁将越来越不容忽视

按照传统观点，RPG 这类武器在对空射击时存在着尾焰易伤害射手、瞄准具难以对付高速运动目标、发射速度较慢等先天限制，再加上其发射的火箭弹飞行速度慢、无制导装置、战斗部也不适合对付空中目标，因而很难对现代军机构成现实威胁。因此长期以来，世界各国军方一直没有将 RPG 作为防空武器看待，更没有考虑过应对措施。然而在第二次世界大战后的多次局部战争和武装冲突中，特别是21世纪初的阿富汗和伊拉克战场上，RPG 作为一种反直升机武器在战场上异军突起，取得了令人瞩目的战绩，以致被部分媒体称作“直升机杀手”。这表明，即使是在现代高技术战场上，只要采取合适的战术手段，充分挖掘装备作战潜力，RPG 这类武器仍有能力对低飞的直升机甚至部分固定翼飞机构成有效威胁。

1. RPG 在世界范围内装备使用量大，可以数量优势弥补对空作战效能不足

与其他同类武器相比，RPG 具有技术简单、造价低廉(单价仅相当于便携式防空导弹的1/100)、小巧轻便、威力足够和获取渠道广泛(世界范围内有众多国家、地区甚至地下工厂仿制生产)等众多优点，使其广受用户欢迎，不仅苏联和原华约组织成员国军队大量装备，在第三世界国家军队中也广泛使用，而在世界各地的非政府武装组织中，RPG 更是成为一种与俄制 AK－47 突击步枪齐名的标志性武器(图2－4)。自20世纪60年代初面世以来，RPG 几乎参与了世界范围内的所有军事行动，并且在实战中经常被当作一种“全能”武器来使用，其作战对象不仅涵盖了坦克装甲车辆、野战工事、有生力量等几乎所有陆上目标，而且还被大量用于打击水面和空中目标。在非洲甚至还曾出现过

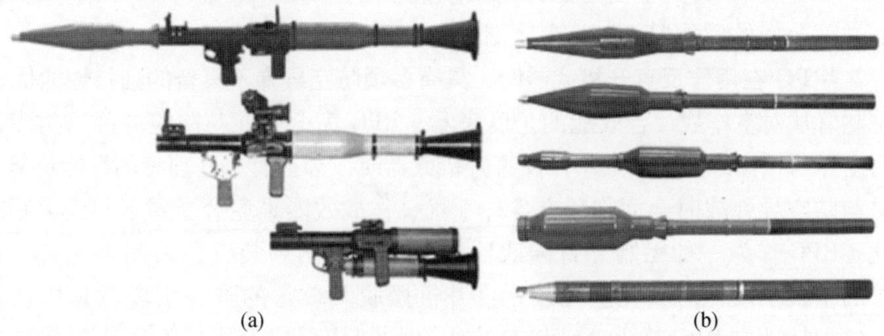

图2－4 RPG 发射筒(a)及其常用弹药(b) (图片来源：modernfirearms. net；qunrf. ru)

(a)从上到下依次为：已装上 PG－7VM 破甲弹的 RPG－7V 型火箭筒、安装有 PGO－7 瞄准具的 RPG－7V 型火箭筒、处于分解状态的 RPG－7D 型火箭筒；

(b)从上到下依次为：PG－7VM 破甲弹、PG－7VL 改进型破甲弹、PG－7VR 串联装药破甲弹、TBG－7V 温压弹、OG－7V 杀伤榴弹。

RPG 打击固定翼飞机的成功战例：1979 年 4 月 7 日，坦桑尼亚军队使用 RPG 在恩德培机场将一架刚起飞的乌干达空军 C－130H 运输机击落。

从另一方面看，自 20 世纪 80 年代苏阿战争以来，非传统战争已经逐渐成为战争行动的常态，直升机作为这类战争中的主要参战机种，其面临的 RPG 威胁将会越来越突出。因为在非传统战争中，参战的各种武装组织通常严重缺乏地空导弹等高性能防空装备，其手中的步/机枪等轻武器在打击现代直升机时威力又远远不够，往往会大量使用 RPG 这类反装甲武器来对付直升机。如前所述，1993 年 10 月与美军发生冲突的索马里武装分子的装备就非常落后，尤其严重缺乏防空武器，而不得不将 RPG 用作主力反直升机武器；而在 21 世纪初的阿富汗和伊拉克战争中，反美武装更是广泛使用 RPG 来打击美军直升机，以致于参战美军官兵惊叹“RPG 遍布战场，几乎和步/机枪一样多”。

在这样的背景下，今后战场上的直升机不仅很容易与几乎无所不在的 RPG 遭遇，而且遇到的往往还是多具 RPG 齐射/连射所形成的密集火力。根据数学上的小概率原理，对于小概率事件来说，尽管它在一次试验中几乎不可能发生，但在多次重复试验中几乎是必然发生的。因此，即使将 RPG 击中直升机当作小概率事件来看待，在 RPG 被大量用于打击直升机的战场环境下，这样的事件不但最终必将会发生，而且战果也将会逐渐积少成多。更何况多年的研究结果和实战经验表明，RPG 在战场上击中直升机的概率并不是很多人想象中的那样低。由于这样的原因，再加上直升机在世界各国军队中装备使用日益普及，美军甚至到了离开直升机就“寸步难行”的程度，现代战场上直升机遭 RPG 击落、击伤事件层出不穷也就不足为奇了，阿富汗/伊拉克战争中美军 CH－47“支奴干”直升机更是因为庞大笨重、易遭 RPG 袭击并导致严重人员伤亡而被部分媒体称作“RPG 磁铁”(图 2－5)。

2. RPG 在用作反直升机武器时，具有多项防空导弹不具备的独特性能优势

尽管从对空作战综合效能的角度来看，RPG 完全不能与防空导弹这类专门的对空弹药相比，但是当其用作反直升机武器时，却拥有一些独特的性能优势。

与防空导弹战时会面临敌方各种干扰、作战效能难免会受到不同程度影响相比，RPG 作为一种无制导直瞄武器，自身没有制导装置，因此再先进、再完善的干扰手段均对其完全无效，直升机摆脱其攻击的唯一手段就是机动规避，这种特性使 RPG 在电磁环境日趋复杂的现代高技术战场上往往能出奇制胜。例如在 21 世纪初的阿富汗和伊拉克战争中，尽管西方国家军队拥有绝对的技术优势，其军机所配装的先进自防护系统足以压制武装分子手中数量有限、性能也不尽如人意的老旧便携式防空导弹，但对于 RPG 的袭击却始终没有什么好的应对办法。

(a)　(b)

图 2-5　2012 年驻阿富汗美军一架 CH-47 直升机在一次夜间行动中遭到 RPG 袭击的红外视频图像　(视频截图来源：frontlinevideos. com)

(a) CH-47 直升机在离地面仅数英尺的高度悬停，一枚 RPG(箭头指示处)正向其飞来；

(b) CH-47 直升机机身后部的跳板式舱门被 RPG 击中。

不仅如此，对防空导弹来说，由于受初始散布、导弹开始受控时间、过载特性和安全性等因素的影响，均有最小射程(通常为数百米)和最低射高(通常为数米至数十米)限制，因而战时存在着火力死角。相比之下，RPG 除了需要有一定的保险距离(通常距发射筒口十余米)和防止后喷尾焰伤人外，并不存在过多的射击限制，其有效射程(对地面移动、静止目标分别为 300m、500m)恰好覆盖了防空导弹的射程近界死区。

此外，与对空导弹飞行时往往会出现一定的尾焰、烟迹相比，RPG 由于发动机工作时间短，在飞行中通常不会留下较明显的目视信号特征，因而作战隐蔽性更好。实战证明，对于直升机飞行员来说，除非他能事先发现地面有可疑迹象并提前做好准备，否则一旦 RPG 发射升空，在其命中目标或自毁之前将很难被察觉，这往往会导致直升机丧失躲避袭击的最佳时机。美国军方对伊拉克战场上多起直升机遭袭事件的调查结果就证明了这一点：绝大多数被 RPG 击落的直升机飞行员在其座机被击中之前，根本就没有觉察到有人在向其射击，更谈不上采取相应的规避措施了。

还有一点值得指出的是，相对于对空导弹及其他几乎所有对空武器来说，RPG 在打击直升机时拥有一个独特性能优势：受直升机旋翼所产生的强烈下洗气流的影响，RPG 从侧下方接近直升机时将会出现迎风偏①现象，导致其朝

① 迎风偏：飞行中的 RPG 火箭弹在遇到与飞行方向成一定角度的横风时，其飞行方向将会产生偏差；由于此时火箭弹弹头部分比较重(战斗部在头部)，弹尾部分比较轻(发射药在不断燃烧消耗)，再加上弹尾还有伸展开的尾翼导致其风阻面积较大，因此弹头部分偏离的速度和距离均比弹尾小，这会使火箭弹偏向风吹来的方向。

直升机机体方向偏移，甚至有可能被气流“吸”进去，从而会在一定程度上增大 RPG 的命中概率。

3. 采用灵活巧妙的战术，可有效克服 RPG 对空射击时面临的技术问题

对于前面提到的 RPG 用作防空武器时存在的种种先天不足，世界各地的 RPG 使用者早已总结出一套非常简单但却颇为有效的战术手段，可在相当程度上予以弥补。

例如，针对 RPG 以较大仰角对空射击时，高温尾焰很可能会被地面反射回来，烧伤射手或附近他人的问题，可以采取以下做法：在发射筒尾喷口上焊接一个特殊装置来改变尾焰喷射方向；或者射手站在楼顶、墙头、巨石上，射击时让发射筒尾喷口对外；或者在平地上挖一个大坑，射手站在坑边射击并使发射筒尾喷口对着坑内。

针对 RPG 超口径火箭弹前装填方式所带来的俯射时容易滑落出去，因而难以射击下方目标的问题①，可考虑用塑料袋将火箭弹套起来或者用胶带将其缠住固定，从而在基本不影响 RPG 发射的同时，有效阻止火箭弹的滑落。

而对于 RPG 有效射程近、难以打击远距离空中目标的问题，则可通过巧妙利用 RPG 的自毁功能，大幅延伸其对空中直升机的打击距离。因为目前大部分 RPG 装有定时自毁机构，一旦发射后没能击中目标或碰撞到其他障碍物，将会在飞行 4. 5s(距离发射点约 920m)后自毁以防止造成误伤，射手可以充分利用 RPG 的这一特性，借助其自毁空炸所产生的大量破片(类似近炸引信战斗部的效果)，来对 900 余米外飞行中的直升机实施打击。20 世纪 80 年代苏阿战争中阿富汗游击队打击苏军直升机的实战经验证明，尽管这种战术对射手的训练技能和经验积累要求较高，但是在战斗中往往会取得出其不意的效果。例如，在打击正在撤离战场的直升机时，射手可凭经验对其进行观测估算，待直升机飞至 700 ~ 800m 处再向其发射 RPG，正常情况下 RPG 将会在大约 920m 处追上直升机并在其附近自毁，所产生的大量破片将会对直升机造成杀伤，如果能集中多具 RPG 集火射击，其打击效果将更佳。

4. 通过集火射击和抵近攻击，可显著提高 RPG 对移动空中目标的命中率

通过集火射击来提高对目标的命中率，是包括枪/炮弹在内的所有非制导弹药在实战中的一种常见战术，对于被用作反直升机武器的 RPG 来说，同样也不例外。由于 RPG 发射速度较慢(发射完毕后重新装弹需耗时约 1min)并且有效射程短(仅 300 ~ 500m)，这对其打击以较快速度飞行的直升机非常不利，

---

① 从山顶或建筑屋顶使用 RPG 向下俯射，打击武装直升机防护薄弱的顶部是一种常见的步兵反直升机战术，曾在苏阿战争中大量使用。

射手通常只有一次射击机会，随后目标很快就会飞离RPG射程范围。面对这样的情况，最简便也是最容易想到的办法无疑就是集中多具RPG对空中直升机实施齐射攻击，由此可显著提高对目标的命中率。例如，1993年10月索马里武装分子就是通过向空中齐射大量RPG（有媒体称当时武装分子几乎打光了其库存的全部RPG），形成密集的对空火网，最终取得了击落、击伤美军MH－60“黑鹰”直升机各2架的战果。

对于RPG来说，由于其有效射程短，射手只能对目标发起近距离攻击，这尽管会增大射手被敌方发现、反击的危险，但同时也非常有助于提高对空中直升机的命中率。因为在如此近的距离上对直升机实施直射攻击，除了有助于提高瞄准精度外，更重要的是将会导致RPG命中目标之前的飞行时间非常短，敌方直升机飞行员即使能及时发现RPG发射时所产生的筒口闪光或尾焰，也只能获得极短的反应时间（以射程300m计算，这一时间通常仅为1～2s）。按照北约组织专家的评估，要在这样短的时间内对来袭威胁做出准确判断并操纵直升机进行相应的机动规避，已经超出了人类的生理极限。而从历次局部战争中的实战情况来看，RPG作为现代战场上“100码武器”[①]的典型代表，很多时候射手对直升机发动攻击的实际距离，往往远低于RPG的有效射程（这在复杂战场环境下也比较容易做到）。由此一来，不仅进一步提高了瞄准精度，还可进一步压缩敌方直升机飞行员的反应时间，从而进一步提高命中率。例如，20世纪80年代苏阿战争期间，阿富汗游击队曾多次在100m左右的距离上对迎面飞来的苏军米－8、米－24直升机发起RPG攻击并取得了较好战果；2011年8月6日，美军一架CH－47“支奴干”直升机在阿富汗境内被击落并导致38名美/阿军官兵阵亡，有媒体称当时塔利班武装是在约137m（有说220m）之外发射RPG并击中目标的。

事实上，以英国格拉斯哥大学为代表的国外部分科研机构/高校的相关研究结果也表明，当RPG在300m内的近距离上打击空中直升机时，其飞行弹道与采用比例导引法[②]进行制导飞行的防空导弹较为接近，因而其对目标的命中率并不像很多人印象中那样低，由此甚至可以在一定程度上弥补便携式防空导弹的射程近界死区。

5. 经过适当的技术改进后，RPG的对空作战效能还将会进一步提升

经过数十年的探索，世界各地的RPG使用者在战术运用方面已经相当成

---

① 100－yard weapon，意指在100yd（约91.4m）这样近距离上发射的武器。

② 比例导引法是对空导弹常用的导引规律之一，具有飞行弹道平直、弹道曲率小、技术上较容易实现等优点，尤其为便携式防空导弹所大量采用。

熟，对目前技术条件下RPG反直升机能力的挖掘已经接近极限，今后若以直升机等空中目标为作战对象，对RPG进行必要的针对性改进，其对空作战效能还将会再上一个台阶。

例如，目前世界各地的RPG普遍配装的是空心装药聚能破甲弹，这一弹种主要用于攻击坦克装甲车辆，需要直接命中目标并通过高温高速金属射流来对其进行杀伤，在打击直升机等空中目标时的命中概率和毁伤效果远不如对空导弹常用的破片杀伤战斗部。今后若为RPG配装大威力破片式杀伤榴弹(如俄制OG-7V杀伤榴弹，其对身着防弹衣的人员的最大杀伤距离可达150m)并换装较先进的近炸引信，即可大幅提高其对空作战效能。在此基础上，再为RPG发射筒配装对空瞄准具以及激光测距仪、红外热成像/微光夜视仪等先进设备，其对空作战效能还将进一步提升。

从另一方面看，随着相关领域技术的进步和现代物流业的发展，对于世界各地的RPG使用者来说，上述这样的技术改进正变得越来越简单易行。英国著名防务商BAE系统公司曾为此专门提出警告，“在互联网上只需花1万美元就可以买到改进RPG所需要的各种硬件设备”，而“极端分子并不缺少经费”，一旦他们将其购置的高技术设备与RPG这种传统“低技术”武器相结合，将会显著提高后者的作战效能，在今后战场上对直升机的威胁也将会成倍增加。

事实上，“基地”等武装组织早就开始对其手中的RPG进行类似的技术改进，通过加装定时引信，使其发射后能够按照预先装订的时间引爆(而不必等到自毁机构启动)，从而提高对空中直升机的杀伤效果。2004年上半年，在伊拉克参战的美军直升机飞行员就曾发现反美武装使用了这种改进型RPG。而据美国《费城新闻报》记者马克·鲍顿(Mark Bowden)[①]披露，在1993年10月的“黑鹰坠落”事件中，索马里武装分子不仅采用了“基地”组织传授的RPG对空射击战术，而且使用了由后者援助、安装有定时引信的改进型RPG。

2.3 现有的军机自防护措施将越来越难以满足未来战争需求

如前所述，在目前技术条件下，战场上的军机一旦被敌方发现并遭到其发射的对空弹药攻击，所能采取的防护手段不外乎两种：机动规避和软杀伤。但

① 马克·鲍顿是纪实文学《“黑鹰”坠落：现代战争的故事》(*Black Hawk Down: a story of modern war*，后被改编成著名电影《“黑鹰”坠落》)的作者，他曾在战后不久到索马里采访过此战的参战者和现场目击者。

是多年来的研究分析结果和实战经验教训表明，面对现代战场上技术日益先进、样式日趋复杂的对空弹药威胁，这两种防护手段都存在着明显的局限性，不仅难以给载机提供可靠有效的防护，而且会给载机作战任务的完成带来不同程度的负面影响，并且随着时代的发展，这些局限性将会表现得越来越突出。

2.3.1 面对机动能力强的对空导弹和近距发射的非制导弹药，机动规避的效果将越来越差

自军机出现在战场上以来，机动规避一直是其应对敌方火力攻击的基本防护手段之一，并曾在战争中发挥过重要作用。到目前，机动规避仍是军机对付来袭导弹、降低其命中率的一个重要手段，在对付非制导弹药攻击时甚至是唯一的手段。然而随着对空导弹技术的进步，其攻击高机动目标的能力不断提高，再加上各种非制导弹药的发射距离普遍较近，今后战争中军机以机动规避手段来摆脱来袭弹药的攻击将会越来越困难。

1. 军机的机动规避能力受平台机动性和飞行员生理因素的限制

自第二次世界大战结束以来，随着航空科技的进步，现代军机尤其是战斗机的机动性较先前有了巨大提升，目前先进战斗机的最大使用过载已普遍达到8～9g。但与同期出现的高性能对空导弹相比，军机单靠这样的机动能力仍远不足以摆脱导弹的攻击。例如，美国AIM－9X、德国IRIS－T、欧洲“紫菀”等现役先进对空导弹的最大可用过载已达60～70g，若按照对空导弹的设计过载应为典型目标最大过载“3倍加10g”的经验公式推算，这类导弹理论上已足以对付最大过载超过15g的空中目标。今后随着技术的发展，对空导弹的机动能力还将会进一步提高，南非、巴西合作研制的“敏捷射水鱼”近距空空导弹的最大可用过载就已达100g。

从另一方面来看，有人驾驶航空器由于受到飞行员生理因素的限制，今后即使技术条件允许，军机平台的机动性和最大使用过载也不可能无限制地增加下去。目前，以美国F－15/16、俄罗斯米格－29/苏－27为代表的第四代战斗机和以美国F－22/35、俄罗斯苏－57为代表的第五代战斗机的最大使用过载均被限定为9g，这一数字被认为已经接近飞行员所能承受的最大过载极限，今后将很难再有大幅超越。因此在很大程度上可以这样说，今后除非能在高机动无人驾驶航空器技术领域取得重大突破，否则军机平台本身的机动性对于摆脱来袭对空导弹追踪的帮助将会越来越小。

2. 机动规避手段在战场条件下易受各种自然/人为因素的影响

实战经验教训表明，机动规避手段在战场上的实际运用效果如何，受战时各种自然/人为因素的影响很大。

就攻击一方(来袭弹药)来说，能影响到军机机动规避效果的因素主要有以下几种。

(1) 对空导弹机动能力的高低：机动能力强的导弹不容易摆脱，反之则容易摆脱。

(2) 对空导弹所处的飞行阶段：处于不可逃逸区尤其是动力飞行段的导弹摆脱起来较为困难，处于无动力飞行末段的导弹则相对容易摆脱。

(3) 发射距离的远近：若来袭弹药的发射距离太近，留给军机的反应时间将非常短，往往来不及机动规避即被命中，或者军机尽管采取了规避措施，但仍没能及时脱离来袭弹药战斗部的有效杀伤范围。

就防御一方(军机)来说，能影响到自身对来袭弹药规避效果的因素主要有以下几种。

(1) 飞行员的临场处置：训练技能、经验积累和临场发挥均较佳的飞行员，往往能对来袭威胁进行准确判断并采取合适有效的机动规避动作。

(2) 战场态势感知能力的高低：军机的战场态势感知能力强，将有助于飞行员及早发现来袭弹药并做好机动规避准备。

(3) 外挂及载重情况：携带外挂少甚至无外挂，并且燃油、弹药已经大量消耗的军机，由于飞行阻力小、重量①轻，其机动性较好，将有助于对来袭弹药的机动规避。

3. 机动规避手段存在多种先天不足，进而会影响战时防护效果

在目前技术条件下，机动规避作为军机对抗来袭弹药的重要手段，仍存在着种种先天不足，不仅会影响战时防护效果，有时甚至还会带来负面影响。这主要表现在以下几个方面。

(1) 军机为了躲避来袭对空导弹而持续实施机动，将会导致自身能量的大量损失，进而严重影响对后续来袭导弹的机动规避。

(2) 部分军机(尤其战术作战飞机)在进行机动规避的过程中，往往需要打开发动机加力以增大推力，这会导致全机的红外辐射特征增强，容易遭到敌方机载红外传感器设备的探测跟踪或红外制导武器的锁定攻击(参见 10.2.2 节)。

(3) 对于处于某些特殊飞行状态(起飞/降落、已经受伤、燃油不足、空中加/受油、直升机吊挂大型装备、运输机空投/空降等)的军机来说，一旦遭到攻击，将难以实施机动规避。

(4) 大型军用飞机(运输机、轰炸机等)和直升机的机动性远逊于战斗机，

---

① 本书中的“重量”均为“质量”(mass)概念，其基本单位为 kg。

与来袭对空导弹相比更是微不足道，对这类军机来说，机动规避对于摆脱导弹攻击所能提供的帮助往往相当有限。

（5）目前技术条件下，载机的机动规避仍主要由人来操作实施，当面对近距离突然出现的威胁时，飞行员很多时候会措手不及。

（6）部分先进对空导弹在被成功规避而丢失目标后，将可以凭“记忆”功能推算目标大致位置，由此仍可能会对目标构成威胁。

2.3.2　面对抗干扰性能好的对空导弹和无制导装置的非制导弹药，软杀伤的难度将越来越大

在现代战争中，软杀伤是军机对抗来袭对空导弹、提高自身战场生存力的一种主要防护手段，其作用已经在历次局部战争和武装冲突中得到了验证。到目前，软杀伤自防护系统已经在各种军机上广泛配装使用，并成为世界各国一线作战军机的基本防护装备。然而随着相关领域技术的发展，现代对空导弹的抗干扰能力不断增强，各种非制导弹药大量用于对空作战，今后战争中军机在以软杀伤手段对抗来袭弹药时，将会越来越力不从心。

1. 软杀伤手段的实际运用效果与交战双方技术水平对比密切相关

实战经验教训表明，战时软杀伤手段对来袭导弹实施的干扰能否奏效，与攻防双方在干扰/抗干扰领域的技术水平密切相关。由此导致对空导弹的干扰与抗干扰技术之间明显存在着一种“水涨船高”式的对抗竞争关系：每当干扰技术有了新的发展，对空导弹的抗干扰能力很快就会相应地提高；在某个阶段，某种抗干扰技术可能非常有效，但通常过不了多久就会出现化解这种技术的干扰手段。因此对于各国军机来说，如果仅靠软杀伤手段来应对导弹威胁，将不可避免地会与敌方在干扰与抗干扰之间展开一轮又一轮“魔高一尺，道高一丈”式的循环竞争，不仅代价非常高昂，而且在面对突然出现的全新威胁（如敌方首次投入战场使用的“秘密”武器或者经过重大改进升级的传统武器）时往往会措手不及，或者会因为相关技术始终无法赶超敌方而导致自身长期处于被动挨打的状态。例如，在20世纪六七十年代的越南战争和中东战争期间，苏制SA－2/6/7地空导弹在其投入作战的初期都曾取得过重大战果；而在20世纪80年代的苏阿战争期间，美制“毒刺”便携式防空导弹的出现曾一度给苏联军机构成重大威胁，并在相当长时间内令苏方的对抗措施收效甚微。由此可见，对于相关各国军方来说，除非有能力长期对敌方保持较为明显甚至压倒性的技术优势，否则单靠软杀伤手段，其军机将很难获得稳定可靠的防护。

2. 软杀伤手段在战场条件下易受各种自然/人为因素的影响

与机动规避类似，软杀伤手段在战场上的实际运用效果如何，也会受到战

时各种自然/人为因素的影响，因而同样技术水平的软杀伤设备，在不同战斗中的表现可能差别很大。

(1) 软杀伤手段对施放干扰的时机要求较高，过早或过晚都会影响干扰效果。例如，箔条/红外干扰弹若投放过早，其与载机的运动特性差异将比较明显因而容易被导弹识别出来，或者会导致干扰弹失效后，载机尚未逃离来袭导弹导引头的视场角；若投放过晚，干扰弹将没有足够的时间引诱导弹远离载机，导弹很可能在被诱偏之前就已捕获到了真正目标，因而起不到干扰作用。

(2) 军机在对来袭导弹实施软杀伤时，通常需要采取合适的机动规避动作予以配合，才能获得较好的防护效果，而载机的机动规避能力又与前述的多种自然/人为因素密切相关。例如，军机在使用红外干扰弹的过程中，其机动需要尽量垂直于导弹来袭方向，并且发动机不能随意开加力(否则将会使自身红外信号强度急剧增大，同时使干扰弹与载机分离的速度加快，进而严重影响防护效果)，这对军机平台性能和飞行员技能经验无疑都有较高要求。

(3) 软杀伤手段的作用效果与战场气象条件的关系较大。例如，战场空域温度、湿度、风速的变化都会对箔条/红外干扰弹的作用效果产生直接影响；而对于以激光作为干扰光源的定向红外对抗(DIRCM)系统来说，其对来袭导弹的干扰效果则会受到激光大气传输的衰减效应和湍流的影响。

(4) 箔条/红外干扰弹对载机携弹量的要求较高。以红外干扰弹为例，为了确保其投放出去后能进入来袭导弹导引头的视野，载机往往需要以一定的时间间隔(例如干扰弹燃烧持续时间)连续投放多枚干扰弹，而在对付抗干扰能力强的先进导弹时，更是需要大量投放、甚至大面积抛撒以遮盖自身(图2-6)。此外，对于部分执行高风险任务的军机(例如攻击机、武装直升机)来说，在一次出击行动中很可能会面临敌方多次导弹攻击，有时甚至在没有探测到导弹来袭之前，也需要提前投放干扰弹以防不测。考虑到这些因素，如果载机携带能力有限，箔条/红外干扰弹的战场防护效果将会被大打折扣。

(5) 软杀伤手段的作用效果和载机自身信号强度大小存在一定关系。例如，对于部分雷达、红外等信号特征本来就较强，并且没有采取隐身措施的军机来说，由于自身信号强度大，往往不利于机载软杀伤自防护系统效能的发挥；当军机高速高机动飞行时，发动机将会持续处于大功率甚至加力状态，机身部分部位的气动加热也比平时更加严重，导致全机红外信号特征成倍增强，此时也不利于机载软杀伤自防护系统对来袭导弹的干扰诱骗。

3. 软杀伤手段存在多种先天不足，进而会影响战时防护效果

在目前技术条件下，机载软杀伤系统中各种干扰设备的功能比较单一，每种设备只是针对某种制导方式才有效，迄今为止尚不存在可以同时对雷达、红

图 2－6　欧洲 A400M 军用运输机进行红外干扰弹投放测试时的壮观场面
（图片来源：欧洲空中客车公司）

外、激光等所有(或其中数种)制导方式进行干扰的“全能”设备。例如，在目前所使用的软杀伤设备中，雷达有源干扰机、箔条干扰弹和拖曳式雷达诱饵只能对付雷达制导导弹，而红外干扰机、红外干扰弹和定向红外对抗系统只能对红外制导导弹进行干扰。在战时，这将会给军机软杀伤设备的携带和选用带来很大困扰：若有选择地携带部分干扰设备，除非已方掌握有敌方对空武器装备和部署的准确情报，否则很容易出现“顾此失彼”的情况；若本着“料敌从宽”的原则，尽可能携带种类齐全的干扰设备，又会增加载机的负担，影响其作战任务的完成。退一步讲，即使军机有能力携带所有种类的软杀伤设备，战时也会面临如何迅速准确地判断来袭导弹制导方式并确定相应干扰方式的问题。在实战中，为了防止误判而带来严重后果，军机往往会采采取多种干扰手段并用的方式(例如，同时投放箔条和红外干扰弹)，导致效费比偏低。

不仅如此，研究分析结果和实战经验教训还表明，即使在来袭弹药种类、制导方式甚至性能水平均大致确定的情况下，软杀伤手段也仍存在着以下能力的不足。

（1）箔条在空中减速很快，因而对具有速度处理能力的雷达(例如，动目标显示雷达和脉冲多普勒雷达)的干扰效果较差。

（2）传统的红外干扰弹只适于干扰红外点源制导导弹，而难以对付更先进的红外成像制导导弹。

（3）拖曳式诱饵主要适合对付面空导弹，在空战尤其是近距格斗空战中则不方便使用。

（4）部分对空导弹所采用的激光驾束、有线制导等制导方式，目前的软杀伤设备很难对其进行有效干扰。

(5) 对于采用复合制导的对空导弹来说，由于其飞行初/中段通常采用的是程序控制或者惯性制导，在此期间无法对其实施干扰。

(6) 软杀伤手段通常需要一定的作用时间，才能使来袭导弹逐渐偏离目标，因而在应对近距离突然出现的导弹攻击时，其效果往往难以尽如人意。

(7) 部分先进对空导弹在遭到软杀伤而丢失目标后，将可以凭“记忆”功能推算目标大致位置，由此仍可能会对军机构成威胁。

(8) 无论多么先进的软杀伤手段，对非制导弹药均完全无效。

2.3.3 机动规避和软杀伤手段均可能会给载机作战任务的完成带来不利影响

在目前技术条件下，当军机以机动规避方式应对来袭弹药时，给自身(或友邻兵力)作战任务完成所带来的不利影响非常明显：①飞机在完成大过载机动动作时将极其耗油(发动机通常处于加力状态)，战时若这样的机动飞行过多，将会导致机上燃油的大量消耗，严重影响后续任务的执行，甚至不得不提早返航；②在与敌机的空战中，军机为了躲避来袭导弹而持续实施机动，将会导致自身能量的大量损失，在后续战斗中将会处于非常不利的态势；③承担对地/水面目标攻击[①]任务的军机在对来袭弹药进行机动规避时，为了尽量减轻自身重量以提高机动性，很多时候将不得不丢弃部分甚至全部外挂弹药，由此会使对面攻击任务受到不同程度影响甚至被迫取消；④即将对目标发起攻击的军机，若同时面临迫在眉睫的威胁而不得不进行机动规避时，将会导致攻击行动的中止(如放弃对目标的跟踪锁定)和有利战机的丧失，目标很可能会趁机逃脱；⑤当军机使用不具备“发射后不管”能力的导弹攻击目标时，若在发射导弹后遭到敌方攻击而被迫进行机动规避，将很难为导弹提供后续制导，最终会导致导弹丢失目标；⑥编队飞行的军机若频繁进行剧烈机动，往往很难再继续保持完整的编队，并且可能会出现部分飞机失散甚至相撞的情况[②]；⑦被成功规避并脱靶的来袭导弹，一旦没有及时自毁，将有可能重新捕获、攻击己方编队内的其他飞机，甚至可能会威胁到附近空域的民用航空器[③]。

与机动规避类似，当军机以软杀伤手段来提高自身战场生存力时，对自

① 本书以后除部分特别指出之处外，均称对面攻击。

② 1982 年马岛战争期间，英国海军曾发生过两架“海鹞”舰载战斗机在执行战斗空中巡逻任务时相撞坠毁的事故。

③ 2001 年 10 月 4 日发生的乌克兰军队 SA－5 地空导弹误击俄罗斯图－154 客机事件，就是前者在演习中丢失目标后，将正从附近空域飞过的后者捕获所致。

身(或友邻兵力)作战任务完成所带来的不利影响也较为突出，这主要包括：①箔条投放或雷达干扰机开启后，可能会对本机、友机或己方地面/舰载的雷达探测设备造成干扰；②红外干扰弹投放后，可能会对本机、友机或己方地面/舰载的红外探测/告警设备造成干扰；③拖曳式诱饵施放后，会对载机的机动性和隐蔽性有一定影响；④在战场上实施有源干扰可能会暴露本机或编队，甚至可能会引来反辐射导弹的攻击；⑤载机在借助箔条/红外干扰弹对来袭导弹实施软杀伤时，往往需要大量投放使用才能达到足够效果，由此会对干扰弹携带量提出较高要求，动辄数十、上百、甚至数百枚，这将会大量挤占载机的机体空间和有效载荷(图 2－7)，进而影响其他任务设备和武器弹药的携带。⑥被成功干扰并脱靶的来袭导弹，一旦没有及时自毁，将有可能重新捕获、攻击己方编队内的其他飞机，甚至可能会威胁到附近空域的民用航空器。

图 2－7　美国 A－10 攻击机两翼翼尖及两个主起落架整流罩后部各安装有 4 个 AN/ALE－40 箔条/红外干扰弹投放装置，每个投放装置内装 30 枚干扰弹，全机干扰弹携带量达 480 枚　(图片来源：fas. org)

此外值得指出的是，当面对实力较强的对手时，考虑到标准配置的机载软杀伤自防护系统往往无法给载机提供足够的防护，很多时候参战军机还需腾出部分武器挂架用来加挂电子战吊舱，由此会影响到主战弹药的携带量，进而给载机作战任务的完成带来直接影响。而当军机编队对严密设防的敌方目标实施空袭时，仅对编队内单机的电子战能力进行提升，仍远不足以确保整个编队的安全突防，还必须在编队内编入部分专用电子战飞机（如美国 EA－6B、EA－18G）以担负随队干扰任务，有时甚至还需要出动更大型的防区外干扰飞机（如美国 EC－130H、俄罗斯伊尔－22PP）来配合行动。由此一来，在参加出击行动的所有军机中，有相当一部分是专门执行电磁干扰/压制任务的，有时甚至会超过主战飞机数量，这不仅会导致参战机队规模和飞行架次大大增加，带来作战行动成本上升、调度指挥难度增大、战场隐蔽性降低等一系列弊端，而且会因为编队内主战飞机数量相对不足，直接影响到对敌打击火力的强度和持久性。

2.4 发展主动防护技术是当前时代背景下提高军机生存力的现实途径

从上面的分析可以看出，在当前时代背景下，军机继续依赖传统的机动规避和软杀伤手段，通过提升平台机动性和改进电子战系统性能来提高战场生存力已非上策，非常有必要另辟蹊径，寻求其他更加积极主动的防护措施。而军机主动防护技术将能很好地适应这一需求，有效应对今后日益严重的对空武器威胁和复杂多样的战场环境，从而为提高军机在未来战争中的生存力开辟一条全新途径。

2.4.1 主动防护用作军机自防护手段时具有众多独特优势

与机动规避和软杀伤这两种传统防护措施相比，主动防护作为一种基于全新工作原理的新概念自防护手段，拥有一系列前两者不具备的独特优势，当其用于军机战场防护尤其是与机动规避/软杀伤手段结合使用时，将可以显著增强军机的战场生存力，同时最大程度地减小对载机作战任务的影响。

1. 主动防护可有效弥补军机战场防护全过程中的最薄弱环节

如 1.4 节所述，现代战场上军机对来袭弹药实施防护的整个作战全程中，第二阶段（来袭弹药从发射到命中之间的这段时间）可以说是最薄弱的一个环节。在目前技术条件下，此阶段军机所能采取的防护措施很少，通常仅有机动规避和软杀伤这两种手段可供选用，并且很多场合下还只能使用其中的一种（如当非制导弹药来袭时就只能靠机动规避手段来应对），有时甚至还可能会出现这两种手段均在很大程度上失效的极端情况（如军机遭到敌方机动性能好、抗干扰能力强的先进导弹攻击），由此会极大地影响军机的战场生存力。而当引入主动防护技术后，将会在传统的机动规避和软杀伤之外，再为军机增加一种高效的自防护手段，从而使上述状况得到显著改善；如果将主动防护和机动规避/软杀伤手段配合使用，对来袭弹药实施“主/被动结合”式的综合防护，军机的战时防护能力还将会进一步提升。

国内学者对某作战想定条件下空空导弹与单架飞机攻防对抗的仿真分析结果就表明，主动防护(使用“空空反导弹”对来袭空空导弹进行拦截)对提高载机战场生存力的帮助非常明显，尤其是在一些特殊场合下，当传统的机动规避和软杀伤手段因为受战场条件限制，防护效能均大幅下降的时候，主动防护手段的作用将会引人注目地突现出来。例如，在该仿真模型中，当敌方空空导弹从正前方迎头来袭时，使用机动规避、软杀伤手段仅可使来袭导弹的命中率分别降低至 45%、41%，同样条件下使用“空空反导弹”对来袭导弹进行主动拦截，则可使其命中率降至零；如果载机综合使用机动规避、软杀伤、主动防护这三种手段，而不是单独使用其中的某一手段时，各种战场条件下来袭导弹的命中率都将会全面下降，由此可获得更好的防护效果①。

2. 主动防护手段战时效能的发挥受技术水平/战场条件的影响较小

主动防护是通过发射拦截弹，以硬杀伤方式对来袭弹药实施物理毁伤来达到防护目的的，因而在以这种手段对军机实施防护时，完全可以做到“以不变应万变”，只要能确保拦截弹准确命中来袭弹药并使之遭到有效毁伤即可，而根本不必考虑来袭弹药是否有制导，采用的是何种制导方式/体制以及导引头抗干扰能力的强弱。由此一来，将可使军机对抗来袭弹药的手段得到极大简化，不仅可以彻底回避与敌方在导弹干扰/抗干扰等技术领域的无休止对抗竞争，前面提到的软杀伤手段在防护效能方面的种种先天不足也将大大缓解，甚至不复存在。例如，机载 APS 使用同一种拦截弹即可实现对所有种类来袭弹药的防护，可有效解决软杀伤设备功能单一导致战时携带选用困难、软杀伤手段难以对付部分特殊制导/非制导弹药等问题；同时，机载 APS 在操作使用过程中，受载机自身信号强度、战场气象条件、发射时机选择等因素的影响，也远没有软杀伤手段所受影响那样大，其战时作战效能将可以得到更充分的发挥。

不仅如此，当机载 APS 对来袭弹药进行拦截时，通常情况下并不需要载机同步进行剧烈机动来予以配合②；相反，很多场合下若载机平台不做大的机

① 数据来自文献[96]。

② 部分场合可能需要载机在 APS 操作过程中进行适当调姿，或者在成功拦截来袭弹药后躲避破片/残骸对自身的可能损伤。

动，而尽可能保持平稳的飞行姿态，反而有利于 APS 对目标的跟踪瞄准和拦截摧毁。因此，当军机配装主动防护设备后，不但对平台飞行性能尤其是机动性的要求大大降低，从而彻底回避平台机动性/飞行员生理因素限制载机机动规避能力的问题(这对大型飞机、直升机等机动性先天不足的军机尤为重要)，而且当载机处于某些特殊状态(起飞/降落、已经受伤、燃油不足、空中加/受油、直升机吊挂大型装备、运输机空投/空降等)时，由于机上的 APS 仍可正常操作使用(顶多可能出现射界减小等问题)，其自防护能力将不会有明显下降。

此外，由于 APS 是通过火力摧毁方式来对抗来袭弹药的，一旦后者进入 APS 拦截弹的有效杀伤半径内，通常可以在第一时间内就使其彻底丧失威胁性，而不像大部分软杀伤手段那样需要一定作用时间才能将其诱偏，也不像机动规避那样需要留给飞行员足够的反应时间才能对载机进行合适的操控，因此更适于对付敌方在近距离内突然发起的攻击(此过程中只需防止破片/残骸伤及载机自身即可)，同时还可杜绝来袭对空导弹丢失目标后凭“记忆”功能继续对军机发起攻击的情况出现。

3. 主动防护可大幅延伸军机自防护系统的作用距离，扩展其防御纵深

当军机以传统的机动规避和软杀伤(尤其是无源干扰)手段对来袭弹药进行防护时，往往需要等目标逼近到一定距离后才能开始实施，而在这之前的很长一段时间内，来袭弹药基本上是不受任何干扰地在空中飞行。对于战场上的军机来说，这一方面会导致宝贵防御时机的白白丧失(来袭弹药的射程越远，这种情况就表现得越明显)，更严重的是将会极大地增加规避/干扰失败的风险：由于是在相当近的距离内实施机动规避和软杀伤，导致与来袭弹药的对抗机会太少，很多时候甚至仅有一次。尤其是当来袭弹药配备有大威力战斗部时，还很可能会出现这样的情况：尽管飞行员的应对措施准确无误，成功地将来袭弹药摆脱到一定距离之外，但由于此距离小于后者的杀伤半径，致使载机仍会面临相当大的风险。例如，苏制 SA－2 地空导弹的战斗部重达 195kg，其对低空目标的有效杀伤半径为 65m，高空则达 250m，军机在规避这类导弹的过程中，稍有不慎，就可能会出现尽管已与其保持相当距离，但仍被其战斗部引爆后产生的破片击伤的情况，在越南战争和海湾战争中都曾有过这样的战例。图 2－8 显示的就是越南战争期间的 1968 年 2 月 14 日，美国空军一架 F－105D 战斗轰炸机遭越军SA－2地空导弹攻击的场景，尽管当时爆炸点与 F－105D 有相当一段距离，但飞散的破片仍对该机造成致命打击并导致飞行员当场死亡。

图2-8　越南战争期间越军发射的一枚SA-2地空导弹上的大威力战斗部被引爆，其破片命中了较远距离上的一架美军F-105D战斗轰炸机（图片来源：af. mil）

而当军机配装APS并且采用反导自卫导弹[①]作为系统的拦截弹时，上述情况将会得到极大改观。从多年来国外相关领域的研究情况来看，各种反导自卫导弹尽管在有效射程指标上差异很大，但即使是其中射程最短的型号，其对来袭弹药的防护距离也是机动规避和大部分软杀伤手段远远不能相比的，部分由空空导弹兼任的反导自卫导弹更是可以将拦截距离延伸至数十千米外。由此一来，不仅可以大幅延伸军机对来袭弹药的防护距离，而且反导自卫导弹在拦截来袭弹药的过程中，只要有必要的话，安全可以凭借自身有效射程远、作战纵深大的优势，由远到近地对目标实施多次拦截，从而显著提升拦截成功率，为载机提供更加可靠有效的防护。

4. 借助主动防护，可实现编队内军机相互掩护，提升集体防护能力

传统的机动规避/软杀伤手段通常只能用于本机自防护，而很难为正遭敌方攻击的友机提供帮助[②]，这对军机编队集体防护能力的提高非常不利：①当编队内某机专注于对空/面作战任务而没能及时察觉敌方弹药来袭时，旁边的友机即使在第一时间内发现险情，往往也只能对其提供告警，而难以直接对敌方弹药进行拦阻；②编队内部分飞机因为战伤、自防护系统故障、箔条/红外

① 部分资料也将其称为反导自卫空空导弹、空空反导弹，这类弹药将是今后APS拦截弹发展的主流。

② 在实战中，除了专用电子战飞机可通过制造大面积干扰区来掩护友机行动外，机载软杀伤自防护系统在一些特殊场合下也可为友机提供掩护（如苏阿战争中苏军曾使用直升机在机场附近投放红外曳光弹以掩护运输机的起降），本节主要针对机载软杀伤自防护系统的典型使用方式而进行研究。

干扰弹耗尽等原因，而无法对来袭弹药进行防护时，友机同样爱莫能助；③军机在担负护航任务时，只能对前来拦截的敌方战斗机实施打击，对已经射向护航对象的敌方弹药则无力拦阻。

当为军机配装 APS 后，上述问题将会全部得到有效解决。因为编队内各机的 APS 在完成本机防护任务的同时，完全可以根据战场形势的实际需要，主动拦截那些正在射向友机，而后者一时难以应对甚至根本没有察觉的敌方对空弹药，从而间接提升友机的自防护能力；或者通过本机发射拦截弹，由友机提供后续制导的方式(即 A 射 B 导)，直接提升其自防护能力(图 2－9)。

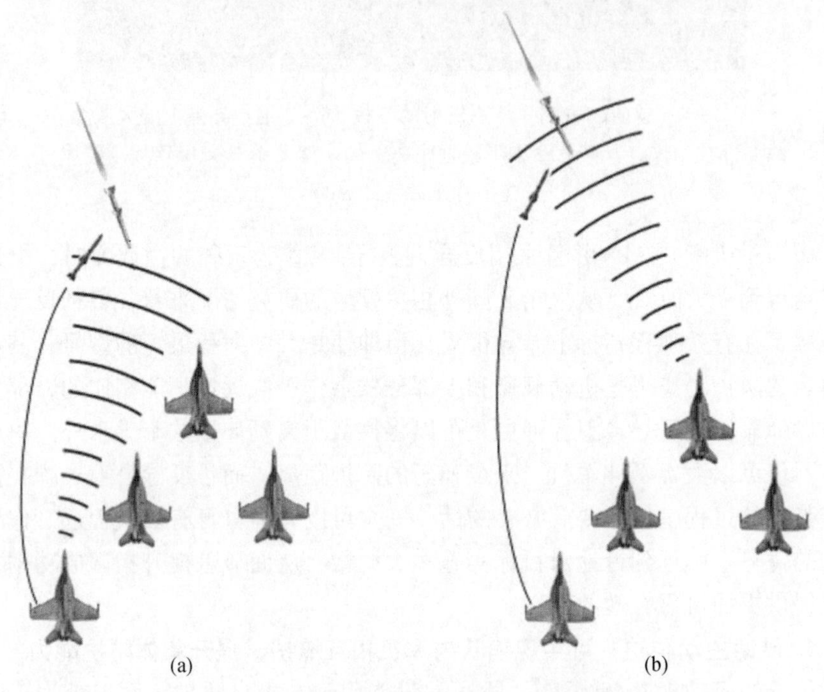

图 2－9　机载 APS 协助友机拦截来袭对空导弹示意图
(a)本机发射拦截弹，本机制导，拦截射向友机的导弹；
(b)本机发射拦截弹，友机制导，拦截射向友机的导弹。

此外，在今后战争中，若军机编队遭到敌方大量对空弹药的齐射攻击，还可以在领队飞机的指挥下，对编队内所有飞机的机载 APS 进行集中统一使用，通过相互消除防护死角，形成一个严密的反导火力网(类似第二次世界大战期间轰炸机编队应对敌机拦截时组成的自卫火力网)，实现编队内各机相互掩护、协同作战，对来袭导弹进行有计划、有组织的拦截，从而最大程度地发挥编队内所有机载 APS 的作战效能。如果有必要的话，战前还可以从编队中选出部分飞机，专门携带大量 APS 拦截弹，以承担整个编队的防护任务。例如，2012 年美国洛克希德·马丁公司推出具有反导自卫功能的 CUDA 空空导弹方案后，就有人提出了这样的作战概念：战时让部分 F－22/35 战斗机携带大量 CUDA，专门用于拦截敌方发射的对空导弹，以护送 B－2A 轰炸机、F－15E 战斗轰炸机等飞机安全通过高威胁空域。

5. 主动防护给载机作战任务带来的不利影响远小于机动规避/软杀伤

当军机配装 APS 后，尽管难免会在机体空间、重量载荷和能源供给等方面付出一定代价，进而会给作战任务的完成带来一定程度影响，但总的来看，这种影响要比采用机动规避/软杀伤手段时小得多。

与机动规避相比，APS 操作使用过程中只需对载机飞行姿态做很小的调整，由此所导致的航程、航速、高度和航向等变化很小，给载机作战任务带来的不利影响也可以得到最大程度的减轻，前面所提到的载机因为机动飞行而导致燃油大量消耗、频繁剧烈机动而导致编队失散、机动规避过程中难以给导弹提供后续制导、为提高机动性而被迫丢弃外挂弹药、因为机动规避而影响空战占位、为了规避来袭弹药而丧失有利战机等一系列问题，都将会全部迎刃而解。例如，即将对目标发起攻击但同时自身也正面临敌方攻击的军机，完全可以做到一边通过 APS 对来袭弹药实施拦截，一边继续保持对目标的跟踪锁定和火力打击，而不必为了规避来袭弹药而中断攻击行动，这在形势瞬息万变、战机稍纵即逝的现代战场上极具实用价值。

与软杀伤相比，APS 在抗击来袭弹药(对空导弹)的过程中通常不会产生较大功率/范围的电磁辐射①，也无须投放大量无源干扰物，并且拦截弹一旦发射出去，即可断绝与载机的物理联系，甚至实现“发射后不管”，因此前面提到的有源/无源干扰会影响本机/友邻传感器的使用、拖曳式诱饵会降低载机机动性/隐蔽性、有源干扰可能破坏载机隐蔽性等一系列问题，都将会从源头上得到根除。不仅如此，由于 APS 拦截弹普遍拥有较高的单发命中率，载机在进行反导自卫作战时通常只需发射 1～2 枚拦截弹即可完成对单枚来袭弹药的拦截，而无须像箔条/红外干扰弹那样大量投放，由此可以大大减少机上拦截弹的携带量，进而减轻载机空间和载荷方面的负担。而当载机(或编队)需要增强自防护能力时，更是只需简单地增加本机(或编队内飞机)拦截弹的携弹量即可达到目的，由此可完全回避软杀伤防护模式下加挂电子战吊舱、增编电子战飞机所带来的一系列问题，在提高作战灵活性的同时，显著降低后勤保

① APS 使用载机上的大功率火控雷达作为任务传感器，或者使用带大功率导引头的主动雷达制导拦截弹等特殊情况除外。

障难度。

此外值得指出的是，由于 APS 是通过对来袭弹药实施火力摧毁来为载机提供防护的，因此机动规避/软杀伤防护模式下脱靶的来袭导弹有可能会误击编队内友机甚至附近民机的问题，也将会得到彻底解决。

2.4.2 由消极到积极、从被动到主动是作战平台自防护技术发展的普遍规律

进攻与防御作为战争运动的基本形式，一直贯穿于人类战争的始终，整个人类战争史就是一部攻防手段相互促进的历史。面对来袭威胁的不断发展，防御一方只有不断提高自身的防护技术水平，才能在战场上有效生存并最终夺取战斗胜利。从世界各国陆上、水面、水下作战平台①自防护技术的发展历程可以看出，面对早期威胁，各种作战平台均采取的是躲避、伪装、装甲防护等消极被动手段，但随着来袭弹药技术水平的逐步提高，作战平台的自防护手段也相应地不断发展完善，并大体上都经历了由消极到积极、由被动到主动、由软杀伤到硬杀伤，最终实现多手段、多层次的综合防护的发展历程。今后为军机开发主动防护技术，将正好顺应并且体现了这一普遍规律。

1. 水面舰艇对反舰导弹防护技术发展历程回顾

在第二次世界大战后期，反舰导弹作为一种全新的海战武器登上了战争舞台。当时纳粹德国将世界第一种反舰导弹——HS－293 投入实战，一度给盟军水面舰艇带来严重威胁。作为应对，盟军研制了可以对该弹实施干扰的大功率干扰机并取得了明显效果，这也是以软杀伤手段对付反舰导弹的开始。

战后，反舰导弹凭借其射程远、精度高、威力大等特性，很快成为现代水面舰艇的主要空中威胁，针对反舰导弹的软杀伤技术(包括舰载干扰机、箔条干扰弹、舷外有源/无源诱饵等)也因此获得了快速发展并在各国水面舰艇上普遍采用。但随着反舰导弹抗干扰性能的提高(末制导雷达采用频率捷变、跟踪干扰源、脉间跳频等技术)和突防战术的发展(齐射/饱和攻击、超低空突防等)，单靠软杀伤手段越来越难以满足水面舰艇战场防护的需要。为此，相关各国从 20 世纪 60 年代开始为水面舰艇配装硬杀伤自防护设备——近防武器系统(CIWS)，用以拦截那些在前阶段抗击中漏网或软杀伤手段无力对付的来袭反舰导弹。

到目前，以俄罗斯 AK－630、美国 MK－15“密集阵”和荷兰 SGE－30“守

① 本节的研究对象除了陆上、水面、水下作战平台外，也涉及地面人员、车辆及其他各种军事设施，本书将后者统称为地面军事设施。

门员”为代表的近防武器系统已经在各国水面舰艇上广泛装备使用，它们普遍具有反应时间短、发射速度快、射击精度高、持续作战能力强等特点，有效增强了水面舰艇的反导自卫能力。考虑到这类基于多管小口径速射炮的近防武器系统在对付超声速反舰导弹时存在着“拦截窗口”时间过短、易造成惯性杀伤等问题，俄罗斯后续推出了“卡什坦”弹炮结合系统，美国用 RIM－116“拉姆”舰空导弹部分取代了“密集阵”，以色列则专门研制了“巴拉克”舰空导弹(图 2－10)，以扩大对来袭导弹的拦截区纵深，提高拦截成功率并改善对目标的毁伤效果。为了应对今后反舰导弹性能的进一步提升(采用智能化导引头、弹载电子战任务系统、高超声速突防等)，目前美国、俄罗斯等国已经开始探讨发展高能激光、粒子束、电磁炮等新概念舰载近防武器。

图 2－10　以色列“巴拉克”－8 舰空导弹除了用于打击传统飞机目标外，还具有较强的拦截来袭反舰导弹的能力　(图片来源：以色列航宇工业公司)

2. 水面舰艇/潜艇对水下鱼雷防护技术发展历程回顾

鱼雷作为一种从水下攻击目标的兵器，其对目标舰艇的打击往往是致命的，因而一直是水面舰艇和潜艇的重大威胁，反鱼雷也由此成为海战中的一项重要任务。

对于早期的无制导直航鱼雷，各国舰艇主要通过机动规避的方式来避免被其命中。但这种防护方式受本舰机动能力、舰员操舰技术、敌方战术运用等因素的影响很大，随着鱼雷航速、射程、隐蔽性等性能的不断提高，机动规避的作用也日趋下降，制导鱼雷的面世则使这种防护方式基本失效。为此，各国舰艇从 20 世纪 40 年代后期开始配备干扰器、气幕弹和声诱饵等水声对抗器材，通过对来袭制导鱼雷实施软杀伤，使其偏离航向或攻击假目标。

然而，随着鱼雷制导技术的发展，现代鱼雷对付软杀伤手段的能力也在不断增强。目前的先进智能鱼雷已经具备很强的目标识别能力，可以将真实目标和各种干扰区分开来。不仅如此，现代鱼雷还普遍具有多次搜索攻击能力，只要能源没有耗尽，在丢失目标后可不断地重新搜索，直至再次捕获目标，由此会进一步增大软杀伤手段对抗的难度。

此外，以尾流自导为代表的部分新型鱼雷制导技术的出现，也给传统软杀伤手段提出了严峻挑战。因为尾流自导是利用舰船航行时产生的尾流场与周围普通水域的物理特性差异进行目标检测的，其独特的引导机理决定了它很难被干扰和欺骗，传统的水声对抗器材甚至舰艇本身的吸声减噪等措施对它均不起作用。因此，当尾流自导鱼雷于20世纪80年代面世后，曾一度引起相关国家海军的恐慌，美国海军甚至曾考虑通过在后方拖带一艘报废舰船的方式来掩护航空母舰等重要舰艇。

上述状况表明，单靠传统的软杀伤反鱼雷措施，已经越来越难以应对现代海战中的鱼雷威胁，而以硬杀伤的方式对来袭鱼雷进行拦截，则显示出其独特的优越性。为此，世界各国在进一步改进软杀伤技术的同时，也开始研究为舰艇配备反鱼雷拦截网、反鱼雷深弹和反鱼雷鱼雷(图2－11和图2－12)等硬杀伤反鱼雷手段。目前，俄罗斯海军水面舰艇普遍配装有具备反鱼雷功能的火箭式深弹，美国海军“乔治·布什”号等航空母舰则装备有先进的反鱼雷鱼雷。为了对付今后性能更加先进的鱼雷，美国等西方国家还在考虑发展水下火箭弹、水下超空泡射弹、水下电磁炮等新概念硬杀伤反鱼雷技术。

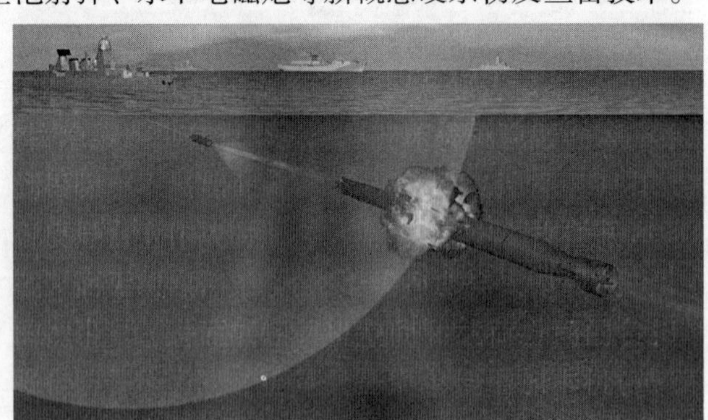

图2－11　德国“海蜘蛛”反鱼雷鱼雷用于水面舰艇防护

(图片来源：seaspider. info)

3. 坦克装甲车辆对反装甲武器防护技术发展历程回顾

坦克装甲车辆自诞生以来，其防护技术曾长期建立在“被动防护”理念基

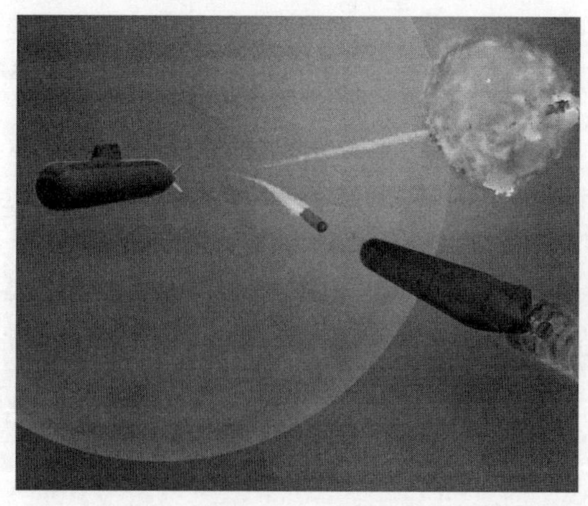

图 2－12　德国“海蜘蛛”反鱼雷鱼雷用于水下潜艇防护
（图片来源：seaspider. info）

础上，主要通过加大装甲厚度、改进装甲材料、改变装甲内部结构等途径来提高车辆的抗弹能力。到 20 世纪 50 年代初世界首批反坦克导弹入役后，坦克装甲车辆又增加了一种新的防护方式：通过发射烟幕弹、施放热烟幕、启动红外干扰机等软杀伤手段，来干扰、诱骗来袭的反装甲制导弹药，使其无法击中目标。但是随着反装甲武器技术的发展，这两种防护方式的局限性也日渐明显。

从一方面看，坦克装甲车辆由于全车重量限制等原因，通常只能集中加强正面防护，而侧面和顶部的防护相对比较薄弱，导致这些部位很容易成为“阿喀琉斯之踵”。此外，一味靠增加装甲厚度或改进装甲性能来加强防护，还会导致坦克装甲车辆的重量增大，机动性降低，在作战训练、后勤保障、成本费用等方面带来一系列不利影响。

另一方面，与软杀伤手段对抗来袭对空导弹时面临的情况类似，战时对来袭反装甲制导弹药实施软杀伤的实际效果，也与交战双方在相关领域的技术水平对比密切相关，面对智能化程度不断提高、抗干扰性能不断增强的现代反装甲制导弹药，软杀伤手段的对抗难度也正日益增大。同时，软杀伤手段对 RPG、无后坐力炮等武器发射的非制导反装甲弹药完全无效，而后者却正是坦克装甲车辆在山地、城市等复杂环境下作战以及反恐、反暴乱等低烈度冲突中需大量面对的。

由于这些原因，基于硬杀伤原理，可直接对来袭弹药实施拦截摧毁的坦克装甲车辆 APS（即车载 APS）日益引起相关国家的重视。早在 20 世纪 60 年代，苏联就开始了这类装备的研制，并于 80 年代初将其投入战场试用。到目前，国外已经推出了种类众多、性能各异的车载 APS 产品，代表型号包括俄罗斯

“竞技场”、乌克兰“屏障”、以色列“战利品”(图2-13)和美国“速杀”等，其中“战利品”已配装于以色列“梅卡瓦”MK4主战坦克并多次经受实战检验。

图2-13　以色列“战利品”车载主动防护系统可有效防护多种反装甲弹药的来袭（图片来源：idf. il）

4. 地面军事设施对炮兵火力防护技术发展历程回顾

在以往战争中，对于战场上的人员、普通车辆和各类物资设备，只能通过配发单兵防护装备(头盔、防弹衣)、机动疏散、隐蔽伪装、构筑掩体等手段来进行防护，一旦遭到敌方强大而准确的炮兵火力袭击，单靠这些消极被动的防护手段很难确保其安全。而对于雷达站、兵营、部队集结地、后勤基地等场所来说，由于目标大、隐蔽性差、位置相对固定等原因，更是难以采取可靠有效的防护措施来应对敌方炮击。例如在21世纪初的伊拉克战场上，反美武装经常使用各种口径的火箭炮①/迫击炮袭击驻伊美军，尽管这些火箭弹、迫击炮弹的命中精度通常较低，但只要有一发命中目标，就会带来不同程度的人员伤亡或装备损失，因此这类袭击一直颇令美军头疼，并将其视为除路边炸弹之外的最大威胁。

显然，面对现代战场上的敌方炮兵火力威胁，如果己方没有能力在第一时间内从源头上予以根除(在敌方开火前就搜索、摧毁其炮兵阵地)，最好的防护办法就是在来袭弹药落地或爆炸之前就将其拦截摧毁。美国陆军训练与条令司令部(TRADOC)的相关研究结果就表明：如果具备对来袭弹药的感知告警能力，己方人员伤亡将可降低13%；如果在此基础上增加对来袭弹药的拦截能力，己方人员伤亡则可降低70%②。在此思想指导下，西方国家提出了“反火

① 其中大部分是反美武装自制的简易火箭。

② 数据来自文献[52]。

箭炮、火炮及迫击炮”(C-RAM)作战概念，并据此研制了一系列用以拦截来袭火箭弹、火炮炮弹、迫击炮弹的 C-RAM 武器系统，代表型号包括美国“百夫长”、以色列“铁穹”、德国“天盾”和意大利“豪猪”。其中，“铁穹”是以色列为了保护本土免遭来自加沙等地的火箭弹袭击而专门研制的，该系统在实战中曾获得高达 90% 的拦截成功率(图 2-14)。

图 2-14 以色列“铁穹”C-RAM 系统可用于保护居民区免遭导弹、火箭弹袭击
(图片来源：以色列拉菲尔公司)

5. 军机同样需要发展主动防护技术才能满足未来作战需求

与其他作战平台类似，军机在诞生之初，也主要是依靠机动规避、装甲防护等手段来应对敌方攻击。在随后的百余年中，随着对空武器战技性能的不断提高，军机的防护措施也在不断改进完善。如 1.3 节所述，目前军机可以在敌方对空弹药发射前、发射后飞行途中、命中后等三个阶段，综合采取多种防护措施来提高自身的战场生存力，其效果已经在历次局部战争的实战中得到了验证。

但若对此做更深一步分析，将可以发现，上述这些防护措施尽管形式各异，但均是以躲避、干扰、诱骗甚至承受敌方打击为出发点，在本质上均没脱离消极被动防护的范畴，因此本节前面所述的其他作战平台以消极被动手段对付来袭弹药时所遇到的种种困难，对于军机来说也将同样难以避免。在今后，随着对空武器技术的进一步发展，继续沿着这样的思路来开发军机防护技术，不仅面临的难度将越来越高，付出的代价将越来越大，效果也往往不尽人意，

2.3 节中所分析的军机机动规避/软杀伤自防护手段的种种局限性就证明了这一点。这种状况表明，要进一步增强军机在未来战场上的生存力，非常有必要跳出传统思路的窠臼，寻求其他更加积极主动的防护措施，而主动防护正是与这样的需求相适应的一种"全新"军机防护理念。

其实从本节前面所述的其他各种作战平台自防护技术的发展历程就可以看出，当来自空中、水面或水下的威胁日益严重，而传统的机动规避、装甲防护、软杀伤等被动防护措施越来越力不从心时，对来袭弹药实施主动拦截可以说是一种必然选择。因此，为军机配装 APS、对来袭弹药实施火力拦截，既是军机自防护系统进一步发展完善的需要，也完全符合作战平台自防护技术发展的客观规律。尤其值得指出的是，在目前陆上、水面、水下、空中等四种作战平台(坦克装甲车辆、水面舰艇、潜艇、军机)中，前三者均已引入了主动防护技术，只有空中平台是唯一的例外(表 2-1)，在这样的背景下为军机研发配装 APS，填补相关领域的技术空白，可谓合情合理、顺理成章。

表 2-1　现代战争中各种作战平台(设施)面对典型来袭威胁时所采用的主要防护手段

作战平台	来袭弹药	被动防护手段	主动防护手段	当前典型 APS 产品
水面舰艇	反舰导弹	机动规避、有源/无源干扰	近距武器系统(CIWS)	美国 MK-15"密集阵"/ RIM-116"拉姆"、俄罗斯 AK-630/"卡什坦"、荷兰 SGE-30"守门员"
水面舰艇、潜艇	鱼雷	机动规避、水声对抗	反鱼雷深弹、反鱼雷鱼雷	俄罗斯 RBU-6000/12000、德国"梭鱼"/"海蜘蛛"、法国/意大利 MU-90HK
坦克、装甲车辆及部分其他车辆	反坦克导弹、RPG	装甲防护、机动规避、有源/无源干扰	车载主动防护系统(APS)	俄罗斯"竞技场"、乌克兰"屏障"、以色列"战利品"/"铁拳"、美国"速杀"
地面军事设施	火箭弹、火炮炮弹、迫击炮弹	加固防护、有源/无源干扰	"反火箭炮、火炮及迫击炮"(C-RAM)系统	美国"百夫长"、以色列"铁穹"、意大利"豪猪"
固定翼飞机、直升机	对空导弹	机动规避、有源/无源干扰	—	—

第3章 现代技术条件下发展军机APS的可行性

在过去的数十年间，舰载、车载和地面APS均逐渐发展成熟并相继投入使用，只有机载APS迟迟没能实现实用化。究其原因，除了机载软杀伤自防护技术的快速发展使得军机对APS的需求迫切性降低外，更主要的还是由于当时科技水平的限制导致机载APS研发中遇到了诸多难以突破的技术瓶颈。但随着时代的发展和科技的进步，目前这种状况已经发生了很大变化，一些当初曾严重阻碍机载APS实用化的技术障碍，如今均已不同程度地得到缓解甚至已完全消除。以这样的时代背景为基础，对军机/对空弹药这一矛盾双方的性能特点进行深入的综合对比分析，可以发现目前条件下为军机配装APS以提高其战场生存力，在技术上已经完全具备可行性。

3.1 战场环境及平台特性使军机在反导自卫作战中具有一定先天优势

与各种陆上、水面、水下作战平台(即坦克装甲车辆、水面舰艇、潜艇)和地面军事设施相比，军机具有迥异于它们的战场环境(活动空间广阔、阻力小、自然/人为障碍少)和运动特性(速度快、机动性好)，战时有能力在三维空间内做高速高机动飞行，这对于其今后的反导自卫作战来说，既会带来一定困扰，但同时也存在着非常有利的方面。

3.1.1 现代战争中军机平台面临的战场威胁相对较为单一

在现代战争中，军机(空中作战平台)①由于自身的平台特性和所处的空中环境，其面临的战场威胁在复杂程度方面明显有别于陆上、水面和水下作战平台，显得更为简单甚至可以说相当单一(表3-1)。

---

① 处于超低空飞行/地面停放状态的直升机除外，本书第8章对其有专门分析研究。

表3-1　现代战争中陆上、水面、水下和空中作战平台面临的战场威胁情况

作战平台	当前面临的主要战场威胁
坦克装甲车辆(陆上作战平台)	车辆、飞机、单兵发射的反坦克导弹/RPG；坦克炮、反坦克炮发射的炮弹；身管火炮/火箭炮发射、飞机投放的各种反装甲弹药(爆炸成型弹丸、子母弹、末敏弹等)；各种手段布设的反坦克地雷；单兵投掷/布放的反坦克手雷、爆破筒、炸药包、简易爆炸装置(路边炸弹)
水面舰艇(水面作战平台)	水面舰艇、潜艇、飞机、岸基发射的反舰导弹；水面舰艇、潜艇、飞机发射的鱼雷；水面舰艇、潜艇、飞机布设的水雷；舰炮、岸炮发射的炮弹；飞机投放的炸弹
潜艇(水下作战平台)	水面舰艇、潜艇、反潜机、反潜导弹投放的反潜鱼雷；水面舰艇、潜艇、飞机布设的水雷；水面舰艇、飞机投放的深水炸弹；水面舰艇、潜艇、飞机投放/发射的各种反水面舰艇弹药(对付水面航行状态的潜艇)
军机(空中作战平台)	飞机、地面、水面舰艇、潜艇发射的对空导弹；高射机枪、高炮、航炮、面空/空空火箭发射装置发射的枪/炮/火箭弹

如1.2节所述，军机在现代战争中面临的战场威胁通常只有对空导弹和非制导弹药两大类，并且前者的威胁程度远远超过了后者，因此对于现代战场上的军机来说，只要机上的APS能够有效对付来袭的各种对空导弹，其安全就可以在极大程度上得到保障。即使在一些军机容易受到非制导弹药攻击的特殊场合(如直升机低空/超低空飞行)，考虑到小口径枪/炮弹对现代军机的威胁已经相当有限(参见3.3节)，只要使机载APS兼具拦截来袭较大口径火箭/炮弹的能力，就足以为载机提供非常可靠的防护。因此今后军机在借助主动防护手段以拦截摧毁来袭弹药的方式来提高自身的战场生存力时，通常只需配装一种类型的APS即可实现对几乎所有战场威胁的防护，这不仅有助于降低机载APS自身的技术难度和复杂程度，军机平台为搭载此类装备所付出的代价也可以得到最大程度的减轻。

相比之下，其他陆上、水面和水下作战平台所面临的战场威胁不但种类更多，而且各种威胁在目标特性方面往往差异很大，因此当同样采用硬杀伤手段对来袭弹药实施主动防护时，将很难利用一种类型的APS来对付所有潜在威胁。例如，在目前技术条件下，车载APS主要用来对付来袭反坦克导弹和火箭弹，而无法对付地雷和末敏弹；舰载APS主要用来对付来袭反舰导弹，而难以对付水下鱼雷和水雷；潜艇APS(反鱼雷鱼雷)主要用来对付来袭鱼雷，而不便于对付水雷和深水炸弹，对潜艇水面航行时遭到的敌方反舰导弹攻击更

是无能为力。研究分析和实战经验表明，对于这样的问题，通常只有三种解决办法：①为同一平台配装多种APS，分别对付不同种类的战场威胁(如水面舰艇同时配装反导弹和反鱼雷APS)；②平台配装的APS用于对付最主要、最严重的威胁，其他潜在威胁则靠装甲、机动规避等传统被动防护措施来应对(如坦克配装的APS主要用来对付反坦克导弹，同时改进车底装甲用以防护地雷威胁)；③平台配装的APS用于对付最主要、最严重的威胁，其他战场威胁则由战时己方出动的相关掩护/保障兵力来解决(如出动步兵消灭敌方单兵反坦克火力，出动扫雷部队清扫战区的地/水雷)。不过，这些措施在使问题得到一定程度解决的同时，其弊端也是显而易见的(增加作战平台的系统集成难度和成本费用、增大己方战时兵力调遣/协同的困难等)，从效费比角度来看远谈不上理想。

3.1.2　军机平台进行反导自卫作战时的战场环境相对更为宽松

APS要对来袭弹药实施有效拦截，首先需要尽早发现目标并对其保持持续跟踪，而系统能否做到这一点，跟搭载平台当时所处的战场环境关系很大。与水面舰艇、坦克装甲车辆和地面军事设施相比，军机通常是在距地面有一定高度的空中活动，探测跟踪来袭弹药时面临的困难明显较小，这对其实施反导自卫作战较为有利。

以现代水面舰艇/地面军事设施对反舰导弹、巡航导弹、空地导弹的防御为例，由于来袭导弹普遍采用超低空掠海/地飞行的突防方式，将会给反导系统的目标探测和拦截射击带来极大困难：一方面，舰上/地面的各种探测器材因为受到地球表面曲率的影响，只能在较近距离上才能发现目标，导致系统的反应时间缩短和拦截区纵深减小；另一方面，此时的舰载/地面雷达将会面临严重的多路径效应和水/地面杂波干扰，往往难以稳定地探测、识别和跟踪目标，无法为己方拦截武器提供可靠的控制引导。而对于坦克装甲车辆上的车载APS来说，其面临的战场环境往往更加恶劣：除了需要面对更加严重的近地杂波干扰和更加复杂的战场地形地貌(地面高低起伏、地表植被茂密、建筑物林立等)外，交战场地还时常硝烟弥漫、火光冲天、杂物乱飞，再加上大部分反装甲弹药(尤其是坦克炮/反坦克炮发射的脱壳穿甲弹弹芯)的信号特征更加微弱，致使来袭弹药往往在距离车辆数十米甚至更近的范围内才可能被探测到，留给系统的反应时间通常仅为数十毫秒。

与水面舰艇、坦克装甲车辆和地面军事设施不同，大多数军机在其执行任务的整个飞行全程中，除了机场起飞/降落等特殊阶段外，通常是在高度较高的中、高空空域活动；即使对于部分正在低空/超低空执行任务的直升机或固定翼飞机来说，这期间大部分时间内的飞行高度也远远超过了水面舰艇桅顶、地面车辆车顶和建筑屋顶的高度。因此与水面舰艇、坦克装甲车辆和地面军事设施相比，军机战时基本上是处于居高临下、俯瞰战场的态势[①]，机上的传感器将拥有视野广阔、通视距离远的先天优势，所面临的自然/人为干扰也少得多，再加上对空弹药发射后通常会大致朝着目标的方向飞来，尤其是面空导弹将会很快爬升到一定高度，而不太可能做较长时间的掠地/水面飞行，因此机载传感器在对来袭弹药实施探测跟踪时所面临的困难无疑要小得多，从而可为APS争取更长的预警时间和更大的拦截区纵深。因此，与用途相近的舰载/车载/地面APS和陆上战术反导(反弹道/巡航导弹)系统相比，机载APS在实施反导作战时所处的战场环境明显更为宽松。

由于这样的原因，对于机载APS的主要作战对象——对空导弹来说，其从发射到命中(如果能命中的话)的整个飞行全程，基本上是直接暴露在军机探测/跟踪传感器面前，其这期间的飞行耗时，大体上也就是留给机载APS的反应/抗击时间。在目前技术条件下，这个时间对于不同射程、不同种类的对空导弹存在一定差异：中/远程对空导弹最大飞行速度较高(通常可达 *Ma* 5甚至更高)，但由于作战距离远，从发射到命中目标耗时较长，通常需要十几秒到数十秒；近程对空导弹尽管作战距离短，但由于初始段(导弹刚发射、尚未得到充分加速)在其飞行全程中占较大比例，再加上飞行速度过高时的气动加热会影响红外导引头工作等原因，这类导弹的最大速度普遍偏低(通常不大于 *Ma*3.5)，导致其飞抵目标仍需数秒到十几秒的时间。此外还需注意的是，在实战条件下，大部分对空导弹在发射前均需要通过火控系统探测、跟踪、锁定目标，由此会产生电磁波辐射，并可能被军机上的雷达/激光告警接收机探测到，从而进一步延长机载APS的作战准备时间。即使对于便携式防空导弹和RPG这类发射距离近、全程飞行时间短，并且发射前可以靠目视瞄准、不会产生任何电磁波辐射的对空武器来说，目前国外也在研究通过雷达、红外等传感器设备对地面便携式防空导弹或RPG的发射筒进行探测定位等手段，以尽可能在敌方发射前就察觉其动向，从而延长军机自防护系统的反应时间(图3-1)。因此总的来说，与目前的舰载APS和陆上战术反导系统相比，机载APS在反导作战过程中的反应时间实际上并不算短，更是反应时间通常以微秒来计算的车载APS难以比拟的。

① 尽管战时也可能会出现军机遭到飞行高度高于本机的敌机导弹攻击等情况，但对此时的机载APS来说，由于来袭目标背景是较为“简单干净”(除太阳外)的天空，探测跟踪难度反而会有所降低。

(a)

(b)

图3-1 在敌方 RPG 发射前对其进行探测定位
(图片来源：美国陆军机动车辆和军械司令部)
(a)对立姿状态下的 RPG 射手进行探测的可见光图像；
(b)对立姿状态下的 RPG 射手进行探测的红外图像。

3.1.3 军机平台在反导作战过程中不易遭破片/残骸的惯性杀伤

多年的研究测试结果和实战经验教训表明，舰载/车载/地面 APS 和陆上战术反导系统在进行反导作战的过程中，由于来袭弹药通常具有很高的飞行速度，而被保护目标(水面舰艇、坦克装甲车辆和地面军事设施)普遍机动性较差甚至处于静止状态，因此很多时候即便成功地对来袭弹药进行了拦截，后者被摧毁后的破片/残骸仍有可能凭惯性继续向前飞行，最终撞击被保护目标并使其遭到不同程度的毁伤。而且总的来说，被保护目标的暴露面积越大、机动性越差，或者对来袭弹药的毁伤程度越低、拦截距离越近，其遭到破片/残骸惯性杀伤的可能性就越大，所造成的后果也越严重。例如，1975 年美国海军进行的一次“密集阵”舰载近防系统抗击反舰武器的试验中，尽管“密集阵”发射的炮弹中有 10 发直接命中了来袭的 AGM-62“白星眼”电视制导炸弹，但是后者仍凭惯性冲撞到靶舰上并将舰体炸开一个大洞；而在 1991 年海湾战争中，当时美军装备的MIM-104C“爱国者”-2 防空导弹囿于自身技术水平，只能在较近距离上对来袭的伊拉克军队“飞毛腿”弹道导弹实施拦截，并且对目标的杀伤威力也非常有限①，导致部分“飞毛腿”尽管被成功拦截，但其战斗部、弹

① 海湾战争期间美军部署在沙特阿拉伯的“爱国者”-2 防空导弹采用的是常规破片杀伤战斗部，并且单块破片重量较轻，对来袭弹道导弹的杀伤威力远不如后来采用撞击杀伤方式的“爱国者”-3。

体碎片和剩余燃料却落入了被保护目标区并带来很大破坏。

此外值得指出的是，由于现代水面舰艇、坦克装甲车辆和地面军事设施普遍存在众多外部易损物(各种观瞄设备、雷达/通信天线、武器弹药等)，甚至附近还有完全暴露的己方人员(如坦克装甲车辆周围的伴随步兵)，它们在反导自卫作战过程中一旦遭到来袭弹药破片/残骸的惯性杀伤，即使不至于对舰体、车体、设施本身造成致命毁伤，也将会在很大程度上丧失战斗力，或者遭受不同程度的人员伤亡。为了避免这样的情况出现，只能要求舰载/车载/地面APS和陆上战术反导系统在拦截来袭弹药的过程中，尽可能增大拦截距离，同时尽可能提高对目标的毁伤程度，由此一来，对系统有效射程、命中精度和杀伤威力等性能的要求都将会相应大幅提高。

而对军机来说，尽管其机体比水面舰艇舰体、坦克装甲车辆车体和地面军事设施要脆弱得多，但却拥有后三者难以比拟的飞行速度和机动性，因此在反导自卫作战过程中更容易及时脱离危险区域，避免遭到破片/残骸的惯性杀伤。因此，今后军机在进行反导自卫作战时，除了一些非常特殊的场合(如处于低速飞行/悬停状态的直升机、正在进行空中加油作业的加油机/受油机)外，对来袭弹药的毁伤程度和拦截距离方面的要求完全可以放宽一些，而没必要像舰载/车载/地面 APS 那样苛刻；如果技术条件允许，甚至根本无须彻底摧毁来袭弹药，只要能造成其弹体(尤其是对空导弹的导引头、舵/翼面等部件)适度损伤，或者通过爆轰/冲击波、拦阻网等手段，使来袭弹药失控偏航，无法再稳定追踪自己即可保证本机安全。这样一来，不仅可以有效降低军机反导自卫作战的难度，大幅提高对来袭弹药的拦截成功率，而且可避免对机载 APS 各方面性能指标提出过高要求，从而显著降低系统复杂程度和研制技术难度。

3.2 现代技术条件下对空导弹在反拦截方面的固有优势正不断下降

与飞机、反舰导弹、巡航导弹等空中目标相比，对空导弹普遍具有外形尺寸小、飞行速度快、机动能力强等特点，是一种典型的高速高机动小目标，由此会在相当程度上增加机载 APS 反导作战的难度。但这样的特点并不意味着对空导弹就无懈可击，若从目标信号特征、飞行弹道特点、反拦截能力、弹体易损性等角度综合分析，可以发现现代战场上的对空导弹仍存在着诸多薄弱环节，进而为今后机载 APS 探测、跟踪、拦截、摧毁目标提供了有利条件。

3.2.1　随着机载传感器技术的进步，对空导弹的各种信号特征日显突出

尽管对于传统探测器材来说，对空导弹是一种各种信号特征均相当微弱的空中目标，但是随着技术的进步，在现代高性能传感器面前，对空导弹的目标信号特征已经显得越来越突出，对其探测跟踪的难度也正逐步降低，这无疑将有助于今后军机的反导自卫作战。

1. 对空导弹的雷达信号特征

对于绝大多数对空导弹来说，其弹体通常为雷达隐身性能不佳的圆形截面结构，并且弹体上往往存在着弹翼/舵面、导引头天线①、发动机尾喷管等多种强散射源部件，因此普遍具有一定的雷达散射面积(RCS)。不仅如此，目前对空导弹的弹翼/舵面通常以90°正交间距安装在弹体上，部分导弹还采用了特殊外形结构的翼/舵面(如俄罗斯 R－77 空空导弹所采用的网状栅格尾翼)，部分采用冲压发动机作为动力装置的对空导弹(如俄罗斯 SA－4/6 地空导弹、欧洲"流星"空空导弹)还在弹体上设置有进气道，这些都会进一步增大导弹的 RCS(图3－2)。例如，2011 年巴西航空技术学院和航空航天研究所曾合作对 MAA－1"比拉鱼"空空导弹的雷达信号特征进行测试研究，结果发现该弹尽管属于外形尺寸较小(弹长2.85m，翼展0.66m)的近距格斗空空导弹，但其大部分方向的 RCS 仍达到 －22～－10dB(0.006～0.1m^2)，接近甚至超过了 F－22、F－35 等现役隐身战斗机的头向 RCS，其正侧向 RCS 更是高达 17dB(50m^2)，已经远远超过了隐身战斗机的侧向 RCS，而与传统非隐身战术飞机相差无几②(图3－2)。

此外值得注意的是，对于正遭到对空导弹攻击的军机来说，由于来袭导弹的飞行速度通常远高于本机，在其迎头飞向本机的过程中，导弹的雷达径向速度将很大并且比较恒定(由此会产生很强的多普勒效应)，同时其雷达回波信号强度将会随着距离的逐渐缩短而不断增大，这也有利于本机机载雷达对来袭导弹的探测跟踪。

考虑到上述因素，对于部分具备较强小 RCS 目标探测能力的现代高性能雷达设备来说，在战场上及时探测发现来袭对空导弹并不算什么难事。目前国

---

① 雷达制导对空导弹的导引头整流罩由透波材料制成，除了能确保本弹工作频段内的雷达波透过外，对入射来的其他频段雷达波也有程度不等的透波率，这些雷达波将会被弹体内的导引头天线、支撑座等复杂外形部件反射，进而增加全弹的 RCS。此外，红外制导对空导弹的导引头也不同程度地存在类似情况。

② 数据来自文献[53]，为 X 波段(现役战斗机火控雷达常用工作波段)雷达波照射下的测试值。

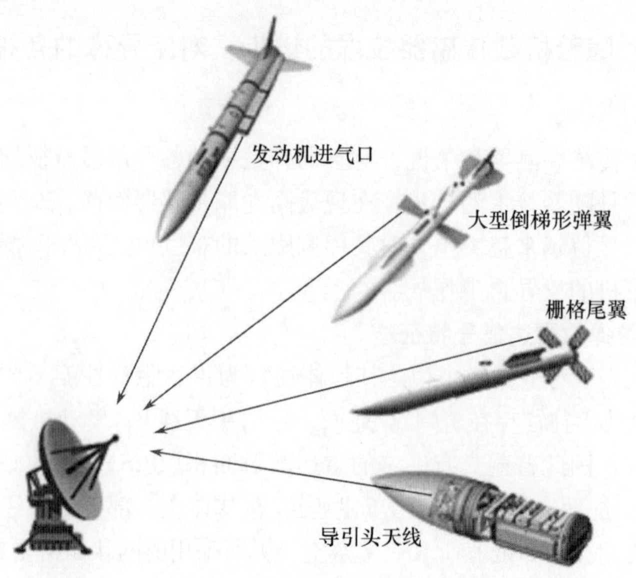

图 3－2　对空导弹弹体上的各种雷达波强散射源

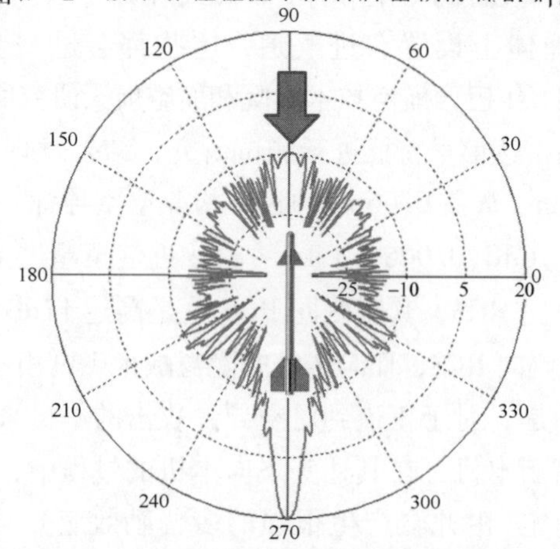

图 3－3　巴西 MAA－1“比拉鱼”空空导弹在雷达波照射下弹体不同方向的 RCS 值分布图（图片来源：马塞洛·本德·佩罗托尼丨巴西航空技术学院）

外部分军机上装备的导弹来袭有源告警系统（如美国 B－52H1/B－1B 轰炸机配装的 AN/ALQ－153、CH－47 直升机配装的 AN/ALQ－156）就应用了这样的原理，通过一部小型脉冲多普勒雷达来探测和识别逼近载机的对空导弹。

2. 对空导弹的射频信号特征

对于末段采用主动雷达制导的对空导弹来说，当其主动雷达导引头开机后，需要向外发射雷达波（射频信号）以探测目标，此时很可能会被对方的被动探测设备发现，后者可通过无源被动定位的方式对来袭导弹(即辐射源)进行探测跟踪并估算其方位、距离。目前世界各国军机上大量装备的雷达告警接收机就是一种典型的雷达辐射源被动探测设备，其中大部分型号(如美国多型固定翼飞机/直升机配装的 AN/APR－56/67/69、法国“幻影”2000 战斗机配装的“野猫”)除了可用于对各种警戒雷达、跟踪雷达信号的告警外，也同时具备对导弹制导雷达信号进行探测告警的能力。

此外，对于采用半主动雷达、雷达波束、无线电指令等制导方式的对空导弹来说，尽管导弹本身没有射频信号特征，但是这些导弹的制导雷达(或指令发射机)所发射的雷达波将会间接泄露导弹的行踪。而对于部分中/远程对空导弹来说，当其飞行途中进行中段制导时，需要接收己方(军机、舰艇、地面平台等)传送来的目标修正指令，这些信号也可能会被对方侦测到，同样会间接增大导弹的暴露概率(图 3－4)。

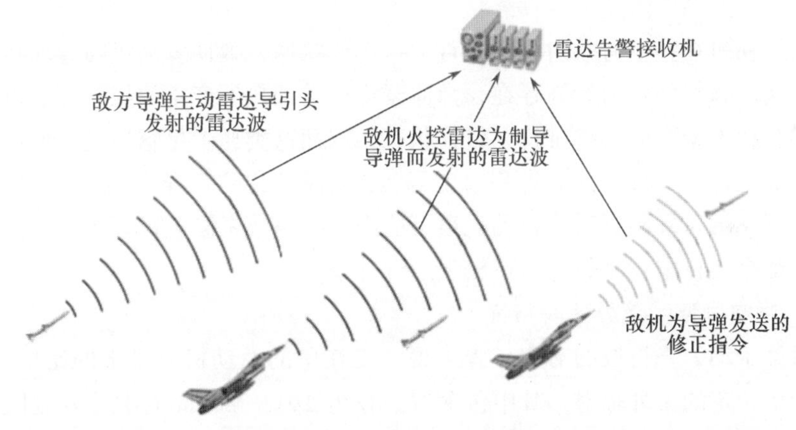

图 3－4　对空导弹的射频信号特征

3. 对空导弹的红外信号特征

对空导弹在高速飞行过程中，空气摩擦会使弹体(尤其是头部)蒙皮表面温度急剧升高，同时其发动机尾焰以及发动机喷管被尾焰加热的部分也具有较高的温度，再加上导弹弹体蒙皮还会反射太阳和天空背景的红外辐射，因而其整个弹体将具有较强的红外信号特征，在较远距离上就可能被红外探测设备发现定位(图 3－5)。目前各国军机上所配装的导弹来袭红外告警设备(如美国 C－130 运输机配装的 AN/AAR－44、法国“幻影”2000 战斗机配装的 DDM)，就是通过这样的原理对来袭对空导弹进行探测告警的。

值得指出的是，对于部分全程动力飞行的对空导弹(如欧洲“流星”)来说，

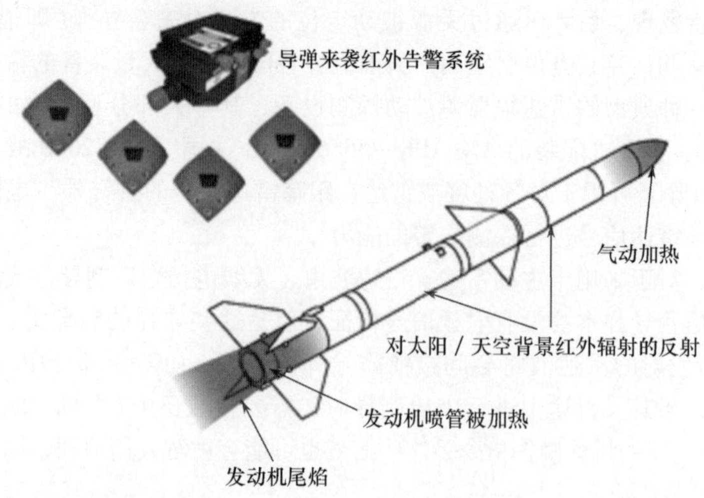

图 3－5　对空导弹的红外信号特征

由于其发动机在整个有效射程内一直保持工作状态，致使发动机喷管加热及尾焰所带来的强红外辐射始终存在，弹体蒙皮气动加热所产生的红外辐射也会因为导弹全程不减速而始终维持在较强状态，因而这类导弹更容易被红外传感器持续探测跟踪。此外，部分近程对空导弹（如便携式防空导弹）由于有效射程短，当其飞抵目标附近时，发动机很可能尚未关机或者刚关机不久，因而这类导弹在整个飞行全程都将会保持较强的红外辐射。

4. 对空导弹的紫外信号特征

对处于动力飞行段的对空导弹来说，工作中的发动机所排出的尾焰/羽烟将会产生一定的紫外辐射，其中包含有波长为 220 ~ 280nm 的中紫外波段。在自然环境中，这一波段内的太阳紫外辐射绝大部分被地球臭氧层吸收，在大气中非常微弱，形成“太阳光谱盲区”，因此战时只要在某空域中检测出这一波段的紫外辐射，就可以判断其很可能是敌方导弹发出的（图 3－6）。目前各国军机上所配装的导弹来袭紫外告警设备（如美国 AN/AAR－60），就是通过这样的原理对来袭导弹进行探测告警的。

研究测试结果表明，利用来袭导弹尾焰/羽烟中的紫外辐射对其进行探测，由于避开了太阳这一最强的自然光源，使得背景非常“干净”，将会显著降低信号处理的难度，不仅可使虚警率大大下降，而且可以对非常微弱的紫外信号进行有效探测；而紫外辐射的后向散射效应以及导弹自身的运动特性，将使来袭目标的紫外辐射可被探测设备从各个方向接收到，由此会显著提高对目标的发现概率。此外值得指出的是，对于部分全程动力飞行的对空导弹和近程对空

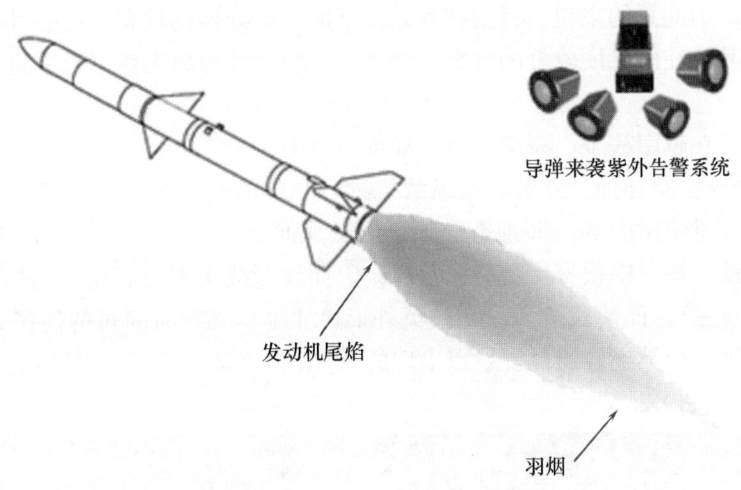

图3-6　对空导弹的紫外信号特征

导弹来说，由于其飞行全程（或大部分时间）内发动机一直处于工作状态，因而紫外辐射将始终（或大部分时间内）存在，导致这类导弹更容易被紫外探测设备发现定位。

除了自身尾焰/羽烟所产生的紫外辐射外，飞行中的对空导弹还会使大气散射的太阳紫外辐射分布发生变化，由此也可对其进行间接探测。因为太阳辐射中波长300~400nm的近紫外波段能够较多地透过地球大气层，并在后者的强烈散射作用下均匀分布在近地大气中，形成“紫外窗口”；而导弹自身的该波段紫外辐射较弱，当其在空中飞行时将会遮挡大气散射的太阳紫外辐射，进而在均匀的紫外“亮背景”上形成一个“暗点”，并会被先进的紫外传感器识别出来。尽管这种探测方式有赖于太阳光所产生的紫外辐射背景，因而只能在昼间发挥作用，但是它对发动机已关闭、处于惯性飞行状态的导弹将同样有效。目前以美国“毒刺”为代表的部分防空导弹上的紫外导引头，就是采用同样的原理为导弹提供制导，只不过其探测跟踪的主要是固定翼飞机、直升机等目标。

5. 对空导弹的目视信号特征

除了便携式防空导弹外，大部分对空导弹（尤其中/远程对空导弹）的外形尺寸通常并不算小，并且空中战场的背景普遍远比地面、水面战场“简单干净”，由此会在相当程度上有利于防御方对来袭导弹的目视观测。不仅如此，由于现代对空导弹通常采用固体火箭发动机作为动力装置，当发动机工作时，往往会在弹体尾部的喷口附近产生较明亮的火焰，很多时候还会因为推进剂燃烧不充分、空气中的水分凝结等原因，在空中产生烟雾并形成一条较为明显的飞行尾迹。因此总的来说，目前技术条件下的对空导弹仍具有一定的目视信号特征，尤其是在能见度较好的气象条件下，在较远的距离上就可能被防御方目视发现。

例如，在越南战争、海湾战争等局部战争中，美军飞行员曾多次目视观察到来袭地空/空空导弹，并及时操纵载机进行相应的机动规避。尤其是越南战争中越军大量使用的SA－2地空导弹，由于其弹体庞大笨重，飞行尾迹明显，机动性不佳，在空中很容易被目视发现，因而被参战美军飞行员称为“飞行电线杆”(图3－7)。即使对于SA－7这类外形尺寸小、飞行时间短的便携式防空导弹，美军飞行员也曾通过发射点出现的火光、烟雾等征候，及时察觉到有导弹来袭。

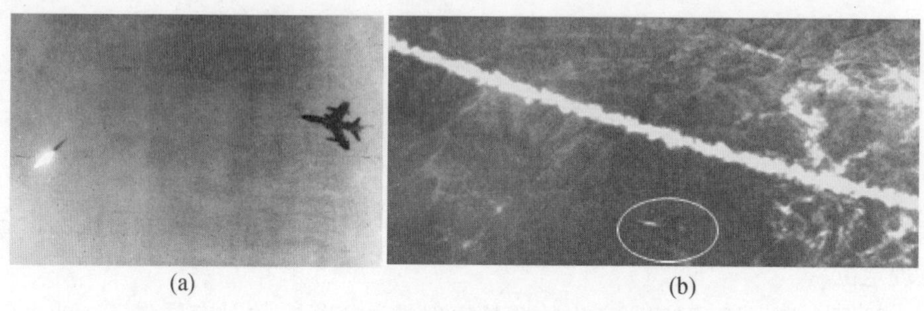

(a)　　(b)

图3－7　越南战争期间美军F－105D战斗轰炸机躲避越军萨姆－2地空导弹攻击的场景(图片来源：af. mil)

(a)一架F－105D正在躲避一枚来袭的萨姆－2，后者巨大的弹体和明亮的尾焰清晰可见；

(b)一架F－105D(圆圈处)刚躲过一枚萨姆－2的攻击，后者在空中留下长长而清晰的尾迹。

3.2.2　战时对空导弹的高机动能力不能随意发挥，会受多种因素制约

尽管现代对空导弹普遍拥有很大的可用过载，理论上完全有能力在飞行途中不断变化自己的弹道，甚至进行各种剧烈机动，从而加大对方机载APS探测、跟踪和拦截的难度。但是在实战条件下，由于多种原因，来袭导弹既没有必要也没有能力采用如此复杂多变的飞行弹道。

1. 对空导弹飞行全程需尽量保持弹道平直，不会随意进行剧烈机动

对空导弹从发射升空到命中目标的整个飞行全程中，出于确保导引头能够持续稳定地跟踪目标(避免目标超出导引头视场范围而丢失目标)，尽量避免因自身机动而导致不必要的能量损失(以确保导弹与目标相遇时仍拥有较高的速度和能量)，最大程度减少制导系统的动态误差等多方面需要，再加上自身

在气动、结构强度、制导系统性能等方面的限制，通常要求尽可能保持较为平直的飞行弹道。因此，在对空导弹飞向目标的途中，除非目标实施了相当剧烈的机动规避动作，否则导弹不会随意进行大过载机动而导致自身弹道过于弯曲。

2. 战时对空导弹的机动情况在很大程度上取决于目标的飞行状态

有人驾驶飞机在飞行过程中，机上飞行员可以根据自己对战场态势的判断，主动进行各种复杂机动，因此其在空中的飞行状态往往是难以预知的。对空导弹则与此不同，其攻击目标过程中的飞行状态尤其是机动调姿情况（什么时候进行机动，进行什么样的机动，每次机动持续多长时间等）在很大程度上是由目标的飞行状态决定的。只有当目标实施剧烈机动、企图摆脱跟踪锁定的时候，对空导弹才会通过大幅调姿甚至以更大过载的机动来继续维持对目标的追踪，以保证自己不被目标“甩掉”。只要目标没有频繁地实施各种机动，对空导弹通常也不会进行过多、过大的机动调姿而白白损失自身能量。因此，目标（军机）完全可以根据自身飞行状态的改变情况，对来袭导弹的机动调姿规律进行大致判断；必要时甚至可以主动进行合适的姿态调整，诱使来袭导弹保持较为平直稳定的弹道，以便于本机机载 APS 对其进行跟踪锁定。

3. 对空导弹在机动调姿过程中，其飞行轨迹仍有一定规律可循

对空导弹在攻击目标的过程中，会根据自身和目标的运动信息，按照相应的导引方法（三点法、平行接近法、比例导引法等）朝目标方向飞行，因而其轨迹是有一定规律的。例如，当对空导弹采用三点法导引时，指挥站、导弹和目标三者将会始终保持在一条直线上。尽管对空导弹在实际飞行过程中会因为各种干扰因素的存在，不可能完全沿着理论弹道飞行，并且导弹在其飞行全程也不一定始终采用同一种导引规律，但是考虑到来袭导弹的目标（军机）始终是已知的，并且导弹在飞行中通常会尽量选取相对平直的弹道，军机根据自身位置和对空导弹常用的导引方法，仍可以对来袭导弹在某一时间段内的大致飞行弹道进行估算，并借此引导己方的反导武器逆其飞行路线予以拦截（即迎头拦截）。

4. 对空导弹的高机动能力在其飞行全程的不同阶段存在很大差异

尽管现代对空导弹普遍拥有很大的可用过载，但这个最大过载值只有在飞行全程中的某个较短的时间段内才能达到，并不表明导弹在飞行中可随时以这样大的过载进行机动。对于当前主要以固体火箭发动机作为动力的对空导弹来说，由于发动机工作时间相当有限（通常为数秒，至多数十秒），其飞行全程的大部分时间内均是靠惯性进行无动力飞行，速度和能量将越来越低，此时不仅弹上的燃气舵会因发动机关机而无法工作，气动控制面也将因速度降低而效率下降，致使导弹的机动能力越来越低，距离最大可用过载值也越来越远。尤其是到了飞行弹道末段（军机反导自卫作战往往会在这个阶段进行），导弹的存速和能量通常已经相当低，更是无力进行过于剧烈的机动。此外，对于采用复合制导的中远程对空导弹来说，由于其飞行初段通常采用的是程序控制或者惯性制导，此时不会做较剧烈的机动飞行，其弹道较为简单平直，也比较有利于机载 APS 的跟踪和拦截。因此总的来说，尽管对空导弹的最大可用过载值普遍较大，但这并不一定意味着 APS 拦截弹必须具备更高的机动能力才能对其实施拦截。

5. 对空导弹在遭遇段的飞行姿态较为简单，将有利于机载 APS 对其实施拦截

遭遇段即导弹与目标（军机）的交会段，是指从导弹制导系统失控至导弹与目标最接近的脱靶点（遭遇点）之间的一段运动弹道。由于导弹在此阶段的飞行时间极短，这期间导弹/目标的飞控系统无论怎样调整舵角，二者飞行姿态也来不及发生改变，因此其相对速度矢量基本保持不变，甚至均可视为在做匀速直线运动，这对机载 APS 的反导作战将非常有利。尽管此时导弹距离目标已经相当近了，通常仅为数十、一百多米不等，军机单凭自身机动已经不可能摆脱导弹的攻击，软杀伤手段更是无济于事，但由于此距离在大多数情况下仍超过了来袭导弹战斗部引爆后对军机的最大威胁距离（即 4. 3. 1 节中所述的“安全半径”），因此仍会为硬杀伤自防护手段提供一定的“可乘之机”，只要机载 APS 具备足够的快速反应能力（如以高初速航炮、特别是高能激光武器为反导拦截手段），将可以在此期间对来袭导弹实施最后一次拦截。

3. 2. 3　由于条件限制，较长时期内对空导弹难以采取有效的反拦截措施

面对日益成熟的舰载/陆上反导技术，现代反舰/巡航导弹及部分中远程空地导弹通常会采取多种反拦截措施来增强自身的突防能力，由此会极大地增加对方反导系统拦截的难度。例如，目前的先进反舰导弹可以综合采用隐身（削减自身雷达、红外等信号特征）、加强战斗部防护（在其头部受弹方向被覆装甲）、战斗部头部高效导滑面（使射来的拦截炮弹产生类似跳弹的效果）、“饱和”攻击（短时间内使用大量导弹攻击同一目标）、伴飞诱饵（使用能模拟导弹信号特征的无人飞行器协同突防）、“过天顶”攻击（在飞行末段进行大角度俯冲）、弹道末段蛇形机动（破坏对方雷达跟踪和火控解算）、弹载有源干扰机等手段，来帮助突破对方舰载 APS 的拦截。甚至一向主要凭借高速飞行能力突防的地地战术/战略弹道导弹，也开始广泛采用隐身、机动变轨、诱饵弹头、

有源/无源干扰等措施来提高突防概率。

而对于今后的机载APS来说，其面临的情况将与此完全不同。由于目前军机对抗对空导弹的手段仅仅局限在对来袭导弹的机动规避和软杀伤上，因此各国导弹研制厂商也把主要精力放在如何提高进一步导弹的抗干扰性能和机动能力上，迄今为止尚没见到有现役/在研对空导弹采取反拦截措施的报道。不仅如此，由于技术水平和战术使用两方面的限制，今后对空导弹即使想采用类似反舰/巡航导弹那样的反拦截措施，也将会面临很大困难。例如，现代对空导弹弹体空间、有效载荷和能源供给均非常有限，将难以采用诱饵弹头、战斗部装甲防护/头部高效导滑面、弹载有源/无源干扰设备等技术措施；由于作战成本费用、平台携弹量、系统火力通道等方面因素的限制，现代战争中很少会出现使用3枚以上对空导弹攻击同一架军机的情况①，饱和攻击方式更是非常罕见；对空导弹若采用伴飞诱饵，不但会降低攻击的隐蔽性，而且会影响发射平台的携弹量，其作用还不如朝目标多发射一枚导弹；对空导弹在弹道末段进行蛇形机动也同样不实用：因为军机的机动能力远远高于水面舰艇和地面车辆，对空导弹若在逼近目标的关键时刻主动进行既消耗自身能量又浪费时间还影响导引头工作的复杂机动，反而会增大目标趁机逃脱的可能，况且大部分对空导弹此时是靠惯性进行无动力飞行，很可能已经没有足够能量进行这样的机动了。

在上述各种导弹反拦截措施中，相对来说更符合对空导弹应用实际的是隐身技术，但其效果能否达到预期同样存在很大疑问，尤其是在对付目前最常见的雷达、红外和射频信号探测方面，将更是困难重重：①对于雷达隐身来说，由于飞行器雷达隐身能力大部分取决于外形设计(约占80%)，而对空导弹在高速高机动性能方面的要求很高(远远超过飞机)，在采用一些过于特殊的气动外形时将会面临很大限制，通常只能通过弹体采用吸波材料、表面涂敷吸波涂层等较简单手段来实现适度隐身(如美国已下马的AIM-152“先进远距空空导弹”)；②对于红外隐身来说，对空导弹由于自身气动布局、体积、重量限制等方面的原因，目前F-22战斗机等现代隐身飞机上所采取的红外隐身技术(通过垂/平尾对发动机喷管进行遮挡，发动机尾喷管锯齿状修形，在发动机喷口处释放液态氮以瞬间降低热喷流温度，以燃油为介质对气动加热蒙皮进行冷却等)难以得到沿用，通常只能采用燃料中掺入特殊添加剂等较简单措施，因而其红外信号特征难以得到大幅缩减；③对于射频隐身来说，由于主动雷达

① 俄罗斯S-300(SA-10)、美国“爱国者”等当代先进地空导弹系统的典型作战方式是同时制导12枚导弹攻击6个空中目标。

末制导对空导弹要靠发射电磁波来探测锁定目标，复合制导对空导弹要靠接受目标修正指令来进行中段制导，这两类导弹飞行过程中将不可避免地会产生一定的电磁信号辐射，并且相当长时期内很难将其大幅缩减下去，因为雷达等电子设备辐射的电磁波能量减小到一定值后，其性能将会严重下降甚至完全失去作用，以致于无法对导弹进行制导。

此外还需指出的是，与包括反舰导弹、巡航导弹、反坦克导弹在内的其他所有精确制导弹药一样，对空导弹通过采用制导装置，尽管使自身命中率和命中精度较非制导弹药大幅提高，但同时也埋下了被敌方干扰、诱骗、甚至拦截的“隐患”，并且这些“隐患”很难通过技术手段来彻底消除，这是由精确制导弹药的工作原理所决定的。目前对空导弹所采用的制导方式，不外乎自主制导、遥控制导、寻的制导三大类，其中除了自主制导①在制导过程中不需要提供目标的直接信息，也不需要导弹以外的设备配合外，其余两类制导方式在制导过程中都需要接收己方地面站发出的引导信息或者目标辐射/反射的能量信息，才能形成控制指令，进而使导弹按照一定的制导规律飞向目标。由此一来，制导飞行中的对空导弹不仅存在被机载软杀伤自防护系统干扰、诱骗的可能，而且也给机载硬杀伤自防护系统的反导作战提供了良好契机：反导拦截弹可以通过模拟载机的雷达、红外等信号特征，以“请君入瓮”的方式吸引来袭导弹捕获、跟踪自己，最终“自投罗网”而被拦截摧毁。尤其值得注意的是，目前的先进软杀伤诱饵还可以在逼真模拟载机雷达、红外等信号特征的同时，在一定时间内保持与载机基本相同的运动特性，进而极大地增加来袭导弹“受骗上当”的几率，今后的机载硬杀伤反导拦截弹完全可以通过类似的方式对来袭导弹实施拦截，并有效提高拦截成功率。

3.2.4 对空导弹弹体抗毁伤能力差，很容易因为火力拦截而失效

对空导弹为了满足高速高机动飞行的性能要求，需要尽可能减轻结构重量，再加上导弹作为一次性使用武器，还需要严格控制制造成本，因此对空导弹弹体在结构强度设计方面并没有留出多大的安全余量，更不可能大量采用各种抗损/容损措施，这与同为大气层内飞行器的有人驾驶飞机的设计理念完全不一样。对于目前的绝大多数对空导弹来说，其弹体是由金属(铝合金、钛合金、合金钢等)/非金属(复合材料)材料制成的筒形薄壁细长结构件，弹上的

① 目前部分对空导弹所采用的惯性制导、程序制导均属于自主制导，但它们通常是作为初段或中段制导，只作辅助制导而不能独立应用。

导引头、战斗部、燃料箱等关键部件均紧贴着单薄的壳体蒙皮，位于弹体前部的导引头整流罩通常是由硬脆材料(熔融石英陶瓷、蓝宝石、微晶玻璃等)制成的薄壁复杂形面工件，突出于弹体之上的舵面、翼面等部件则大都为薄壁空腔结构。显然，对空导弹这样的结构强度不仅无法与有人驾驶飞机相提并论，即使与反舰导弹、空地导弹、航空炸弹等其他机载弹药相比，其弹体易损性也显得非常突出(图3-8)。因此，对于战时通常处于高速高机动飞行状态的对空导弹来说，其相对脆弱的弹体只要遭到局部甚至很轻微的物理损伤，在气动作用下就很可能会带来灾难性后果。

图3-8　美国“爱国者”-3(上)、“爱国者”-3“导弹性能增强”(MSE)型(中)和“末端高空区域防御”(THAAD)(下)防空/反导导弹的剖视模型，三者筒形薄壁的弹体结构以及弹体内部复杂精密的部件设备清晰可见　(图片来源：deagel. com)

不仅如此，对于战斗状态下的对空导弹来说，当目标进行高速高机动飞行企图逃避打击时，通常应具备更快的速度、更高的机动能力才能避免目标逃脱。在此过程中，对空导弹一旦因外来的破坏、干扰(不一定是物理损伤)导致自身速度和机动性下降，目标趁机逃离险境的可能性将会大增。因此，对于正遭对空导弹攻击的军机来说，很多时候甚至无须对来袭导弹进行物理毁伤，只要能使其出现一定程度的减速、失稳、偏航，就可以达到阻止其继续追击自己的目的。从另一方面来看，目前大部分对空导弹(“流星”等具备全程动力飞行能力的导弹除外)在弹道末段的飞行特性也使这样的对抗措施具备了相当的可行性：此时导弹发动机燃料通常早已耗尽，完全是凭惯性进行无动力飞行，即使受到较小的外力作用，其飞行姿态也很可能会受到很大影响甚至破坏，以致偏离正常弹道。尤其是对于部分采用无弹翼布局、全靠弹体产生升力的对空导弹(如英国AIM-132“阿斯拉姆”空空导弹)来说，为了保证足够的升力，导弹需要以较高速度飞行并且维持一定的仰角，在弹道末段更容易因为外力作用的影响而失稳、偏航甚至坠落。

此外，还有两种类型的对空导弹由于采用了特殊的战斗部引信或杀伤方式，也导致其在“硬杀伤”火力面前非常脆弱：①大多数便携式防空导弹（尤其早期型）由于重量/体积限制，难以配装较大型战斗部，通常采用的是触发引信，需要直接命中目标才能对其进行有效毁伤，这类导弹一旦遭到火力拦截，哪怕仅仅受到相当微弱的破坏、干扰，就将很难直接命中目标，进而会造成触发引信不动作，最终导致导弹与目标交汇后自毁；②随着技术的进步，今后部分型号的对空导弹（如以色列“怪蛇”-6/美国 CUDA 空空导弹）将可能取消战斗部，而采用直接碰撞方式来杀伤目标，这类导弹一旦遭到火力拦截，只要稍微偏离弹道，与目标“擦肩而过”，就将很难对后者构成有效威胁。

由于上述特点，战斗状态下的对空导弹一旦遭到小口径速射炮高速发射时所形成的密集弹幕的拦阻，或者遭到 APS 拦截弹战斗部引爆后所产生的密集破片/子弹丸和爆轰/冲击波的联合作用，或者遭到拦截弹弹体的直接撞击，将很容易出现以下后果以致于无法继续对目标（军机）构成威胁：①弹体结构严重破损甚至完全解体；②导引头、控制系统等要害部位的整流罩/舱壁被击穿，致使相关设备受损，导弹无法继续完成制导飞行；③导引头整流罩局部破损，致使导引头接收到的信息失真而影响导弹制导精度，难以正常追踪目标；④战斗部舱段的舱壁被击穿，导致战斗部装药被直接引爆，或者引信失效而无法起爆战斗部；⑤发动机、舵/翼面遭到损伤，致使导弹偏航甚至失控、坠落；⑥弹体遭到局部损伤，气动外形被破坏，导弹飞行阻力增大，机动能力下降，以致于无法继续追击目标；⑦弹体遭到剐蹭、擦碰，尽管物理损伤相当轻微，但是在外来作用力的影响下导弹出现失稳、偏航现象，以致于难以继续追击目标；⑧弹体遭到侧向冲击波的猛烈吹袭，难以保持正常的飞行姿态，出现严重倾斜甚至翻转，最终偏离正常飞行弹道；⑨弹体遭到侧向冲击波的轻微吹袭，或者遭到破片、子弹丸、拦截弹弹体的轻微擦碰，致使导弹紧贴目标表面“掠过”，甚至给目标表面带来轻度损伤，但因为该弹采用的是撞击杀伤（HTK）方式而没有配装战斗部[①]，以致于无法对目标造成更严重的毁伤。

由于同样的原因，如果将 APS 拦截弹上的破片/子母式战斗部替换为拦阻网之类的特殊战斗部，并对来袭对空导弹实施拦截时，也将会产生类似的效果：①网绳缠绕、损伤舵/翼面，致使导弹偏离正常弹道甚至失控、坠落；②

---

① 美国在 2010 年后推出的 CUDA、AIM-260 等新型空空导弹方案，均取消了战斗部，而采用了撞击杀伤方式。

网绳覆盖、缠绕甚至损伤导引头整流罩，妨碍、破坏导引头发送/接收信息，进而影响导弹制导精度甚至使其完全迷盲；③网绳覆盖、缠绕在弹体上，致使导弹飞行阻力增加，速度和机动能力下降，难以继续追击目标。

3.3　现代战场上 RPG 等非制导弹药在目标特性方面的弱点日益明显

如 1.2 节所述，根据口径和威力大小，非制导对空弹药可以分为小口径枪/炮弹和以 RPG 为代表的较大口径火箭/炮弹两大类。随着机载探测/跟踪传感器和反导拦截武器技术的进步，以及现代军机飞行性能和机体防护能力的提高，这两类非制导弹药在目标特性方面的弱点均日显突出，由此可使机载反导武器拦截非制导弹药时存在的种种困难得到极大缓解，研发一种具备反非制导弹药能力的机载 APS 也变得越来越现实可行。

3.3.1　在现代高性能传感器面前，RPG 仍有足够强的目标信号特征

与绝大多数对空导弹相比，RPG 外形尺寸更小，飞行尾迹也更不明显，并且发射距离非常近，因而难以对其进行目视观测；同时，RPG 作为一种非制导弹药，飞行中既不发射也不接收任何电磁波，因此射频信号特征也不存在。尽管这样，RPG 独特的弹体结构和发射原理，仍使其具有足够的雷达、红外、紫外和声学信号特征，在现代战场上容易被各种高性能传感器探测跟踪。

1. RPG 的雷达信号特征

以目前世界各地广泛使用的 RPG 弹种——PG－7V/7VM 火箭增程破甲弹(图 3－9)为例，该弹除了弹体绝大部分为雷达隐身性能不佳的圆形/圆锥截面结构外，其表面还有各种形状的凸起、台阶、鼓包和尖锐边缘，飞行中还会向四周展开 4 片翼展很大的尾翼，由此会形成众多雷达波强散射源，因而其整个弹体仍具有一定的 RCS，现代高性能雷达设备完全有能力对其进行探测跟踪。

例如，以色列“战利品”车载 APS 所配装的 EL/M－2133“风挡”脉冲多普勒有源相控阵雷达，就可在复杂战场环境下对 RPG、反坦克导弹和坦克炮弹等来袭弹药实施探测跟踪，并精确测定目标参数；而俄罗斯“阿富汗石”车载 APS 所配装的毫米波有源相控阵雷达，除了具备类似能力外甚至还可以在恶劣环境中探测、识别、跟踪脱壳穿甲弹弹芯这样的高速(可达 1700m/s)小目标。

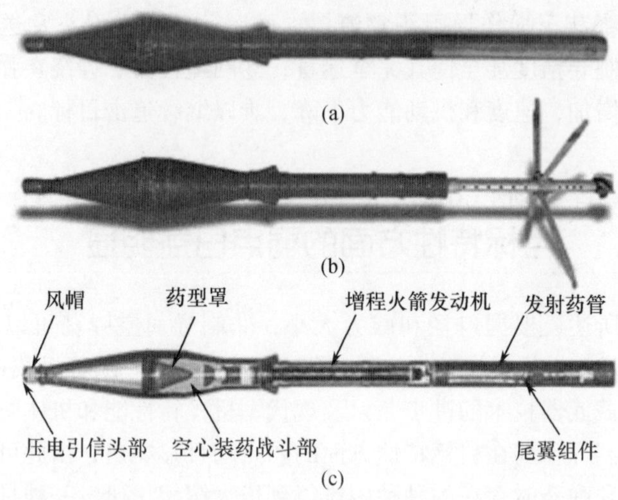

图 3－9　PG－7VM 火箭增程破甲弹外形及内部结构图

（图片来源：qunrf. ru；mdernfirea rms. net）

(a)已装上发射药管并准备发射的状态；(b)发射后尾翼展开、在空中飞行时的状态；(c)弹体剖视图。

不仅如此，美国陆军研究实验室(ARL)等机构的研究测试结果还表明，机载高性能雷达(如直升机载 Ka 波段毫米波雷达)甚至对地面人员携带的 RPG 发射筒具有相当的探测识别能力，从而在敌方 RPG 发射之前，就可为载机提供威胁告警，并提前对目标动向进行跟踪。

2. RPG 的红外/紫外信号特征

RPG 与大多数对空导弹一样，也是以固体火箭发动机作为动力装置，因此在其动力飞行期间，也同样会存在一定的红外/紫外信号特征，可以使用红外/紫外传感器对其进行探测跟踪。例如，法国“斯帕腾”车载 APS 中采用的先进红外传感器，可对 50～70m 外的 RPG 等来袭目标进行精确探测跟踪；俄罗斯“阿富汗石”车载 APS 中的紫外传感器则可根据来袭 RPG 的紫外辐射信号，测定其部分弹道参数。

当弹上发动机停止工作后，RPG 的红外辐射将会减弱，紫外辐射则基本消失，此时红外传感器设备对其探测跟踪的难度会有所增大，紫外传感器设备则基本丧失持续跟踪能力。尽管这样，由于 RPG 这类弹药自身无制导，弹上发动机关机后将基本上沿自然弹道飞行，因此机载 APS 仍可根据红外/紫外传感器设备先前所获得的目标参数，推算其位置。

3. RPG 的声学信号特征

RPG 的发射采用了无坐力炮原理，当其离开发射筒后，筒内部分高温高压火药燃气会喷出筒口，突然膨胀并与大气混合，形成以声速向外传播的筒口激波；此外，当 RPG 以较高速度（其最大飞行速度接近 300m/s）在空中飞行时，其弹体与空气摩擦还会产生涡流、激波和噪声。因此战时 RPG 通常具有较强的声学信号特征，容易被先进的被动声学传感器探测发现并测定飞行弹道。

例如，美国国防高级研究计划局（DARPA）和 BBN 技术公司合作研制的"直升机告警及威胁终止"（HALTT）声学探测系统配备有 18 个声学传感器，能够探测到来袭 RPG 及其他枪/炮弹在空中高速飞行时所产生的激波，由此可向直升机飞行员告警并通过三角测量法确定射手的位置；美国轨道－阿连特技术系统公司①研制的直升机载"射击发现者"声学探测系统既可通过飞行激波对距离 50～3000m、口径 5.45～40mm 的来袭弹药（包括 RPG）实施探测，也可根据枪炮/火箭发射时的炮（枪、筒）口激波对敌方地面火力进行定位，其准确率可达 95%。

3.3.2　RPG 弹体抗毁伤能力低，很容易因为外力作用而丧失威胁性

与绝大多数对空导弹相比，RPG 的外形尺寸和被弹面积更小，很多时候还会以齐射方式攻击目标，从而会在一定程度上增大防御方对其拦截摧毁时的难度。但是各国车载 APS 研发测试中的相关经验表明，RPG 在弹体结构、战斗部和飞行性能方面的种种先天缺陷，使其在面对现代反导火力时仍相当脆弱，其弹体抗毁伤能力甚至可以说比对空导弹更差，很容易因为防御方的拦截而丧失对目标的威胁性，由此可显著降低今后机载 APS 的作战难度。

1. 弹体结构强度低，易损性较为突出

与对空导弹类似，RPG 弹体的易损性同样非常突出：弹体通常为铝合金、合金钢等材料制成的圆柱形薄壁管状结构，其强度较低；位于弹体头部、被弹面积相对较大的超口径战斗部仅由约 2mm 厚的铝壳保护，并且存在引信、风帽等暴露在外的易损件；飞行中需要由 4 片外形尺寸较大，向外伸展开的尾翼提供稳定力矩。在 RPG 飞向目标的途中，一旦有 APS 拦截弹在其附近被引爆，在密集破片/子弹丸和爆轰/冲击波的联合作用下，将很可能会出现弹体完全解体、战斗部被引爆、发动机/尾翼受损导致偏航等后果，最终无法对目标构成威胁。多年来，世界各国研制车载 APS 乃至直升机 APS 时的实弹拦截测试结

① 该公司由原阿连特技术系统公司与轨道科学公司于 2014 年合并而成，后于 2018 年并入诺斯罗普·格鲁曼公司。

果就证明了这一点(图 3 - 10)。

图 3 - 10　车载 APS 实弹拦截测试中被毁伤、解体的 RPG 弹体
（图片来源：罗健 |《弹箭与制导学报》）

2. 通常采用破甲战斗部，引爆后对空中目标的威胁范围小

现代对空导弹通常采用的是近炸破片战斗部，战斗中无须直接击中目标，只要后者进入其引信作用范围内即可引爆，由此产生的爆轰/冲击波和大量破片可对周围很大距离(可远远超出其杀伤半径)内的目标均构成有效威胁。因此军机在进行反导自卫作战时，需要在来袭导弹战斗部杀伤半径之外甚至更远距离对其实施拦截，才能确保自身安全。而 RPG 作为一种反装甲武器，目前配装的主要弹种是用来攻击坦克装甲车辆的破甲弹，需要直接命中目标并通过高温高速金属射流来对其造成毁伤。因此今后机载 APS 在对来袭 RPG 实施拦截的过程中，只要拦截点不是过于“贴近”载机，否则即使将 RPG 战斗部引爆，通常也不太容易伤及载机自身，由此可以显著压缩拦截区近界，扩大拦截区纵深，增加对目标的拦截次数，最终提高对来袭目标的拦截成功率。

3. 无制导飞行能力，飞行弹道利于防御方的跟踪拦截

与对空导弹发射后会在空中进行弹道非常复杂的制导飞行相比，RPG 由于自身无制导装置，其离开发射筒后的绝大部分时间内基本上是沿着一条较为呆板、固定的自然弹道飞行，这对其突破机载 APS 的拦截非常不利。机载 APS 借助高性能任务传感器和数据处理/控制设备，将可以比较容易地测定计算来袭 RPG 的飞行弹道，并据此推算其在某个时刻的位置及相关参数，进而引导拦截弹对其实施拦截。

4. 弹重小、速度低，飞行姿态容易受外力影响

与对空导弹相比，RPG 的弹体要轻得多，飞行速度也更低（为亚声速），因此其飞行时的动能也较小，导致其飞行姿态很容易因为外来撞击或外力干扰而被破坏。在 RPG 飞向目标的途中，一旦有 APS 拦截弹在其附近被引爆，面对破片/子弹丸和爆轰/冲击波的联合作用，即使其弹体因为距离较远而物理损伤较轻，也将很容易因为受到干扰而偏离原来的飞行弹道。此外，当拦截弹通过抛撒拦阻网之类的特殊战斗部对 RPG 实施拦阻时，一旦前者依附、缠绕在 RPG 弹体上，将会严重阻滞、干扰其飞行，最终导致其偏航而无法命中目标。

5. 飞行中存在风偏现象，易受冲击波吹袭而偏离目标

RPG 所采用的火箭增程和尾翼稳定技术，带来的一个突出副作用就是风偏大，当其在飞行途中遇到与飞行方向成一定角度的横风时，其飞行方向将会产生不同程度的偏差。因此在 RPG 飞往目标的途中，一旦有 APS 拦截弹在其附近（甚至可能是相当远的距离）被引爆，即使其弹体没有被破片/子弹丸直接击中，在较强冲击波的吹袭下，也将很容易因为出现风偏而大幅偏离目标。

3.3.3　小口径弹药对现代军机威胁有限，可从机载 APS 作战对象中排除

在非制导对空武器中，各种步/机枪、高射机枪和小口径高炮属于较为特殊的一类，无论是传统战争还是非传统战争中，它们都是军机尤其直升机面临的最常见威胁之一。从性能特点来看，这类武器射速快，所发射的弹药（即小口径枪/炮弹）初速大，当低空/超低空飞行的军机遭到其集火射击时，被命中的概率相当高，因此对于缺乏防护的早期军机来说，小口径枪/炮弹带来的威胁往往相当严重，很多时候还是军机战损的主要原因。但是随着时代的发展，目前这种情况已经发生了很大变化。

对于现代固定翼作战飞机来说，其飞行性能和任务使命决定了这类飞机战时大部分时间均是在小口径枪/炮弹有效射高之外的中高空飞行，只有当其以低空/超低空飞行方式执行对面攻击等任务时，才有可能遭到小口径枪炮的攻击。然而随着精确打击技战术的发展成熟，现代固定翼飞机在执行对面攻击任务时，正越来越多地以中高空少量投放精确制导弹药的方式，来取代低空/超低空大量投放非制导弹药的传统做法，由此可以在保证攻击精度的同时，避免自身遭到小口径枪/炮弹的杀伤。尽管部分固定翼飞机（主要是攻击机）在今后战争中仍可能会承担一些低空/超低空对面攻击任务，但这类飞机普遍具有非

常完善的抗损/容损措施，尤其是具有良好的装甲防护①，小口径枪/炮弹甚至便携式防空导弹要想对其造成致命毁伤将非常困难。例如，在苏阿战争、海湾战争、俄罗斯－格鲁吉亚战争等局部战争中，参战的俄罗斯苏－25强击机和美国A－10攻击机都曾出现过机体弹伤累累但仍安全返回基地的情况。因此总的来看，现代战争中固定翼飞机受小口径枪/炮弹的威胁已经相当有限，很多时候甚至可以忽略不计。

相比之下，现代直升机战时仍需经常在低空/超低空活动，因此遭小口径枪/炮弹攻击的概率仍然相当大。例如，2010年3月，时任美国国防高级研究计划局局长的雷吉纳·杜甘(Regina Dugan)就曾表示，直升机在现代战场上所面临的威胁中有85%来自小口径枪/炮弹②。尽管这样，由于现代直升机(尤其是武装直升机)普遍采用了各种抗损/容损设计，其防护性能较先前有了巨大提高，传统的步/机枪弹、高射机枪弹已经很难对其造成致命伤害，即使是小口径高炮炮弹，如果不是命中要害部位，单发炮弹击落直升机的概率也不高③，这已为冷战后多场局部战争的实战经验所证实。例如，越南战争中美军直升机由小口径枪/炮弹导致的战损比例高达94%，而在阿富汗和伊拉克战争中，这一比例已下降至31%④。尤其值得指出的是，2003年3月24日(美国推翻伊拉克萨达姆政权的战争行动期间)，美国陆军32架AH－64武装直升机在伊拉克南部卡尔巴拉地区作战中遭到小口径枪炮火力的伏击，全部直升机均被击中，但仅有一架被击落，其余均安全返航⑤；而在阿富汗战场上，美军参战的全部AH－64直升机中有80%曾被地面火力(主要是小口径枪炮)击中过，但真正被击落的却屈指可数。不仅如此，对于小口径枪炮这类连续发射的地面自动武器来说，战时难免会存在炮/枪口闪光、烟雾等发射征候，并且需要在发射阵地上做一定时间的停留，这无疑有助于空中直升机对其进行定位并实施相应的机动规避，必要时直升机还可利用机载空地导弹/火箭弹射程远、威力大的优势对其进行火力压制。

---

① 俄罗斯苏－25强击机全机共有1100～1120kg的重量用来提高生存力，其座舱底部及周围的钛合金装甲厚达24mm，机上关键系统/设备的装甲防护至少具有防12.7mm枪弹击穿的能力；美国A－10攻击机的机腹和座舱周围分别布置有厚度为50、38mm的钛合金装甲，其总重达550kg，可承受23mm炮弹的打击。

② 数据来自文献[110]。

③ 美国AH－64武装直升机的主旋翼桨叶、传统系统等部位在设计上均考虑了对23mm炮弹的弹伤容限，俄罗斯卡－50武装直升机座舱的地板、侧壁可抗击20mm、23mm炮弹在100m距离上的攻击。

④ 数据来自文献[111]。

⑤ 该次战斗即为曾在世界范围内广泛报道的“伊拉克老农使用老式步枪击落美军‘阿帕奇’直升机”事件。

由于上述原因，目前西方国家研究人员普遍认为，今后战场上各种小口径枪/炮弹尽管仍可对军机尤其是直升机构成一定威胁，但这种威胁并非致命和根本性的。因此对于今后的机载 APS 来说，可以将各种小口径枪/炮弹从其作战对象中排除，由此可极大地降低研制技术难度，加快实用化进程。因为目前条件下，要对外形尺寸极小、飞行速度快并且通常会密集发射的小口径枪/炮弹实施有效的探测、跟踪、拦截、摧毁，在技术上将很难实现，如果机载 APS 无须考虑对这类弹药的拦截，将可大幅降低对系统的部分性能指标要求，从而有助于缓解系统研制中面临的技术困难。

3.4　相关领域的技术进步为机载 APS 尽早面世奠定了坚实基础

与舰载、车载和地面 APS 一样，今后的机载 APS 要完成一次典型的反导作战任务，也需要经历威胁告警、目标探测、精确跟踪、拦截摧毁的完整流程，才能彻底消除来袭弹药对载机的威胁，为其提供可靠有效的防护。随着相关领域技术的不断发展，在机载 APS 反导作战的这些环节领域，目前均已有相当的技术基础和经验积累，这为今后正式开展机载 APS 的产品研制提供了一个较好的起点，由此可以加快军机主动防护技术的实用化进程。

3.4.1　舰载/车载/地面 APS 的大量装备使用，为机载 APS 研发做了先期探索

如前所述，为了提高现代战争条件下水面舰艇、坦克装甲车辆和地面军事设施的战场生存力，美国、俄罗斯(苏联)、以色列等国引入主动防护概念，陆续推出了多种型别的舰载、车载和地面 APS。得益于相关领域的技术进步和各国多年来的巨大投入，目前这类防护装备已经达到很高的性能水平，可以对现代战场上的多种来袭弹药(反舰导弹、反坦克导弹、火箭弹、火炮炮弹等)进行有效的探测跟踪，并适时对其实施火力拦截，从而确保各种作战平台和地面军事设施的战时安全。与舰载、车载和地面 APS 相比，机载 APS 在作战思想、工作流程、目标特性、拦截手段等很多方面均大同小异，因此在今后研发过程中可大量借鉴、参考、沿用前三者的部分技术，甚至直接在其基础上进行改型发展。

在舰载 APS 领域，美国“密集阵”、荷兰“守门员”等部分以小口径速射炮为反导拦截武器的近防系统采用了先进的闭环射击校正技术，其高性能火控雷达在精确跟踪来袭目标(反舰导弹)的同时，还可对已经发射出膛、正高速接

近目标、外形尺寸/RCS均极小的弹丸[①]保持跟踪，并对其脱靶偏差量进行实时测量、修正，从而使系统达到了极高的射击精度，可以确保部分弹丸能与被弹面积非常有限的来袭目标迎头碰撞，进而对其造成有效毁伤。不仅如此，其中的“密集阵”在经过适当改进后，还派生发展出陆上使用的“百夫长”地面“反火箭炮、火炮及迫击炮”(C-RAM)系统，可以在远比海上环境更加复杂的地面战场(如建筑物密集的城市环境)上，对迎面袭来的各种火箭弹、火炮炮弹、迫击炮弹等高速小目标进行拦截，而这些目标(如60mm迫击炮弹)在外形尺寸/RCS方面往往比反舰导弹甚至大部分对空导弹还要小。从理论上讲，只要能解决搭载平台在重量载荷、射击稳定性等方面的问题，这类武器系统同样有能力对来袭对空弹药实施拦截，因此在今后军机反导自卫作战领域有一定应用前景。

继“密集阵”之后，美国推出的新一代“拉姆”舰载近防系统将反导拦截武器替换为近程舰空导弹。该弹采用了非常独特的被动雷达/红外成像双模制导，在发射后的飞行弹道初段将首先使用被动雷达制导，以追踪来袭反舰导弹主动雷达导引头(目前反舰导弹普遍采用主动雷达末制导)发射的电磁波，并将导弹引导到红外成像导引头的有效作用范围内，待后者截获目标后再交由其进行后续制导。通过这样的制导模式，不仅确保了较高的制导精度(“拉姆”在测试中曾多次直接命中目标)，而且使导弹具备了“发射后自行截获/锁定目标”和“发射后不管”的能力，可大幅降低指挥控制系统的复杂程度与技术难度。显然，在主动雷达末制导对空导弹大量投入使用的今天，这样的作战模式对于今后的军机反导自卫作战同样非常适用。

而在车载APS领域，多年来国外也已推出了一大批成熟产品，其中个别型号(如以色列“战利品”)还经受了实战的考验。靶场测试和实战经验表明，目前的先进车载APS完全有能力在远比空中甚至海上环境更加复杂恶劣的地面战场上，对来袭的反坦克导弹、RPG之类的火箭弹甚至坦克炮/反坦克炮炮弹等目标实施近距/超近距拦截，其整个作战过程耗时仅数十毫秒甚至更短。尤其值得指出的是，目前部分型号的车载APS通过进一步压缩系统反应时间，并换装专门设计的新型拦截弹，还初步具备了防护坦克炮/反坦克炮发射的高速脱壳穿甲弹的能力。例如，乌克兰研制的“屏障”车载APS的反应时间已经缩短到数毫秒，可拦截以1800~2000m/s速度来袭的脱壳穿甲弹弹芯。鉴于脱壳穿甲弹极高的飞行速度和极其微弱的目标信号特征[②]，如果撇开搭载平台自

① 美国“密集阵”近防武器系统配备的MK149次口径脱壳穿甲弹弹芯直径仅11.94mm，初速可达1100m/s以上。

② 以美国陆军M1主战坦克上120mm滑膛炮配装的M829系列尾翼稳定脱壳穿甲弹(APFSDS-T)为例，其弹芯直径18~24mm，弹长不超过800mm，最大初速超过1600m/s。

身特性不论，这类车载 APS 拦截来袭目标时的作战难度可以说已经达到甚至超过了军机反导自卫作战。

不仅如此，21 世纪初以来美国、以色列等国推出的部分车载 APS 还高度重视产品的适装性，整个系统体积小，重量轻，能耗少，非常便于配装各种不同型别、不同种类的作战平台，并且具备移植到军机上的潜力。例如，美国研发的“综合陆军主动防护系统”(IAAPS)和“全谱近距多层防御”(FCLAS)车载 APS 除了主要用于坦克装甲车辆外，其改型也可配装于水面舰艇、直升机甚至固定翼飞机，其中 FCLAS 已经派生发展出“天使之火”直升机 APS；以色列则以“战利品”车载 APS 为基础，改型发展出 Fliker 直升机 APS。

3.4.2　机载软杀伤系统的不断成熟完善，可为 APS 体系架构的构建提供参考

为了应对日益严重的导弹威胁，现代军机(尤其是担负一线作战任务的固定翼飞机/直升机)大都配装有一套较为先进完善的机载软杀伤自防护系统。这套系统通常由雷达/激光告警接收机、导弹来袭告警系统和软杀伤对抗设备组成，大体上可分三个阶段对战场上的导弹威胁进行探测、跟踪、对抗：当本机被敌方火控雷达/激光测距仪(或激光指示器)照射时，机载雷达/激光告警接收机可及时告知辐射源的出现并提供其方位、信号特征和威胁类型等信息；当敌方导弹发射后，机载导弹来袭告警系统可通过来袭导弹的雷达、红外、紫外信号特征，对其保持跟踪并提供其方位、到达时间(TTI)[①]和威胁程度等信息；当来袭导弹进入软杀伤对抗设备的有效作用范围后，本机上的主动干扰机、箔条/红外干扰弹、拖曳式诱饵、定向红外对抗系统等有源/无源干扰手段(但同一架军机上不一定同时配装有这些设备)将会适时启动，以干扰、诱偏、致盲来袭导弹。

从机载软杀伤自防护系统的上述性能特点可以看出，此类系统探测、跟踪、对抗来袭导弹的功能已经相当完善，其工作原理和作战流程与设想中的机载 APS 已经非常接近，差异仅在于最后阶段对抗措施的不同。对于这类系统来说，今后只要在目前基础上做一定的适应性改进和局部性能提升，并换装一套硬杀伤拦截武器，即可实现由传统软杀伤自防护系统向全新主动防护系统的质变。在目前的机载软杀伤自防护装备中，尤其值得注意的是定向红外对抗系统，这类装备在对抗来袭红外制导对空导弹的过程中，可以精确瞄准来袭导弹的导引头，并对其发射红外/激光干扰波束，从而使来袭导弹迷盲、偏航以致于无法继续攻击目标。显然，这样的系统距离多年来设想的机载 APS 可以说

① 部分资料也将其称为碰撞时间，即来袭导弹与目标(本机)相遇前的剩余时间。

仅有一步之遥了，在某种程度上已经可视作一种机载 APS 的“原始雏形”。从理论上讲，由于这类系统对来袭导弹的探测跟踪精度已经达到甚至超过了 APS 所要求的水平，今后若要将其改进为真正意义上的机载 APS，甚至无须对整个系统做大的改动，只需简单地将其现有软杀伤干扰源更换为合适的硬杀伤拦截武器即可。例如，今后随着机载高能激光武器技术的成熟，用全新的高能激光器(平均输出功率不低于 20kW)替换目前定向红外对抗系统中的低功率激光干扰源(功率通常仅为数十瓦甚至数瓦)，使其有能力对来袭导弹实施硬杀伤，原有系统即可实现“脱胎换骨”式的性能提升，成为一种可对抗任何制导方式的对空导弹，并且可毁伤来袭导弹任何部位①的机载 APS。

由此可以看出，今后在发展机载 APS 时，可以大量使用目前机载软杀伤自防护系统的相关成熟技术，必要时甚至可以直接沿用其中的部分任务设备、子系统，从而显著降低 APS 研发的技术难度，同时缩短研制周期，节省成本费用。例如，美国海军从 2014 年开始实施的一项直升机 APS 演示验证项目——“直升机主动 RPG 防护”(HARP)中，就使用了现役 AN/AAQ－24(V)机载定向红外对抗系统中的高精度传感器来提供目标指示，同时使用目前美军制式的 AN/ALE－47 箔条/红外干扰弹投放装置②来发射拦截弹。

此外值得指出的是，对于部分已经配装有较完善软杀伤自防护系统的军机来说，今后甚至可以直接以其现有机载软杀伤系统为基础，通过加装硬杀伤拦截武器的方式来构建机载 APS。由此带来的好处非常明显：①APS 可大量沿用现有机载软杀伤自防护系统中的告警、探测、跟踪传感器等任务设备，从而最大程度地降低系统复杂程度、减轻全机空重、节省机体空间；②易于实现 APS 与机载软杀伤自防护系统之间的功能整合，为载机构建一套“软硬结合”式的综合自防护系统，从而提高对来袭导弹的拦截成功率。例如，以色列研制的 Fliker 直升机 APS 就没有配备专门的探测/跟踪传感器，而是以附加套件的形式与目前直升机上的软杀伤自防护系统配合使用，并构成一套“软硬结合”的综合自防护系统。

3.4.3 国外在机载 APS 领域的多年探索，为适时开展产品研制积累了丰富经验

如 1.5 节所述，从 20 世纪 50 年代起，国外就已经在军机主动防护领域展

① 目前的定向红外对抗系统只能对付红外制导导弹，并且只能瞄准来袭导弹的导引头部位进行致盲。

② AN/ALE－47 目前大量装备美国海、空军的固定翼飞机和直升机，但其海、空军机型在结构方面有很大不同，前者截面为圆形，后者则为方形，用作机载 APS 拦截弹发射装置的为海军型。

开了一系列相关的概念探索，并进行了大量的方案论证和技术预研。尤其是自20世纪80年代以来，随着相关领域技术的进步，美国、以色列、俄罗斯等国相继提出了一系列反导作战效能更高、技术上更加现实可行，并且在设计思想理念方面非常富有特色的机载APS方案。例如，20世纪80年代中期，以色列科学发展部曾和以色列理工学院合作，就一种可配装固定翼飞机和直升机的“机载制导反导防御系统”概念方案展开研究；20世纪80年代后期，美国TRW公司[①]推出了一种以吊舱形式配装固定翼飞机/直升机的“机载近距防御系统”(ACIDS)概念方案；20世纪90年代中期，美国空军大学下属的空军技术学院研究生院的一个研究团队曾就一种用于C/KC－135运输/加油机的“主动空中防御系统”展开了详细研究和技术论证；20世纪90年代后期，英国航宇公司[②]曾计划研制一种既可承担传统近距格斗空战任务又可拦截来袭敌方对空导弹的“超近距空空导弹”(VSRAAM)；20世纪90年代至21世纪初，美国研制的“机载激光器”(ABL)除了主要承担弹道导弹防御(拦截处于助推段的敌方弹道导弹)任务外，也可用来拦截摧毁敌方发射的对空导弹，为己方其他飞机护航；21世纪初，美国和俄罗斯均有人提出了用于军机战场防护的“拦阻网”概念：朝敌方导弹/火箭弹来袭方向发射由高强度材料制作的拦阻网，以缠绕、损伤其翼面/舵面，或者附着在弹体上以增大其飞行阻力，最终使来袭弹药偏离正常飞行弹道，达到保护载机的目的。尽管由于各种原因，这些概念方案/研究项目最后均无果而终，但是通过这一系列探索研究，为今后研制能满足未来战争需求的新一代机载APS积累了丰富的经验。

值得指出的是，尽管多年来迟迟没能见到有实用化的机载APS产品面世，但目前俄罗斯R－73、美国AIM－9X、德国IRIS－T、英国“阿斯拉姆”、法国“米卡”红外型、以色列“怪蛇”4/5等现役先进近距空空导弹普遍拥有导引头灵敏度高、抗干扰能力强、离轴发射角大(部分还具备“越肩发射”能力)、机动能力强等性能特点，已初步具备了拦截来袭对空导弹的潜力。例如，德国I-RIS－T就被其研制商——迪尔防务公司称作是“目前世界上唯一一种具备反导自卫能力的近距空空导弹”，并且“在对付俄制萨姆－2地空导弹、美制AIM－120空空导弹等体型较大的中/远程对空导弹时的效果尤为理想”；而俄罗斯R－73的改进型R－73M2在其载机(苏－27系列战斗机)上的导弹来袭告警系统配合下，也具有一定的拦截来袭敌方对空导弹的能力。除此之外，国外现役先进中距空空导弹中的部分型号也已拥有类似的潜力，紧急情况下也可用来执

① 该公司后于2002年并入诺斯罗普·格鲁曼公司。

② 该公司后于1999年与马可尼电子系统公司合并组成BAE系统公司。

行反导自卫任务。例如，俄罗斯 R－77（AA－12）中距空空导弹就具备一定的拦截美制 AIM－54“不死鸟”远程/AIM－120 中距空空导弹的能力，其改进型 R－77M的反对空导弹能力则进一步提高；欧洲“流星”中距空空导弹当导引头工作在跟踪辐射源模式时，将可对来袭的部分主动雷达制导对空导弹进行锁定攻击。

此外值得注意的是，尽管迄今为止尚未见到有军机在实战中发射空空导弹击落来袭对空导弹的报道，但是从地面发射防空/反导导弹拦截敌方对空导弹，从而为己方战斗机“护航”的战例已经出现：2017 年 3 月 17 日，以色列军队在对叙利亚境内目标实施空袭行动期间，曾使用地面发射的“箭”－2 反导导弹将一枚正在追击以军战斗机的叙军 SA－5（S－200）地空导弹击落。尽管事后有部分媒体认为当时以军之所以这样做，很可能是把 SA－5 地空导弹误认成 SS－1“飞毛腿”地地战术弹道导弹了①，但该战例仍在很大程度上证明了以拦截来袭对空导弹的方式增强军机自防护能力的技术/战术可行性，初步显示了机载 APS 的广阔应用前景。

① SA－5 是苏联早期研制的一种远程地空导弹，其体形非常庞大，比较接近“飞毛腿”弹道导弹。

第4章　适应未来战场环境的机载APS发展构想

从前面几章的分析可以看出，随着时代的发展和科技的进步，为部分战时受威胁较严重的军机配装APS，不仅具有重要的现实意义和实战价值，而且从技术角度来看也完全具备了可行性。基于这样的现实背景，并结合多年来国外在相关领域的研究进展情况，本章将对今后机载APS的论证、研制、配装和使用过程中可能会涉及的种种问题进行初步探讨，并在尽可能立足于当前技术条件的前提下，提出一套适应未来战场环境的军机APS典型解决方案。

4.1　通过配装APS来增强军机战场生存力的基本思想

与主动防护理念在坦克装甲车辆、水面舰艇、潜艇和地面军事设施防护中的应用类似，在军机防护领域引入主动防护理念，也是为了应对现代战场环境对军机自防护能力的要求不断提高，而机动规避、软杀伤等传统军机自防护手段日渐力不从心这一严峻现实。在主动防护思想指导下，军机将通过配装一套可对来袭弹药实施硬杀伤的近距/超近距反导自卫系统(即机载APS)，在自身周围一定空域范围内形成一道反导火力屏障，以阻止来袭弹药对本机构成威胁，从而在传统的机动规避、软杀伤手段之外，再增加一种全新的自防护手段。战时，军机一旦遭到敌方对空弹药的攻击，机载APS会快速完成来袭目标探测、目标精确跟踪、威胁程度评估、最佳拦截点确定、发射(射击)诸元计算等流程，并适时发射拦截弹，在来袭弹药的最大杀伤距离之外对其实施有效毁伤，或者使其偏离正常飞行弹道，从而彻底消除其对本机的威胁(图4-1)。

借助这样一套机载APS，今后战场上的军机将可以积极主动地对所有种类的来袭弹药实施火力拦截，既能有效对付以高性能对空导弹为代表的各种制导对空弹药，又能可靠防护以RPG为代表的各种非制导对空弹药；既能充分满足传统战争中军机防护的需要，又能积极应对非传统战争给军机带来的各种全新挑战。由此一来，将相当于为战场上的军机打造了一副“刀枪不入”的“金钟罩”，从根本上克服传统机动规避/软杀伤手段在防护效能方面的先天不足，

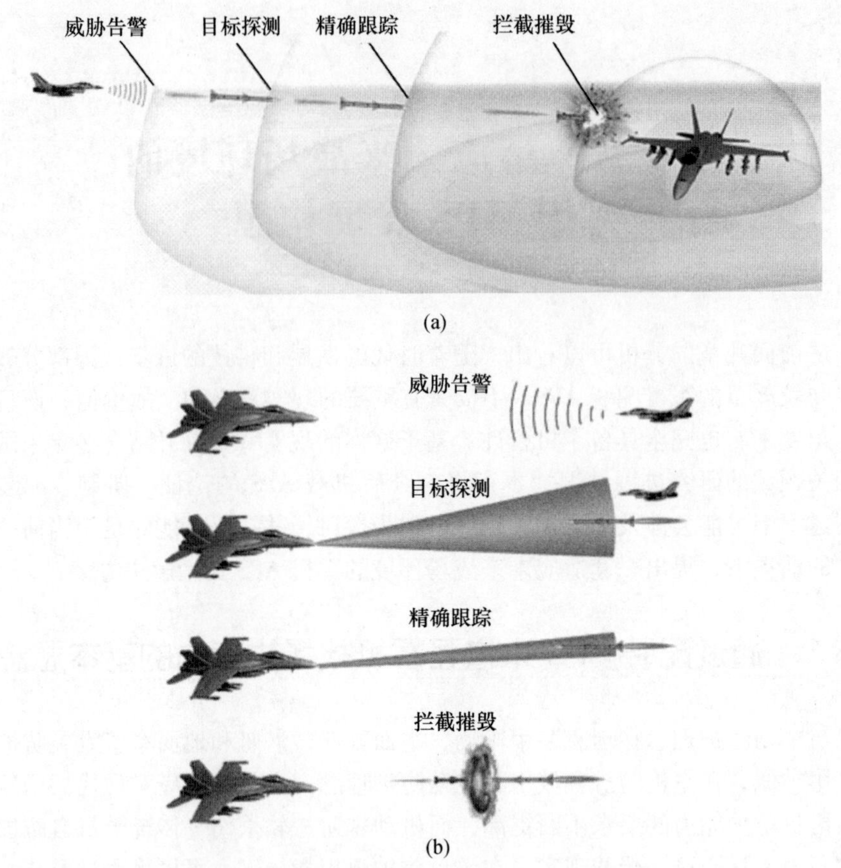

图 4－1　机载 APS 抗击来袭导弹的作战过程示意图

进而极大地提升军机在未来战争中的战场生存力。

4.2　未来战争中有配装 APS 现实需求的军机类型

从理论上讲，所有类型的军用航空器，包括固定翼飞机、直升机、旋翼机、倾转旋翼机、无人机、滑翔机、飞艇、气球等，只要具备搭载 APS 所必需的技术条件，均可以通过配装 APS 来提高自身的战时自防护能力，但是在实际应用中是否有这样的必要，还需结合各自的平台特性、战场现实需求、综合效费比等因素进行具体分析。

在上述各种类型的军用航空器中，旋翼机、滑翔机、飞艇和气球尽管在军事领域均有一定的应用价值，今后也仍有一定的发展前景，但总的来说它们在当代并不算是主流的军用航空技术装备，在世界各国军队中的装备数量也非常有限，因此本书在研究APS搭载平台时将这些军用航空器摒除在外，不对其做专门探讨。在今后，这类航空器中的部分型号若确实存在配装APS的现实需求，同时自身也具备搭载APS的必要条件，完全可以根据其平台特性，参照规格(外形尺寸、起飞重量、飞行性能等)相近的有人驾驶固定翼飞机/直升机来为其选配APS。

对于军用无人机来说，考虑到目前世界各国军队现役的无人机中，数量占绝大多数的是各种中、小型甚至微型无人机，这类无人机通常体型较小，其外形尺寸、内部空间和起飞全重均非常有限，很难为搭载APS提供必要的平台条件，近期内为其配装APS将会面临较大的技术难度；再加上这类无人机普遍造价较为低廉，并且无人员伤亡风险，战时即使遭到一定损失也完全可以容忍，甚至较大数量的消耗通常也不会超出各国军方的承受范围，近期内为其配装APS的必要性并不大。因此，尽管无人机目前已经被世界各国军队大量装备使用并且仍在快速发展中，但本书并不将其做为一种典型的APS搭载平台来专门研究。在今后，对于部分体型较大因而具备APS搭载条件，同时价值较昂贵因而也存在配装APS必要的高端军用无人机，同样可以参照规格相近的有人驾驶固定翼飞机/直升机来为其选配APS。

在摒除上述种类的航空器后，机载APS的配装对象(即APS的载机平台)可以初步限定在有人驾驶的军用固定翼飞机、直升机和倾转旋翼机这三大类航空器的范围之内。不过，倾转旋翼机(如美国V－22“鱼鹰”)尽管在很大程度上兼有固定翼飞机和直升机的特性，但是当用作APS搭载平台时，其多方面特性更接近传统的直升机，因此本书将其与直升机归为一类。此外，在世界各国现役的军用固定翼飞机/直升机中，有相当一部分主要用于和平时期的基础训练、通信联络、通勤运输及其他勤杂任务，战时很少会到靠近前线的空域活动，更不会承担一线作战任务，受敌方对空火力的威胁也相应较小，通常没必要为其配装APS这样的自防护设备，因此也可以将这部分固定翼飞机/直升机从机载APS的配装对象中摒除。

基于以上分析，本书将机载APS的配装对象确定为战时需要执行一线作战任务或者需要到靠近前线的空域活动，因而受敌方对空火力威胁较严重的部分有人驾驶固定翼飞机和直升机。对于其中的固定翼飞机，根据平台特性、任务使命以及战时所处战场环境等方面的差异，本书又将其分为大型军用飞机和战术作战飞机两类，以便有针对性地展开相关研究。在本书的第8～第10章中，将会分别对军用直升机、大型军用飞机和战术作战飞机①这三类军机平台

① 本书以后除特别指出之处外，将三者分别称作直升机、大军机和战术飞机。

配装 APS 的相关情况进行详细分析。

4.3 适应未来战场环境的军机 APS 典型解决方案

根据机载 APS 研发装备的基本思想及其主要配装对象，同时参考国外多年来在军机主动防护技术领域的研究成果以及现代舰载/车载/地面 APS 研制使用的成熟经验，本节将从任务使命、作战对象、功能特点、系统构成和作战流程等方面对未来机载 APS 的研发进行初步分析，由此可形成一套能满足未来战场需求的军机 APS 典型解决方案。

4.3.1 机载 APS 的任务使命

与舰载、车载和地面 APS 一样，机载 APS 的基本任务使命也是对各种制导/非制导来袭弹药实施火力拦截，以保护作战平台(载机)免遭其毁伤。与目前同样承担有载机平台保护任务的机载软杀伤自防护系统相比，机载 APS 是通过硬摧毁而非软杀伤手段来达到这一目的的，并且除了能对付以对空导弹为代表的制导弹药外，还可拦截各种非制导对空弹药。

在机载 APS 完成反导作战任务的过程中，需要对其最近拦截点距离进行准确界定，才能有效确保载机自身的安全。从理论上讲，这个距离只要不小于来袭弹药战斗部的杀伤半径即可。但是在实战中，为了尽可能保证载机有充足的时间脱离危险空域，以避免其遭各种破片、残骸的损伤，载机与最近拦截点之间的实际距离(即安全距离)并不能完全等同于来袭弹药战斗部的杀伤半径，而必须留出一定余地。国外的相关研究结果表明，根据载机平台特性和来袭弹药种类型别的不同，这个安全距离的具体数值也会有相应的变化，其大小可以参考目前美国空军对战场上的军机遭来袭弹药攻击时“安全半径”①的定义。根据美国空军空中作战司令部(ACC)颁布的相关文件，“安全半径”是指来袭弹药战斗部引爆后可能会对军机造成毁伤、损害的最大距离，其值可按这样的方法来计算：自军机重心位置处到机上任何一处距离的最大值，加上来袭导弹战斗部杀伤半径的两倍值。战时，军机只要能将本机与来袭弹药之间的距离保持在这一值之上，或者阻止来袭弹药逼近本机到这一距离之内，其安全就可以得到可靠保证。以美国空军 C/KC－135 运输/加油机遭“毒刺”便携式防空导弹攻击这一作战场景想定为例，此时 C/KC－135 飞机的“安全半径”将可以这样

① 美国空军空中作战司令部文件中的英文原文为“lethal radius”，意为“杀伤半径”或“毁伤半径”，但为了避免与通常意义上的战斗部杀伤半径相冲突，本书将其译为“安全半径”。

计算：C/KC－135 飞机重心位置处到机翼翼尖的距离加上“毒刺”导弹战斗部杀伤半径的2倍值，大约为30m（图4－2）。

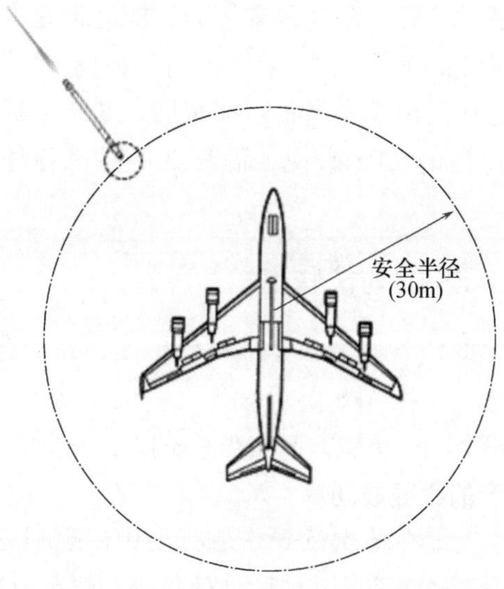

图4－2　C/KC－135 飞机遭“毒刺”导弹攻击时的“安全半径”示意图

在引入“安全半径”这一概念后，可以将机载 APS 的战时任务使命进一步具体描述为：通过硬杀伤的方式，阻止来袭弹药进入一个以载机重心为球心，以“安全半径”为半径的球形空域内，从而有效确保载机安全。

4.3.2　机载 APS 的作战对象

根据前面相关章节的分析，在将各种步/机枪、高射机枪和小口径高/航炮发射的小口径枪/炮弹排除在机载 APS 作战对象之外后，现代战场上可能会对军机构成现实威胁且需要由机载 APS 拦截抗击的对空弹药主要有两大类：①以对空导弹为代表，包括各种具备不同程度对空作战能力的炮射导弹、制导炮弹、反坦克导弹、多用途导弹和制导炸弹在内的制导对空弹药；②以 RPG 为代表，由各种火箭筒、无后坐力炮、压制火炮、面空/空空火箭发射装置和大/中口径高炮发射，并且会对军机造成不同程度威胁的较大口径非制导对空弹药（可统称为较大口径火箭/炮弹）。

今后在机载 APS 的研制和使用过程中，将需要根据载机平台特性、所担负任务、所处战场环境等因素，来确定其主要作战对象，并以此确定系统的战技性能指标及相应任务设备，从而最大程度地提高效费比。总的来看，随着人类战争逐步进入精确打击时代，各种精确制导弹药在战争中的使用比例越来越高，并日益成为陆、海、空作战平台的最主要战场威胁。因此在现代战场上，各种制导对空弹药尤其是对空导弹将是军机面临的最主要威胁，它们始终代表着世界对空武器装备的发展主流和未来方向，同时也是今后机载APS需要对付的最主要目标。尽管这样，考虑到在一些特殊战场环境下，非制导对空弹药仍会对军机尤其是直升机构成相当程度的威胁，对于今后的部分机载APS尤其是供直升机搭载使用的APS来说，仍需具备对付各种非制导弹药目标的能力。

4.3.3 机载APS的功能特点

从上述机载APS的任务使命和作战对象出发，并结合军机在现代战争中所处的战场环境，今后机载APS要想对各类军机实施可靠有效的防护，最大程度地确保其战时安全，在功能方面应当具备以下一些特点。

1. 应具备足够高的拦截成功率

拦截成功率是指系统在单次反导作战行动中，顺利完成对来袭弹药的探测、跟踪和拦截，最终彻底消除其威胁性的概率。拦截成功率直接反映了机载APS消除来袭弹药威胁性的能力强弱，可以说是系统最重要的一项性能指标。机载APS对来袭弹药的拦截成功率必须保持在用户可以接受的范围内，其在未来战场上为载机提供的防护才能称得上是可靠有效的。例如，在美国C/KC-135飞机“主动空中防御系统”概念方案中，要求系统对来袭导弹的拦截成功率不能低于90%。

2. 应尽可能实现360°球形空域全向射界

与水面舰艇、地面车辆、地面军事设施的反导自卫作战不同，军机战时还需应对来自下半球空域的威胁，因此要求机载APS射界最好能够在水平和俯仰方向均实现全向覆盖，即尽可能做到机体周围360°球形空域范围内无防护死区，从而最大程度地保证系统能够对任何方向来袭的目标做出快速反应。

3. 应达到较高的自动化程度

军机在实施反导自卫作战的过程中，机载APS通常是在近距离甚至超近距离上对以对空导弹为代表的高速高机动小目标实施拦截，致使系统的反应时间和“射击窗口”均被严重压缩，从探测、识别、跟踪目标到发射拦截弹这一系列操作均需在极短的时间内完成，这无疑对系统的自动化程度提出了较高要求。对于今后的机载APS来说，除了开启/关闭外，系统工作期间最好无须（或者仅须很少）人工干预，从而确保其在拦截来袭弹药时具备足够高的反应速度，同时避免增加机上人员的负担，使其能够集中精力完成作战任务。

4. 应具备较强的目标威胁程度判别能力

考虑到机上拦截弹的携带量有限，同时也为了尽可能降低军机反导自卫作战的成本费用，机载 APS 应当对来袭弹药的威胁程度具备较强的判断识别能力，只对其中具有明显威胁的目标实施有选择的拦截，而对那些难以对本机构成威胁的目标，则不予拦截以节省拦截弹；不仅如此，系统还应当有能力对来袭弹药的威胁等级进行判断排序，并对其中最具威胁性的目标予以优先拦截。

5. 应具备一定的抗饱和攻击和持续作战能力

敌方使用 RPG 等非制导弹药对空作战时，往往会采取多枚弹药齐射/连射的方式以提高命中率，同时战场上也难免会出现军机遭到多枚对空导弹齐射/连射攻击的较极端情况，这要求系统必须具备一定的抗饱和攻击(可在不同位置齐射或同一位置连射以同时拦截多个来袭目标)和持续作战(载机需携带足够数量的拦截弹)能力，能有效拦截所有对本机构成现实威胁的来袭弹药。否则，即便敌方发射的制导/非制导对空弹药仅仅是十发一中甚至百发一中，对本机来说也是功亏一篑。

6. 应具备较强的拦截效果评估能力

对于已经遭到火力拦截的来袭弹药，机载 APS 应对其实施一定时间的后续跟踪，以判断其是否仍具威胁性，若判明上次发射的拦截弹脱靶或者目标受损程度较轻，以致于目标仍可能威胁载机安全，将需要再次对其进行拦截。

7. 应具备全天候、全天时工作能力

在昼间、夜间以及载机执行任务期间可能遇到的所有气象条件下，在载机的起飞、爬升、巡航、任务飞行和降落等各个飞行阶段甚至地面滑行、停放期间(部分机种/机型会有这样的要求)，机载 APS 均能够正常操作运行，以确保其为载机提供的防护在战时不会出现空白期。

8. 战时可与本机软杀伤自防护系统协同作战

主动防护是在军机现有防护措施基础上新增的一种自防护手段，机载 APS 与机上现有的软杀伤自防护系统之间是相互补充、协同配合的关系，并非要取代后者。在今后战场上，机载 APS 既可单独使用也可与软杀伤系统协同作战；并且只要条件允许，应尽可能将二者整合在一起，构成“软硬结合”式的综合自防护系统。

9. 应具备一定的多用途性能

机载 APS 的主要功能是保护载机免遭敌方来袭弹药的威胁，但必要时也可用来协助友机(甚至己方其他作战平台)进行反导自卫作战，在遇到敌机抵近攻击等紧急情况时还可以作为本机的自卫武器使用，对敌机实施火力反击。

4.3.4 机载 APS 的系统构成

根据前面所阐述的机载 APS 任务使命、作战对象和基本功能，同时参考目前舰载、车载和地面 APS 以及机载软杀伤自防护系统的系统构成，要确保军机反导自卫作战行动的顺利完成，并最大程度地提升对来袭弹药的拦截成功率，一套完整的机载 APS 在功能结构上至少应包括威胁告警、目标探测、精确跟踪、综合处理与控制、发射装置、拦截弹药等 6 个分系统，如图 4－3 所示。

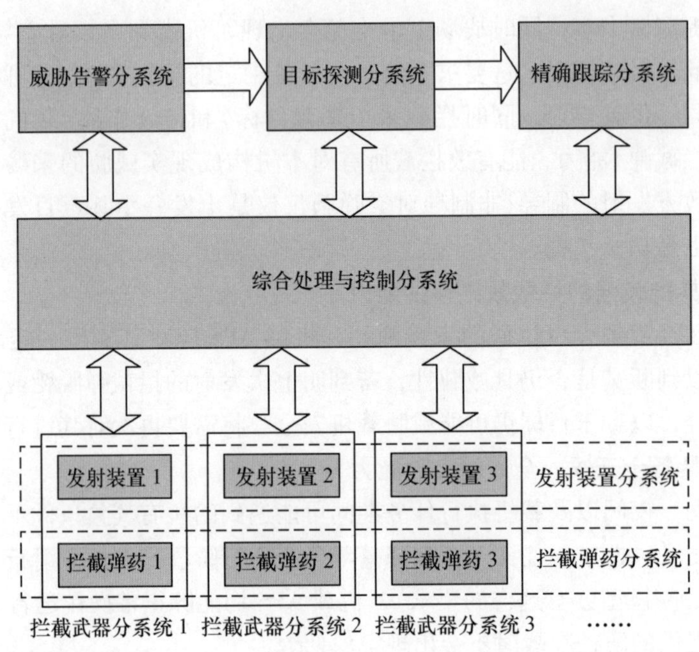

图 4－3　典型机载 APS 结构组成示意图

1. 威胁告警分系统

该分系统由雷达/激光辐射源被动探测设备（雷达/激光告警接收机）组成，主要用于探测、识别战场上的各种雷达/激光信号威胁，并实时向机上人员和处理/控制分系统通报，以便载机尽早做好反导自卫作战的准备。

值得指出的是，目前世界各国现役的大多数对空武器在对目标实施攻击时，都需要在雷达、激光照射设备的参与协助（提供目标指示、测距或制导）下进行。因此在现代战场上，军机一旦遭到雷达/激光辐射源的照射，往往意味着敌方对空弹药也即将发射甚至已经发射。对于正在危险空域飞行、随时准备实施反导自卫作战的军机来说，如果能在敌方对空武器接收到发射指令之前，就由机载威胁告警分系统对与其相关联的雷达/激光照射设备进行探测告警，并尽可能精确地测定这些辐射源的方位，将可以尽可能多地为机载 APS 争取时间，进而有助于反导自卫作战的顺利进行。

不过，目前以便携式防空导弹、RPG 为代表的相当一部分对空武器，战时可借助光学、机械等瞄准具实施目视瞄准发射，战场上的军机一旦遭到这类武器攻击，机载威胁告警分系统将难以发挥作用。

2. 目标探测分系统

该分系统根据处理/控制分系统的指示和威胁告警分系统提供的告警信息，重点对某一特定空域进行快速搜索，探测已经发射升空、正处于加速飞行阶段的敌方对空弹药，初步测量其弹道参数，并将数据传送给处理/控制分系统和精确跟踪子系统。

3. 精确跟踪分系统

该分系统根据处理/控制分系统的指示和目标探测分系统提供的目标初始信息，对正在逼近本机的来袭弹药保持实时跟踪，精确测量其方位、速度、距离等数据并提供给处理/控制分系统。

4. 综合处理与控制分系统

该分系统作为整个机载 APS 的指挥中枢，其主要功能是对各分系统提供的数据信息进行实时处理并做出相应决策，再向各分系统发出控制指令。具体包括以下几个方面：

（1）根据威胁告警分系统传送来的告警信息，分析战场环境的基本态势和危险程度，并判断本机遭敌方对空武器攻击的可能性。

（2）根据目标探测分系统传送来的目标初始信息，初步判断目标类型、推算其到达时间、评估其威胁程度。

（3）根据精确跟踪分系统传送来的目标精确信息，进行火控解算并将相关发射诸元传送给发射装置分系统。

（4）选择某座发射装置（如果需要的话）并向其发出发射指令。

（5）根据精确跟踪分系统传送来的目标状态信息，评估本次拦截的效果，并借此决定是否需要再次对目标实施拦截。

5. 发射装置分系统

该分系统根据处理与控制分系统发出的指令，发射各种反导拦截弹对飞行中的来袭弹药实施拦截。

6. 拦截弹药分系统

该分系统即各种反导拦截弹，用于直接对来袭弹药实施硬杀伤，以彻底消除其对载机的威胁。

需要指出的是，上面展示的是一套标准机载 APS 方案所需的完整配置，在实际应用中，由于载机平台特性、系统功能需求、成本费用限制等方面的原因，很可能并不严格按照此方案来对机载 APS 进行配置。例如，当机载 APS 采用航炮、高能激光等武器作为拦截手段时，通常将发射装置分系统和拦截弹药分系统合二为一，称为拦截武器(或对抗拦截)分系统；在部分简化型配置方案中，目标探测和精确跟踪分系统则可以合并为探测跟踪分系统，利用同一部传感器来完成目标探测和精确跟踪任务；而在部分紧凑型配置方案中，还可以将多种传感器整合在一起，构成一部兼具告警、探测、跟踪等功能的综合一体化分系统。

考虑到军机平台的空间、载荷、供能等条件通常比较有限，再加上技术进步带来相关子系统/零部件性能水平的大幅提高，在今后的机载 APS 方案中，将部分分系统组合配置将会成为一种常见的做法。例如英国 BAE 系统公司 2017 年 4 月推出、可用于多型直升机/固定翼飞机的“三维先进告警系统”(3DAWS)就是一种典型的告警、探测、跟踪一体化设备(图 4 - 4)，该系统针对红外、紫外、被动雷达、被动激光等传统威胁告警设备只能提供目标方位角、俯仰角两个“维度”信息的先天不足，通过加装一部半主动射频“三维跟踪器”①，使系统可以精确测量目标的距离作为第三个“维度”信息，由此极

图 4 - 4　3DAWS 工作示意图：一架 AH - 64“阿帕奇”武装直升机上的 3DAWS 开启后，在载机周围形成一个计算机网格化的虚拟数字球形空间，由此可对不同类型的来袭威胁进行精确定位增大距离　(图片来源：英国 BAE 系统公司)

① 3D Tracker，为一台以半主动方式工作的雷达。

大地拓展了系统功能：不仅可以对目标威胁程度进行准确评估，大幅降低虚警率，使得系统威胁告警能力进一步改善，而且具备了对目标实施精确跟踪的能力，因此除了可以有效提高传统软杀伤自防护系统的任务效能外，还可以直接用于今后的硬杀伤自防护系统。

此外值得注意的是，今后随着技术的进步，战场上的军机将会被融入己方网络化作战体系中，其获取威胁信息的途径将不会仅限于本机的任务传感器，而可以通过数据链与己方地面、水上、空中、太空等其他平台上的传感器联网，实现多传感器数据融合，共享战场信息，由此可极大地改善自身的战场态势感知能力，进而为承担反导作战任务的机载 APS 提供更加全面、及时、准确的敌方威胁信息，进一步提升其作战效能。

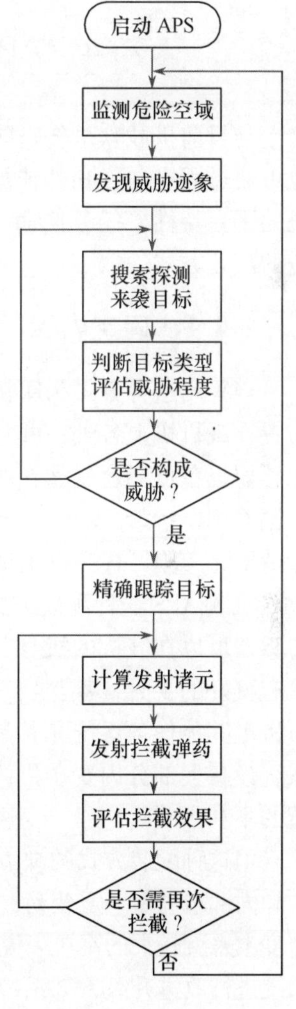

图 4－5　机载 APS 的典型作战流程图

4.3.5　机载 APS 的作战流程

根据上面的分析，同时参考目前舰载、车载和地面 APS 的标准作战流程，对于今后的机载 APS 来说，要完成一次典型的反导作战任务，需要经历以下 7 个阶段，其完整流程如图 4－5 所示。

（1）载机进入危险空域后，开启机载 APS，由威胁告警分系统负责对空中的雷达/激光信号威胁进行实时监测。

（2）发现敌方对空弹药发射迹象后，目标探测分系统根据威胁告警分系统提供的概略指示，对目标可能来袭方向进行重点搜索。

（3）目标探测分系统探测到来袭弹药后，初略测量其运动参数并传送至综合处理/控制分系统，由后者判断目标是否对本机构成威胁并评估其威胁程度。

（4）对于已经判明具有威胁性的目标，由精确跟踪分系统对其保持实时跟踪，精确测量其方位、速度、距离等参数并传送至综合处理/控制分系统。

（5）综合处理/控制分系统根据所接收到的目标数据信息，计算发射反导拦截弹所必需的发射诸元。

(6) 目标运动至反导拦截弹有效射程之内后，综合处理/控制分系统发出射击指令，发射拦截弹对来袭弹药实施硬杀伤。

(7) 系统对拦截效果进行评估，若发现拦截弹没能命中目标，或者目标受损较轻因而仍对本机具有威胁性，系统将再次对目标实施拦截。

4.4 APS 在载机平台上的配装方式

与目前机载软杀伤自防护系统在军机上的配装方式一样，今后的机载 APS 也可通过固定内置和外挂吊舱两种方式来配装。在实际应用中，将需要根据载机的平台特性、任务使命、战场环境、潜在威胁等因素来为机载 APS 选择相应的配装方式。

4.4.1 固定内置

当采用这种方式为军机配装 APS 时，APS 中的各分系统/任务设备将分散布置在载机机上各处，并且通常大部分内埋安装在机体内，仅拦截武器和部分传感器设备可能会暴露在机身外。在多年来国外提出的各种机载 APS 方案中，美国 C/KC－135 飞机“主动空中防御系统”、英国“超近距空空导弹”(VS-RAAM)、美国“直升机主动防护系统”(HAPS)均采用了固定内置安装方式。

机载 APS 这种配装方式的优点主要体现在三个方面：①系统中的各任务传感器可以在载机的机身、机翼、尾翼等部位灵活布置，由此可保证整个系统具有良好的视野，甚至实现载机机体周围 360°球形空域内全向覆盖；②便于与机上其他任务系统尤其是机载软杀伤自防护系统通用各种任务设备；③由于系统设备大部分内置于机体内，可以最大程度地减少对载机气动阻力和隐身性能的不利影响。

但这种配装方式的缺点也很明显：①APS 配装过程中需要对载机的机体结构和内部布局做一定变动，不仅首次安装时工作量较大(对于部分机体设备充填密度本来就较大的军机来说尤为如此)，而且不便于今后随着技术的发展及时对系统进行改进升级；②系统一旦安装，将会永久性地占用载机部分机体空间并导致其空重增加，这对于部分军机尤其是战术飞机/轻小型飞机来说较为敏感。

固定内置配装方式的上述特点，使其比较适合部分重视高速、高机动、隐身性能，并且对 APS 这类高性能自防护设备有着长期持久需求的军机采用。例如，担负制空作战任务的战斗机，或者强调隐身突防的战术飞机/战略轰炸机，均比较适合以固定内置的方式来配装 APS。

值得指出的是，当军机采用固定内置方式配装 APS 时，后者的部分任务设备也可能采取外挂方式，如外挂携带反导自卫导弹或部分任务传感器吊舱；此外，已经固定内置安装有 APS 的军机，战时还可以根据实际需要，临时外挂 APS 吊舱以进一步增强自身的战场防护能力。

4.4.2 外挂吊舱

当采用这种方式为军机配装 APS 时，APS 各分系统/任务设备的全部(或大部分)以及一定数量的拦截弹将被集成在同一个吊舱中，并通过载机上的外部挂架吊挂在机身或机翼下。在多年来国外提出的各种机载 APS 方案中，以色列“机载制导反导防御系统”、美国“机载近距防御系统”(ACIDS)均采用了外挂吊舱配装方式。

与目前常用的其他任务吊舱一样，APS 吊舱也应具备良好的结构外形以减小气动阻力，从而尽可能降低对载机飞行性能的影响。在 APS 吊舱工作期间，除了主要依靠自身任务设备外，也可能会使用载机上部分任务设备传送来的数据信息。APS 吊舱除了传统的固定安装构型(固定挂载在载机机身/机翼下)外，只要载机条件允许，还可以考虑设计成旋转式的，以提高反导作战时的快速反应能力。

与固定内置配装方式相比，外挂吊舱方式具有多方面的独特优势：①通用性强，同一型号的 APS 吊舱可供多个机种、多个型号的载机外挂使用；②使用灵活，战时可根据载机所承担任务和战场威胁的变化，临时决定是否携带 APS 吊舱；③经济性好，可根据机队中各机的任务安排情况，轮流使用少量 APS 吊舱，而无须为整个机队中的每架飞机都配备 APS 吊舱；④配装过程中不占用载机机体空间，也无须改动其内部结构，因而对载机主体结构和布局的影响小；⑤可快速安装/拆卸，不仅使用维护方便，而且便于随着技术的进步，及时对机载 APS 进行改进升级。

不过，APS 外挂吊舱配装方式的缺点同样非常突出：①APS 吊舱在集成了必要的任务设备和一定基数的反导拦截弹后，其外形尺寸、体积和重量往往均比较大，轻小型军机携带时会面临一定困难；②吊舱会占用载机的部分外部挂架，从而会影响其他外挂任务载荷的携带量；③外挂吊舱将会带来载机气动阻力和雷达散射面积(RCS)的较大增加，这对于部分追求高速高机动、高隐身性能的作战飞机来说将很难接受；④由于 APS 吊舱通常外挂于载机的机身/机翼下，系统中传感器视野和拦截武器射界可能会受到一定程度的遮挡。

考虑到上述优缺点，今后 APS 外挂吊舱主要适合配装部分飞行速度较慢、机动性较差、对隐身性能要求也不高的大军机(尤其是大中型运输机及其各种改型机)。此外，战术飞机在一些对飞行速度、机动能力和隐身性能要求相对不太高的任务场合，也可考虑携带使用APS吊舱。

从长远看，今后随着隐身飞机的大量准备使用，其中部分飞机战时很可能需要通过临时加挂APS吊舱的方式来进一步提高自身战场生存力，此时需要尽可能避免因为外挂APS吊舱而造成载机隐身性能的下降。为此，在今后APS吊舱的研制过程中，可以参考目前国外部分先进任务吊舱的做法，引入隐身设计理念，将其设计成具备特殊外形并外敷吸波涂层的“茧包”式结构，从而最大程度地减少对载机隐身性能的破坏。例如，美国F/A-18E/F“超级大黄蜂”战斗/攻击机的最新改进型——“先进超级大黄蜂”所配备的“封闭式武器吊舱”(EWP)和F-35隐身战斗机所配备的“多任务吊舱”(MMP)通过采用隐身构型设计，有效解决了外挂携带任务设备与保持载机隐身性能之间的矛盾，其经验可供今后研制隐身APS吊舱时参考借鉴(图4-6)。

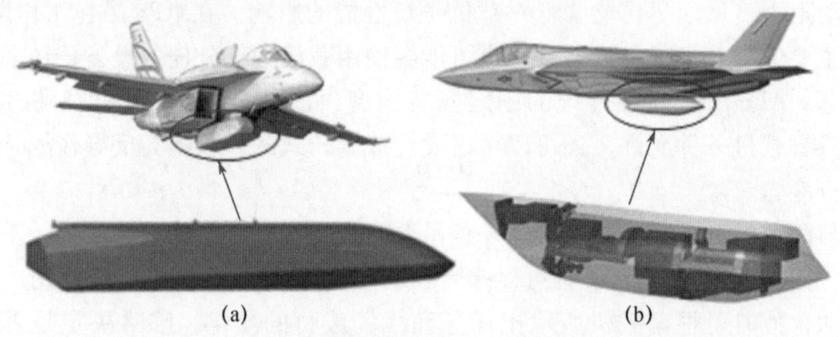

图4-6　美国“封闭式武器吊舱”(a)和“多任务吊舱”(b)

4.5　机载APS顶层设计中需要考虑的一些重要因素

与其他武器装备一样，在机载APS的研发过程中，也需要在确保系统任务效能满足作战需求(能有效对付当前和今后较长时间内的威胁)的前提下，最大程度地减少用户今后为配装APS而付出的代价，从而获得最佳效费比。为此，在机载APS的顶层设计阶段，就需要从全局、宏观和长远的角度，对各种可能会影响机载APS效费比的因素进行通盘考虑并及早采取应对措施。在这些因素中，以下几点对用户采购、使用、维护机载APS所带来的影响通常更为直接，尤其需要重点关注。

4.5.1　不同载机平台对APS能力需求的差异性

现代军机机种类型众多，在平台特性方面差异很大，战时承担的任务使命和面临的战场环境更是千差万别，若为所有军机配装性能规格相同或相近的 APS，不仅难以充分发挥机载 APS 的性能潜力，达不到理想的防护效果，而且很可能会影响载机自身的任务效能，并带来很多不必要的浪费。有鉴于此，在机载 APS 的顶层设计阶段，就需要从拟配装的载机机种类型、平台特性和任务使命出发，结合其战时面临的战场环境和潜在威胁，提出对 APS 的基本能力需求和初步战技性能指标，并借此确定相应的配置方案，尽可能做到 APS 与载机平台之间的“精准匹配”，在最大程度发挥机载 APS 作战效能的同时，尽可能减少载机为配装 APS 而付出的代价，最终实现效费比最大化。

例如，对于现代战场上的直升机来说，由于战时通常在低空、超低空活动，有时甚至还需要在地面短暂停留，其面临的战场威胁除了以便携式防空导弹为代表的各种对空导弹外，还包括以 RPG 为代表的多种非制导弹药，因此直升机配装的 APS 应同时兼顾这两类目标；对于以运输机为代表的大部分大军机来说，由于战时主要在二线空域执行任务，大部分时间内遭敌方对空武器攻击的风险并不高，再加上这类飞机普遍有效载荷大，速度和机动性则比较低，因此战时完全可以根据任务需要，以临时外挂吊舱的方式来配装 APS；而战术飞机和轰炸机作为一线作战飞机，战时面临的对空武器威胁往往是所有军机中最严重的，有时甚至需要与敌方防空体系直接对抗，因此这类飞机不仅对机载 APS 的性能指标要求较高，而且通常需要将 APS 以固定内置方式永久安装在飞机上。

4.5.2　机载 APS 产品的全寿命周期成本

要为军机配装 APS，必须有相应的经费投入，其中除了 APS 的直接采购费用外，还包括系统日常操作使用、维修保障以至今后退役处理的相关费用，这可以用 APS 产品的全寿命周期成本来衡量。参考其他类似武器装备研发管理的相关经验，要最大程度地降低机载 APS 的全寿命周期成本，可以考虑采取如下措施：系统零部件尽量采用“商用货架产品”，以摊薄总成本；重点降低反导拦截弹的成本，因为弹药是一次性使用的；尽可能以外挂吊舱的方式来配装 APS，载机只有在执行较高风险任务时才临时挂载，并且同一吊舱可供多架军机轮流使用；当采用固定内置方式来配装 APS 时，尽可能大量沿用载机上的原有的任务设备；改善系统的可靠性和维护性，减少其日常使用中的维修保障工作量。

但需要指出的是，在确保 APS 战技性能满足要求的前提下，即使尽可能地采取各种技术措施，机载 APS 产品的全寿命周期成本从纸面上看都将会比较可观，由此不可避免地会导致整个军机采购使用成本的上升。尽管这样，考虑到战时己方军机一旦被击落，除了会造成严重的物质损失外，还很可能会出现不同程度的人员伤亡，同时还会给战场形势甚至战斗胜负带来直接影响，因此平时适当增加经费投入，为军机配装 APS 以大幅提升其战时生存力，从效费比的角度来看是完全值得的。

4.5.3 APS 与载机平台上现有系统之间的兼容性

兼容性反映了 APS 与载机平台上现有系统之间协调工作的能力。由于现代军机平台普遍具有机体空间有限、电子设备密集、工作频段重叠严重等特点，能否实现 APS 与机上现有其他系统的兼容，使其与后者不会互相产生破坏性干扰，将直接关系到战时 APS 作战效能的发挥。在这方面，最具代表性的就是 APS 与机上软杀伤自防护系统之间的兼容性问题，因为 APS 工作时需要使用雷达、红外等传感器设备对来袭弹药进行探测跟踪，如果研制阶段的电磁兼容处理得不好，软杀伤系统开启后将很可能会使 APS 的传感器受到干扰，从而严重影响 APS 的作战效能；反之，如果电磁兼容处理得好，将可以实现 APS 与机上软杀伤系统之间的有效整合，战时对来袭弹药(对空导弹)实施“软硬结合”式的综合防护，从而显著提升载机的战场生存力。

要改善机载 APS 与机上现有系统之间的兼容性，需要在顶层设计阶段就对今后可能出现的各种兼容性问题有充分考虑和预测，在产品开发过程中进行大量的研究测试，并且在装机完成后进行详尽的全机兼容性试验，确保产品能满足各项兼容性要求。尤其是对于机载 APS 与软杀伤系统之间的兼容性问题来说，要求从元器件选用、系统设计、样机试验到装机测试的整个 APS 研制全程，均采取强有力的电磁兼容性控制管理措施，确保产品符合电磁兼容相关标准规范的要求；此外，战时在战术使用方面也需要采取一些适当的措施，以确保 APS 和软杀伤系统在操作过程中不会相互干扰。

4.5.4 加装 APS 后对载机自身任务效能的影响程度

载机平台配装 APS 后，将或多或少地会带来全机空重增加、机内空间被挤占、飞行气动阻力增大等问题，同时 APS 操作使用过程中还将会占用机上的一部分资源(如机上能源)，由此不可避免地会导致载机部分性能指标(如飞行速度、升限、续航能力、操纵品质、机动性、任务载荷等)的下降。这些问题若得不到有效解决，对载机自身任务效能的影响过大，将会使加装 APS 所带来的价值与所付出的代价相比显得有些“得不偿失”。

为了避免这样的情况出现，需要在设计阶段就考虑到机载 APS 可能带来的负面影响，并将其控制在可以接受的范围之内。例如，在美国 C/KC－135 飞机“主动空中防御系统”概念方案中，要求配装 APS 后载机各项主要性能指标下降的幅度均不超过 10%。为此，在为载机配装 APS 的过程中，需要采取减轻系统全重、缩小外形尺寸和体积、减少暴露机身外的突出物、降低系统能源消耗、改善系统的多用途性能(如反导拦截弹可以兼做空战武器)等技术措施，以尽可能减小载机加装 APS 后部分性能指标下降的幅度。

同样需要指出的是，在确保 APS 战技性能满足要求的前提下，即使尽可能地采取各种技术措施，要想使 APS 对载机平台的任务效能没有一点影响，也将是很难做到的。但只要由此能带来载机战时生存力的大幅提高，后者即使在任务效能方面付出一定代价，也完全是“物有所值”的。

4.5.5　APS 对于不同载机平台的适装性

适装性反映了系统对载机平台的适应能力。若机载 APS 具有良好的适装性，当其搭载于载机平台时，给后者机体结构、内部布置、机身外形等方面带来的变动较小，对机上能源供给、数据信息支持、配套任务设备等方面的要求也较低，由此可带来系统安装简便易行、易于与机上现有系统协调工作、对载机自身任务效能的影响小、便于系统今后的改进升级等一系列优点。此外，对于具备良好适装性的机载 APS 来说，同一套系统无须改动或者只须很少改动，即可用于配装多个型别、种类的载机平台。

要改善机载 APS 的适装性，一方面需要通过缩小系统体积/外形尺寸、减轻系统全重、采用结构优化设计、降低能源需求、减少系统部/组件数量(包括尽量沿用载机上原有设备)等途径，最大程度地实现系统的小型化、轻量化和模块化；另一方面还应提高系统的标准化程度，严格采用现代军机平台所提供的标准规范和预留接口，以确保系统具备良好的开放性、通用性和可扩展性。

目前，国外在军机主动防护技术研究中均高度重视系统的适装性，即使是供搭载条件相对较为宽裕的大军机配装的 APS，也严格控制系统的重量和外形尺寸。例如，美国海军主持研究、拟配装多型大军机的“硬杀伤自防护对抗系统”(HKSPCS)，无论采用固定内置还是外挂吊舱的配装方式时，均将系统重量/外形尺寸作为基本的性能指标要求(参见 9.6.7 节)；美国同期推出的多个直升机/战术飞机 APS 方案则更是对适装性提出了非常严格甚至相当苛刻的要求，除了强调要尽量沿用载机上原有的任务设备外，还要求 APS 拦截弹能与机上的软杀伤干扰物(箔条/红外干扰弹)共用发射装置。

4.5.6　机载 APS 与其他作战平台 APS 之间的通用性

从长远看，考虑到军机(尤其直升机)、地面车辆、小型水面舰艇等作战平台在主动防护领域存在诸多相似甚至共通之处，今后在为这些作战平台研发

APS时，将可以通过广泛采用标准化、通用化、模块化等先进设计理念，提高各种平台APS之间的通用化程度，最终实现APS产品的系列化发展。届时，将只需在核心模块的基础上，通过调整任务设备模块的配置，即可派生发展出可供不同平台搭载、满足不同任务需求的APS，在此基础上还可随时根据需要更换/增加任务模块，以适应战场环境的变化或应对新威胁的出现。由此一来，不仅在APS产品设计生产过程中可有效缩短研制周期，降低技术风险，减少成本费用，而且对于其服役后的作战使用、日常训练、维护保障和改进升级均具有重要的现实意义。

21世纪初以来，国外在各种作战平台APS研发中，通用化、模块化、系列化发展的趋势已经越来越明显：美国“全谱近距多层防御”“综合陆军主动防护系统”“铁幕”和以色列“战利品”除了车载使用外，仅需少量改进即可供地面军事设施、水面舰艇、直升机甚至低速固定翼飞机搭载；美国控制产品公司推出的“主动旋转式对抗”(ARC)系统更进了一步，在研发阶段就被定位为一种通用APS，要求系统可通用于直升机、地面车辆、水面舰艇和地面军事设施(图4-7)；美国陆军坦克车辆研发工程中心(TARDEC)从2015年12月开始主持研究、洛克希德·马丁公司负责开发的“模块化主动防护系统”(MAPS)则更加引人注目，该系统采用了先进的开放式系统架构，通过集成不同的软/硬对抗措施及其他任务设备套件，即可组合成可配装直升机、地面车辆、水面舰

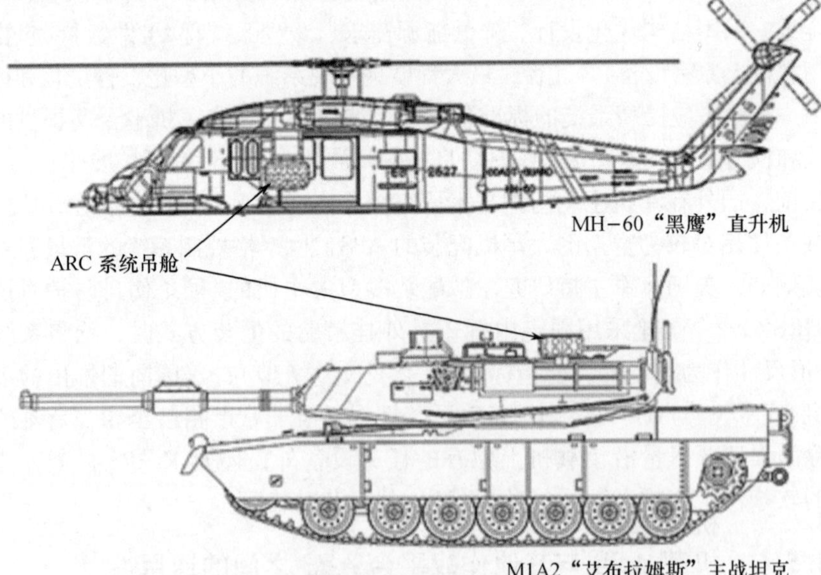

图4-7 美国“主动旋转式对抗”直升机/地面车辆通用APS

(图片来源：cpi-nj.com)

艇等不同作战平台，适应山地、丛林、沙漠、城市等不同战场环境的自防护系统(图 4－8)。

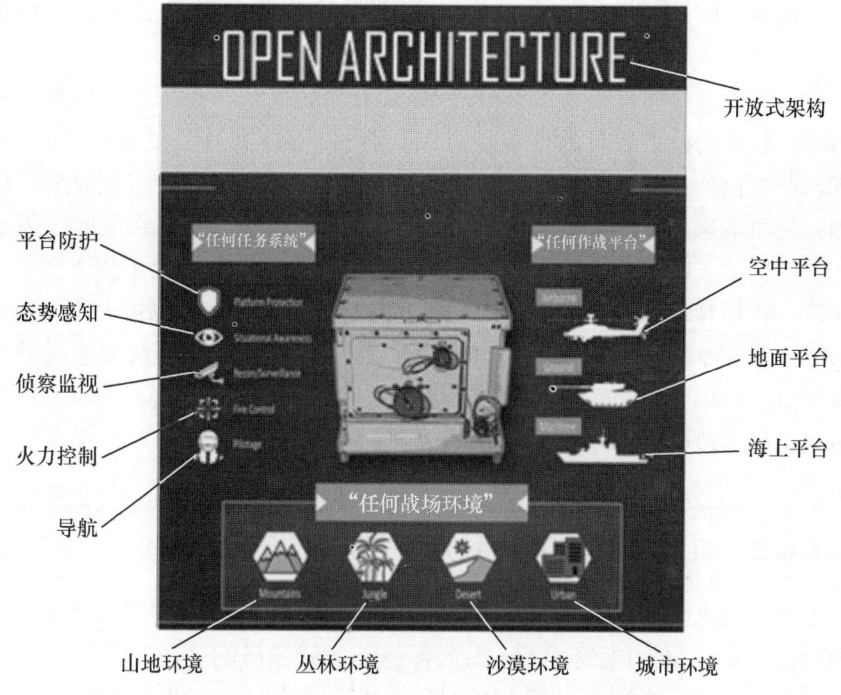

图 4－8　美国“模块化主动防护系统”的主要性能特点
(图片来源：美国洛克希德·马丁公司)

4.6　机载 APS 战术使用中需要注意的一些问题

尽管在机载 APS 研制过程中，会尽可能采取各种技术措施，努力解决军机配装 APS 过程中可能出现的各种潜在问题。但由于种种原因，总会有一些问题难以在系统研制设计阶段通过技术途径彻底解决，还需要在今后的战术使用中采取合适的应对手段，尽量减轻其给机载 APS 操作使用所带来的消极影响，以确保机载 APS 作战效能的充分发挥。

4.6.1　机载 APS 与本机软杀伤系统之间的协同作战问题

对于这个问题，一方面固然需要像前面分析的那样，在机载 APS 研制阶段就尽可能做到与软杀伤系统之间的电磁兼容，但是考虑到现代空中战场态势的复杂多变，要想在战时彻底消除二者之间的互相干扰，将是非常困难的事。

例如，箔条、红外干扰弹等无源干扰物投放后，由于战场空域的风向变化、交战双方的频繁机动等原因，将很难完全避免对本机 APS 传感器的影响。因此，战时在机载 APS 使用过程中，非常有必要采取一些合适的战术手段来予以弥补。

具体来说，此时需要在综合处理/控制分系统的统一指挥下，根据本机机载 APS、软杀伤设备各自的性能特点以及载机平台（尤其是机动情况）、来袭目标（对空导弹）、战场环境的相关信息，按照抗击来袭目标综合效果最优的原则，来灵活选用 APS 和软杀伤设备。尤其是在启动软杀伤系统时，需要通过相应的频域、时域和空域管控，合理确定机载有源干扰机的干扰方向、工作时间段、工作频段以及无源干扰物的投放时机、投放方向，以最大程度地减少对 APS 工作的影响。此外值得指出的是，如果本机没能充分获取来袭导弹的技术信息，特别是当来袭导弹的制导方式/体制和抗干扰措施不明时，由于对己方软杀伤手段的效果缺乏足够信心，此时应当优先使用 APS 对来袭导弹进行抗击。

4.6.2 机载 APS 存在防护死区的问题

对于军机平台来说，机上的机翼、平尾、垂尾、外置天线（如预警机的外置雷达天线罩）、外挂任务载荷（如武器弹药、任务吊舱等）以及螺旋桨/旋翼旋转时所形成的巨大桨盘，都会对 APS 拦截武器的射界造成不同程度的遮挡，形成多个射击死角。尽管从理论上讲，可以通过在载机平台上不同位置布设多座拦截弹发射装置（各发射装置的射界相互衔接甚至有一定重叠）和采用制导拦截弹（发射后可对其飞行弹道进行修正）的方式，来弥补甚至消除机载 APS 的射击死角。但是加装发射装置会带来载机负担增加，对载机气动外形的破坏增大等问题，制导拦截弹则存在射程近界盲区相对较大，大离轴角/越肩发射会导致反应时间增加及能量消耗严重等问题，因此这两种方式都存在很大局限性，导致各类军机平台所搭载的 APS 难免会不同程度地存在一定的防护死区。

对于今后机载 APS 面临的这个问题，同样需要借助灵活有效的战术使用来予以弥补，目前技术条件下可重点考虑采取如下措施：①在机载 APS 拦截来袭弹药的过程中，载机平台配合做适当机动或姿态调整，以尽可能消除拦截武器的射击死角；②当军机编队执行任务时，编队内各机通过机载 APS 相互掩护，构成较为严密的反导自卫火力网①，从而减小以至消除防护死区。

---

① 第二次世界大战期间执行对纳粹德国战略轰炸任务的美军轰炸机曾采取过类似做法，通过紧密队形的编队，使编队内各机的航炮/机枪组成互相衔接的密集火力网，以对付前来拦截的敌方战斗机。

4.6.3　机载 APS 因为电磁泄漏而影响载机安全的问题

众所周知，雷达在现代战场上是一种典型辐射源，其致命弱点就是工作过程中需要主动发射电磁波，由此很可能会暴露载机的位置，使其成为敌方无源探测设备的捕获目标，甚至引来反辐射导弹等武器的攻击。对于今后的机载 APS 来说，当其使用主动雷达设备作为探测/跟踪传感器时，同样也会存在因为电磁泄漏而导致载机隐蔽性遭破坏，以致影响载机安全的风险。因此，战时如何合理使用系统中的雷达探测/跟踪设备，尽可能降低其被敌方截获的概率，也将是今后机载 APS 实用化过程中不得不面临的一个问题。

要解决这一问题，除了需要在相关的雷达探测/跟踪设备中引入低截获概率(LPI)、低利用概率(LPE)、低检测概率(LPD)等技术来改善系统的射频隐身性能外，同样有必要在战术使用方面采取相应的措施，以进一步减少战时系统可能产生的电磁泄漏。例如，今后使用机载 APS 中的雷达探测/跟踪设备时，可以考虑以多传感器协同操作的方式来进行，充分利用本机上的其他无源探测设备或者友邻平台(己方其他空中、地面或水上平台)传送来的战场威胁信息，由此可大幅缩短系统中雷达设备的开机时间及盲目搜索时间，从而降低被敌方无源探测设备发现的概率。

4.6.4　战时 APS 对本机或友机的误伤问题

机载 APS 对来袭弹药实施火力拦截的过程中，拦截弹战斗部引爆后产生的破片/子弹丸/弹体碎片、来袭弹药被摧毁后产生的残骸/碎片、遭拦截后局部受损并偏离预定目标的来袭弹药、拦截过程中脱靶的拦截弹均可能威胁到本机或编队内友机的安全。考虑到高速飞行中的军机机体相对较为脆弱，即便遭到少量破片/残骸的打击，也有可能造成相当严重的后果，因此这个问题非常值得重视。

针对此问题，除了在机载 APS 研制阶段就需要采取适当增加拦截弹有效射程、尽可能提高拦截弹命中精度、为拦截弹加装定时自毁机构、对战斗部进行优化设计等技术措施外，在战术使用方面还可以考虑采取以下手段来予以弥补：①在不超过 APS 拦截弹有效射程的前提下，载机应在尽可能远的距离上对来袭弹药实施拦截摧毁，即尽量延伸拦截点距离；②载机在发射 APS 拦截弹后，迅速对战场态势做出准确判断，若有必要并且条件允许的话，应及时进行相应的机动规避(可与先前为消除拦截武器射击死角而进行的机动调姿配合进行)；③军机编队在实施反导自卫作战时，应按照抗击来袭弹药综合效果最优的原则，统筹安排编队内各机的行动，使其相互配合，协调作战，在最大程度地提高对来袭弹药拦截成功率的同时，尽可能降低以至避免对己方的误伤。

4.6.5 本机 APS 与友机 APS 之间的协同作战问题

当军机编队执行反导自卫作战任务时，编队内的部分飞机很可能会出现这样一些情况：由于飞行员专注于其他作战任务等原因，其机载 APS 没有及时开启；或者由于机载 APS 中的传感器处于观测死角、受到严重干扰、发生故障/战斗损坏等原因，没能及时发现敌方来袭弹药；或者由于发射装置处于射击死角、发生故障/战斗损坏、拦截弹药耗尽等原因，尽管已发现敌方弹药来袭但自身无力抗击；或者编队内多架飞机对敌方发射来的同一枚来袭弹药实施拦截，导致有限数量的反导拦截弹药白白浪费。

对于这样的问题，将需要通过编队内各机机载 APS 之间的协同作战来解决。近期内可考虑进行较低层次的协同：编队内各机在完成本机防护任务的同时，可以根据战场实际形势自主决定，以其机载 APS 为友机提供威胁信息支援，必要时可主动拦截那些射向友机而后者一时难以应对的敌方对空弹药。今后随着技术的进步，将可实现更高层次的协同：借助先进网络化作战体系的支持，编队内所有飞机将作为一个有机整体，积极主动、统一有序地实施反导自卫作战，在实现战场威胁信息共享的基础上，可根据战场态势实时决定各机上拦截弹的发射，并且拦截弹还将具备“他机制导”(A 射 B 导)能力，从而全面提升整个编队的集体防护能力，同时有效解决上面提到的各种问题。

第5章 适用于机载APS的任务传感器

在未来空中战场上，军机要想顺利实现对来袭弹药的主动防护，首先就得配装一套较为先进完善的任务传感器设备，使自身具备良好的态势感知能力，能及时察觉到有威胁来袭并对其实施可靠有效的探测、跟踪，然后才能谈得上对其进行拦截。而当使用拦截弹对来袭弹药实施拦截摧毁时，还需机载任务传感器为其提供目标指示，或者为其配装合适的导引头，以便使其精确地飞向目标。在目前技术条件下，雷达、激光、红外、紫外等传感器设备能满足这样的任务需求，并且这些传感器早已在现代军机和空空导弹上得到广泛应用，其技术已相当成熟，完全可以转用于今后的机载APS。

5.1 可供机载APS选用的任务传感器的基本情况

根据来未来空中战场环境对机载APS提出的能力要求，以及4.3.5节所分析的军机反导作战行动的基本流程，今后机载APS中的各种任务传感器设备应当具备以下基本功能特点：对于系统中的机载威胁告警设备(即威胁告警分系统)来说，要求其能根据战场上出现的各种雷达/激光信号，及时察觉敌方攻击征候并指示威胁可能来袭的方位；对于系统中的机载探测设备(即目标探测分系统)来说，要求其能随时对指定的重点空域进行快速扫描探测，并以尽可能低的虚警率从空中/地面/水面背景中识别出来袭弹药；对于系统中的机载跟踪设备(即精确跟踪分系统)来说，要求其能以足够高的精度对来袭弹药实施实时跟踪，并尽可能准确地获取目标的方位、速度、距离等信息；而对于拦截弹中的导引头来说，则要求其能对来袭弹药实施高精度的跟踪和观测，以获得目标的精确位置信息及运动参数，并由此产生制导信息。

从上述功能需求出发，并结合3.2、3.3节对来袭弹药信号特征的分析，可为今后的机载APS选配合适的任务传感器设备。根据多年来各种任务传感器在军机上的使用经验，现代战场条件下可用于探测跟踪空中目标的技术手段主要有雷达、激光、红外、紫外、目视、电视成像、声学等七种，但按照机载APS任务传感器的选用标准，其中的目视、电视成像和声学三种手段存在明显的性能缺陷，今后除了一些特殊场合外，机载 APS 不宜将其选作主要任务传感器设备，最多可将其作为辅助手段使用。

目视观测作为获取空中目标信息的最古老、最基本手段，尽管具有简单可靠、不受电磁干扰、隐蔽性好等特点，但其观测效果在很大程度上取决于目标目视信号特征的强弱和观测者视力的优劣，随着现代对空导弹外形尺寸的普遍减小以及少烟/无烟推进剂的广泛使用，战时对这类目标进行目视观测的难度也在不断增大。不仅如此，目视观测手段还存在着观测效果在夜间和不良气象(如烟、雾、雨、雪、沙尘等)条件下明显下降、面对高速来袭威胁时的反应速度无法满足要求、单凭人员目测粗估难以获得有价值的目标参数等种种先天不足。因此，在今后的空中战场上，尽管目视观测仍能为改善军机的战场态势感知能力提供一定帮助，但是显然不宜将其作为机载 APS 的主要探测跟踪手段使用。

电视成像探测设备是利用电视摄像机获取目标图像信息来完成对目标的探测、跟踪和识别，具有分辨率高、工作可靠、不受电磁电干扰、便于识别目标真假、隐蔽性好等特点。但是电视成像探测手段只适于在白天使用，并且在低能见度或不良气象条件下的效能急剧下降，缺乏全天候、全天时工作能力，这对于机载自防护系统来说是一个难以接受的性能缺陷，再加上通过被动成像手段难以获取目标的距离信息，因此电视成像设备同样不适合用作机载 APS 的主要探测跟踪传感器，而只能作为辅助任务传感器使用。

声学探测设备是通过探测来袭弹药高速飞行过程中所产生的噪声和激波，来对其进行被动探测定位，具有不受视线和能见度限制(可探测遮蔽物后面的声源)、不受电磁干扰、可全天侯/全天时工作、隐蔽性好等特点。但声学探测会面临战场强噪声干扰问题，通常需要掌握各种导弹的声学信号特征才能在复杂强噪声背景下可靠地识别来袭目标；此外，随着载机平台飞行速度和高度的增大，声学探测手段的使用效果还将会越来越差，以至完全失去作用。由于这样的原因，尽管声学探测手段目前已经在直升机和部分轻型低速固定翼飞机上得到一定应用，但要将其用作机载 APS 的主要探测/跟踪传感器仍然不太合适。

在排除目视、电视成像和声学这三种手段后，能满足军机反导自卫作战要求的任务传感器将只剩下四种，根据工作原理的不同，这些传感器设备又可分为主动雷达/激光探测、被动雷达/激光探测、被动红外/紫外被动探测三类。以下各节将分别对这三类传感器设备的主要性能特点、当前技术发展水平、在现役军机/导弹上的应用情况以及在今后机载 APS 中的应用前景做简要分析介绍。

5.2　主动雷达/激光探测设备

这类设备是通过己方主动、有意发射的电磁波，来对敌方目标进行探测并获取其各种技术参数。根据工作频段的不同，这类设备可分为主动雷达(即通常意义上的雷达)探测和主动激光(即激光雷达)探测两种类型。在现代军机上，主动雷达传感器已经得到广泛使用，既可用作机载火控系统(或其他任务系统)中的任务传感器，也可用于雷达制导空空导弹的导引头以提供末制导。主动激光传感器在现代军机和机载武器上的应用尽管尚未成熟，但也正在向与雷达相同的方向发展。在今后的机载 APS 中，主动雷达/激光传感器的用途将与此类似：既可安装在载机上作为反导火控系统的任务传感器，也可安装在反导拦截弹上用于其导引头。根据相关领域的技术发展水平以及载机平台的不同配置情况，今后机载 APS 中的主动雷达/激光任务传感器和主动雷达/激光制导拦截弹既可以全新研制，也可以由机上原有的主动雷达/激光传感器设备和主动雷达/激光制导空空导弹兼任。

5.2.1　主动雷达探测设备

雷达是现代战争中最基本也最常见的任务传感器，它通过主动发射电磁波，对目标进行照射并接收回波，来获取目标的距离、径向速度、方位、高度等信息。与其他传感器设备相比，雷达具有发现目标距离远、测定目标参数速度快、能全天候/全天时使用等突出优点，这使其在现代军机上得到了广泛应用，今后在军机主动防护领域也同样如此，无论是用于机载反导火控系统还是用于拦截弹导引头，其前景均非常广阔。

1. 机载主动雷达探测设备

现代军机上通常配装有多种主动雷达传感器，可用于执行火控、导弹来袭告警、敌我识别、导航、地形测绘、高度测量、气象探测等任务。在这些雷达设备中，火控雷达和导弹来袭有源告警系统(AMAWS)均具有一定的探测跟踪来袭弹药的能力，因此均可直接用于今后的机载 APS。

1）机载火控雷达

火控雷达作为现代固定翼作战飞机/武装直升机上最重要的任务传感器，在反导自卫作战领域同样具有巨大的应用潜力。尽管传统的机械扫描体制火控雷达普遍存在扫描速度慢、精度差、多目标探测跟踪能力有限等缺点，在面对对空导弹这类目标时难免会力不从心，但随着相控阵雷达技术的日渐成熟和广泛应用，现代机载火控雷达的性能已经实现了质的飞跃，不仅探测跟踪高速高机动小目标的能力有了巨大提升，而且拥有了很多全新功能，进而使其在军机反导自卫作战领域的应用潜力得以全面展现和充分发挥。例如，相控阵雷达由于波束指向灵活可控，战时可以根据需要来确定射频能量在观测空域中的分配，将能量集中在目标最可能出现的方向上，由此可以显著提升发现目标的距离，或者在相同距离上增强对小 RCS 目标的探测能力，甚至“烧穿”目标的隐身，这对今后机载 APS 的反导作战无疑非常有帮助；而相控阵雷达所具备的“同时多功能”能力，使其可以通过时间分隔的方法，交替使用同一阵面完成多种功能，或者使用阵列中的部分发射/接收模块完成一种功能，同时使用另外的发射/接收模块完成其他功能，因而有能力在对各种来袭弹药保持监控甚至引导 APS 拦截弹对其实施拦截的同时，不影响其他传统空空、空面功能的完成。

由于这样的原因，目前美国、俄罗斯第五代/四代改进型战斗机上的先进机载火控雷达，尽管研发之初并没有专门考虑过军机反导自卫作战方面的需求，但它们在探测跟踪来袭对空导弹方面均已展现出巨大的潜力。例如，美国 F－35 战斗机配装的 AN/APG－81 有源相控阵雷达在“提示区搜索”工作模式下，可以按照其他机载传感器设备甚至友邻平台所指示的方向，对某一小范围空域实施重点搜索，从而有能力对来袭对空导弹之类的小 RCS 目标进行探测识别(图 5－1)；俄罗斯苏－35 战斗机上的 N035“雪豹”－E 无源相控阵雷达和苏－57 战斗机上的 N036“松鼠”有源相控阵雷达除了具有类似的工作模式①外，为了进一步加强对隐身目标的探测，均在左/右机翼前缘襟翼位置处布设有天线阵列，并且将其工作波段选择在波长较长、与机载有源告警系统相同的 L 波段，因而其探测跟踪来袭对空导弹的能力也相应得到了增强，即使其获取的目标数据不足以支持 APS 反导拦截弹的发射，至少也可用于对来袭威胁的探测告警并提供其部分初始信息。

从目前情况来看，将机载火控雷达用于军机反导自卫作战所面临的一个主要问题是这类设备通常安装在机头位置处②，主要对载机前方目标实施探测，其侧向视界非常有限，后方则为探测盲区，因而严重影响对战场威胁的全方位感知。但随着分布式阵列雷达和共形天线技术的发展成熟，今后这一问题将会逐渐迎刃而解。分布式阵列雷达是指将雷达天线阵列分散布设在飞机机体各

① “雪豹”－E 雷达在此工作模式下，对 RCS 仅为 $0.01m^2$ 的空中目标的探测距离可达 90km，已经具备一定的探测跟踪来袭对空导弹并向载机提供告警的能力。

② 部分型别的轰炸机、运输机等大军机在机尾设有控制尾炮的火控雷达，部分型别的直升机则将火控雷达安装在旋翼轴的顶部。

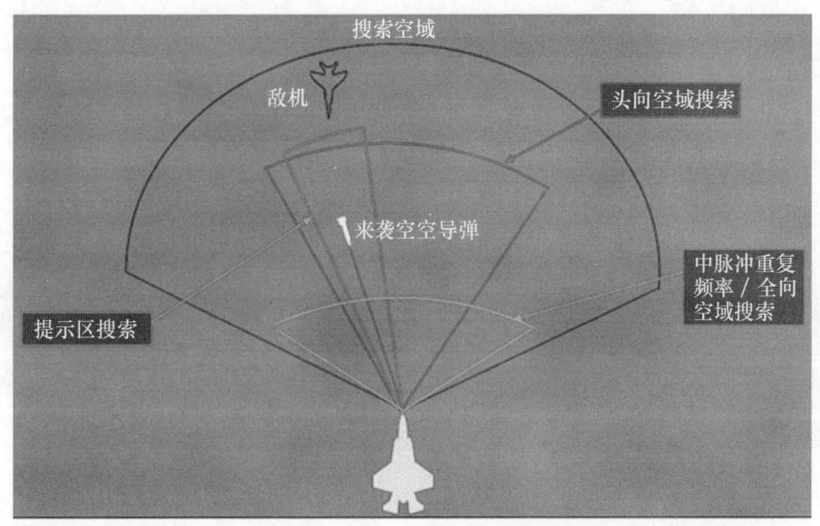

图 5 - 1　美国 AN/APG - 81 机载有源相控阵雷达可在“提示区搜索”工作模式下探测来袭导弹　(图片来源：挪威国防部 F - 35 项目办公室)

处，从而消除机身、机翼、尾翼对雷达视界的遮挡和干扰，实现全向覆盖。借助共形天线技术，则可将雷达天线阵列附着于机体表面并尽可能与之形状吻合，这不但有助于雷达天线阵列分布式布置的实现，同时还可以节省机体结构空间，并尽量避免对机体外形结构和气动特性的破坏(这对于军机这类高速高机动作战平台来说尤为重要)。从国外在相关领域的研究进展情况来看，目前分布式阵列雷达/共形天线技术正日益接近实用化，将其用于机载 APS 指日可待。例如，俄罗斯苏 - 57 战斗机上的 N036“松鼠”有源相控阵雷达就配装有五部雷达天线：其中三部 X 波段雷达天线分别位于机头正前方及前机身两侧，在左/右机翼前缘襟翼内则各布置有一部 L 波段雷达天线(图 5 - 2)，这可在一定程度上视为作战飞机机载分布式阵列雷达的雏形；以色列也在其“费尔康”和“白尾海雕”预警机上采用了较为成熟的分布式阵列雷达/共形天线技术：二者的机载有源相控阵预警雷达系统天线由分布于机身各处、可实现全向覆盖的 4 ~ 6 个固定天线阵列(机头和机尾各 1 个，机身两侧各 1 或 2 个，图 5 - 3)组成，并且天线上的辐射单元紧靠机身表面放置，整个天线阵列与机身表面外形基本吻合，初步实现了雷达天线与机体表面共形。此外值得指出的是，除分布式阵列雷达/共形天线技术外，目前美国、俄罗斯和部分欧洲国家还在开展相关研究，寻求将雷达天线完全植入机身蒙皮中，形成所谓的“智能蒙皮”(图 5 - 4)，今后随着这一技术的成熟，机载火控雷达全向探测所面临的困难将有望从根本上得到解决。

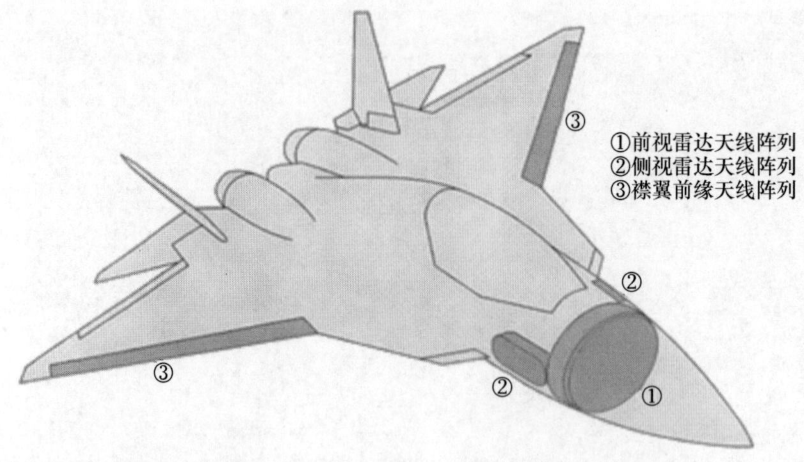

图 5-2　俄罗斯 N036 机载有源相控阵雷达的五部天线阵列
在苏-57 战斗机上的安装位置示意图
（图片来源：彼得·布托夫斯基丨法国《航空航天》）

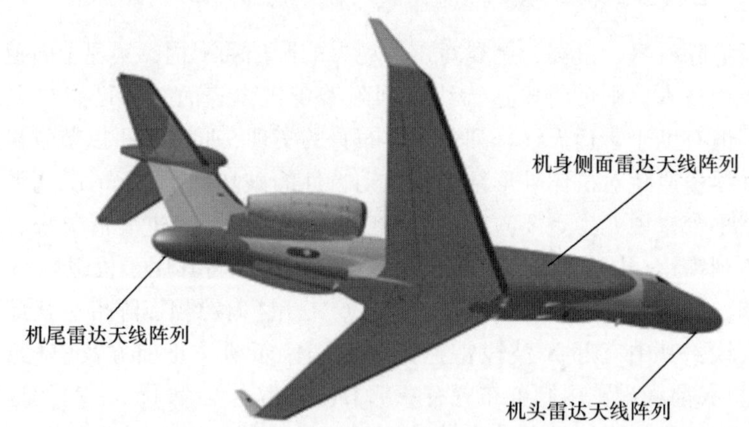

图 5-3　采用了分布式阵列雷达/共形天线技术的以色列“白尾海雕”预警机
（图片来源：美国海军航空系统司令部）

由于机载火控雷达的上述性能特点，今后完全可以将其整合进机载 APS 中并用作系统的任务传感器，从而充分发挥其发射功率/天线孔径大、探测跟踪距离远等性能优势，扩大军机反导自卫作战的防御纵深，甚至还可通过无线电指令、雷达波束[①]、半主动雷达等制导方式直接对反导拦截武器实施控制引

① 现代空空导弹已经基本不采用无线电指令和波束制导，但是在机载 APS（尤其是大军机 APS）拦截弹上，无线电指令和波束制导仍有一定的应用空间。

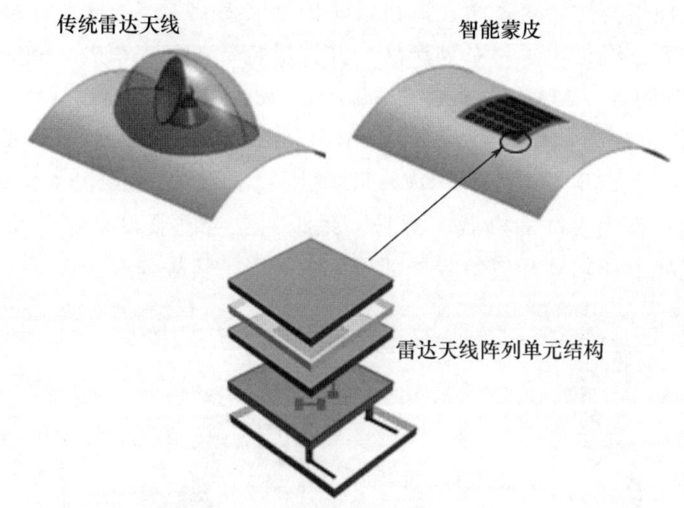

图 5-4　“智能蒙皮”示意图　（图片来源：荷兰国家航空航天实验室）

导。不过值得注意的是，机载火控雷达与其他所有军用雷达设备一样，在现代战场上的致命弱点是需要主动发射电磁波，如果不严格控制其使用，将很容易暴露载机的位置。因此今后机载火控雷达在参加军机反导自卫作战时，最好能借助本机雷达/激光告警接收机等设备提供的威胁告警信息，或者从上级/友邻平台获取空情通报，对敌方对空弹药可能来袭的空域实施重点搜索，大幅压缩开机时间及盲目搜索时间，从而在不降低任务效能的前提下，尽可能减少以至避免对载机隐蔽性的破坏。

2）机载导弹来袭有源告警系统

导弹来袭有源告警系统又称脉冲多普勒雷达告警系统（以下均称有源告警系统），是现代军机广泛配装的机载导弹来袭告警系统中的一种，它实际上就是一台小型脉冲多普勒雷达，可通过主动发射电磁波，对正在接近载机的对空导弹进行探测和识别。一旦发现有导弹来袭，有源告警系统能够较精确地获取其速度、距离、方位等信息并推算到达时间，从而确保载机在最合适的时机启动对抗措施。与本章后面将要介绍的红外、紫外等无源告警系统（PMAWS）相比，有源告警系统的性能优势非常明显：受气象条件影响较小、能全天候工作，可对各个飞行阶段（不管导弹发动机是否处于工作状态）、各种制导方式（不管导弹导引头是否辐射电磁信号）的来袭导弹实施探测跟踪，同时还能提供目标的距离信息。尽管有源告警系统工作时需要主动辐射电磁波，战时存在暴露载机的可能，但由于这类设备的发射功率通常较小，其辐射的能量也较少，只要规范使用，一般情况下是不容易被敌方雷达告警接收装置发现的。这些性能特点使得有源告警系统在军机自防护领域得到了广泛应用，多年来欧美国家和俄罗斯已经推出了一系列产品，并大量装备各自的军机。例如，美国西屋公司[①]研制的 AN/ALQ－153（主要配装 B－52G/H 和 B－1B 战略轰炸机）和英国桑德斯公司[②]研制的 AN/ALQ－156（主要配装 CH－47、EH－60A 直升机和 RC－12、C－23B、C－130、OV－1D 等固定翼飞机，如图 5－5 所示）均是目前世界上具有代表性的机载有源告警系统，二者已服役多年并且在海湾战争、伊拉克战争和阿富汗战争等局部战争中经受了实战检验。

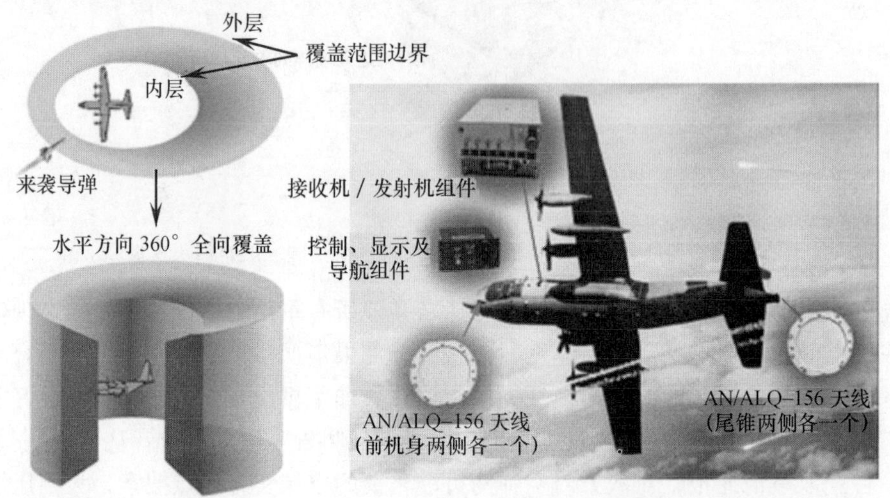

图 5－5　C－130 运输机配装的 AN/ALQ－156 有源告警系统覆盖范围及其典型安装位置
（图片来源：英国 BAE 系统公司）

有源告警系统的上述性能特点，使其在军机主动防护领域同样具有非常广阔的应用前景。尤其是 20 世纪 90 年代以来国外推出的部分高性能有源告警系统，不仅在目标探测跟踪性能方面已经接近或达到了军机反导自卫作战所要求的水平，而且普遍具有体积小、重量轻、适装性好等特点，无须大的技术改动即可直接用于今后的机载 APS。例如，由俄罗斯稳相加速器公司研制，用以配装米－24M/28N 武装直升机的“弩”－D（Arbalet－D）有源告警系统[③]就是其中最具代表性的一种（图 5－6）：该系统工作在 L 波段，可有效探测识别飞行速度为 25～1000m/s 的来袭威胁，并在发现目标后 1s 内将其锁定，其对美制“毒刺”这类小型便携式防空导弹的最大探测距离可达 3km（对飞机目标则可达

① 西屋公司导弹来袭告警系统相关业务后被诺斯罗普·格鲁曼公司收购。

② 该公司后于 2000 年并入 BAE 系统公司。

③ 部分资料也将其称作直升机火控雷达。

10km)，并且可同时跟踪10个来袭目标；该系统全重仅30kg，并且采用了先进的分布式阵列雷达技术，四个外形尺寸为32cm×27cm的固定平面天线分别布设于机身四周，可对水平方向360°、俯仰方向-45°~+15°范围内的空域实施有效覆盖，若调整天线的位置和数量，还可以覆盖更大范围的空域；该系统既可单独工作也可根据需要，与机上的雷达/激光告警接收装置等设备相整合，从而进一步提高对来袭威胁的探测告警能力。

图5-6　俄罗斯"弩"-D有源告警系统及其拟配装的米-28N武装直升机
（图片来源：俄罗斯国防产品出口公司；airwar.ru）

今后在研发机载APS的过程中，可以选用部分性能合适的有源告警系统产品，直接将其用作系统的任务传感器，用于对来袭弹药的早期探测、精确跟踪，甚至控制引导拦截武器对目标实施拦截。例如，在美国C/KC-135飞机"主动空中防御系统"概念方案中，其目标探测分系统就采用了一种由AN/ALQ-156有源告警系统和AN/AAR-47紫外告警系统组成的组合式探测装置。

不过，考虑到传统有源告警系统的一些固有性能缺点，今后若能对其进行适当的技术改进，将更能满足军机反导自卫作战的需求。例如，随着未来战场环境日趋复杂恶劣以及部分对空导弹可能会采取雷达隐身措施，需要进一步增强系统抗自然干扰(如低空环境下的地/海面杂波干扰)/人为干扰以及对付小RCS目标的能力；针对今后可能出现的技术更先进、灵敏度更高的雷达告警接收机，有必要通过引入低截获概率、低利用概率等技术，来进一步改善系统的射频隐身性能(美国AN/ALQ-156的后期改进型就已采用了这类技术)；目前有源告警系统所采用的脉冲多普勒雷达对目标的跟踪精度还达不到可以准确指向其特定部位的程度，因此在部分任务场合(如为定向红外对抗系统或高能激光武器提供目标指示）需要与其他探测跟踪设备配合使用，或者通过适当提高反导拦截弹的威力（杀伤半径）来予以弥补。

3）机载毫米波雷达

目前机载火控雷达/有源告警系统和弹载雷达导引头主要工作在分米波、厘米波波段，属于传统微波[①]雷达的范畴，当其直接用于军机主动防护领域时存在种种性能不足，今后在机载 APS 研制过程中，有必要根据相关领域的最新技术成果，为系统选配性能更加优良、更适合军机反导自卫作战任务场合的新型雷达传感器，从而最大程度地提高机载 APS 的任务效能。根据多年来国外在军机主动防护领域的研究进展情况，以及现代舰载、车载和地面 APS 的研制使用经验，毫米波（MMW）雷达技术在今后机载 APS 中的应用潜力尤其值得关注。

毫米波波长（1～10mm）介于微波与红外之间，因此毫米波雷达在很大程度上兼有微波雷达和红外探测设备的性能特点。与传统的微波雷达相比，毫米波雷达尽管受雨、雪等恶劣气象条件的影响相对较大，但却拥有众多前者难以比拟的优点：①波束窄，跟踪/引导精度及分辨率高，抗多路径效应、杂波干扰等能力强，并且易于检测小目标；②覆盖工作频带宽，电磁兼容和抗有意干扰能力强；③多普勒处理特性好，有利于对运动目标的检测以及对目标进行特征识别；④反隐身性能好，便于探测小 RCS 目标；⑤体积小，重量轻，非常适于配装在空间、重量严格受限的平台上。与红外探测设备比，毫米波雷达尽管分辨率相对较低，但其传输窗口频率范围内的大气衰减较低，穿透云雾、烟尘的能力更强，并且可以直接测量目标的距离和速度信息。由于这样的性能特点，再加上毫米波雷达受大气衰减/吸收的影响大、作用距离较近（目前技术条件下通常不超过 10km）的缺点，在近距/超近距反导作战这样的任务场合并不显得突出，因此这类雷达今后在军机主动防护领域将具有广阔的应用空间，既可用作机载 APS 的火控雷达，也可用于反导拦截弹的导引头。

多年来国外出现的各种机载 APS 方案中，有部分已经采用了毫米波雷达作为系统的火控雷达。例如，20 世纪 80 年代美国 TRW 公司提出的“机载近距防御系统”（ACIDS）概念方案中，载机就将需要专门安装一部毫米波雷达，既作为整个系统的目标探测、跟踪传感器，同时也用作目标照射雷达，从而以半主动雷达制导方式引导拦截弹飞向目标。在目前世界各国现役的军机中，以美国AH－64D“长弓阿帕奇”和俄罗斯米－28N“夜间猎人”为代表的部分武装直升机已经配备有毫米波火控雷达，这类军机今后在配装 APS 时，只需使现有

① 毫米波也属于微波的一种，但为了讲述方便，本书将毫米波与其他微波波段区分开来。

毫米波火控雷达兼具控制引导反导拦截武器的功能即可(图 5 – 7)。而对于其他军机来说，如果有相关需求并且技术条件允许，今后在配装 APS 的过程中，可以考虑加装专门的毫米波雷达用作机载 APS 的火控雷达。即使对于部分机载微波雷达已经具备探测跟踪对空导弹功能的军机来说，今后在配装 APS 时，也仍可考虑在现有的微波雷达之外，另外为 APS 加装专门的毫米波火控雷达，并使二者相结合，形成双频段工作方式(先由微波雷达在较远距离上对来袭目标进行搜索、探测、捕获，然后再由毫米波雷达实施精确跟踪、引导、控制)，从而相互取长补短，提高机载 APS 的任务效能。

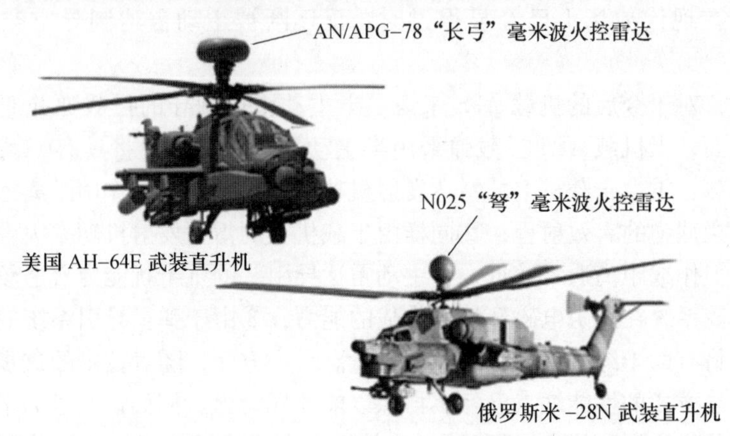

图 5 – 7　美国 AH – 64E 和俄罗斯米 – 28N 武装直升机的主旋翼轴顶部均安装有毫米波火控雷达　(图片来源：美国波音公司；airwar. ru)

2. 弹载雷达导引头

雷达导引头又称雷达导引系统，是现代空空导弹上最常用的两种导引头之一，它通过接收目标反射的雷达波来获取其位置信息及运动参数，并形成导引信号的装置。这类导引头具有作用距离远、能全天候/全天时使用、大范围搜索捕获目标能力强等优点，自 20 世纪 50 年代末面世以来就广泛应用于空空导弹。根据工作方式的不同，雷达导引头可分为半主动和主动两种①，二者均可用于今后的机载 APS 拦截弹。

1）弹载半主动雷达导引头

当空空导弹采用这种导引头时，相当于将一部雷达设备的照射天线和接收天线分开配置，弹上的导引头中只配装有雷达接收天线(包括位于弹体前部的头部天线和位于弹体后部的尾部天线)，用于照射目标的雷达发射机则安装在

① 部分资料中，被动雷达导引头也被列为雷达导引头的一种，本书将会在 5. 3 节中介绍。

载机上。在对目标实施攻击时，将需要由载机上的雷达对目标实施持续照射，导弹则用头部天线接收目标反射的雷达波，同时用尾部天线接收载机雷达提供的直波信号，由此形成控制指令并使自身飞向目标。

半主动雷达导引头具有设备简单、体积小、重量轻、成本低等优点，这种导引头曾在空空导弹上长期使用，参加过多场局部战争并曾取得一定战果。但是半主动雷达制导空空导弹存在一个致命弱点：载机发射导弹后不能及时脱离攻击区，还需要使用机上雷达持续照射目标和导弹，由此会增大载机在此期间遭敌方反击的风险，并严重影响载机后续任务的完成，因此这类导弹作为一种空战武器在现代战场上已经显得过时，正逐渐被主动雷达制导空空导弹所取代。

不过，对于今后的机载 APS 来说，半主动雷达制导的拦截弹并非不可接受。一方面，当机载 APS 拦截弹采用半主动雷达制导时，将具有一系列独特的性能优势：①由于载机上的雷达发射机功率大，导引头的作用距离远，将有助于扩展拦截弹的有效射程；②同样由于载机上的雷达发射机功率大，加上军机反导自卫作战距离通常较近，半主动雷达导引头的抗干扰能力普遍较强，将有助于提高系统在恶劣电磁环境下作战的能力；③由于弹上导引系统的结构组成简单，将有助于缩减拦截弹的体积重量。另一方面，随着技术的进步，半主动雷达制导方式的性能缺点已经不再像以前那样突出。例如，通过为半主动雷达制导拦截弹增加初段/中段制导，使其只在末段才转入半主动雷达制导，将可以大幅缩短载机雷达照射目标的时间。

因此总的来看，半主动雷达制导技术在军机主动防护领域仍有一定的应用前景，尤其是对于部分速度/机动性较为有限、战时也不会承担高对抗性任务的军机(如部分大中型运输机/直升机)来说，其机载 APS 选用半主动雷达制导拦截弹不仅完全能满足任务需求，而且还可获得较高的效费比。例如，20 世纪 80 年代美国 TRW 公司推出的主要用于配装大军机的“机载近距防御系统”(ACIDS)概念方案中，其拦截弹就采用了半主动雷达制导方式。

2）弹载主动雷达导引头

当空空导弹采用这种导引头时，相当于在弹上安装了一部完整的雷达设备，导引头中既包含有照射目标的射频发射机，也包含接收目标回波信号的接收机。在对目标实施攻击时，导引头将不断发射并接收雷达信号，独立完成对目标的搜索、锁定和跟踪，同时形成控制指令并使导弹飞向目标。

与半主动雷达制导方式相比，主动雷达制导方式无须载机持续照射目标，工作独立性强，对载机的限制小，可实现“发射后不管”，载机发射导弹后即可脱离攻击区，从而有助于提高载机的战场生存力，并且便于同时对多个目标实施攻击；此外，主动雷达制导导弹在飞行过程中不需要依赖外界的导引信号，可以采用更加合理的导引规律，选择最优的飞行弹道，从而大大降低对飞行末段过载的需求，这对其攻击高机动目标尤为有利。由于这样的原因，主动雷达制导已经成为现代雷达制导空空导弹技术发展的主流，今后在军机主动防护领域也同样具有广阔的应用前景。以美国AIM－120、俄罗斯R－77等第四代雷达制导空空导弹上配装的主动雷达导引头为例，这类导引头通常采用工作于厘米波段的脉冲多普勒雷达，在具备制导精度高、“发射后不管”距离远、抗干扰性能好、攻击高机动目标能力强等性能特点的同时，出于对付先进战斗机、巡航导弹等空中目标的需要，还普遍具有较强的小RCS目标探测跟踪能力，因而大都不同程度地拥有一定的反对空导弹潜力。如前所述，俄罗斯R－77空空导弹上的主动雷达导引头就已初具探测跟踪来袭较大型对空导弹的能力。

今后随着技术的进步，空空导弹上的主动雷达导引头将会逐步用电子扫描的有源相控阵雷达取代传统的机械扫描脉冲多普勒雷达，同时向毫米波段和雷达成像/红外成像双模导引等方向发展，其作用距离、制导精度、抗电磁干扰、多目标攻击、打击高机动目标、对付小RCS目标等性能都将会得到全面提升，届时主动雷达导引头在军机主动防护领域的应用潜力也将会得到更充分的展现和发挥，进而可在其基础上推出更能适应未来战场环境、反导作战效能也更高的机载APS拦截弹专用主动雷达导引头。例如俄罗斯R－77空空导弹的改进型——R－77M计划换装的新型9B－1103M2有源相控阵雷达导引头（图5－8），其对RCS仅为0.003m^2的空中目标的锁定距离不低于2km，并且体积小，重量轻（口径100mm、长度不大于230mm，全重不大于3.5kg）①，不仅极大地提高了对付来袭对空导弹等小RCS目标的能力，而且能很好地满足今后反导自卫导弹小型化、轻量化发展的需要。

主动雷达导引头的主要缺点是结构较复杂，成本高，并且因为弹载射频发射机的体积重量受到严格限制，致使其作用距离较近②。不过，后一缺点对其今后用于机载APS拦截弹时的影响并不大，因为军机近距/超近距反导自卫作战本来就对射程要求不高，拦截弹射程稍微短点并不算太严重的问题，并且有必要的话，今后的APS拦截弹还可以像目前的中远距空空导弹那样，通过采用复合制导体制（增加初段、中段制导）来大幅扩展射程。

① 数据来自文献[69]。

② 目前技术条件下空空导弹主动雷达导引头对战斗机一类目标的迎头探测距离为25～30km，当面对的是空空/面空导弹一类目标时，这一数字还将会明显下降。

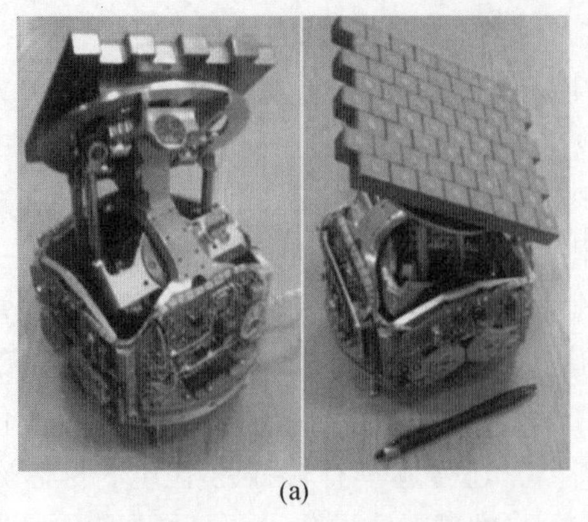

(a) (b)

图5-8　俄罗斯R-77M空空导弹将会配装新型有源相控阵雷达导引头
（图片来源：俄罗斯半导体仪器研究所；俄罗斯“玛瑙”莫斯科研究所）
(a)早期展示的R-77M空空导弹64单元有源相控阵雷达导引头内部结构；
(b)拟投入批量生产的9B-1103M2有源相控阵雷达导引头外形。

由于上述原因，自进入21世纪以来，主动雷达制导已被普遍视为今后机载APS拦截弹的主要制导方式之一，并已在国外推出的机载APS方案中得到了广泛应用。尤其是下文中将会详细介绍的毫米波主动雷达导引头，更是备受各国军机主动防护技术研究人员的青睐。

3）弹载毫米波雷达导引头

毫米波雷达导引头即为采用了毫米波雷达技术的主动雷达导引头。与机载使用时类似，毫米波雷达用于弹药末制导时也兼有微波雷达制导和红外制导的优点。与工作于厘米波段的传统主动雷达导引头相比，毫米波雷达导引头的体积更小，重量更轻，分辨率和探测精度更高，抗干扰和反隐身能力也更强；而与红外导引头相比，毫米波雷达导引头全天候工作及穿透云雾/烟尘的能力均更强，并且因为采用了主动制导方式，工作时受目标和外界因素的影响较小，制导性能更加稳定可靠。尽管毫米波雷达导引头也不可避免地存在着结构复杂、成本高、作用距离近等主动雷达导引头固有的通病，并且在雨雾天工作时性能会严重下降，但与上述众多优点比起来，仍可谓瑕不掩瑜，因而毫米波雷达导引头正越来越多地用于各种精确制导弹药，在军机主动防护领域也具有广阔的应用空间，非常适合用于机载APS拦截弹的末制导。在今后，随着毫米波雷达制导技术逐步向毫米波雷达成像以及与其他制导方式组合成双模/多模导引头(毫米波/红外成像、毫米波/微波、毫米波主/被动等)的方向发展，毫米波雷达导引头的部分性能缺点将会得到有效克服和弥补，其用于机载APS拦截弹末制导时的任务效能还将会进一步提高。

目前尽管毫米波雷达制导空空导弹尚未正式投入实用，但毫米波雷达导引头已经在部分先进防空导弹、车载APS拦截弹中得到了应用并展现出优异的性能，在军机主动防护领域的也已开始崭露头角。例如，美国“爱国者”-3防空导弹上配装的Ka波段毫米波主动雷达导引头不仅具有极高的制导精度(制导误差小于0.17m)，能确保导弹以撞击杀伤方式摧毁来袭目标，而且可以提供目标的仿形波形数据，使制导处理器能够由此选定目标的关键部位作为撞击点(如来袭弹道导弹的战斗部)；美国“全谱近距多层防御”(FCLAS)车载APS中的拦截弹则采用了一套由两部毫米波雷达(一部前视雷达，一部侧视雷达)组成的先进导引头/近炸引信系统，它不但能为拦截弹提供精确制导，而且可以精准地确定战斗部引爆时间(参见8.6.3节)。由于这两种导引头所具备的能力水平已基本能满足军机反导自卫作战的需求，目前二者均已派生发展出相应的机载APS拦截弹导引头，并分别用于“微型自卫弹药”(MSDM)战术飞机APS竞标方案和“天使之火”直升机APS拦截弹。

5.2.2 主动激光探测设备

主动激光探测设备通常是指激光雷达(LADAR或LIDAR)，它是以激光器作为辐射源的雷达系统，其工作原理与传统微波雷达基本相同，只不过用光波频段的电磁波取代了微波作为载波，通过发射激光束来实现对目标的探测和定位。激光雷达作为传统雷达与现代激光技术相结合的产物，一方面具有主动探测目标这一传统雷达的工作特点，同时又工作在光波频段，具备被动光学探测设备的一些性能特征。这种独特性能使激光雷达在军事领域具有广泛用途，尤其是可实现一些独有的功能和作用，完成很多传统雷达和光学探测设备难以胜任的任务。特别是对今后的机载APS来说，由于其对来袭目标的拦截大都是在中高空空域和近距/超近距离上进行的，还可以在相当程度上避开激光雷达传感器的部分先天性能缺陷对系统作战效能的影响，因此无论将其用于机载反导火控系统还是用于拦截弹导引头，都能很好地做到“扬长避短”，获得较理想的效费比。

1. 机载激光雷达

激光雷达的出现和应用均比传统微波雷达要晚得多，直到20世纪60年代激光问世后，激光雷达的概念才首次被提出，目前其技术仍在发展中，在很多方面还有待进一步成熟。但激光雷达介于传统雷达和光学探测设备之间的独特性能，使其在军事领域拥有巨大的应用潜力，因而一经面世就受到各国军方和防务工业界的高度关注。在历经数十年的发展后，激光雷达产品从最简单的激光测距仪开始，到可进行三维探测的凝视成像激光雷达，已多次更新换代，其性能不断提高，功能也不断扩展，目前已用于战术侦察、障碍回避、水下探测、火力控制、弹药制导等领域(图 5－9)，在军机主动防护领域的应用前景也已初见端倪。

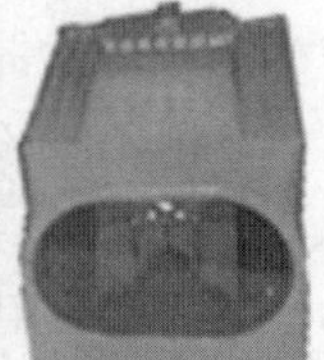

图 5－9　安装在 AB－212 直升机上进行空中测试的意大利 LOAM 激光避障雷达，该雷达可对电力线、桅杆、天线拉线等细小目标进行快速精准探测
（图片来源：罗伯托·萨巴蒂尼｜英国克兰菲尔德大学）

与传统微波雷达、毫米波雷达相比，激光雷达的工作波长短了几个数量级，并且发射接收的是定向传输的极窄激光束，能量非常集中，由此可获得一系列独特的性能优势：①测量精度及分辨率高，目前其角度分辨率、距离分辨率、速度分辨率分别已达 0.1mrad、0.1m、10m/s 的水平，具有非常突出的三维成像和目标识别能力；②在传输过程中很难被第三方截获，受各种人为/自然干扰的影响也很小，因而工作隐蔽性好，抗有源干扰能力强；③探测低空目标时不会产生多路径效应，也不存在地(水)面杂波干扰现象，因而低空/超低空探测性能好，甚至可以实现“零高度”工作；④反隐身性能好，可通过获取目标高分辨率图像、跟踪发动机尾流等方式来识别隐身目标，各种传统的雷达/红外隐身措施对激光雷达均完全无效；⑤结构简单，体积小(观测窗口孔径可达厘米级水平)，重量轻(最轻可达数十甚至数千克水平)，非常适于在空间局促的平台上使用。与传统的光学探测设备相比，激光雷达尽管与其工作于同一频段内，但作用原理却迥然不同，是通过主动发射电磁波而不是被动接收目标电磁波辐射的方式来实现对目标的探测，因此工作中不受外界光照条件、

目标自身电磁波辐射强弱等因素的影响，并且具备精确测量目标方位、速度、距离、高度等参数的能力。

激光雷达的上述特性使其在军机主动防护领域具有巨大的应用潜力。今后的机载APS可以借助其高测量精度、高分辨率、快速响应、多目标跟踪等性能特点，完成对来袭目标的高精度跟踪、智能识别、攻击点选择、毁伤效果评估等任务，甚至还可利用其兼作激光照射装置，通过激光指令、激光驾束、半主动激光等制导方式，直接对反导拦截武器实施控制引导。尤其值得指出的是，激光雷达所具备的目标攻击点选择和毁伤效果评估能力对于今后军机反导自卫作战将非常具有现实意义：目标攻击点选择能力一旦与采用撞击杀伤方式的拦截弹、尤其是高能激光反导武器相结合，将可以对来袭目标的特定部位（如导引头）实施高精度打击，在使目标彻底失效的同时不至于将其战斗部引爆，从而有效减少各种破片、残骸对本机/友机的损伤，同时压缩反导作战的最小拦截距离；通过对目标遭拦截后的毁伤效果进行评估，则可以及时决定是否需要对其实施第二次拦截，以防止“漏网之鱼”对本机造成伤害。此外，激光雷达在工作隐蔽性、低空/超低空探测性能、抗干扰能力、反隐身性能等方面的特性，对于今后机载APS应对一些恶劣甚至极端战场环境（如战场无线电静默、低空/超低空飞行、强电磁干扰、遭隐身对空导弹攻击）也非常重要。

不过，由于工作时波束宽度和激光大气传输特性等方面原因，激光雷达在用作机载任务传感器时，也不可避免地会存在一些软肋和不足，进而会使其战时使用受到一定限制：①由于工作在光波频段，加上激光在大气中传输时会因为衰减而损失能量，导致机载激光雷达的探测距离普遍较近[①]；②激光雷达工作时受大气环境和气象条件的影响较大，大气湍流会降低其测量精度，恶劣天气（如雨、雪、雾等）则会缩短其探测距离，导致全天候工作能力较差；③由于发射的激光波束过窄，导致激光雷达难以在大空域中搜索、捕获目标，对高机动目标的连续观测跟踪也会面临一定困难（目标急剧机动可能会逃离激光束照射范围）。由于这些性能缺陷的存在，再加上军机平台由于受载荷、空间和供能等因素的限制，在采取技术措施（如增大天线孔径、增加发射功率）来克服这些问题时会面临一定困难，致使机载激光雷达的实用化进程在相当程度上受到了影响。

尽管这样，考虑到军机反导自卫作战的特殊性，当激光雷达被用作机载APS的任务传感器并承担对来袭目标的精确跟踪任务时，其上述性能不足带来

① 目前技术条件下，地面或低空使用的激光雷达在气象条件良好时的探测距离通常为10～20km，气象条件差时则将会剧减。

的后果实际上并不算太严重，再结合一定的技战术措施，其对机载 APS 作战效能的影响完全可以控制在可接受范围之内。这可表现在多个方面：①军机反导自卫作战大都是在近距/超近距离上进行的，对机载 APS 精确跟踪分系统作用距离的要求本来就不高，目前技术条件下激光雷达的作用距离在大部分场合已基本够用[①]；②除了部分在低空超低空活动的直升机外，军机反导自卫作战主要是在中高空空域进行的，由此比较容易避开低空稠密大气和恶劣气象条件对激光雷达性能的影响；③当机载 APS 对来袭目标实施精确跟踪时，由于目标的大致位置已知，传感器无须很大的扫描视场，而需较高的距离和视角分辨率，能以较高精度跟踪所选目标，这正好在激光雷达的能力范围之内；④今后的机载 APS 可将激光雷达与载机上的微波雷达配合使用，由后者负责对来袭目标的远距离搜索捕获，激光雷达则用于中近距精确跟踪瞄准，从而相互取长补短。

由此可见，在将激光雷达用作机载 APS 的任务传感器时，只要措施得当，完全可以做到“趋利避害”，在充分发挥其性能优势的同时，最大程度地回避其缺点和不足，从而有效提升机载 APS 的反导作战效能。在多年来国外推出的机载 APS 方案中，美国控制产品公司研制的“主动旋转式对抗”(ARC)直升机 APS 就选用了激光雷达作为主要探测传感器，以提高系统对付近距离威胁(如 RPG)、抗击多目标来袭、复杂战场环境下目标识别等能力(图 5 - 10)。在今后，通过多传感器集成/数据融合、采用新工作体制(激光相控阵雷达、激光合成孔径雷达等)、开发新型激光辐射源等技术途径，激光雷达性能还将会得到进一步提高，届时其在军机主动防护领域的应用潜力将会得到充分挖掘。

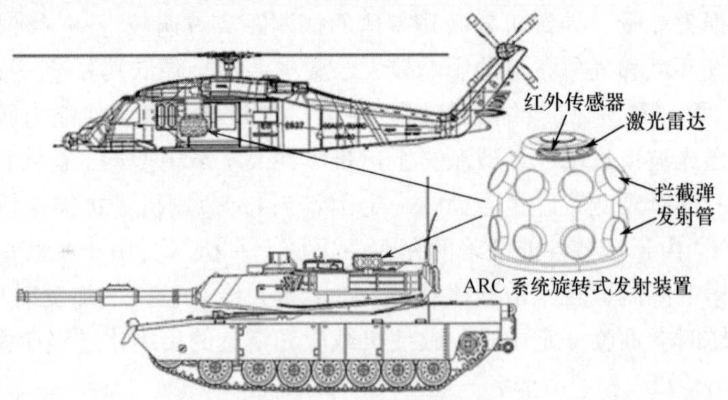

图 5 - 10　美国“主动旋转式对抗”直升机 APS 中集成有激光雷达传感器

(图片来源：cpi - nj. com)

① 多年来国外推出的各种机载 APS 方案中，大量使用现有机载导弹来袭告警设备(包括有源、红外、紫外等类型)作为系统的任务传感器，这些设备的有效作用距离通常仅为 10km 左右。

2. 弹载激光导引头

激光导引头又称激光导引系统，是制导弹药上通过接收目标漫反射(即朝各个方向反射)的激光来获取其位置信息及运动参数，并形成导引信号的装置。由于激光的优异工作特性，激光导引头普遍具有制导精度高、抗干扰能力强、体积小、重量轻、易于与红外/雷达构成多模复合导引头等特点，再加上其作用距离有限(通常10km左右)、全天候工作能力较差等缺点在军机反导自卫作战这样的场合也并不显得突出，因而非常适合用于今后的机载APS反导拦截弹。根据激光源所在位置的不同，激光导引头可分为半主动和主动两类。

1）弹载半主动激光导引头

这种导引头与前面介绍的半主动雷达导引头有些类似，是将激光源(激光目标指示器)和导引头分开配置，前者安装在载机上，后者则安装在制导弹药的弹体上。在对目标实施攻击时，载机上的激光目标指示器将向目标发射经过编码的激光束，弹上的导引头接收目标反射回来的激光回波信号，再经处理后形成控制指令，使弹药飞向目标。

半主动激光导引头于20世纪60年代伴随着激光的出现而问世，经过数十年的发展，其技术已经相当成熟并大量用于各种半主动激光制导弹药：空地(舰)导弹、制导炸弹、制导炮弹和制导火箭弹，目前这类弹药已经广泛装备各国军队并曾在多次局部战争中有过出色表现。不过，世界各国现役的半主动激光制导弹药通常只能用于打击固定或机动性较差的地/水面目标，可用来对付飞机、导弹等空中目标的型号寥寥无几①，能用于空空作战的更是极其罕见。这主要是因为，传统半主动激光制导弹药在接收到目标反射的激光信号后，需要经历一段时间的制导飞行，抵达目标附近(战斗部杀伤半径之内)后才能对其进行杀伤，这期间需要激光目标指示器对目标保持持续不间断的照射，一旦目标处于高速高机动飞行状态，激光目标指示器的工作难度将会急剧增大。由于这样的原因，如果将传统的半主动激光制导技术简单地转用于今后的机载APS，其给军机反导自卫作战带来的不利影响将非常明显：①激光目标指示器在对速度和机动性均要高得多的来袭目标实施照射时，很容易出现激光束偏离目标的情况，进而会导致拦截弹失去制导；②即使目标指示器有能力对目标保持较长时间的激光照射，由于载机发射拦截弹后不能及时脱离，其随后的机动飞行及后续任务的完成都将会受到影响，这与拦截弹采用半主动雷达制

---

① 目前有少量半主动激光制导的反坦克导弹、制导炮弹、炮射导弹可用于打击低空低速飞行的直升机甚至固定翼飞机，此外有个别型号的防空导弹也采用了半主动激光制导，例如2002年珠海航展上首次露面的国产“前卫”-3便携式防空导弹。

导时的情形比较类似。

尽管这样，随着时代的发展和科技的进步，半主动激光制导弹药用于军机主动防护时面临的上述问题正在逐步得到缓解，今后发展供机载 APS 专用的半主动激光制导拦截弹也不再是可望而不可及的事了。一方面，目前机载定向红外对抗系统所达到的性能水平表明，现代高性能机载“捕获、跟踪与瞄准”(ATP)设备已经完全有能力对来袭对空导弹这类高速高机动小目标实施精确跟踪，甚至可以瞄准目标的特定部位(导引头)并引导激光干扰波束对其进行一定时间的照射，这类技术完全可用于今后的机载 APS；另一方面，对于半主动激光制导弹药飞抵目标附近所需时间过长，进而会增大激光目标指示器工作难度的问题，今后可以通过多种技战术措施来予以解决：①适当提高拦截弹末段飞行速度(如为无动力装置的炮弹、榴弹加装增速发动机)，以压缩其飞抵目标附近所需时间，进而减少激光照射时间；②通过改进目标跟踪算法等手段，待拦截弹飞抵距离目标尽可能近的位置后才启动激光目标指示器，从而减少激光照射时间；③拦截弹采用复合制导技术，由其他制导方式提供初段、中段制导，只是在最末段才使用半主动激光制导；④将半主动激光导引头与红外成像、毫米波雷达等制导方式相结合，形成双模甚至多模制导，即使半主动激光导引头中途失效，拦截弹也不至于丧失制导能力；⑤利用半主动激光制导体制下，一部激光目标指示器可以同时为多枚弹药提供照射的特点，对来袭目标齐射/连射多枚拦截弹，即使有部分拦截弹中途丢失目标，其余的也能继续执行任务。

此外值得指出的是，对于今后的机载 APS 来说，当其采用半主动激光制导拦截弹时，还将具有一个独特的优点：由于激光照射与拦截弹发射可以不是同一架军机，相当于实现了 A 射 B 导，战时将非常有利于编队内各机之间互相掩护，协同抗击来袭的敌方对空弹药。因此总的来看，在现代技术条件下，提高半主动激光制导弹药打击高速高机动目标的能力，进而使其承担军机反导自卫任务，不仅完全具备现实可行性，在部分场合下还将具有较高的效费比，因而对各国军方和工业界具有相当的吸引力。早在 20 世纪 90 年代中后期，美国空军就曾实施过一项名为“炮管发射自适应弹药”(BLAM)的演示验证项目，对利用半主动激光制导航炮炮弹打击来袭飞机、导弹等空中目标进行了研究探索。

2）弹载主动激光导引头

主动激光导引头又称激光雷达导引头，它是将激光源和导引头集成在同一弹体上，因此弹药发射后能主动寻找目标。在对目标实施攻击时，弹药将会对目标主动发射激光束，再由导引头中的接收装置接收目标反射回来的激光回波信号，随后经过处理形成控制指令，使自身飞向目标。

与半主动激光导引头相比，主动激光导引头除了同样具备制导精度高、抗电磁干扰能力强等特性外，其最大优点就是弹上自带有激光源，由此可以实现拦截弹“发射后不管”，载机发射拦截弹后即可迅速脱离，无须使用机载激光目标指示器继续照射目标，进而可有效提高拦截弹的战术使用灵活性和载机的战场安全性。此外，主动激光导引头还普遍具有很强的目标识别能力，部分具备成像功能的主动激光导引头还可以通过生成目标的三维图像来对其进行精确识别，由此可有效提高导引头在各种复杂战场环境下对来袭目标的跟踪精度，甚至可以选择目标的要害部位(例如导引头)实施高精度打击，这对今后机载 APS 的研制、使用带来的好处非常明显：拦截弹将可以采用更加小型/轻量化的战斗部，甚至可以彻底取消战斗部而采用撞击杀伤方式，从而有效缩减拦截弹的体积重量，同时减少甚至避免反导自卫作战过程中破片/残骸对本机(或友机)的损伤。

主动激光导引头的上述性能特点，使其在军机主动防护领域具有广阔的应用前景，非常适合用于反导拦截弹的末制导。但考虑到主动激光导引头将不可避免地会存在作用距离较近、全天候工作能力较差、快速捕获目标能力受限等激光雷达传感器固有的通病，今后对主动激光制导更有效的应用方式是将其与红外成像、毫米波雷达等制导方式相结合，形成双模/多模复合导引头，以实现各种制导方式的优势互补，进而提升拦截弹对各种复杂战场环境的适应能力。例如，目前美国已经在研究供对空导弹使用的红外成像/激光雷达双模、半主动激光/激光雷达双模甚至射频/红外/激光三模导引头，这类技术同样可以用于今后的机载 APS 拦截弹。

不过，由于主动激光导引头相关技术还远没发展成熟，尤其是弹载电源系统的小型化问题迟迟得不到解决，迄今为止世界范围内尚未见到有任何类型的主动激光制导弹药投入实际使用，要将主动激光制导技术用于军机主动防护领域，无疑还有相当长的路要走。

5.3　被动雷达/激光探测设备

这类设备可以通过探测敌方目标(导弹、各种作战平台等)主动、有意发出的电磁波辐射，来向己方提供威胁告警，同时获取辐射源(目标)的技术参数。根据工作频段的不同，这类设备可分为被动雷达探测和被动激光探测两种类型。与上面介绍的主动雷达/激光探测设备相比，被动雷达/激光探测设备在工作过程中不会辐射任何电磁波，因此不会破坏载机的隐蔽性，这样的性能特点在现代战场上非常具有现实意义。在今后的机载 APS 中，被动雷达/激光探测设备既可安装在载机上作为威胁告警和目标探测跟踪传感器，又可安装在拦截弹上用于其导引头。根据相关领域的技术发展水平以及载机平台的不同配置情况，今后军机 APS 中的机载雷达/激光动探测设备和被动雷达/激光制导拦截弹既可以全新研制，也可以由机上现有的雷达/激光告警接收机和被动雷达/激光制导空空导弹兼任。

5.3.1 被动雷达探测设备

由于世界各国现役的面空/空空武器系统普遍使用雷达作为基本的任务传感器①，其对空作战大都需要各种雷达设备的参与协助，由后者提供警戒侦察、目标指示、测距或制导，因此战场上的军机一旦遭到雷达辐射源的照射，往往意味着敌方对空弹药也即将发射甚至已经发射，被动雷达探测设备也因此在军机主动防护领域有了用武之地。在今后的机载 APS 中，被动雷达探测设备不仅可用于威胁告警，还可用来为反导拦截武器发射提供目标指示，或者直接用于拦截弹的导引头。

1. 机载被动雷达探测设备

目前军机上配装的被动雷达探测设备主要是雷达告警接收机(RWR，图 5－11),它是现代军机上最基本的电子战装备，可通过被动测量和分析照射到载机上的雷达信号(这些信号可来自地面、舰载和机载雷达或者主动雷达制导导弹)，向飞行员提示辐射源的方位、类型、工作状态和威胁程度等信息。

对于今后配装有 APS 的军机来说，借助机上的被动雷达探测设备，可以在敌方对空弹药发射之前，对与其关联的雷达照射设备进行探测告警，并尽可能精确地指示这些辐射源的方位，让机上人员和机载 APS 及早做好准备，对该空域保持重点关注，这对后续的反导自卫作战将非常有帮助。即使敌方对空弹药已经发射升空，机载被动雷达探测设备仍可发挥重大作用：如果来袭的是需要中段制导的中远程对空导弹，由于其飞行途中需要接收己方(军机、舰艇、地面平台等)传送来的目标修正指令，机载被动雷达探测设备将可通过探测这些电磁波信号，来为载机提供告警；如果来袭的是主动雷达制导对空导弹，机载被动雷达探测设备则可在来袭导弹进入末制导阶段、雷达导引头开机后，利用其导引头发射的雷达波“追根溯源”，捕获、跟踪来袭导弹并引导拦截武器对其实施摧毁。

在机载雷达告警接收机面世的初期，由于受当时技术水平的限制，其性能

① 高射机枪、便携式防空导弹等少数完全靠目视、红外等被动探测手段发射的对空武器除外。

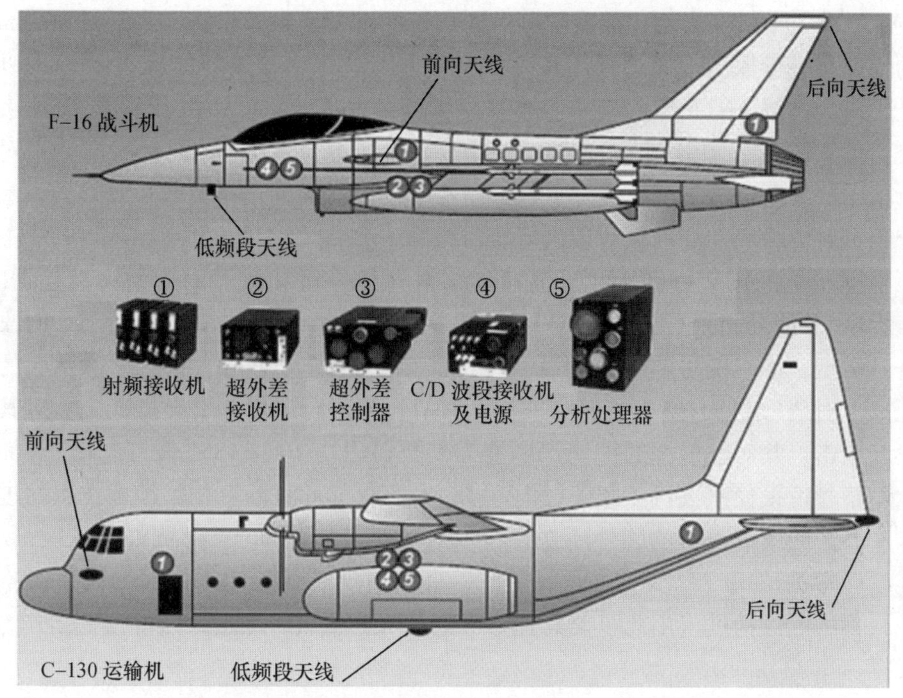

图 5 - 11　美国 AN/ALR - 56M 雷达告警接收机的系统组成及其在载机上的典型安装位置
（图片来源：北大西洋公约组织研究及技术组织）

普遍较为原始，只能对雷达信号进行粗略测向和识别，但随着相关领域技术的发展和军机航电系统的日益综合化，这类设备逐渐融入到机载综合电子战系统中，不仅灵敏度较先前有了成倍提高，而且具备了精确测向和单机/多机无源定位能力，同时还能对信号进行精确识别，甚至可以直接提供武器发射所需的火控数据。例如，法国"阵风"战斗机所配装的"频谱"综合电子战系统就集成有先进的雷达告警接收/测量设备，其对辐射源的测向精度可达到低于 1°的水平，足以为空地反辐射武器提供目标指示；美国空军 21 世纪初实施的"先进战术瞄准技术"（AT3）概念演示项目中，使用配备有 AN/ALR - 69A（V）雷达告警接收机的多架飞机，成功验证了对敌方防空雷达进行网络无源定位的能力，其精度水平优于 50m，已能满足反辐射导弹发射的要求；2017 年 2 月，美国雷神公司进一步完成了基于 AN/ALR - 69A（V）雷达告警接收机的单机无源地理空间定位演示试验，初步验证了通过此途径为载机提供地面威胁精确位置信息或空中威胁精确方位信息的能力。

随着技术的进一步发展，目前国外第五代战斗机机载综合电子战系统中的电子支援/侦察设备的性能又有了新的提升。以美国 F - 22 战斗机上配装的

AN/ALR－94 系统为例，该系统可对周边 360°球形空域范围内距离超过 460km 的辐射源进行探测；通过采用长基线干涉测量技术，该系统能够在 185km 以上距离为机载 AN/APG－77 火控雷达提供目标方位指示，让后者采用“窄波束交错搜索跟踪”(NBILST)工作模式，以 2°×2°(方位×俯仰)的针状窄波束对所指示的方向进行扫描，在降低被截获概率的同时提高搜索效率；此外，该系统还可对威胁级别高的辐射源进行实时跟踪，并将测向结果作为 AIM－120 中距空空导弹、AGM－88“哈姆”高速反辐射导弹等机载武器的初始火控数据。美国F－35战斗机所配装的 AN/ASQ－239“梭鱼”系统则是 AN/ALR－94 的改进升级型，该系统对辐射源的有效探测距离超过了 480km，可在约 217km 的距离上对地(水)面/空中辐射源进行更加精确的测向定位并引导机载武器对其发起攻击，其对辐射源的探测识别能力甚至可以与 RC－135“铆钉连接”这类大型信号情报侦察飞机相媲美(图 5－12)。不仅如此，随着相关领域技术的进步和算法的改进，目前国外还在探讨通过单机特殊机动飞行(例如正弦波形/连续转弯机动)、双/多机协同等手段，来进一步提高被动雷达探测设备对空中目标的定位精度，由此可使其在军机主动防护领域的应用潜力得到更充分的发挥。

图 5－12　美国 F－35 战斗机所配装的 AN/ASQ－239 综合电子战系统的系统组成
(图片来源：格雷格·莱蒙斯 | 美国洛克希德·马丁公司)

正是在这样的先进能力支撑下，让机载被动雷达探测设备像上面所设想的那样，除了继续承担传统的威胁告警任务外，还直接用来对来袭的主动雷达制导对空导弹实施探测跟踪，进而为反导拦截武器提供目标指示，在技术上已经越来越具有可行性。尽管对空导弹不同于其他地(水)面/空中辐射源，具有高速、高机动、弱信号特征等特点，由此会在一定程度上增大被动雷达探测设备的工作难度，但考虑到对空导弹与飞机目标不一样，当进入末制导阶段后其飞行速度/方向通常比较恒定(朝本机飞来)，这期间不太可能再做较剧烈的机动飞行，同时其末制导雷达将会持续工作并且波束指向不会发生大的改变，这些特点都有利于机载被动雷达探测设备对其进行较精确的测向、定位，进而引导反导拦截武器对其实施拦截。在此基础上，如果能通过其他技术手段获取更精确的目标信息作为补充(目前美国 F－35 战斗机上的 AN/ASQ－239 系统已经实现了与机载有源相控阵雷达/光电传感器的高度融合)反导拦截武器的作战效能还将会进一步提高。

2. 弹载被动雷达导引头

被动雷达探测设备除了可安装在军机上作为机载 APS 的任务传感器使用外，还可以将其直接用于 APS 拦截弹的导引系统，进而发展出被动雷达导引头。

与前面介绍的主动/半主动雷达导引头不同，被动雷达导引头是通过接收和跟踪目标发射的电磁波，经过处理后形成制导信号并控制导弹飞向目标，这使得其非常适合用来拦截来袭的主动雷达制导对空导弹：当来袭导弹进入末制导阶段、主动雷达导引头开机后，被动雷达制导的 APS 拦截弹将可以利用其发射的雷达波“顺藤摸瓜”，捕获到来袭目标并将其拦截摧毁。而主动雷达制导对空导弹自身的一些弱点，也使得此种反导自卫手段变得更加现实可行：主动雷达制导对空导弹一旦进入末制导阶段，将需要使用导引头持续照射、跟踪目标，这期间既不可能像地面/舰载雷达那样通过临时关机、机动转移、有源诱饵甚至火力拦截等措施来对抗反辐射导弹攻击，也难以像部分主动雷达制导反舰/空地导弹那样通过掠海/地飞行、蛇形机动、伴飞诱饵、弹载有源干扰机等手段来增大对方拦截的难度，这对前来拦截的被动雷达制导 APS 拦截弹来说无疑非常有利。

不仅如此，当机载 APS 拦截弹采用被动雷达制导方式时，还将具有以下一些突出优点：①导引头工作时不会辐射电磁波，载机在实施反导自卫作战的过程中，不会破坏自身的隐蔽性；②不同于主动雷达探测时回波强度与目标距离的四次方成反比，被动雷达导引头接收信号的强度是与目标距离的平方成反比，因而作用距离较远；③可使拦截弹具备“发射后不管”能力，载机发射后即可机动或脱离；④导引系统的结构组成较为简单，有助于缩减拦截弹的体积重量。尽管被动雷达导引头在对付对空导弹这类高速高机动小目标时，将不可避免地会存在制导精度不足的问题，但国外先进空面反辐射导弹的研发经验表明，这样的问题完全可以通过将被动雷达制导与其他精度更高的制导方式（毫米波主动雷达、红外成像等）相结合，形成双模甚至多模制导的方式来予以解决。

考虑到主动雷达制导已逐渐成为现代中远程面空/空空导弹的主要末制导方式，被动雷达导引头的上述性能特点，将使其在军机主动防护领域的应用前景非常广阔，可以发挥其他种类导引头难以替代的作用。此外值得指出的是，今后的被动雷达制导 APS 拦截弹尽管以主动雷达制导对空导弹为主要作战对象，但对采用半主动雷达、雷达波束、无线电指令等制导方式的对空导弹也将具备一定的抗击能力，因为这类对空导弹尽管弹体上没有安装雷达发射机、导致被动雷达导引头难以直接对导弹本身进行捕获跟踪，但拦截弹将可以通过对这类导弹系统中的地面/舰载/机载制导雷达（或指令发射机）实施打击、压制，使飞行中的导弹失去控制，从而间接实现对来袭导弹的“拦截”。

在目前世界上，尽管对空导采用被动雷达制导方式的机载 APS 拦截弹尚未出现，但是部分现役空空/空面导弹已经在不同程度上具备了这方面的潜力：欧洲“流星”中远距空空导弹的主动雷达导引头工作在跟踪干扰源模式时，具有一定的锁定、跟踪来袭主动雷达制导对空导弹的能力；俄罗斯 R－27（AA－10）系列中距空空导弹中有专门的反辐射型 R－27P、R－27EP，二者均用被动雷达导引头取代了原来的半主动雷达导引头，可用来打击空中预警机、电子干扰机等目标（图 5－13）；美国 AGM－88“哈姆”、AGM－122“赛德阿姆”和 AIM－92“防空压制导弹”等反辐射导弹尽管主要用于空面作战，但它们均具有一定的打击强辐射源空中目标的能力[①]，其中后两者本身就是由 AIM－9C 近距格斗空空导弹和 AIM－92“毒刺”轻型空空导弹[②]改进而来。今后随着技术的进步，要在这类导弹基础上改型发展被动雷达制导的机载 APS 反导拦截弹，将并不存在难以克服的困难。

此外，目前美国及其盟国海军已经大量装备，主要用来拦截来袭反舰导弹的“拉姆”舰空导弹也非常值得关注。该弹采用了被动雷达/红外成像双模制导[③]，发射后将首先使用被动雷达导引头，利用来袭导弹主动雷达导引头发出的雷达波信号接近目标，一旦目标进入弹上红外成像导引头的有效作用范围内，再由后者接替完成末段制导，直至命中目标（图 5－14）。显然，从目标特

① 在 1991 年海湾战争中，曾发生过美军 F－4G 战斗机发射的 AGM－88 导弹锁定己方 B－52G 轰炸机的尾炮火控雷达并将该机击伤的事故。

② AIM－92 是由 FIM－92“毒刺”便携式防空导弹改型发展而来的一种轻型空空导弹，可配装多型直升机和无人机。

③ “拉姆”导弹的后续改型在制导系统方面有进一步改进，制导方式也有所变化。

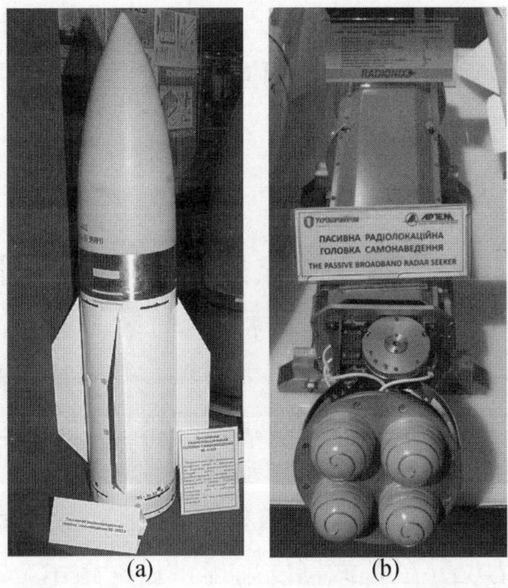

图 5 – 13　俄罗斯 R – 27P/EP 中距空空导弹所采用的被动雷达导引头
（图片来源：missiles. ru；diana – mihailova. livejournal. com）

(a)由俄罗斯阿布托马季卡设计局研制并在 2005 年莫斯科航展上首次公开展示的 9B – 1032E 被动雷达导引头外形；

(b)由乌克兰阿尔乔姆/无线电信号公司研制并在 2018 年“军备及安全”展会上首次公开展示的新型被动雷达导引头内部结构。

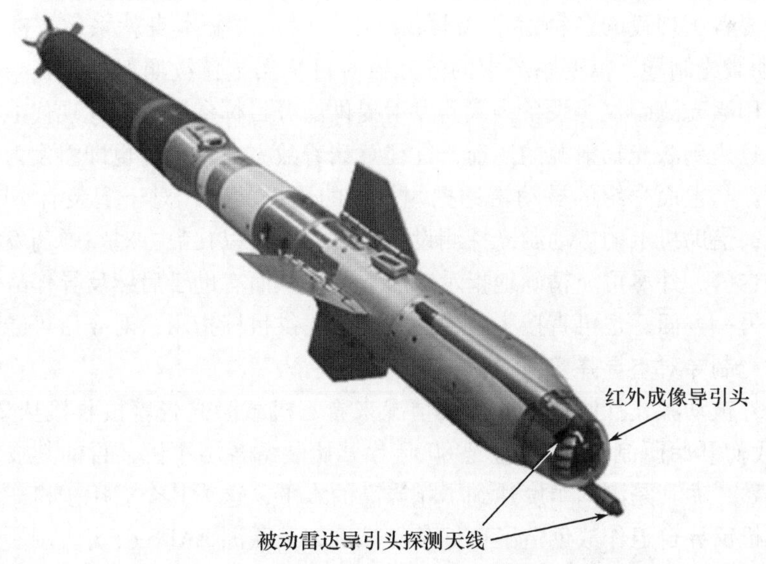

图 5 – 14　美国“拉姆”近程舰空导弹采用的被动雷达/红外成像双模导引头
（图片来源：美国雷神公司）

性、制导模式、作战流程等方面来看，“拉姆”与今后拟用于机载 APS 的被动雷达制导反导拦截弹有诸多相似甚至相同之处，其成功经验可在很大程度上供后者参考借鉴。

5.3.2 被动激光探测设备

在世界各国现役的各种对空武器系统中，除了部分本身就采用了激光驾束/半主动激光制导、需要激光器对目标实施持续照射外，其余系统也大量使用激光测距仪等设备为武器发射提供部分目标参数，因此现代战场上的军机一旦遭到激光辐射源的照射，往往意味着敌方对空弹药也即将发射甚至已经发射，被动激光探测设备也因此在军机主动防护领域有了用武之地。与上面介绍的被动雷达探测设备类似，在今后的机载 APS 中，被动激光探测设备不仅可用于威胁告警，还可为反导拦截武器发射提供目标指示，或者直接用于拦截弹的导引头，以对付今后可能出现的主动激光制导对空导弹。

1. 机载被动激光探测设备

目前军机上的被动激光探测设备主要是指激光告警接收机(LWR)，其功能与雷达告警接收机类似，但处理对象是敌方发射来的激光威胁信号。这些激光威胁信号可以来自激光测距仪、激光目标指示器和激光雷达，也可以来自激光致盲武器乃至今后的主动激光制导(激光雷达制导)导弹。

在世界各国现役的各种对空武器系统中，除了部分本身就采用了激光驾束/半主动激光制导，需要系统中的激光器对目标实施持续照射外，其余系统也大量使用激光测距仪等设备为武器发射提供部分目标参数，因此现代战场上的军机一旦遭到激光辐射源的照射，往往意味着敌方对空弹药也即将发射甚至已经发射。与上面介绍的被动雷达探测设备的用途类似，对于配装有 APS 的军机来说，借助机上的被动激光探测设备，一方面可以在敌方对空弹药发射前进行威胁告警，并尽可能精确地指示威胁方位，从而有助于后续反导作战的顺利实施；另一方面，也可直接为反导拦截武器提供目标指示，对今后可能出现的主动激光制导对空导弹实施拦截。

从国外被动激光探测技术的发展情况来看，机载激光告警接收机从 20 世纪 70 年代初开始研制，到 20 世纪 80 年代开始装备各国军机，目前其技术已经相当成熟，尤其是测向精度达到了相当高的水平，这为其今后用于机载 APS 并参加军机反导自卫作战创造了良好条件。例如，欧洲 EADS 公司研制、配装于多型固定翼飞机/直升机的“先进激光威胁告警系统”可同时对四个激光威胁源进行探测、跟踪和定位，其到达角精度达到 2°；目前美军直升机大量装备的 AN/AVR－2A/B(V)激光告警设备(图 5－15)则可与 AN/APR－39 雷达告警接收机配合使用，为载机提供激光/雷达威胁综合告警，其改进型AN/AVR－2X通过加装红外摄像仪等探测设备，还具备了“敌方火力指示”(HFI)能力，可对包括RPG在内的敌方轻武器发射点进行准确的地理定位。

图5－15　美国MH－47G直升机配装的AN/AVR－2A(V)激光告警接收机
(图片来源：美国波音公司；wiki. scramble. nl)

目前国外正在研制的新一代机载激光告警系统，其性能将会在现役同类设备基础上进一步提升：工作波段将会得到显著扩展，灵敏度、多目标处理能力等指标将会全面提高，尤其是测向精度将会普遍达到1°甚至更高的水平，由此可以更加高效地完成威胁告警任务。从长远看，由于激光的工作波长更短，在同等技术条件下，被动激光探测设备的测向精度完全有能力达到比被动雷达测向更高的水平，这将有助于战时对激光威胁源位置进行更加精确的测定，进而为己方机载武器提供目标指示。例如，加拿大埃赛力达技术公司推出的“高角分辨率激光探测器”(HARLID)系列装置，可用于各种机/车/舰载或单兵携带的激光告警系统，其中的HARLID－362在水平和俯仰方向的到达角精度均可达0.8°，已足以支持己方火力对激光辐射源实施反击；而美国AIL系统公司在20世纪90年代初研制的“高精度激光告警接收机”(HALWR)和“离轴激光定位系统”(FOALLS)，具备同时定位和显示三个激光威胁源的能力，其测量到达角均接近1mrad(0.06°)，这样的精度完全足以为今后己方各种武器提供目标指示。

考虑到主动激光制导对空导弹在进入末制导阶段后，也同样具备前面所介绍的主动雷达制导对空导弹的部分特点，再加上主动激光导引头不同于激光测距仪、激光目标指示器等装置的工作特性，具备上述性能的高精度机载被动激光探测设备除了可用来探测带有激光辐射源的敌方作战平台外，还将有能力捕获、跟踪来袭的主动激光制导对空导弹并获取较精确的目标信息，进而引导反导拦截武器对其实施拦截。尽管由于工作波长和激光大气传输过程中衰减的原因，机载被动激光探测设备的作用距离通常比较近，远不如被动雷达探测设备，但是对于主要在近距离/超近距离上进行的军机反导自卫作战来说已经基本够用。

2. 弹载被动激光导引头

与被动雷达探测设备一样，被动激光探测设备除了可安装在军机上作为机载 APS 的任务传感器使用外，还可以将其直接用于拦截弹的末制导，由此可以发展出被动激光导引头和被动激光制导拦截弹，用以对付今后可能出现的主动激光(激光雷达)制导对空导弹。

从主动激光导引头的工作特性来看，今后使用被动激光制导拦截弹对配装有这类导引头的对空导弹实施拦截摧毁，技术上是切实可行的。因为主动激光导引头与目前常见的激光测距仪、激光目标指示器等激光发射装置不同，后者发射的激光普遍具有方向性好、发散角小、能量集中等特点，即使传输相当长的距离后，其波束仍很窄，远小于传统微波雷达的波束宽度，以致于很难被被动激光导引头截获、跟踪；而主动激光导引头的工作原理与目前主动雷达制导对空导弹上的主动雷达导引头基本相同，相当于一部功能完整的激光雷达，其发射的激光需要有一定的波束宽度，才能保证足够的扫描效率，这就为被动激光导引头接收、跟踪其发射的激光束提供了契机，今后的被动激光制导拦截弹将可以顺着其发射的激光波束“顺藤摸瓜”，捕获到来袭导弹并将其摧毁。不过，主动激光导引头发射的激光波束仍较传统微波雷达波束更窄，由此会增加被动激光导引头的截获、跟踪难度，同时今后的主动激光制导对空导弹还很可能会采用结合有其他制导方式的双模甚至多模导引头，其主动激光导引头有时会呈关闭状态，进而也会影响到被动激光导引头对目标的捕获跟踪。因此，今后用于机载 APS 拦截弹的被动激光导引头通常还应与红外成像、毫米波雷达等制导技术相结合，形成多模复合制导，以弥补单一被动制导的先天不足，确保拦截弹在实战中对来袭目标的拦截成功率。

5.4 被动红外/紫外探测设备

这类设备同样是通过被动探测方式，向己方提供威胁告警并获取辐射源的技术参数，但它们探测的电磁波辐射是目标(敌方导弹、各类作战平台等)被动、无意中发出的。根据工作频段的不同，这类设备可以分为红外探测和紫外探测两种类型。与上面介绍的雷达/被动激光探测设备一样，红外/紫外探测设备在工作过程中也不会辐射任何电磁波，因而同样具有战场隐蔽性好的突出优点。不仅如此，红外/紫外探测设备由于工作波长较短，还普遍具有探测跟踪精度高的特点。在今后的机载 APS 中，红外/紫外探测设备既可安装在载机上作为威胁告警和目标探测跟踪传感器，又可安装在拦截弹上用于其导引头。根据相关领域的技术发展水平以及载机平台的不同配置情况，今后军机 APS 中的机载红外/紫外探测设备和红外/紫外制导拦截弹既可以全新研制，也可以由机上现有的红外/紫外探测设备和红外/紫外制导空空导弹兼任。

5.4.1　被动红外探测设备

红外探测设备是通过接收目标发出的红外辐射能量，来获取目标的相关信息。由于战场上的各种武器装备均不可避免地会产生不同程度的红外辐射，尤其是飞机、导弹这类经常处于高速高机动飞行状态的空中目标，即使不考虑其发动机工作期间产生的强烈红外辐射，其高速飞行时蒙皮气动加热以及机/弹体对阳光的反射/吸收所生成的红外辐射也足以被现代高性能红外传感器捕获，再加上与地(水)面战场环境相比，天空中除了太阳以外，再没有较强的红外辐射物体，整个背景较为“简单干净”，也非常便于红外传感器对空中目标的探测跟踪，因此红外探测设备在军机主动防护领域具有广阔的应用前景。在今后的机载 APS 中，红外探测设备不仅可用于威胁告警，还可用来为反导拦截武器发射提供目标指示，或者直接用于拦截弹的导引头。

1. 机载红外探测设备

红外探测技术在军机上的应用可追溯至 20 世纪 50 年代，经过数十年的研究开发和实战使用，红外探测器技术已经由早期的点源探测发展到目前的成像探测，工作波段也由单色红外、双色红外发展到多光谱、超光谱，在作用距离、灵敏度、角分辨率等方面均有了质的提升，目前这类设备在世界各国军机(尤其一线作战飞机)上已经逐渐成为标准配置，广泛用于对来袭空中目标的探测跟踪。从目前世界主要国家现役及在研军机的机载设备配置情况来看，现代军机上具备探测跟踪来袭弹药能力的红外探测设备主要包括红外搜索跟踪系统(IRST)、导弹来袭红外告警系统(IR MAWS，以下均称红外告警系统)和光电分布式孔径系统(EODAS)三大类，它们在军机反导自卫作战领域均具有良好的应用前景。

对于现役军机上的红外搜索跟踪系统来说，尽管按照其设计初衷，它们主要用于对飞机类目标的探测，但是随着技术的进步，目前这类设备普遍不同程度地具备有探测跟踪来袭对空导弹的能力。例如，俄罗斯苏 -27 系列战斗机所配装的 OEPS－27“光电观瞄系统”(EOSS)除了可发现 40～100km 外的战斗机目标外，对高速来袭的空空导弹的探测距离也达到了 25～55km，其后续型号 OLS－35(配装苏－35 战斗机)的这两型指标则分别提高到了 100～150km、50～100km①；此外，欧洲“台风”战斗机所配装的“被动红外机载跟踪设备”(PIRATE，图 5－16)和法国“阵风”战斗机所配装的“前扇区光学”(OSF)系统也均拥有一定的来袭导弹探测告警能力，其中 PIRATE 还设有专门的导弹来袭告警工作模式。

图 5－16　欧洲“台风”战斗机配装的 PIRATE 及其多目标跟踪工作模式
(图片来源：法国泰雷兹集团；意大利莱昂纳多公司)

与红外搜索跟踪系统相比，红外告警系统是一种专门的导弹来袭告警设备，它可快速探测、识别来袭对空导弹并提供其方位、威胁程度等信息。机载红外告警系统自 20 世纪 50 年代中期问世，到 90 年代后期逐渐成熟，已历经多代发展并大量装备各国军机。目前以美国 AN/AAR－44/56/58、法国 SAMIR/DDM、以色列 PAWS 为代表的西方国家最新一代红外告警系统普遍采用了先进的信号处理、红外凝视焦平面阵列传感器、双色红外探测等技术，结合更加成熟完善的导弹探测算法，在全面提升系统灵敏度、多目标处理能力、探测距离(最远可达 10～20km)和方位分辨率(最高可达微弧度量级)等性能的同时，还有效抑制了传统红外告警系统虚警率较高这一固有性能缺陷。在这些型别的机载红外告警系统中，由美国洛克希德·马丁公司研制，配装于 F－22

① 数据来自文献[80]，估计是对较大型战斗机/空空导弹的探测跟踪距离。

战斗机的 AN/AAR－56“导弹发射探测器”(MLD，图 5－17)尤其值得关注：该系统采用 6 个高分辨率的红外凝视焦平面阵列传感器，并在载机机身四周相应位置布设了 6 个埋入式窗口，探测范围可实现机体周围 360°球形空域内全向覆盖，其结构布局和部分性能已接近后来出现的光电分布式孔径系统。除西方国家外，俄罗斯部分先进军机配装的红外告警设备也达到了很高的性能水平，尤其是对来袭对空导弹的探测识别距离较先前大幅提高。例如，苏－35 战斗机上的 SOER 红外告警系统采用了与美国 AN/AAR－56 类似的布置形式，其对便携式防空导弹、空空导弹、较大型防空导弹的识别距离分别可达 10、30、50km①。

图 5－17　美国 F－22 战斗机配装的 AN/AAR－56 导弹来袭红外告警系统
(图片来源：美国洛克希德·马丁公司；af. mil)

光电分布式孔径系统作为一种在第五代战斗机上首次出现的高性能红外探测设备，反映了机载红外探测技术发展的最新成果，它借助先进航电体系架构尤其是高速大容量数据处理器的支持，将多个高性能红外传感器布设在载机机身四周的不同部位，在使系统探测跟踪能力大幅提升的同时，还可以最大程度地消除观察死角、扩展视野，从而极大地改善载机的战场态势感知能力。美国 F－35 战斗机配装的 AN/AAQ－37 是世界第一种投入使用的光电分布式孔径系统，该系统通过 6 个被埋设在机身四周不同部位的紧凑轻量型高灵敏度红外传感器(采用 1024×1024 元红外凝视焦平面阵列)，可实现 360°球形空域范围内的无盲区探测，使飞行员能够“看透”座舱底部和侧部，获得一个围绕飞机机身的全景视野并呈现在其头盔显示器中(图 5－18)。与传统的红外告警系统

① 数据来自文献[73]。

相比，光电分布式孔径系统不仅功能得到极大拓展(具备战场态势感知、低空辅助导航、战斗损伤评估、武器投放支持等多种功能)，而且对来袭威胁(包括飞机、对空导弹及其他对空弹药)的探测告警能力也得到了巨大提升。在F－35战斗机进行的相关测试中，AN/AAQ－37系统曾发现过约1300km外空中飞行的弹道导弹，也曾同时对多枚处于亚轨道飞行状态的小型火箭进行探测跟踪，还曾对分布在较大范围内正在开火射击的地面武器装备(如各种车载武器、防空高炮、火箭发射装置等)进行搜索定位(图5－19)。

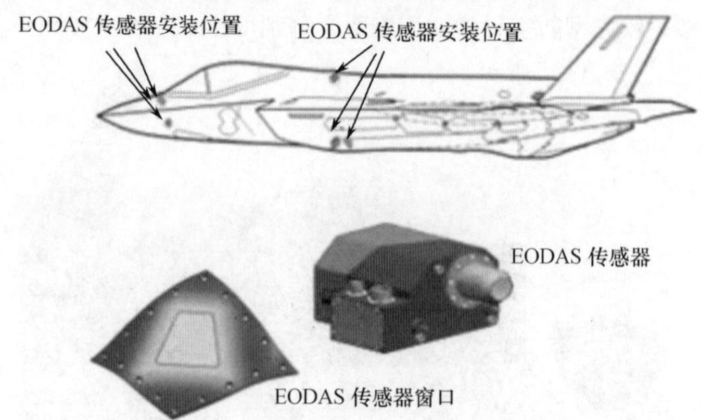

图5－18　美国AN/AAQ－37机载光电分布式孔径系统传感器及其在F－35战斗机上的安装位置
(图片来源：挪威国防部F－35项目办公室)

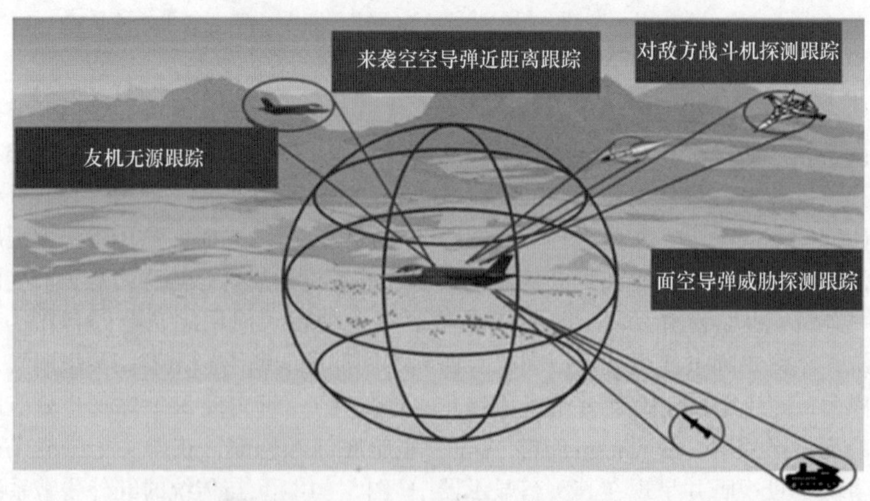

图5－19　美国AN/AAQ－37机载光电分布式孔径系统主要功能示意图
(图片来源：美国国防部F－35战斗机联合项目办公室)

除了上述这些典型的机载红外探测设备外，由于目前先进红外传感器的角分辨率已经达到了非常高的水平，不仅可以对空中目标实施精确跟踪，甚至有能力对来袭对空导弹的特定部位进行精确瞄准，因此这类传感器设备也被机载定向红外对抗系统所采用，用于精确引导干扰光束对来袭的红外制导对空导弹进行致盲。例如，美国和英国合作研制的AN/AAQ－24(V)“复仇女神”定向红外对抗系统就采用了一种256×256元碲镉汞(HgCdTe)红外凝视焦平面阵列精确跟踪传感器，这种传感器具有探测距离远(大于10km)、跟踪精度高(角分辨率达到0.05°)等特点，一旦接收到导弹来袭告警系统传送来的目标(红外制导对空导弹)初始信息，将会接替后者对来袭导弹实施精确跟踪，并引导干扰光束准确射向其红外导引头。

由以上分析可以看出，对于目前技术水平下的机载红外探测设备来说，不仅可对来袭弹药实施可靠有效的探测告警和精确跟踪，而且已经有能力为反导拦截武器的发射提供目标指示，因此无须做大的技术改进，即可直接用于今后的机载APS。事实上，多年来相关各国提出的各种机载APS概念方案中，已经普遍使用军机上现有的导弹来袭红外告警系统作为目标探测或精确跟踪设备。在今后，随着红外探测单机双波段被动测距、双机/多机协同被动定位等技术的日益成熟，机载红外探测设备还将可以获取目标的距离信息，届时其在军机主动防护领域的应用潜力将会得到更加充分的展现。

此外值得指出的是，与本节后面将要介绍的紫外探测设备相比，红外传感器对发动机处于关机状态的来袭弹药也同样具有良好的探测跟踪能力，这对今后军机的反导自卫作战非常具有现实意义，因为目前大部分对空导弹在其弹道末段均处于燃料耗尽、发动机关机的惯性飞行状态，此时紫外探测设备将难以发挥作用。不过，红外传感器设备的最大弱点就是其探测距离受高度和天气的影响，在低空或气象条件不佳时，探测距离会急剧下降，并且红外探测设备无法直接测量目标的距离，战时往往需要与雷达、激光等传感器配合使用，今后的机载APS在配装红外传感器设备时也将会面临这样的问题。

2. 弹载红外导引头

红外导引头又称红外导引系统，是除雷达导引头之外的另一种现代空空导弹常用导引头，它是通过探测目标的红外辐射来获取其位置信息及运动参数，并形成导引信号的装置。与前雷达导引头相比，红外导引头具有制导精度高、可实现发射后不管、不受电磁干扰影响、作战隐蔽性好等突出优点，自20世纪50年代初问世以来就大量用于空空导弹尤其是近距格斗空空导弹上，并成为世界范围内生产数量最多、装备最广、实战战果也最大的一种空空导弹导引头。

经过数十年的发展，空空导弹红外导引头已历经四代的跨越，从单元、多元探测体制发展到焦平面阵列成像探测体制，其作用距离、制导精度、抗干扰性能、区分多目标能力、复杂气象条件下工作能力、全向攻击能力等指标均有了质的提升，除了可有效对付各种高性能军机外，在军机主动防护领的应用潜力也日显突出。如前所述，20 世纪 80 年代以来陆续出现的俄罗斯 R－73①、美国 AIM－9X、德国 IRIS－T 等第四代红外制导近距格斗空空导弹，均已具备一定的反对空导弹能力。尽管红外导引头的作用距离较近②，当其用于机载 APS 拦截弹时，将会在一定程度上影响后者的有效射程，但考虑到军机近距/超近距反导自卫作战本来就对射程要求不高，因此对红外导引头的这一缺点并非不可接受，并且今后有必要的话，红外制导的 APS 拦截弹还可以通过采用复合制导体制（增加初段、中段制导）来大幅扩展射程。尽管红外导引头还存在全天候能力较差的缺点（即使红外成像导引头也只不过具备“准全天候”工作能力），工作时会受太阳、云层、烟尘及其他不良气象条件的干扰，但是考虑到现代军机中除了直升机外，其余机种主要在中高空执行任务，今后反导自卫作战也主要在这一空域进行，由此可以在相当程度上避开不良气象条件对 APS 拦截弹红外导引头的影响。

由于上述原因，加上红外制导导弹还具有弹上设备简单（有助于缩减全弹的体积重量）、对载机火控系统的要求低（无须复杂的机载火控系统配合）、成本费用相对低廉等众多适合用作 APS 拦截弹的性能特点，红外导引头在军机主动防护领域的应用空间将非常广阔，多年来一直受到各国军方和工业界的高度重视。早在 20 世纪 50 年代，美国研制的“派伊 · 瓦克特”反导自卫空空导弹就采用了红外导引头用于末制导。在随后的数十年间，红外制导也一直是相关各国机载 APS 拦截弹方案中选用的主要制导方式之一。例如，苏联（俄罗斯）从 20 世纪 80 年代开始研制的 K－MD 近距格斗/反导自卫空空导弹、英国 20 世纪 90 年代后期推出的“超近距空空导弹”（VSRAAM）、美国 2016 年推出的“动能空中防御”系统拦截弹、欧洲 2019 年推出的“硬杀伤防御辅助系统”（HK－DAS）拦截弹等方案均采用了红外成像制导，或者红外成像与其他制导方式相结合的双模制导。

随着相关领域技术的进步和军事需求的牵引，目前空空导弹红外导引头的性能仍在改进提升中，并呈现出以下发展趋势：①通过双色/多色红外成像，

---

① 由于 R－73 采用的是非成像红外导引头，有部分资料将其列为第三代或准四代近距格斗空空导弹。

② 目前技术条件下空空导弹红外导引头对战斗机一类目标的迎头探测距离为 10km 左右，当面对导弹类目标时这一数字还将会明显下降。

克服单一波段成像体制的不足，进一步提高导引头的探测概率、跟踪精度和抗干扰能力；②与其他制导方式结合，形成红外成像/被动雷达、红外成像/主动毫米雷达等双模甚至多模制导，实现各种制导方式相互取长补短，克服单一制导模式的缺点；③智能化程度不断提高，可实现复杂战场环境下的多传感器信息融合、自动目标检测跟踪、智能目标识别和对抗策略智能学习；④进一步轻小型化，导引头的体积和重量将呈数量级下降，便于安装在小型甚至微型弹药上。可以预见，随着这些发展前景逐步成为现实，空空导弹红外导引头在军机主动防护领域的应用潜力将会得到更加充分的发挥，届时将可在其基础上推出作战效能更高、供机载APS拦截弹专用的高性能红外导引头。事实上，20世纪90年代以来国外出现的部分机载APS拦截弹方案，已经在不同程度上体现出上述动向。例如，上面提到的英国"超近距空空导弹"就采用了红外成像/主动雷达双模制导，美国"动能空中防御"系统拦截弹也在考虑将红外与其他制导方式组合形成双模或多模制导。

5.4.2　被动紫外探测设备

紫外探测设备的工作原理与红外探测设备类似，但其接收的是来自目标发动机尾焰/羽烟中的紫外辐射信号。与红外探测设备相比，紫外探测设备除了同样具备战场隐蔽性好、抗电磁干扰能力强、角分辨率及灵敏度高[①]等特点外，还拥有很多独特的性能优势：不需要扫描和制冷，功耗低，因而设备结构简单，体积小，重量轻，成本低；瞬时视场宽，能够在大范围空域内连续快速地搜索探测目标；紫外告警设备工作在"太阳光谱盲区"波段，使信号检测处理难度下降，因而虚警率低。这样的性能特点，使得紫外探测设备在军机主动防护领域的应用空间也非常广阔。与红外探测设备类似，在今后的机载APS中，紫外探测设备不仅可用于威胁告警，还可用来为反导拦截武器发射提供目标指示，或者直接用于拦截弹的导引头。

1. 机载紫外探测设备

与红外探测设备相比，紫外探测设备在军机上的应用相对较晚，但由于这类设备的性能特点使其非常适合用来对来袭导弹进行探测告警，尤其是对敌方近距离发射的导弹做出快速反应，因此导弹来袭紫外告警系统(UV MAWS，以下均称紫外告警系统)很快就应时而生并在现代军机上得到了广泛使用。自1987年美国洛勒尔公司研制出世界第一种机载紫外告警系统AN/AAR－47(图

---

① 随着探测器件和信号处理等技术的发展，目前的紫外探测设备已经能够检测到极其微弱的紫外信号，其最小探测功率达到10^{-11}mW。

5－20)以来，其技术发展非常迅速，各项性能指标不断提升，告警技术体制也经历了概略型(非成像型)到成像型两代革新。以21世纪初以来美国推出的AN/AAR－54“无源导弹来袭告警系统”(PMAWS)、AN/AAR－57“通用导弹告警系统”(CMWS)、AN/AAR－60(V)2“导弹发射探测系统”－F(MILDS－F，与德国合作研制)等新一代机载紫外告警系统为例，它们均采用4～6个高性能紫外成像探测器，普遍达到了角分辨率不大于1°、告警响应时间小于1s、探测距离不小于5km的性能水平，不仅广泛用于对来袭导弹的探测告警，个别型号还被用作定向红外对抗系统中的任务传感器。在这些型别的紫外告警系统中，由美国诺斯罗普·格鲁曼公司研制，配装于F－16战斗机等军机的AN/AAR－54尤其值得关注：该系统通过采用高灵敏度的紫外传感器，探测距离达到了10km(为普通紫外告警系统的2倍)，对于地面/舰艇发射的近程防空导弹(如便携式防空导弹)和空战中视距内发射的近距空空导弹，基本上可以做到发射即截获；由于采用了先进的分析算法对所探测到的辐射源进行识别，该系统较好地解决了传感器灵敏度提高而导致虚警率上升(尤其容易对地面辐射源产生虚警)的问题，可以快速准确地将所探测到的辐射源区分为“具备威胁性的导弹”“不具备威胁性的导弹”和“杂波干扰”三大类，即使在复杂战场环境下也能可靠有效地对抗各种导弹威胁。

图5－20　美国KC－130J空中加油机配装的AN/AAR－47(V)2紫外告警系统
(图片来源：globalsecurity.org)

从上面所介绍的机载紫外告警系统的性能特点可以看出，这类设备甚至无须做大的改进升级，仅凭其目前所达到的性能水平就足以支持其在今后的军机反导自卫作战中发挥重要作用。与机载红外探测设备一样，在今后的机载APS中，紫外传感器同样适合用作系统的目标探测和精确跟踪分系统：在接收到威胁告警分系统的威胁告警后，对敌方对空弹药可能来袭的重点空域进行快速搜索，以尽快探测到来袭目标；或者对正在逼近本机的来袭弹药保持实时的精确跟踪，并为反导拦截武器提供精确的目标指示。例如，在美国 C/KC－135 飞机“主动空中防御系统”概念方案中，其精确跟踪分系统就采用了一种由 AN/AAR－54 紫外告警系统和 AN/AAR－44 红外告警系统组成的组合式跟踪设备。

不过值得指出的是，机载紫外传感器设备在用于对来袭弹药的探测跟踪时也同样存在一些固有弱点，进而不可避免地会对其在今后机载 APS 中的应用带来一定不利影响。在这些缺点中，除了无法直接测量目标距离这一与红外探测设备相同的问题外，最突出的主要有以下几点：①由于紫外辐射是在来袭弹药的发动机尾焰/羽烟中产生的，因此紫外传感器设备只能对弹上有动力装置，并且动力装置处于工作状态的对空弹药进行探测，对无动力装置或发动机已经关机的对空弹药则无能为力；②由于对空弹药发动机工作时产生的紫外辐射信号普遍较弱（导弹发动机羽烟中的紫外辐射分量通常要比红外辐射分量弱几个数量级），并且在大气中衰减严重，即使采用非常灵敏的信号检测手段，紫外传感器的作用距离也仍相当有限，目前技术条件下一般不超过 10km；③当紫外探测设备的工作环境达到一定高度（约 12000m）后，随着高度的进一步增加，紫外信号的背景噪声将会逐渐增大，紫外传感器的探测效果也将会相应下降，因而紫外探测设备的使用高度通常应限制在 12000m 以下。

针对上述问题，目前技术条件下的有效解决办法就是将紫外传感器与红外、激光等其他传感器设备配合使用，组成综合探测告警系统，以便相互取长补短，充分发挥各种传感器的性能优势，实现对来袭威胁的全天候、全空域、无缝隙探测跟踪。例如，在前述的 AN/AAQ－24（V）“复仇女神”定向红外对抗系统中，就将 AN/AAR－54 紫外告警系统用于对来袭导弹的探测截获，对目标实施精确跟踪并引导干扰光束射向其导引头的任务，则由专门设计的红外跟踪器承担（图5－21）；美国 AN/AAR－47 紫外告警系统在其后续改进中，通过将 AN/AVR－2 激光告警探测器嵌入到紫外传感探头中，构成了 AN/AAR－47（V）2 紫外/激光综合告警系统，更进一步改进的 AN/AAR－47B（V）2 则整合了“敌方火力指示”功能，可对包括 RPG 在内的敌方轻武器发射点进行准确的探测定位。在今后的机载 APS 中，完全可以通过类似的紫外/红外、紫外/激光等组合，来提升系统对来袭导弹的探测告警和精确跟踪能力。

2. 弹载紫外导引头

紫外探测设备除了可安装在军机上作为机载 APS 的任务传感器使用外，还可以将其直接用于 APS 拦截弹的导引系统，进而发展出紫外导引头。

如 3.2 节所述，对于发动机处于工作状态的对空导弹来说，将不可避免地

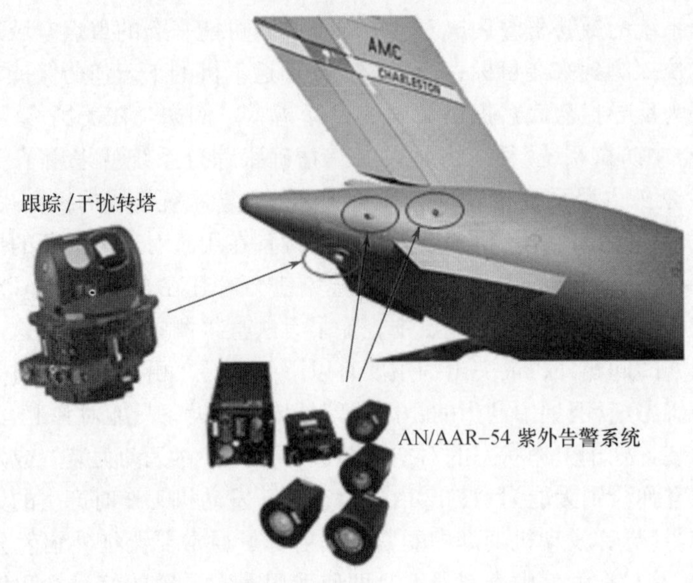

图 5-21　美国 C-17 运输机尾部安装的 AN/AAQ-24(V)“复仇女神”定向红外对抗系统
(图片来源：美国诺斯罗普·格鲁曼公司)

会产生一定的处于“太阳光谱盲区”波段内的紫外辐射，由此会成为紫外导引头的探测跟踪目标；除此之外，由于近地大气中均匀分布着处于“紫外窗口”波段的太阳紫外辐射，对空导弹飞行时将会对其造成遮挡而形成“暗点”，同时导弹弹体还会反射太阳紫外辐射，这些紫外辐射特征也会被先进的紫外导引头探测识别出来。因此紫外导引头在用于 APS 拦截弹的末制导时，将可以发挥其他导引头难以替代的独特作用，尤其有助于机载 APS 抗击今后可能出现的红外/雷达信号特征均大幅缩减的隐身对空导弹。

不过，目前技术条件下紫外导引头除了存在作用距离近、高空性能差等突出缺点外，工作波段在“太阳光谱盲区”的紫外导引头对发动机处于关闭状态的对空导弹将无能为力，工作波段在“紫外窗口”的紫外导引头则难以在夜间使用，因此这类导引头通常不适合独立引导 APS 拦截弹。根据目前部分面空/空空导弹的使用经验，今后的 APS 拦截弹可以将紫外制导与其他制导方式结合起来，形成双模(如美国“毒刺”便携式防空导弹所采用的红外/紫外双模制导)甚至多模制导，从而使各种制导方式互取长补短，有效增强导引头对来袭目标的探测跟踪能力和抗干扰能力。

第 6 章　适用于机载 APS 的反导拦截弹药

军机配装 APS 的目的是用来对来袭弹药实施硬杀伤，以彻底消除其对自身的威胁，这一任务最终要由 APS 中的拦截弹药分系统(以下均称拦截弹)来完成。目前技术条件下可供机载 APS 选用的拦截弹种类很多，并且不同弹种在外形尺寸、结构组成、投射方式等方面差异很大，但对绝大多数 APS 拦截弹来说，弹上均需要安装直接用来毁伤目标的战斗部，后者对拦截弹任务使命的最终完成起着决定性作用。因此在今后的机载 APS 中，需要根据载机平台特性和潜在威胁的不同，为系统选配相应类型的拦截弹和战斗部，才能在有效毁伤来袭弹药，进而为载机提供可靠防护的同时，实现反导自卫作战效费比的最大化。

6.1　可使来袭弹药失效的硬杀伤手段及相应战斗部

与舰载、车载和地面 APS 不同，机载 APS 在进行反导作战的过程中，由于被保护目标(载机平台)普遍具有很强的机动能力①，很多时候并不需要将来袭弹药彻底摧毁，而只需将其适度损伤甚至只需使其偏离正常飞行弹道，即可实现对载机的可靠防护，因此对拦截弹战斗部杀伤威力的要求大大降低，进而使得战斗部类型选择更加灵活多样。国外多年的研究表明，目前技术条件下机载 APS 要达到使来袭弹药毁伤、偏航的目的，可以通过以下多种手段来实现，借此可为拦截弹研制、配装相应的战斗部。由于这些手段是通过致盲导引头、机械拦阻、物理撞击、化学爆炸等途径使来袭弹药永久性失效，其作用机理、毁伤效果均与传统“软杀伤”手段存在明显区别，因此均可列入“硬杀伤”手段之列。

6.1.1　施放特殊化学物质，致盲来袭对空导弹的导引头

本节介绍的“致盲”与目前定向红外对抗系统对来袭红外制导导弹的“致

① 处于空中悬停状态的直升机和地面停放、滑行状态的固定翼飞机/直升机除外。

盲”不一样，它是通过迎头施放特殊化学物质，屏蔽或损伤来袭对空导弹的导引头，使其无法正常接收制导信息而丢失目标。在以这种方式对来袭导弹进行拦截的过程中，通常不会将目标引爆，由此可以有效避免本机(或友机)遭破片/残骸的损伤，这是其相对于其他硬杀伤方式的突出优点。在实际应用中，根据所选用化学物质作用机理的不同，可通过抛撒遮挡物或抛洒腐蚀物两种途径来实现对来袭导弹导引头的致盲。

1. 抛撒遮挡物以屏蔽来袭导弹的导引头

这种致盲方式是通过使用一些对雷达、红外、紫外、激光等电磁波信号具有很强阻隔能力的特殊物质，遮挡来袭对空导弹头部的导引头，使其无法正常接收制导信息而丢失目标。根据所选用物质种类的不同，这些遮挡物在空气环境中可以呈流体状，也可以呈较大面积的软布状，还可以呈较大体积的云雾状，它们均被装填在拦截弹弹体的战斗部舱段中，当其被迎头抛撒向来袭导弹后，将会黏附、覆盖、笼罩在后者导引头的整流罩上，由此可在来袭导弹和被攻击目标之间建立起一道屏障，以阻止前者对后者的捕获追踪，从而达到保护载机的目的(图6-1)。美国导弹与航天情报中心(MSIC)1994年提出的“独眼巨人”机载自防护系统概念方案就采用了这样的思想：通过拦截弹将一定量的致盲物质运送至来袭对空导弹前方适当位置处，再将其抛撒出去并在空中形成一个较大体积的“云团”，一旦来袭导弹进入该“云团”，其导引头将会被致盲物质完全包裹笼罩，以致于无法接收目标信息而陷入迷盲，最终丢失目标。

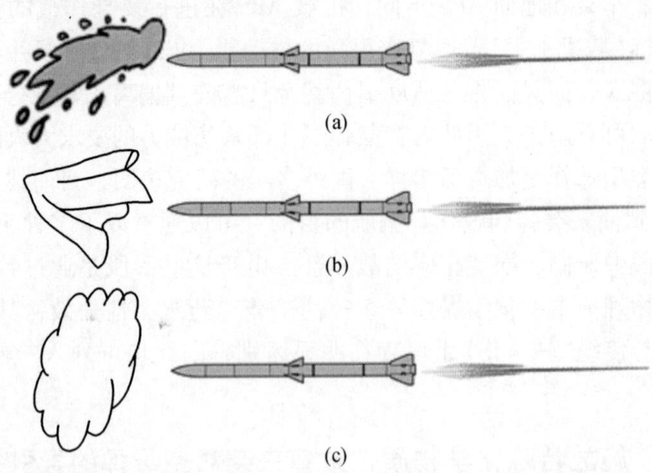

图6-1　抛撒流体状(a)、软布状(b)、云雾状(c)遮挡物以屏蔽来袭导弹导引头

不过，国外的相关研究表明，以这种方式来实现对来袭导弹的致盲，不仅对所用物质的电磁波阻隔性能有很高要求，而且必须将来袭导弹导引头整流罩

表面积相当大的部分遮蔽住才能达到预期效果，这在目前技术条件下实现起来的难度较大。以美国“毒刺”便携式防空导弹为例，由于该弹导引头的灵敏度非常高，可以追踪到非常微弱的红外辐射信号(尤其是在近距离上)，甚至当其整流罩表面积的99.9%被遮蔽后，导引头也仍然有能力捕获到目标①，因此要对这类导弹实施有效的致盲，必须保证能将其导引头整流罩表面积的99.9%以上部分遮蔽住，然而遮挡物在抛撒过程中，由于多种因素的影响，通常难以满足这样的要求。例如，对于流体状遮挡物来说，当其在空气环境中被高速抛洒出去时，往往会在飞行过程中分散凝聚成雾珠状，要在来袭导弹导引头整流罩上形成足够面积和厚度的黏附层并不容易，因此要保证能将来袭导弹导引头整流罩表面积99.9%以上的部分遮蔽住，只能尽量增大遮挡物的携带量，而流体状物质携带过多，将会给拦截弹研制以至载机携带带来很多困难②。当采用软布状遮挡物时，尽管不存在上述问题，但是它除了同样要求覆盖面积必须达到导弹导引头整流罩表面积的99.9%以上外，还需保证遮挡物牢固地覆盖在导引头整流罩上并维持一段时间不脱落，考虑到现代对空导弹导引头整流罩通常近似圆锥或半球状，其表面往往还相当光滑，再加上战时导弹通常处于高速高机动飞行状态下，要想使软布准确覆盖住导引头整流罩并较长时间附着在上面，同样具有相当难度。而对于云雾状遮挡物来说，必须使其在空中发散后形成的“云团”具备足够大的体积和足够高的浓度，才能确保笼罩住来袭导弹的导引头并对其形成有效遮蔽，因而对遮挡物携带量的要求同样较高，并且其效果还会受战场空域温度、湿度、风速等气象条件的影响；更为严重的是，由于“云团”只能将来袭导弹的导引头暂时笼罩住，而不能像流体/软布状遮挡物那样较长时间附着在导引头整流罩上，因此来袭导弹即使被暂时致盲，凭惯性也将会很快飞出“云团”，随后其导引头很可能会再次捕获到目标。

2. 抛洒腐蚀物以损伤来袭导弹的导引头

这种致盲方式是通过使用一些对导弹导引头整流罩材料具有很强腐蚀性的特殊化学物质，腐蚀破坏来袭导弹头部的导引头整流罩，最终使导引头部件受损，导弹无法继续完成制导飞行，或者使导引头接收到的信息失真而影响导弹制导精度，难以正常追踪目标。这类腐蚀物在空气环境中通常呈流体状，平时被装填在拦截弹弹体的战斗部舱段中，当其被迎头抛洒向来袭导弹后，将会黏

① 数据来自文献[8]。

② 美国空军大学下属的空军技术学院研究生院的相关研究结果表明，即使对于“毒刺”这样的小型便携式防空导弹，通常也需要数加仑(1gal≈3.785L)的流体状覆盖物，才能成功地对其导引头进行致盲。

附在后者导引头的整流罩上，并对其进行腐蚀损伤，以阻止来袭导弹对目标的捕获追踪，从而实现保护载机的目的(图 6 – 2)。例如，20 世纪 50 年代后期美国军方在确定 XB – 70 高空高速轰炸机的初步性能需求时，就曾提出过这样一种机载反导自卫武器方案设想：利用多管速射机炮发射内部装填有强腐蚀性化学物质的特制炮弹，对来袭对空导弹实施拦截。

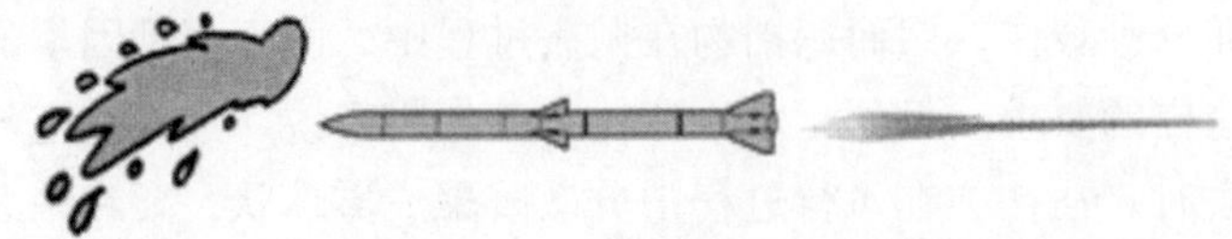

图 6 – 2　抛洒流体状腐蚀物以损伤来袭导弹导引头

与上面介绍的抛撒遮挡物方式相比，此种方式在对来袭导弹实施致盲时，将没必要强求将后者导引头整流罩破坏 99.9% 那么大的面积，通常只需要在整流罩表面局部甚至某处形成一定大小的孔洞，让高速气流进入导引头舱段内部，吹袭、损坏相关零部件，就可达到保护载机的目的，由此可以在相当程度上降低作战难度。尽管这样，国外的相关研究表明，目前技术条件下以这种方式来实现对来袭导弹的致盲，仍会面临很多困难。如 3.2 节所述，现代对空导弹的导引头整流罩通常是由熔融石英陶瓷、蓝宝石、红外玻璃等材料制成，这类材料普遍具备较强的抗腐蚀性能，要对其进行有效的腐蚀破坏，将需要配制具有特殊腐蚀能力的化学物质。即使对于已经具备这样性能的化学物质来说，要实现对来袭导弹导引头整流罩的有效破坏，也需要在后者表面的某处聚集一定厚度，才能确保将该处腐蚀烧穿并形成足够大的孔洞，而这在战场环境下往往很难实现。因为现代对空导弹导引头整流罩通常近似圆锥或半球状，其表面往往还相当光滑，当流体状腐蚀物以非常高的相对速度迎头抛洒过去时，将很容易从整流罩表面“滑”过去，导致实际黏附在上面的腐蚀物数量非常有限，通常只能在整流罩表面局部形成厚度很薄并且分布较为均匀的一层，而很难在某处聚集到足够厚度并对该处进行强有力的腐蚀破坏。此外，与遮挡物对导弹导引头的屏蔽可以在第一时间发生作用不同，腐蚀物对导弹导引头的破坏将需要一定时间，待其将导引头整流罩腐蚀烧穿并形成足够大的孔洞后才能达到预期效果，考虑到军机反导自卫作战通常是在非常近的距离上进行的，此时距来袭导弹命中目标往往只有数秒甚至更短的时间，因此很可能腐蚀物还没来得及对导引头整流罩进行足够破坏，来袭导弹就已经逼近到军机的“安全半径”之内。

3. 致盲导引头方式的应用前景

从长远看，今后战场上机载 APS 要想通过遮挡屏蔽、腐蚀损伤这两种方式对来袭对空导弹实施致盲，除了需要解决上面提到的各种困难外，还将不得不面对现代对空导弹智能化程度日益提高的问题，由此会进一步增大致盲技术实用化的难度。

国外相关研究表明，目前以美国“毒刺”为代表的先进对空导弹已经普遍具有一定的“智能”，战时即使通过遮挡屏蔽或腐蚀损伤方式成功地对这类导弹的导引头实施了致盲，很多时候也仍然无法保证军机的安全。因为对于这类导弹来说，其制导系统通常具有一定的“记忆”甚至“推理”功能，在其飞向目标途中，一旦目标突然丢失，导弹将会参照其制导系统所“记忆”的目标最后时刻位置，对其航路进行预测，然后朝目标最可能出现的方向飞去，由此仍可能会造成目标毁伤。为了避免这样的情况出现，将只能尽量延伸机载APS对来袭导弹的拦截距离，使其不低于某一临界值，以增大来袭导弹制导系统“记忆”/“推理”的误差。该临界值的大小取决于来袭导弹飞行速度/战斗部杀伤半径、目标(载机)外形尺寸/机动性等多种因素，通常远大于同等条件下载机的“安全半径”，由此会增大机载APS的拦截区近界，导致拦截区纵深减小，最终会影响到对来袭导弹的拦截成功率。例如，根据美国空军大学下属的空军技术学院研究人员的计算分析，当C/KC-135飞机“主动空中防御系统”采用致盲方式来防御“毒刺”导弹的攻击时，其拦截区近界(即拦截距离临界值)约为150m；相比之下，若换用其他硬杀伤方式，其拦截区近界通常只受载机“安全半径”的限制，仅为30m左右①。考虑到“毒刺”仅仅是一种小型便携式防空导弹，若防护对象是速度更快、机动性更强、战斗部威力更大、智能化程度也更高的对空导弹，机载APS的拦截区近界还将会进一步增大，以致于给系统作战效能带来难以接受的影响。

由以上分析可以看出，与本节后面将要介绍的其他硬杀伤手段相比，致盲手段实现起来面临的技术难度较大，所获得的防护效能却很不理想，导致其用于军机反导自卫作战时的效费明显偏低，再加上这种方式难以用来对付非制导对空弹药，因此今后的机载APS不宜将其作为主要的反导拦截手段，本书也不再对其做进一步详细研究。

6.1.2　施放柔性拦阻物，使来袭对空弹药偏离正常弹道

以这种方式对来袭弹药进行拦截的基本思想是：在空中沿敌方弹药来袭方向迎头施放面积较大，并且呈柔性结构的拦阻物，二者一旦发生碰撞，拦阻物将会长时间附着在来袭弹药的弹体上并与之一起飞行，从而大幅增加其飞行阻

① 数据来自文献[8]。

力，同时拦阻物还有可能包覆、缠绕甚至损伤来袭弹药的舵/翼面，导致其在弹体基本完整的情况下逐渐偏离正常弹道，最终从空中坠落或到达预定时间后自毁。在以这种方式对来袭弹药进行“硬杀伤”的过程中，所施放的拦阻物不会发生破坏性爆炸，也不会与目标发生猛烈碰撞，因此通常将这种拦截方式称为“柔性拦阻”，所使用的拦阻物则可称为“柔性拦阻物”。后者根据施放后是否需要在内部充填气体，又可以分为充气式和非充气式两大类。

1. 柔性拦阻方式的作战流程及主要特点

对于以柔性拦阻方式拦截来袭弹药的 APS 拦截弹来说，其战斗部即为柔性拦阻物。平时，柔性拦阻物处于压缩、折叠状态，并装填在拦截弹弹体的战斗部舱段中。战时，当拦截弹被发射至预定拦截点后，战斗部舱段将破裂开来，施放出柔性拦阻物并使之迅速向四周伸展或膨胀；随后柔性拦阻物将可以选择两种方式迎击来袭目标：①利用仍处于惯性或动力飞行状态的拦截弹（弹体剩余部分）作为牵引弹，由其拖带并朝来袭弹药方向飞行，从而帮助自身保持合适的姿态（图 6－3）；②与拦截弹弹体完全脱离并进入惯性飞行状态，同时通过一定的技术措施（如在适当部位加装配重物）保持自身姿态稳定并尽可能延缓在空中的下降速度。

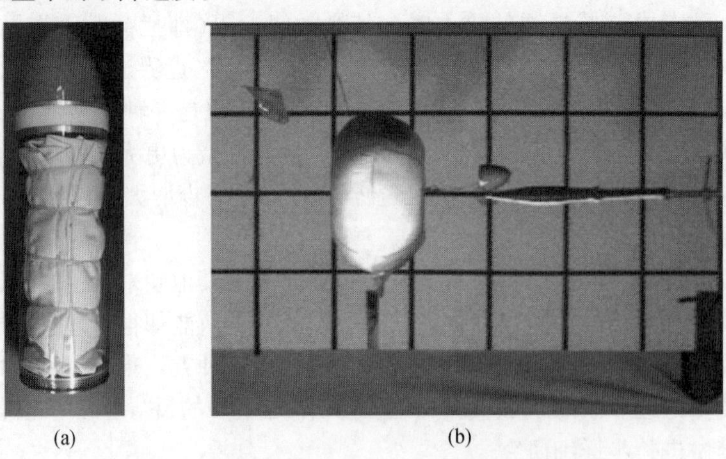

(a)　　(b)

图 6－3　一种用于车载 APS 拦截弹的柔性拦阻物
（图片来源：理查德·方丨美国陆军军械研发工程中心）
（a）折叠后装填在拦截弹舱段内；（b）射击测试中柔性拦阻物伸展开来并即将与来袭 RPG 相撞。

与在军机主动防护领域长期被视作主流的物理毁伤方式相比，柔性拦阻方式具有一系列独特优势，因而在部分场合下非常具有实用价值：①柔性拦阻物的覆盖面积大，在反导作战过程中可以对来袭弹药实施“以面对点”式的拦阻，而非传统的“以点对点”式拦截，将有助于提高命中率并降低对拦截弹制导精度的要求；②柔性拦阻物在拦截目标的过程中，自身不会产生各种破片/子弹丸，通常也不会引爆来袭弹药的战斗部，由此可以有效避免各种破片、残骸对本机或友机的损伤；③与采用物理毁伤方式的战斗部(如预制破片战斗部)相比，柔性拦阻物战斗部的重量通常要轻得多，并且无须配装复杂精密的近炸引信，由此可有效减轻拦截弹乃至整个机载 APS 的重量。

不过，与物理毁伤方式相比，柔性拦阻方式的缺点也非常明显，由此不可避免地会影响反导作战的效能，进而会在相当程度上限制其应用范围：①由于柔性拦阻物的强度和重量有限，因而柔性拦阻方式明显更适用于对便携式防空导弹、RPG 这类较小型对空弹药的拦截，随着来袭弹药体型和重量的增大，当其碰撞到柔性拦阻物后，将很可能会撞破拦阻物或者将其拖带着一起飞行，由此仍可能会对军机构成威胁；②施放后的柔性拦阻物如果丢失目标，没能与来袭弹药发生碰撞，由于其在空中的移动速度通常远低于军机，将有可能会被编队内友机甚至本机撞上。

2. 充气式柔性拦阻物

这类拦阻物通常是由重量轻、强度高、抗剪性能好的尼龙材料制成，当其内部充满气体并完全膨胀开来后，在各个方向均具有较大的截面积，因此在拦截来袭弹药时，即使拦阻物施放过程中出现一定角度偏差，没能正对着目标来袭方向，也不至于对拦截效果带来严重影响。充气式柔性拦阻物可以设计成多种形式，其中最常见的有气球和气囊两种。

1）拦阻气球

气球是最简单的一种充气式拦阻物，当其从拦截弹弹体中被释放出来后，可通过充气装置进行快速充气并膨胀成球状。随后气球可以在牵引弹的拖曳下，继续朝目标方向飞行；或者无须牵引，借助配重物(可由充气装置兼任)保持稳定慢速飞行或在空中漂浮，并等待与目标相撞(图 6-4)。由于气球在其周围 360°各个方向的截面积完全相同，将有助于增大与来袭弹药碰撞的概率，从而提高拦截成功率；但气球对充填气体的需求量较大，其充气装置将会占据系统很大一部分重量，致使直接用于气球的材料量减少，最终会导致充气后的气球体积及拦阻面积减小。

目前拦阻气球已经开始在车载 APS 中投入应用，这可为其今后进一步用于机载 APS(尤其直升机)APS 积累经验。例如，美国德事隆系统公司推出的名为“战术火箭推进榴弹气囊防护系统”(TRAPS)[①]、可用于配装轻型装甲车辆

① 本书沿用该系统在国内媒体的习惯名称，实际上该系统中用以拦截来袭目标的拦阻物需要自行充气膨胀，作用原理上更接近气球，而非本书下文中介绍的气囊。

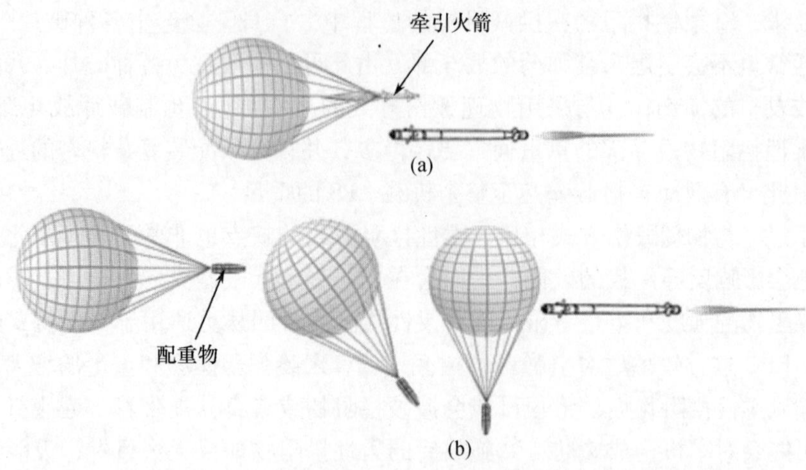

图 6-4　拦阻气球
(a)牵引式；(b)非牵引式。

的车载 APS，就采用了拦阻气球作为拦截弹的战斗部。为了验证拦阻气球的战时防护效能，美国陆军坦克车辆研发工程中心(TARDEC)还曾在 21 世纪初组织专门小组，以现代地面战场上常见的 RPG 为防御对象，对配装有拦阻气球战斗部的车载 APS 进行了实弹射击测试，证明拦阻气球完全可以使来袭 RPG 偏离正常飞行弹道，从而有效保护地面车辆免遭这类武器的袭击。

2）拦阻气囊

拦阻气囊是一种一端带有多个开口、可在空中快速充气的袋状物，同样可以分为牵引式和非牵引式两种类型。牵引式气囊在系留牵引绳的一端设置有开口，当其被牵引飞行时，气流可从开口处迅速进入气囊内部而使其完全膨胀，随后气囊将继续朝目标方向飞行；非牵引式气囊则用配重物取代牵引弹，当其被施放后，配重物可通过惯性飞行产生牵引作用，进而使气囊充气，随后气囊将保持稳定慢速飞行或在空中漂浮，并等待与目标相撞(图 6-5)。与拦阻气球相比，气囊无须专门的充气装置，可以将节省出来的这部分重量和空间间接用于增大气囊的拦阻面积，从而提高对来袭目标的拦截成功率。

目前气囊装置已经在国外部分现役武器装备中得到应用，其中最典型的是美国 BSU-85/B 气囊式弹尾组件。该组件可以安装在 MK-83 等航空炸弹的尾部，利用后者下落时的高速气流使气囊打开，起到类似减速伞的作用，使低空投下的炸弹减速以防止其伤及载机自身。今后在研制可用作机载 APS 拦截弹战斗部的气囊装置时，BSU-85/B 这类装备将可以提供很好的借鉴参考。

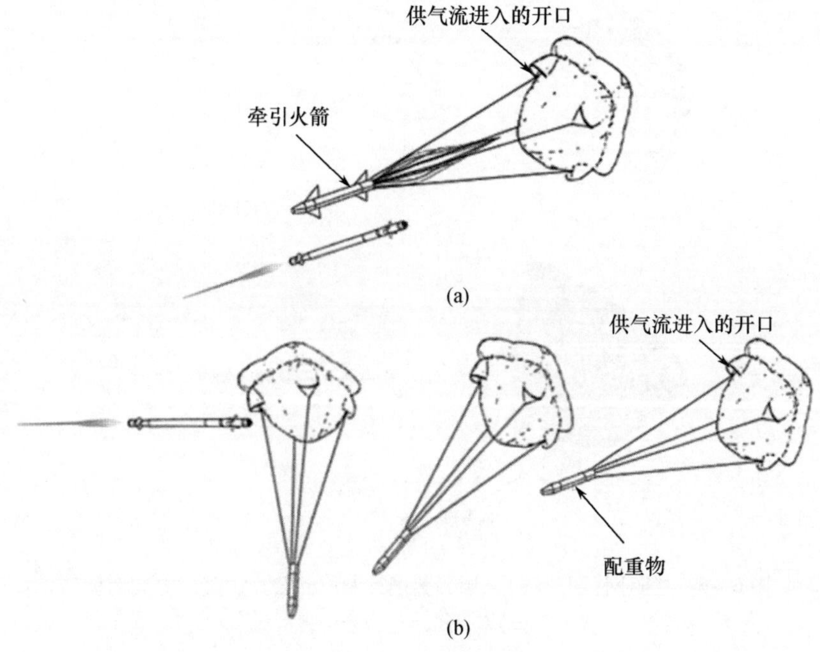

图 6－5　拦阻气囊
(a)牵引式；(b)非牵引式。

3. 非充气式柔性拦阻物

非充气式柔性拦阻物主要指拦阻网，它是由凯芙拉、钢丝等高强度材料制成的网状拦阻装置，其正面投影通常接近圆形，其网孔大小需保证来袭弹药无法穿越。与充气式柔性拦阻物相比，拦阻网是单层网状结构，并且无须考虑充气等问题，因而在材料用量相同的前提下，拦阻面积可以做得更大，从而有助于提高对来袭目标的拦截成功率。不过，拦阻网在拦截目标的过程中，必须尽可能使自身正对目标来袭方向，才能获得最大的有效拦阻面积。

根据施放后是否需要拖带或牵引，同样可以将拦阻网分为牵引式和非牵引式两类。对于牵引式拦阻网来说，当其被牵引弹拖带飞行时，其外形将会呈平飞或斜飞的伞状，因此有时也称为拦阻伞；而对于非牵引式拦阻网来说，当其被拦截弹施放后，将需要由网口周边安装的配重物带动向前飞行，并使网面伸展开来，以获得尽可能大的拦阻面积，同时保持自身姿态稳定(图 6－6)。

目前，拦阻网技术在军机主动防护领域内的应用前景已经得到了相关各国军方和工业界的重视，并在一系列机载 APS 方案中得到应用。例如，在美国 C/KC－135 飞机“主动空中防御系统”概念方案中，就选用了一种外形为十四边形的非牵引式拦阻网作为拦截弹的战斗部，本书后面将要介绍的美国“火箭

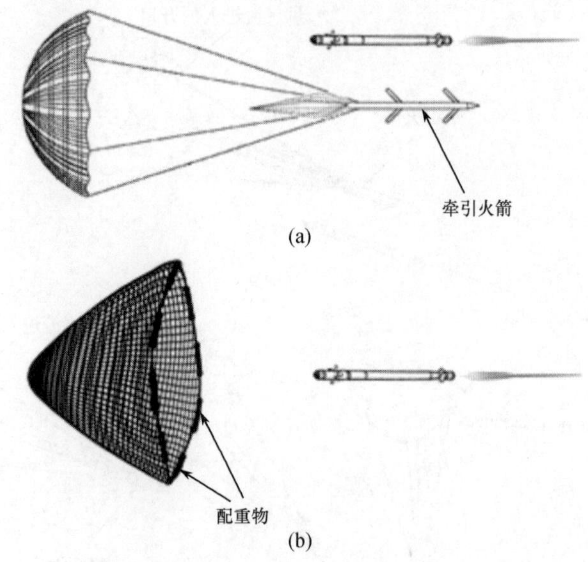

图 6－6　拦阻网(图片(a)来源：美国控制产品公司；美国专利商标局)
(a)牵引式；(b)非牵引式。

推进拦阻防御系统”直升机 APS 概念方案中则采用了一种靠无制导火箭弹牵引的拦阻网；此外，俄罗斯也曾于 21 世纪初推出了一种名为“天网”的采用拦阻网战斗部的对空导弹防护系统概念方案。

值得指出的是，早在越南战争期间，就已经出现利用柔性拦阻网来拦截来袭弹药，进而保护地面车辆的战例。当时美军为了保护其处于停放状态的坦克装甲车辆免遭越军袭击，曾利用固定桩支撑起一张由钢丝及其他材料制成，被称作“RPG 屏障”的防护网，环绕在车辆周围以拦阻来袭的 RPG(图 6－7)，实战证明这种防护措施相当有效。进入 21 世纪后，美国推出的部分车载 APS 也继承了这种理念，其拦截弹特地选用了拦阻网作为战斗部，而非目前常用的破片式战斗部。例如，前面提到的美国德事隆系统公司研制的 TRAPS“战术火箭推进榴弹气囊防护系统”，其后续改型 TRAPSNet 就用拦阻网取代了原来的气囊战斗部。

不仅如此，目前国外已经投入使用的警用捕捉网(用于抓捕犯罪分子)、机场/航母甲板拦阻网(用于拦阻冲出跑道的飞机)、车辆/船只拦阻网(用于拦阻失去控制的车辆/船只)、无人机回收拦阻网(用于回收返航的无人机)、无人机捕捉网(用于抓捕非法飞行的无人机)，以及已经提出初步概念方案的空间碎片网状捕获系统(用于清理空间碎片)和反巡航/弹道导弹拦阻网(利用浮空器在空中悬挂大面积拦阻网来拦截巡航导弹甚至弹道导弹)，也都采用了类

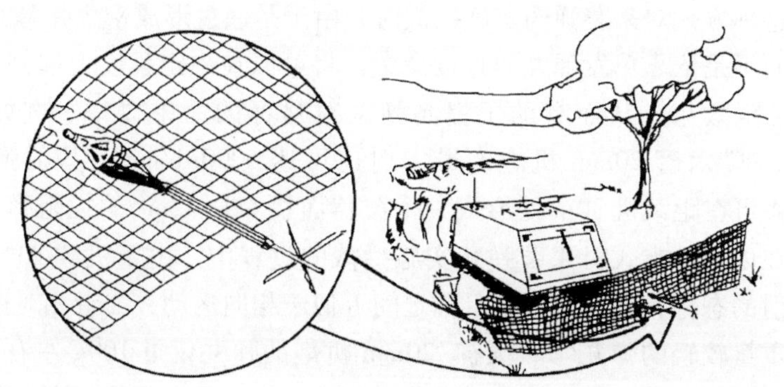

图 6－7　越战期间在美军 M113 装甲输送车周围撑起“RPG 屏障”拦阻网以拦截来袭 RPG （图片来源：美国陆军训练与条令司令部）

似的工作原理，其相关经验可供今后研制机载 APS 拦阻网借鉴时参考。

6.1.3　对来袭对空弹药实施物理毁伤

本节介绍的“物理毁伤”是指在来袭弹药进入本机的“安全半径”之前，通过人为制造的猛烈碰撞或破坏性爆炸，使其弹体不同程度地受损甚至完全解体，或者使其导引头遭到损伤，以致丧失制导飞行能力，或者使其战斗部被提前引爆，最终彻底消除来袭弹药对本机的威胁。物理毁伤是主动防护概念出现以来，各种 APS 反击来袭弹药时所采用的最基本、最主流的手段，今后的机载 APS 也不例外，其具体实现途径主要包括以下四种。

1. 小口径弹丸直接命中

这种方式相当于目前部分小口径(20～30mm)反导速射炮所采用的“直接命中”体制，其基本思想是：通过高速发射小口径无制导弹丸(穿甲弹或触发引信榴弹)，在来袭弹药航路上形成密集的拦阻弹幕，只要其中部分弹丸能够直接命中目标，就会导致来袭弹药弹体被不同程度地毁伤，以致丧失继续威胁载机的能力(图 6－8)。

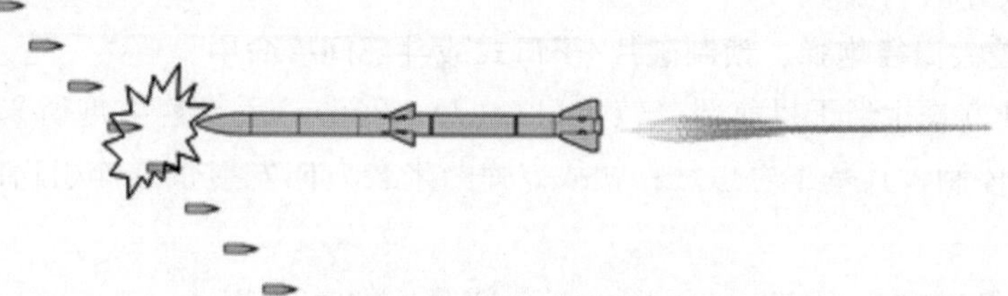

图 6－8　以直接命中体制拦截来袭导弹

当以这种方式对来袭弹药实施拦截时，由于是通过形成密集弹幕对目标实施拦阻，而不是依靠单发弹丸的直接命中，将可以在一定程度上起到"以面对点"式的拦阻效果，从而有助于提高弹丸对目标的命中概率。例如，美国M61A1"火神"六管20mm机炮的最大射速可达6000rd/min，其射弹散布为12mrad，将可在距载机30m处形成一个覆盖面积为0.42m^2的拦阻弹幕①。不仅如此，在以这种方式对来袭弹药实施拦截的过程中，由于机载APS通常处于迎头发射的态势，弹丸与来袭目标之间近似于相向运动，二者相对速度非常大，即使重量较轻的弹丸（如"火神"20mm机炮的弹丸仅重100g左右）也会产生相当大的动能，从而大大提高对来袭弹药的杀伤效果。此外，当来袭目标是对空导弹时，由于此时通常处于其飞行末段，目标往往会将最脆弱的导引头部位正对着载机方向，这无疑更加有利于弹丸对其实施有效杀伤。

不过，从另一角度来看，当以这种方式对来袭弹药实施拦截时，由于弹丸与目标之间近似于相向运动，后者的正向投影面积即为弹丸对目标的有效作用面积（即目标的被弹面积），其大小与目标弹体的正向投影面积（横截面积）大致相当②。考虑到现代对空弹药的外形尺寸普遍较小（尤其是便携式防空导弹、RPG这类弹药），其弹体横截面积更是非常有限，要想从迎头方向直接命中无疑难度极大。以美国"毒刺"导弹为例，该弹长1.52m，弹径约70mm，弹体横截面积不到39cm^2。显然，对于被弹面积如此之小的来袭目标，当使用横截面积更小的弹丸③对其进行迎头拦阻时，即使考虑到火炮射速快、射击精度高、弹幕密度大等因素，弹丸要想在来袭目标飞抵载机"安全半径"之前的极短时间内与其直接碰撞，其难度也是非常大的。

由于上述原因，至少在目前技术条件下，机载APS不宜选用基于直接命中体制的小口径速射炮作为反导拦截武器，国外多年来在军机主动防护领域的研究结果也证明了这一点。值得注意的是，在国外车载APS研究的早期，曾出现过使用小口径速射炮甚至机枪作为拦截武器的方案，但最终也因为类似原因而被放弃。

2. 较大口径炮弹、预制破片/子母式战斗部间接命中

这种方式相当于目前部分较大口径（35～76mm）反导速射炮所采用的"间接命中"体制，其基本思想是：朝敌方弹药来袭方向发射带近炸引信的预制破

① 数据来自文献[8]，其中30m即为C/KC-135飞机的"安全半径"值。

② 从迎头方向观测时，对空弹药的舵/翼面外形尺寸极小，基本上可以忽略不计。

③ 以美国"火神"20mm机炮为例，其发射的弹丸横截面积仅为3.14cm^2，如果使用的是脱壳穿甲弹，其弹芯的横截面积将更小。

片榴弹/子母弹，并使其在目标附近被引爆(无须直接命中目标)，由此产生的大量破片/子弹丸中，只要有部分能击中目标，就会使其弹体遭到不同程度的毁伤，无法继续对载机构成威胁(图6-9)。除了较大口径的炮射预制破片榴弹/子母弹外，反导自卫导弹上大量使用的预制破片/子母式战斗部对来袭目标的杀伤方式与此基本相同，只不过威力通常更大而已，因此也可归入间接命中体制。

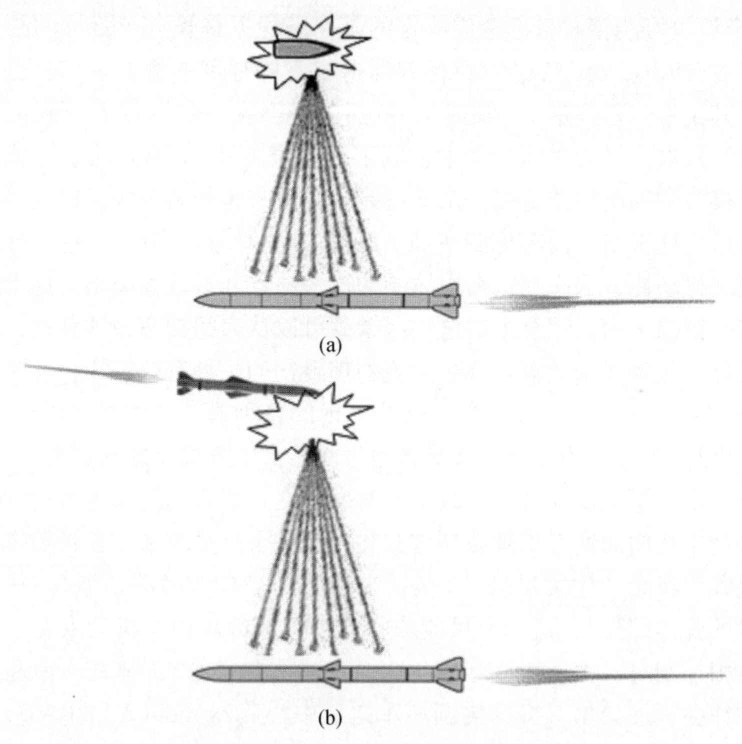

图6-9　以间接命中体制拦截来袭导弹
(a)较大口径炮弹；(b)反导自卫导弹。

当以这种方式对来袭弹药实施拦截时，一旦反导拦截弹(炮弹、导弹)在目标附近被引爆，大量的预制破片/子弹丸连同弹体自身炸裂所产生的碎片一起，将会在目标附近形成一个密集并且高速运动的破片群；通过采用定向起爆技术，还可以使破片和爆炸能量尽可能集中到目标方向，从而起到与直接命中体制下弹幕拦阻类似的效果。但与直接命中体制不同的是，间接命中体制下对目标的命中概率将会提高很多，因为当采用间接命中体制时，拦截弹恰好在来袭弹药正前方被引爆的概率较小，绝大部分情况下爆炸将会发生在来袭弹药的侧方，此时目标的被弹面积大体上可以按照其侧向投影面积来计算，大致相当于目标长度与弹径的乘积①，其值将远远超过直接命中体制下目标的被弹面积(为弹体的正向投影面积，即横截面积)。仍以美国“毒刺”导弹为例，其侧向被弹面积为$1.52\times0.07=0.1064\text{m}^2$，约为正向被弹面积($39\text{cm}^2$)的28倍。显然，当以间接命中体制对来袭弹药实施拦截时，即使所产生的破片群覆盖面积和密集程度与直接命中体制下的弹幕相同，其命中概率也将远远超过后者。

此外值得指出的是，当采用间接命中体制时，拦截弹爆炸过程中所产生的爆轰/冲击波也可能会对目标造成一定的杀伤。根据爆炸点与目标的距离远近不同，爆轰/冲击波既可能会对目标弹体造成不同程度的物理毁伤，也有可能将目标从其正常飞行弹道上“吹偏”，从而同样会在一定程度上起到消除其对载机威胁的效果。尽管在间接命中体制下，单个破片/子弹丸的杀伤威力通常远不如直接命中的小口径炮弹，由此可能会导致来袭弹药因为损伤较轻而对保护对象造成惯性杀伤，但考虑到机载 APS 的保护对象(军机)普遍拥有较高的飞行速度和机动性，因而间接命中体制的这一缺点并不算太突出，通常可以控制在可接受范围之内。综合考虑这些因素，可以认为间接命中体制是目前技术条件下反导拦截弹对来袭对空弹药实施物理毁伤的一种有效方式，非常适合供机载 APS 采用。事实上，迄今为止国外出现的各种机载 APS 方案中，大部分均采用了破片/子母式战斗部，战时将通过间接命中方式来毁伤目标。

不过，由于军机反导自卫作战很多时候是在相当近的距离上进行的，因此包括间接命中在内的所有物理毁伤方式均存在一个严重弊端：在拦截摧毁来袭弹药的过程中将会产生大量破片(包括来袭弹药被摧毁后的残骸/碎片以及拦截弹自身的弹体碎片)，进而有可能威胁到本机或编队内友机的安全。而当采用间接命中体制时，由于拦截弹自身也会产生大量破片/子弹丸，因此这方面的缺点往往会更加突出。根据美国海军空战中心武器分部(NAWCWD)、美国陆军军械研发工程中心(ARDEC)、美国空军研究实验室(AFRL)等国外机构的研究结果，要有效解决这一问题，需要从多方面入手(参见4.6节)，而就破片/子母式战斗部(或较大口径的反导炮弹)本身来说，可以考虑采取以下技术措施：①采用定向战斗部，可使破片/子弹丸集中朝目标方向抛撒；②对战斗部药型罩进行优化设计，使其在爆轰驱动破片/子弹丸的过程中可赋予后者很高初速，但超出拦截点(爆炸点)一定距离后，后者速度将会迅速衰减；③对破片/子弹丸的材质、外形和尺寸进行精心选择，使其仅在拦截点附近空域内

① 尽管从侧向观测时，对空弹药的舵/翼面外形尺寸较正向时大得多，但仍远小于弹体，因此同样可以将其忽略不计。

能保持较高的飞散速度，随后在空气阻力作用下将会急剧减速；④采用杀伤机制独特的“自毁破片”，这种破片在爆轰波作用下将会很快碎裂、分解、消散，因此只是在一定的作用半径内才具有很强的杀伤力，随后将其杀伤力将会迅速降低、以至完全丧失；⑤改进战斗部装药甚至采用“纯爆破”战斗部，以充分发挥爆轰/冲击波毁伤或“吹偏”目标的作用。

3. 施放硬杀伤拦阻网

这种杀伤方式是由前面介绍的柔性拦阻派生而来的，它是通过在空中施放特制的拦阻网对来袭弹药进行物理毁伤，可在相当程度上综合柔性拦阻和物理毁伤两种方式的优点。根据拦阻网的网绳内是否装填有爆炸物，可以将其分为非爆炸型和爆炸型两种类型。

1）非爆炸型硬杀伤拦阻网

在前面介绍的柔性拦阻网基础上，通过提高材料强度、增加覆盖面积、加装配重物等技术措施，可以将其改进为非爆炸型硬杀伤拦阻网。对于部分来袭弹药来说，在飞行途中一旦碰撞上这样的拦阻网，由于重量和阻力剧增(有时还得加上牵引弹朝相反方向的拖曳力)，导致飞行速度在短时间内骤减甚至完全停止下来，以致于此过程中产生的过载值到达了引信起爆标准，导致战斗部提前被引爆(图6－10)。例如，美军导弹与航天情报中心(MSIC)公布的数据表明，“毒刺”导弹上的触发引信在弹体撞击目标时所产生的过载达到100～125g(约为980～1226m/s^2)时将会起爆，采用经过专门加强的拦阻网对此类导弹进行拦截时，完全可以达到这样的起爆条件。

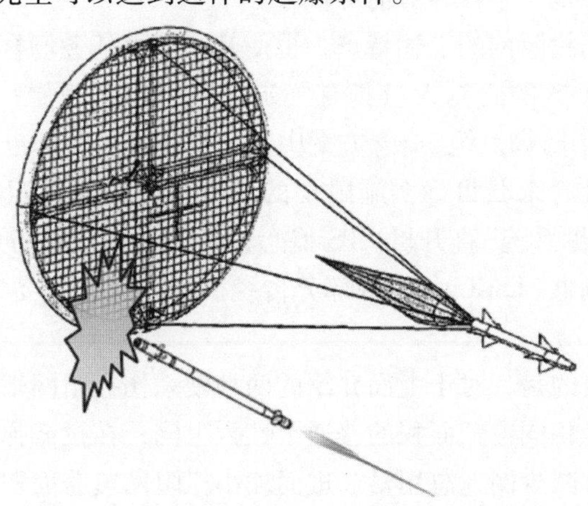

图6－10　非爆炸型硬杀伤拦阻网拦截来袭导弹
(图片来源：美国控制产品公司；美国专利商标局)

值得注意的是，战时根据来袭目标的不同，非爆炸型硬杀伤拦阻网将具有一定的双重用途：当其拦截的是体形/重量较大、速度也较高的对空导弹时，尽管有可能达不到使后者战斗部引信起爆的条件，因而无力对其实施物理毁伤，但仍可作为传统柔性拦阻网使用。

非爆炸型硬杀伤拦阻网的上述特点，使其在部分特殊场合下，尤其是在对付部分小型低速对空弹药（便携式防空导弹、RPG 等）时将具有非常突出的效费比，因而在今后的机载 APS 中具有一定的应用前景。例如，在美国 C/KC - 135 飞机“主动空中防御系统”概念方案中，其拦截弹战斗部就可选用一种由高强度聚乙烯材料制成、可使来袭导弹急剧减速而被引爆的非爆炸型硬杀伤拦阻网。

2）爆炸型硬杀伤拦阻网

这种拦阻网的网绳是由专门的爆破索（内部装填有炸药的软管）制成，当被来袭弹药碰撞上后，爆破索会因为遭到猛烈撞击、断裂而被引爆，从而以爆炸切割的方式直接对来袭弹药的弹体实施毁伤。研究表明，对于便携式防空导弹之类的较小型对空弹药来说，爆破索引爆后的威力将很可能会造成其弹体彻底毁坏。美国福斯特 - 米勒公司就曾进行过试验，证明一根仅重 1.62g 的爆破索就足以将“毒刺”导弹拦腰截断①。即使对于较大型的对空导弹，爆破索引爆后的威力也足以对其导引头造成严重毁伤（拦阻网被来袭导弹碰撞上后，通常会将位于弹体头部的导引头笼罩、包裹住），甚至直接将其战斗部引爆（对空导弹的战斗部通常也位于弹体靠前部位）。

爆炸型硬杀伤拦阻网的上述特点，也使其在部分任务场合具有较高的效费比，因而对机载 APS 的研制人员具有一定的吸引力。例如，在美国 C/KC - 135 飞机“主动空中防御系统”概念方案中，其拦截弹战斗部也可选用一种由爆破索制成、可直接对来袭目标实施毁伤的爆炸型硬杀伤拦阻网；此外，美国“火箭推进拦阻防御系统”直升机 APS 概念方案的后续改进方案之一就是使用微型线性聚能切割器（LSCC）②代替部分传统网绳，从而具备对来袭目标的硬杀伤能力（图 6 - 11）。

不过需要指出的是，对于上面介绍的两种硬杀伤拦阻网来说，二者折叠压缩后的体积均大于相同覆盖面积的普通柔性拦阻网，在拦截弹弹体空间有限的情况下，只能通过减少网绳总用量，进而缩小拦阻网覆盖面积来进行折中，由

① 数据来自文献[8]。

② 线型聚能切割器：利用成型装药的聚能作用，对坚固目标进行比较规则切割的一种装备，目前已经广泛应用于建筑物拆除等领域。

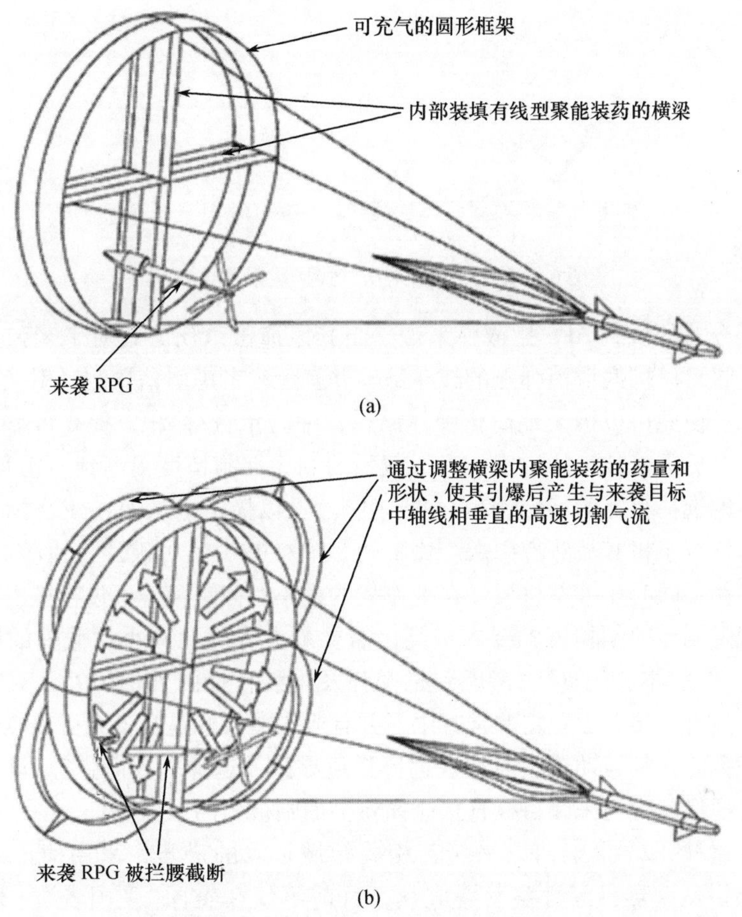

图 6 - 11　美国“火箭推进拦阻防御系统”换装爆炸型硬杀伤拦阻网战斗部的改进方案
（图片来源：美国控制产品公司；美国专利商标局）
(a)引爆前；(b)引爆后。

此会在一定程度上影响其对来袭目标的拦截成功率。

4. 拦截弹弹体撞击杀伤

这种方式与目前美国“标准” - 3、“爱国者” - 3 等防空导弹所采用的“撞击杀伤”(HTK)体制相同，也是通过拦截弹弹体与来袭弹药直接碰撞所产生的巨大动能来毁伤目标。与前面介绍的小口径弹丸“直接命中”体制不同，“撞击杀伤”体制通常为体型相对较大、精确制导的拦截弹(即 6. 2. 4 节中介绍的反导自卫导弹)所采用，并且拦截弹可以通过制导飞行从多个方向对来袭目标实施撞击，并不局限于目标前方(图 6 - 12)。

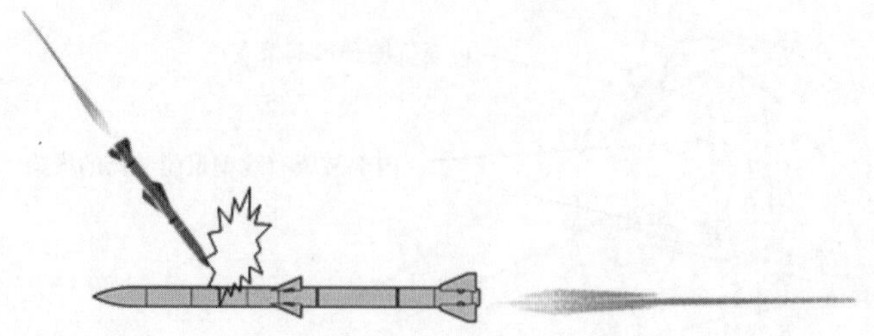

图6-12　以撞击杀伤方式拦截来袭导弹

对于今后的机载APS拦截弹来说，当其以撞击杀伤方式对来袭弹药实施拦截时，将可以彻底取消弹上的战斗部，并且无须考虑引信探测、引战配合等技术问题，由此可以极大地简化弹体结构，缩减重量/体积，提高可靠性。不仅如此，今后随着技术的进步，当拦截弹的制导控制精度提高到一定程度后，还可以精准选择目标的特定部位(如导引头)予以撞击，从而在使目标彻底失效的同时不至于将其战斗部引爆，由此可以有效减少各种破片、残骸对本机/友机的损伤，同时压缩军机反导自卫作战的最小拦截距离。不过，撞击杀伤方式对拦截弹制导控制精度的要求极高，需要最大程度地减小拦截弹的脱靶距离，甚至实现"零脱靶量"。考虑到拦截弹及来袭目标的外形尺寸，双方在空中相遇时的有效接触面积将非常有限，并且当来袭目标是具备高机动飞行能力的对空导弹时，其运动轨迹通常也远比弹道导弹、炮弹、火箭弹等目标复杂，因此要实现拦截弹与来袭目标直接碰撞将会面临极大的难度。

尽管这样，21世纪初以来随着相关领域技术的进步，采用撞击杀伤体制的反导拦截武器已经日益发展成熟，目前不仅在美国"爱国者"-3、"标准"-3等先进防空导弹中得到了应用，而且开始在地面"反火箭炮、火炮及迫击炮"(C-RAM)系统领域崭露头角，这表明在现代技术条件下，对高速小目标实施撞击杀伤式拦截所面临的困难正逐步得到解决。例如，美国洛克希德·马丁公司研制的"扩展区域防护与生存"(EAPS)地面C-RAM系统就配装了一种名为"微型撞击杀伤"(MHTK)的拦截弹，该弹具有小型化(长约0.72m，弹径0.07m，重约2.2kg)、低成本和高精度等特点，可以撞击杀伤方式对火箭弹、火炮炮弹、迫击炮弹等来袭目标实施拦截，作战距离可达2.5km，其相关技术对今后研发基于撞击杀伤体制的机载APS拦截弹无疑非常有帮助。

由于上述原因，再加上军机反导自卫作战场合对拦截弹杀伤威力的要求相对较为宽松，很多时候只需对目标造成适度毁伤即可，甚至只要使拦截弹与高速来袭的目标弹体发生较轻微的剐蹭、擦碰，就有可能导致后者飞行弹道发生偏离而达到拦截目的，由此可在相当程度上降低作战难度，因此撞击杀伤体制在军机主动防护领域的应用前景正日益受到相关各国的重视，并已成为机载 APS 拦截弹的一个主要发展方向。例如，进入 21 世纪以来，美国空军提出的“微型自卫弹药”(MSDM)、美国洛克希德・马丁公司推出的 CUDA 空战/反导双重用途空空导弹、美国诺斯罗普・格鲁曼公司推出的“动能空中防御”、欧洲 MBDA 公司推出的“硬杀伤防御辅助系统”等方案，均采用了撞击杀伤体制；美国空军提出的“小型先进能力导弹”(SACM)、美国海军提出的“直升机主动 RPG 防护”(HARP)等方案，也在考虑选用撞击杀伤方式。

6.2　可供机载 APS 选用的拦截弹种类

拦截弹是容纳、携带战斗部的载体，可将后者运送至预定的拦截点并适时引爆或施放。自 20 世纪 50 年代以来，国外在军机主动防护技术研究工作中曾对众多拦截弹方案进行了测试，根据投射方式、飞行弹道的不同以及弹上有无动力/制导装置，可以将其简单地分为无动力滞空式拦截弹、航炮炮弹、抛射式反导榴弹和反导自卫导弹等四大类。此外，尽管火箭弹是一种常用的机载武器，并且在部分车载 APS 中也被用作拦截弹，但由于其存在着散布大、精度差的固有缺点，当被用于作战距离通常更远的军机主动防护领域时，将需要加装制导装置才能满足要求，届时其性能特点将接近反导自卫导弹，因此没必要专门分析研究。

6.2.1　无动力滞空式拦截弹

这类拦截弹自身无动力装置，不能主动迎击来袭目标，而是在空中被动地等待目标逼近，再适时引爆战斗部对其实施毁伤。根据拦截弹脱离载机后是否需要缆绳拖带，可以将其分为漂浮式和拖曳式两种：前者可借助气球、气囊、降落伞或其他方式在载机后方空域飘浮(或滑翔)一段时间；后者则与目前的拖曳式诱饵类似，需由缆绳拖带在载机后方一定距离处(图 6-13)。这两种拦截弹(以下均称滞空拦截弹)被施放后，将可以选择两种方式来确保自身能与目标遭遇：①通过弹载制导/控制系统，利用弹翼/舵面或姿态控制发动机适时地对自身姿态做一定幅度调整，进而使自己始终位于来袭导弹航路上(相当于在来袭导弹必经之路上“布雷”)；②通过模拟载机的雷达、红外等信号特征，主动吸引来袭导弹前来追踪、攻击自己，而无须调整自身姿态(相当于在空中施放一枚硬杀伤诱饵)。

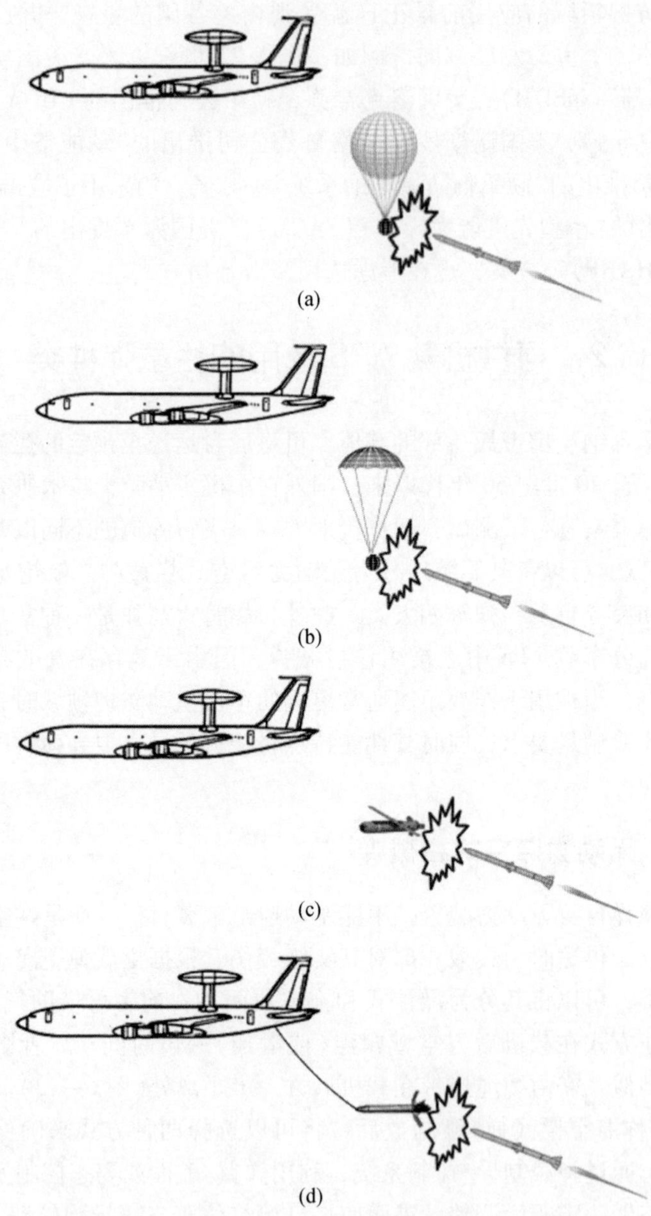

(a)

(b)

(c)

(d)

图 6-13　无动力滞空式拦截弹

(a)漂浮式滞空拦截弹(气球吊挂)；　(b)漂浮式滞空拦截弹(降落伞吊挂)；
(c)漂浮式滞空拦截弹(无动力滑翔)；　(d)拖曳式滞空拦截弹。

1. 滞空拦截弹在军机主动防护领域的应用潜力

与本节后面将要介绍的其他几种拦截弹相比，滞空拦截弹具有一些明显的独特优势：①弹上无动力装置，制导/控制设备也远没有导弹上的同类设备复杂，从而有助于简化弹体结构，缩减体积、重量，也便于配装大威力战斗部，以扩大杀伤半径的方式来提高拦截成功率；②对发射装置要求低，无须精密复杂的瞄准、转向设备，部分拦截弹甚至可以完全依靠自身重力投放，战时的操作使用较为灵活方便；③拦截弹施放后只需以“守株待兔”的方式，简单地滞留空中(最多需要做一些小幅度调姿)，就能实现与来袭目标遭遇，而不必像传统导弹那样需要经历较复杂的制导飞行，由此可极大地简化作战流程，减轻载机的负担；④拖曳式滞空拦截弹施放后如果没有被引爆，可以将其回收并供下次使用，而其他拦截弹一旦投放/发射出去就不可能回收再用。

与现代军机上大量装备使用的箔条/红外干扰弹和拖曳式诱饵(以下均简称为诱饵)相比，滞空拦截弹对来袭导弹具有硬杀伤能力，而不只是简单地诱骗、干扰，这在今后的高技术战争中非常具有实用价值。因为随着对空导弹智能化程度的提高，其识别真假目标的能力将会越来越强，今后战场上的诱饵即使成功地将来袭导弹诱离保护目标(载机)而转向自己，但随着两者距离的不断接近，导弹将完全有可能识别出诱饵与真正目标的差异，随即会丢弃诱饵并重新搜寻真正目标，由此仍可能会对载机甚至友机构成威胁。在这样的情况下，还不如在诱饵上加装战斗部，将其升级成一种滞空拦截弹，待来袭导弹逼近到一定距离后，就主动以硬杀伤方式将其彻底摧毁，从而一劳永逸地解除其对载机(或友机)的威胁。

由于以上原因，再加上军机自用于战争以来，其后方历来就是敌方攻击的有利部位，自身防御的薄弱环节，战斗中遭敌方飞机/导弹从后方偷袭的情况屡见不鲜，因而滞空拦截弹作为一种适于对载机后方实施防护的反导自卫弹药，对世界各国军方始终具有一定的吸引力。

2. 滞空拦截弹技术发展历程及现状

早在第二次世界大战期间，苏联就曾研制过一种名为 DAC－10、与滞空拦截弹非常类似的机载自卫武器，用以增强伊尔－2 强击机对后方来袭敌机的防护力。当时德国空军战斗机在拦截苏军伊尔－2 强击机时经常采用从后下方接近的战术，以避开伊尔－2 后射机枪(只能朝后上方射击)的威胁。作为应对措施，苏军为部分伊尔－2 配装了 DAC－10。这种武器是一种带有小型降落伞和延迟引信的破片杀伤弹，可朝飞机后上向投放并在数秒钟后引爆，从而对后方或下方来袭的敌方战斗机实施打击。尽管 DAC－10 所采用的技术较为简单原始，实际战果也乏善可陈，但是从其思想理念来看，它已经可视为一种漂浮式滞空拦截弹的锥形。

在战后相关各国开展的机载 APS 拦截弹技术研究中，也有少数方案采用了与滞空拦截弹性能相近的反导拦截武器。例如，20 世纪 80 年代以色列推出的“机载制导反导防御系统”概念方案中，为了解决传统空空导弹非常棘手的对付载机后方目标的问题，曾独具匠心地为拦截弹设置了一种专用于拦截后方来袭目标的作战模式：关闭拦截弹的发动机，通过位于弹体前部并向外伸展开的减速装置对飞行阻力进行适当调整，使拦截弹从载机后方被抛射出去并在空中做无动力飞行，此时该弹相当于一枚飘浮式滞空拦截弹（参见 9.6.3 节）；此外，2016 年出现的美国“制导硬发射弹药”（GHLM，参见 9.6.8 节）航炮制导炮弹概念方案，当其用于对付来袭红外制导对空导弹时，需要模拟载机的红外信号特征以吸引来袭导弹追踪自身，进而将其拦截摧毁，此时该弹也相当于一种飘浮式滞空拦截弹。

3. 滞空拦截弹用于军机主动防护时存在的主要缺点

当滞空拦截弹被用作机载 APS 的反导拦截武器并参与军机反导自卫作战时，其缺点同样非常明显：①通常情况下只适于拦截对空导弹，而难以对付非制导对空弹药；②在对载机后方一定角度范围内的来袭导弹实施拦截时的效果较好，对付其他方向的导弹攻击时效果较差，有时甚至完全无效；③考虑到投放后的初速方向/大小、姿态调控、对载机机动性的影响等问题，滞空拦截弹通常不便使用柔性拦阻物战斗部，而只适合配装破片/子母式战斗部；④与目前的箔条/红外干扰弹类似，漂浮式滞空拦截弹对投放时机也有较高要求，并且投放后还会受战场风向、风速的一定影响；⑤与目前的拖曳式诱饵类似，拖曳式滞空拦截弹由于通过缆绳与载机相连，施放后会对载机的机动性、隐蔽性有一定影响。

这些缺点的存在，使滞空拦截弹的战时实用性受到很大限制，因此多年来相关各国所开展的军机主动防护技术研究中，很少有完全采用滞空拦截弹作为反导拦截武器的机载 APS 方案出现，更多的是将其作为一种对付后方来袭目标的备选或补充手段。

4. 滞空拦截弹今后发展方向

从上面的分析可以看出，滞空拦截弹用于军机反导自卫作战时的种种性能缺点，大都与其无动力装置的先天特性密切相关。因此要想进一步提高这类拦截弹的反导作战效能，一方面需要随着相关领域技术的进步，适时为其换装先进的弹载任务设备，以对付性能水平不断提高的对空导弹；另一方面也有必要借鉴传统炮弹加装增程/增速发动机的成功经验，考虑使拦截弹具备一定的动力飞行能力。

尤其是对于漂浮式滞空拦截弹来说，由于其部分性能特点与目前常用的红外干扰弹比较接近，因此后者的很多技术成果完全可用于对前者的改进。例如，美国 MJU－47/B 型红外干扰弹采用了一种独特的烟火材料，既能产生诱使敌方导弹远离载机的红外辐射信号，同时也能起到推进剂的作用，可产生足够的推力，使干扰弹能跟随载机飞行一段时间而不会过早坠落。今后的漂浮式滞空拦截弹也可实施类似的技术改进，使其在脱离载机后仍具有一定的伴飞能力，不至于快速下落和急剧减速，从而更好地模拟载机的运动特征。今后如果有相关需求并且技术条件允许，还可以考虑为拦截弹加装合适性能的动力装置以进一步增强续航能力，使其能长时间与载机伴飞，必要时甚至可以在发起作战行动前主动发射一定数量的这种拦截弹，用以引诱、消耗敌方的对空导弹，而无须等到自身遭攻击时才施放拦截弹。不过，此时该弹已经不能再算作是“无动力”拦截弹了，而更接近美国 ADM－160“微型空射诱饵”(MALD)这类自航式诱饵，只不过在后者基础上增加了硬杀伤功能而已，因此也可以将其称为“自航式硬杀伤诱饵”。

在美国“火箭推进拦阻防御系统”直升机 APS 概念方案的后续改进型中，就包括一种为爆炸型硬杀伤拦阻网配装红外/雷达诱饵设备、诱使敌方导弹主动飞来并将其摧毁的方案，由于该拦阻网是由火箭弹拖带在空中飞行，故可视作一种带动力装置的漂浮式滞空拦截弹；此外，前面提到的美国“制导硬发射弹药”(GHLM)航炮制导炮弹概念方案中，可以通过装填/涂覆烟火材料或加装欠膨胀火箭发动机①来产生较强的红外辐射，进而模拟载机的红外信号特征以对付来袭的红外制导对空导弹，此时该弹也相当于一枚带动力装置的漂浮式滞空拦截弹。

6.2.2　航炮炮弹

航炮炮弹是指利用航炮发射，可对空中、地/水面目标实施杀伤或达到其他战术目的的弹药。与目前小口径炮弹已被舰载/地面 APS 广泛用作反导拦截弹一样，今后航炮炮弹在军机反导自卫作战领域也拥有一定的用武之地。

1. 航炮炮弹在军机主动防护领域的应用潜力

根据多年来小口径速射炮在舰载/地面 APS 中的使用经验，结合今后军机反导自卫作战的战场环境，当航炮炮弹被用作机载 APS 的反导拦截弹时，将

① 欠膨胀是指火箭发动机喷管出口压力大于环境压力时的工作状态，此时由于燃气没能充分膨胀，仍保持较高的温度，将会在发动机喷管外的剪切层边界(喷管排出的高温高压气体与环境大气之间的过度区域)产生很强的红外辐射。

具有一系列其他类型拦截弹不具备的性能优势。

1）初速高，快速反应能力强

与导弹发射后需要有一个从静止逐步加速的过程，从而会带来一定时间延迟不同，航炮炮弹初速高，弹道低伸平直，从炮口飞抵拦截点所需的时间短，目标在此期间的机动距离将非常有限，由此可大大降低其逃脱的概率，这对军机反导自卫作战来说具有非常重要的现实意义。因为在实战条件下，由于战场环境复杂、机载传感器设备性能限制、来袭弹药信号特征微弱等原因，导致军机反导自卫作战很多时候都是在相当近的距离上突然发生的，留给机载 APS 的反应时间非常有限，要求其必须利用火控设备捕捉到目标的短暂时机（即“射击窗口”）迅即开火并争取“一击致命”，否则很可能会贻误战机，而航炮炮弹在这方面无疑具有先天优势。不仅如此，航炮炮弹初速高的性能特点，还使其易于克服侧射过程中的强侧风吹袭、后射过程中的速度过零等问题（参见 7.4.2 节），进而有助于提升发射装置（航炮）的侧射/后射能力，对载机侧方、后方来袭目标做出快速反应。

2）发射速度快，可用密集弹幕弥补命中精度的不足

尽管对于传统的无制导航炮炮弹来说，单发炮弹命中来袭目标的概率很低，但是通过提高航炮射速，在目标来袭方向形成密集拦阻弹幕的方式，将会成倍提高对目标的命中概率；在此基础上，如果发展预制破片弹、子母弹等反导专用弹种，借助其引爆后抛撒出的大量破片/子弹丸，针对来袭目标的拦阻弹幕将会更加密集，覆盖面积也将更加宽大，拦截成功率也相应地会进一步提高。

3）无最小射程限制，可最大程度地消除拦截死区

航炮炮弹近距/超近距作战能力强，不像导弹那样存在着较大范围的射程近界盲区，理论上讲航炮炮弹在拦截来袭目标时的最小近界只受载机自身“安全半径”的制约，只须保证拦截过程中产生的各种破片、残骸不会伤及载机自身即可。

4）抗干扰能力强，适合在恶劣电磁环境下作战

传统的无制导航炮炮弹在离开炮口后将沿着自然弹道飞行，不会受电磁干扰的影响，因而适合在强干扰环境下作战，这样的特点在电磁环境日趋恶劣的现代高技术战场上非常具有实用价值。

5）载机携弹量大，持续作战能力强

航炮炮弹体积小，重量轻，载机可以大量携带（通常战术飞机可成百发地携带，较大型飞机的备弹量则可达到上千发），便于抗击多批次来袭的目标，或者对同一目标实施多次拦截。今后随着火控、弹药和末制导等技术的发展，

每次反导作战所需发射的炮弹数量将会明显减少，届时航炮炮弹在持续作战能力方面的优势将会得到进一步展现。

6）经济性好，部分场合下的效费比较高

与反导自卫导弹等制导弹药相比，无制导航炮炮弹的成本费用低，战时可以大量使用，当在部分特殊场合下用于军机反导自卫作战时，将具有较高的费比。

2. 反导航炮炮弹技术发展历程及现状

航炮炮弹的上述性能特点，使其在军机反导自卫作战领域的应用潜力很早就受到了相关各国军方和工业界的重视。尤其是在对空导弹问世后不久的 20 世纪 50 年代，由于当时可供军机选用的反导自卫手段非常有限，而这期间航炮技术已经相当成熟并在各种军机上大量装备使用，因此各国军方非常自然地想到了利用航炮炮弹作为军机反导自卫弹药，并着手研制专用的反导炮弹以配装现役军机上的航炮。

在 20 世纪五六十年代，苏联为了提升其轰炸机的自防护能力，曾对小口径航炮拦截对空导弹的相关技术进行了大量探索，并推出了多型具有硬杀伤反导功能的航炮炮弹。在这些反导专用炮弹中，最具代表性的是两种 23mm 子母弹：其中一种供 AM－23/GSh－23 型航炮使用，弹重 184g，内装 24 枚各重 2g 的预制子弹丸，弹上配装的定时引信可在发射后 1.4～1.8 s 起爆，并将全部子弹丸成球面抛向目标，载机连续发射 50～100 发该型炮弹将足以在来袭导弹航路上形成密集的拦阻弹幕；另一种用于配装 R－23 型航炮①，其弹体结构与前者类似，但内装的子弹丸数量有所增加，再加上 R－23 航炮的射速更高(可达 2600rd/min)，因而发射时形成的拦阻弹幕更加密集，每分钟可朝目标方向抛撒 80000 枚子弹丸，若对 1500～2500m 处的来袭导弹连续发射 40～60 发该型炮弹，对目标的毁伤概率可达 95%②。

在 20 世纪 50 年代后期，美国在研制 XB－70 高空高速轰炸机的过程中也曾一度考虑过为其配装航炮作为反导自卫武器，并拟为该炮配套研制两种反导专用炮弹：一种为与苏联同类弹药结构类似，内装多枚预制子弹丸的子母弹，可通过形成密集弹幕来拦截、摧毁来袭导弹；另一种则为内部装填有强腐蚀性化学物质的特制炮弹，可通过损伤来袭导弹的导引头来使其丢失目标。

不过，由于航炮炮弹在用作机载 APS 反导拦截弹药时存在着一系列明显的性能缺陷，并且其发射装置(航炮)在用于军机反导自卫作战时也存在众多

---

① R－23 型航炮尽管与 AM－23、GSh－23 同为 23mm 口径，但其炮弹与后二者并不通用。

② 数据来自文献[88]。

先天不足，因而航炮炮弹在军机主动防护领域的实用价值在当时就备受质疑，最终苏联研制的这些反导炮弹并没有大规模推广使用，美国的反导炮弹方案则仅停留在纸面阶段。在这之后的数十年间，世界范围内反导专用航炮炮弹相关技术研究基本处于停滞不前的状态，相关各国推出的机载 APS 方案中也很少有使用航炮炮弹作为反导拦截弹药的。尽管这样，由于这期间科技的进步，航炮炮弹执行军机反导自卫任务时面临的技术障碍不断缓解，因此在各国军方和工业界中，对反导航炮炮弹未来前景持乐观态度者始终大有人在，并不时提出一些利用现代技术改进传统航炮炮弹以提高其反导作战效能的发展构想。例如，20 世纪 80 年代末，美国空军大学下属的空中力量研究所(ARI)曾提出过为军用运输机加装尾炮并配备半主动激光制导炮弹甚至超高初速电磁炮弹，以增强这些飞机的反导自卫能力，进而提升其在高风险空域活动时的生存力的设想。

此外，1995—1997 年间美国空军赖特实验室①主导实施的“炮管发射自适应弹药”(BLAM)演示验证项目，尽管初衷是利用现代技术改进航炮炮弹以提高战斗机的空战性能，但其技术成果对于改善航炮炮弹的反导作战效能也同样很有帮助，因而非常值得关注。根据该项目，美国空军研究人员推出了一种可配装制式 M61A1“火神”20mm 航炮、用来在空战中打击来袭飞机/导弹的制导炮弹。该弹采用半主动激光制导，其弹体由可活动的圆锥形弹头和不可动的圆台形弹尾两部分组成，可借助一套被称为“自适应结构”的控制机构，通过偏转弹头来实现飞行中的机动调姿，从而有效地跟踪、打击高速运动目标(图 6－14)。按照评估，尽管 BLAM 单价约是传统炮弹的 5 倍左右，但是实战中一发 BLAM 即可完成数十、上百发传统炮弹才能完成的任务，因而具有非常突出的效费比，其用于军机主动防护时的作战效能将是传统航炮炮弹无法比拟的。

进入 21 世纪的第二个十年后，随着小型精确制导弹药尤其中小口径制导炮弹/子弹相关技术的发展，反导专用航炮炮弹再次引起了国外部分人的兴趣，一些更具技术可行性、反导作战效能也更高的概念方案开始出现。其中最具代表性的就是美国堪萨斯大学航空航天工程系的硕士研究生劳伦·舒马赫(Lauren Schumacher)在其毕业答辩论文中提出的“制导硬发射弹药”(GHLM)方案，本书将在 9.6.8 节对其做详细介绍。

3. 航炮炮弹用于军机主动防护时存在的主要缺点

多年来舰载/地面 APS 的使用经验表明，小口径无制导炮弹在用作反导拦

① 该实验室后并入美国空军研究实验室(AFRL)。

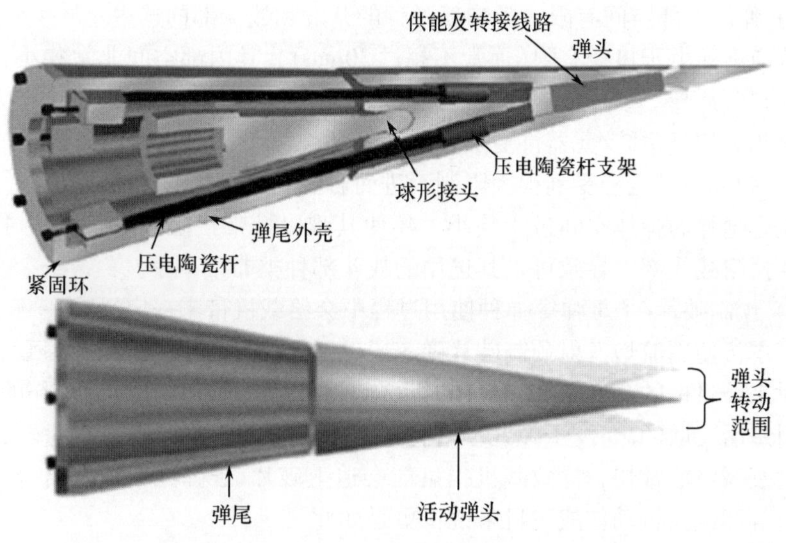

图 6－14　BLAM 制导炮弹外形及内部结构图
（图片来源：罗纳德·巴雷特丨美国堪萨斯大学）

截弹时，存在着一系列先天性能不足，由此会极大地影响反导作战的效能。对于用作机载 APS 拦截弹的航炮炮弹来说，这些问题中的大部分仍将存在，并且因为发射平台(军机)特性的不同，其中个别问题甚至将更加突出，进而会对军机反导自卫作战带来非常不利的影响。

1）有效射程短，导致航炮“射击窗口”狭小

由于受发射能源、火炮身管长度等因素的影响，航炮炮弹的有效射程普遍较短(通常不超过 1500m)，难以对目标实施远距离打击，导致其对来袭弹药的拦截区纵深过小，从而严重影响拦截成功率。例如，来袭对空导弹的末段存速若以 $Ma2$ 计算，其飞行 1500m 距离所需时间(即在航炮有效射击区中的滞留时间)仅 2s 多，留给航炮的“射击窗口”将非常狭小，由此会极大地增加反导作战的难度。

2）无制导炮弹单发命中概率低，难以对付高速高机动目标

传统的无制导炮弹由于无法自动修正弹道，一旦离开炮管，其速度和方向就不再受控制，在射击诸元误差、发射平台振动、战场气象条件、目标机动规避等诸多因素的影响下，单发炮弹的命中概率普遍较低。对于执行反导作战任务的航炮炮弹来说，由于其发射平台(载机)和作战对象(来袭弹药)往往均处于高速高机动飞行状态下，并且载机火控系统通常也不如陆上/海上作战平台那样完善，其命中目标的难度无疑会更大。

3）弹体内部空间有限，影响新弹种的开发和战斗部的选用

航炮炮弹由于口径有限（通常不超过30mm），其内部空间非常狭小，导致开发预制破片弹、子母弹、制导炮弹、炮射导弹等新型弹种时的难度增大，不仅要求相关的子系统/元器件更加紧凑、轻巧、简单，而且弹内装药量或预制破片/子弹丸数量也会受到很大限制，进而影响到对目标的拦截成功率。此外，由于航炮炮弹的弹体空间过于狭小，还使其难以携带拦阻气球/气囊、拦阻网等柔性拦阻战斗部，导致可供其选用的战斗部种类非常单一。

4）预制破片/子母弹等弹种使用过程中会给载机带来一定风险

当军机使用航炮发射预制破片弹、子母弹等反导专用弹种时，尽管有助于提高对来袭目标的命中概率，但同时也会增加本机遭破片/子弹丸损伤的风险。因为引爆后飞散的破片/子弹丸尽管初始速度很大，但由于自身重量轻，随后的速度衰减将非常快，导致载机很可能会追上破片/子弹丸而危及自身，对于战斗机等高速高机动作战飞机来说将更是如此①。

4. 反导航炮炮弹今后发展方向

尽管总的来看，航炮炮弹不宜用作机载APS反导拦截弹药，目前仍是相关各国军方和工业界的普遍共识，但考虑到航炮炮弹在用于军机反导自卫作战时的独特性能优势，以及小型精确制导弹药技术飞速发展所带来的契机，进一步挖掘航炮炮弹的反导作战潜力、研究开发新一代反导专用航炮炮弹仍具有一定的现实意义。参考多年来美国、俄罗斯等国在相关领域的经验教训，并且本着扬长避短、尽可能提高效费比的原则，要使航炮炮弹这一“古老”机载弹药能更好地承担军机反导自卫作战任务，今后将需要重点向以下两个方向发展。

1）发展新一代小口径预制破片/子母弹

如前所述，由于对空弹药弹体的抗毁伤能力普遍较差，而军机平台大都拥有较好的高速高机动性能，因此后者在实施反导自卫作战的过程中对拦截弹威力的要求相对较低，当其使用小口径航炮发射预制破片/子母弹对来袭目标实施拦截时，即使单块（枚）破片/子弹丸的质量较轻，通常也仍足以使目标丧失威胁性。20世纪五六十年代，苏联对其推出的多型反导专用航炮炮弹的靶场测试结果就证明了这一点。不过，从后来世界各国防空/反导弹药技术的发展情况来看，苏联研制的23mm反导子母弹所装填的子弹丸单枚重量（2g）仍嫌过大，导致弹体内装填的子弹丸总量有所减少，进而会影响到对目标的命中概率。考虑到目前世界各国用来对付飞机目标的防空导弹破片杀伤战斗部的单块

① 历史上曾发生过这样的事故：1956年9月21日，美国海军的一架F11F战斗机在测试飞行中“追上”了自己刚发射的炮弹，最终严重受损而不得不迫降。

破片重量通常也仅为 2 ~4g[①]，今后用以拦截对空导弹的破片/子弹丸重量完全可以比这更轻，从而增加单发炮弹内装填的破片/子弹丸数量，以提高对目标的命中概率。在此基础上，再借鉴防空/反导导弹和小口径高炮反导弹药领域的最新技术成果，引入高强度薄壁弹体（可缩减弹体结构所占的空间和重量，进一步增加破片/子弹丸数量）、战斗部定向起爆（可使破片/子弹丸和爆炸能量尽可能集中于目标方向）、可编程电子时间引信（可选定更精准的位置引爆反导弹药并抛射破片/子弹丸）等先进技术，小口径预制破片/子母弹对来袭目标的拦截成功率将会进一步提高，从而能更好地满足今后军机反导自卫作战的要求。

值得指出的是，自进入 21 世纪以来，美国、俄罗斯等国均在积极开展可供地面（包括车载）小口径机炮使用的预制破片炮弹相关技术的研究，并相继推出了 25mm、30mm 等口径的可编程近炸引信炮弹。这类炮弹既可打击多种地面目标，也可用来对付无人机、直升机等空中目标（图 6 – 15），并且其中有部分本来就可在同口径的地面机炮/航炮间通用，因此相关技术可以很容易应用到今后的反导航炮炮弹上。

图 6 – 15　美国轨道 – 阿连特技术系统公司研制的 MK310 型 30mm 可编程近炸炮弹在进行打击小型无人机的实弹射击测试　（图片来源：美国轨道 – 阿连特技术系统公司）

2）发展小口径制导炮弹

针对传统炮弹发射后不可控，导致其在对付高速高机动目标时单发命中率低的致命缺点，今后可以为航炮炮弹加装末制导装置，使其在发射后可按照一定的规律进行弹道修正，具备接近导弹的精确打击能力，从而大幅提高其反导

① 美国 MIM – 104A/B“爱国者”防空导弹的战斗部破片单块重量为 2g。

作战效能。不仅如此，当采用小口径制导炮弹后，随着命中率的成倍提高，航炮在对付相同目标时的弹药消耗量将会降低至原来的数分之一甚至数十分之一，可显著增强系统的持续作战能力。与此同时，随着拦截过程中火力准确性的提高，军机将无须通过发射大量炮弹或抛射大量破片/子弹丸来形成密集弹幕，还可以最大程度地避免反导作战过程中破片/子弹丸伤及自身或友机。

此外，由于目前制导炮弹常用的制导方式大都具有同时引导多发弹药打击同一目标的能力①，因此机载 APS 在以小口径制导炮弹实施反导作战的过程中，可以充分发挥后者射速高、初速大的先天优势，在短时间内齐射多发制导炮弹对来袭目标实施拦截，从而使系统在“射击窗口”极其短暂的情况下也能确保足够的命中率，这对今后的军机反导自卫作战将非常具有现实意义。因为在未来高技术战场上，不仅对空弹药将普遍具有信号特征更弱、飞行速度更快、机动能力更强等性能特点，战场电磁环境的日趋复杂恶劣以及隐身飞机的大量使用还很可能会导致交战距离大幅缩短，届时军机反导自卫作战过程中的“射击窗口”将会进一步被压缩，进而会极大地增加机载 APS 的作战难度。

值得指出的是，除了前面提到的 20 世纪 90 年代美国实施的“炮管发射自适应弹药”项目外，自进入 21 世纪以来，美国陆续实施了多个小口径制导炮弹甚至制导子弹技术研究项目，其中口径最小的仅 5. 56mm，这类技术将很容易移植到今后的反导航炮炮弹上。例如，美国轨道 – 阿连特技术系统公司公司在其 MK310 型 30mm 可编程近炸引信炮弹基础上改型发展的无线电指令制导炮弹，既可供地面机炮使用，也可配装军机航炮，在军机主动防护领域将具有一定应用潜力。

6. 2. 3 抛射式反导榴弹

抛撒式反导榴弹(以下均称反导榴弹)是一种口径较大(可达数十、上百毫米)，由专门的榴弹发射装置利用枪炮原理发射的无动力、非制导拦截弹。这类弹药由弹丸和药筒两部分组成，平时就装填在发射装置的发射管内，当接到发射指令后，弹体后部药筒内的发射药将被引燃并产生燃气压力，将弹丸以一定的速度从发射管内推送出去，使其凭惯性飞向目标。从发射原理和弹体结构来看，反导榴弹与航炮炮弹非常接近；但从弹药口径及毁伤威力来看，反导榴弹与目前军机上常用的航空火箭弹又比较类似。根据需要，反导榴弹在发射出去后可以通过尾翼或自旋转方式来保持稳定，从而改善命中精度。

---

① 例如，当采用半主动激光制导时，一部激光目标指示器将可以同时为多枚弹药提供照射；当采用无线电指令制导时，一套制导设备也可以同时引导多枚弹药。

1. 反导榴弹在军机主动防护领域的应用潜力

在战技性能方面，反导榴弹在相当程度上综合了航炮炮弹和航空火箭弹二者的很多特点，因而在继承非制导弹药不受电磁干扰、经济性好等传统优点的同时，还可在很大程度上兼具航炮炮弹和航空火箭弹的其他部分性能优势。

与航炮炮弹相比，反导榴弹的口径较大，弹体内部空间充裕，当同样采用预制破片/子母式战斗部时，反导榴弹的装药量及其可容纳的预制破片/子弹丸数量均远远超过了航炮炮弹，甚至单发榴弹引爆后就足以在来袭弹药前方形成密集的拦阻弹幕；此外，拦阻气球/气囊、拦阻网等柔性拦阻物战斗部对拦截弹弹体内部空间要求较高，航炮炮弹通常难以携带，反导榴弹则能很好地满足这一要求。

而与航空火箭弹相比，反导榴弹由于采用了枪炮发射原理，具备与航炮炮弹类似的弹道特性，在弹药初速、快速反应能力、射弹散布等方面均优于航空火箭弹；此外，反导榴弹还不像航空火箭弹那样会在发射过程中产生大量烟雾和尾焰，其战时操作使用对载机平台的不利影响也较小。

由于这样的原因，反导榴弹在军机主动防护领域不仅具有一定的应用潜力，在部分特殊场合(如直升机和大军机的反导自卫作战)下还具有较高的效费比。

2. 反导榴弹技术发展历程及现状

与航炮炮弹、反导自卫导弹甚至滞空拦截弹相比，国外对反导榴弹在军机主动防护领域的应用研究相对较晚。不过，反导榴弹作为车载 APS 拦截弹的主要弹种之一，多年来在世界各国推出的各种车载 APS 产品中得到广泛使用，其相关的大量技术成果和经验积累，也有力地促进了机载 APS 反导榴弹的发展。尤其是自 20 世纪 90 年代以来，随着坦克装甲车辆主动防护技术的不断成熟和实用化，相关各国开始考虑在部分型号的车载 APS 基础上派生发展出可供直升机甚至固定翼飞机搭载使用的机载 APS，原来系统中所使用的反导榴弹也因此在机载 APS 中得到了沿用。例如，美国研制的"综合陆军主动防护系统"(IAAPS)和"全谱近距多层防御"(FCLAS)两型车载 APS 均采用了反导榴弹作为拦截弹，并且二者均有改型发展直升机 APS 甚至固定翼飞机 APS 的计划方案；其中，FCLAS 的直升机机载改型命名为"天使之火"，该系统根据直升机搭载使用的特殊需要，对原有的拦截弹进行了一定的针对性改进，并在实弹射击测试中展现出良好的性能。

不仅如此，基于多年来反导榴弹在车载 APS 中的使用经验，国外也早已开始探讨发展供直升机/固定翼飞机 APS 专用的反导榴弹。例如，在美国 C/KC－135 飞机"主动空中防御系统"概念方案的技术论证中，研究人员经过多方面对比分析和综合权衡，最终选择了一种以拦阻网为战斗部、口径达

130mm 的大型反导榴弹作为系统的拦截弹；此外，美国轨道－阿连特技术系统公司公司推出的“直升机主动防护系统”(HAPS)中的反导拦截弹，从发射原理来看也可视为一种带制导装置的反导榴弹(参见 8.6.4 节)。

3. 反导榴弹用于军机主动防护时存在的主要缺点

反导榴弹在兼具航炮炮弹和航空火箭弹二者优点的同时，其战技性能也不可避免地会受到二者缺点的影响，由此会在相当程度上影响反导作战效能。

与航空火箭弹相比，反导榴弹由于自身无动力，发射后只能和传统炮弹一样在空中惯性飞行，再加上由于发射管长径比小(远小于航炮炮管)、发射能源限制等原因，反导榴弹的初速通常也不会太高(远低于航炮炮弹)，由此导致其射程普遍较短(通常和航炮炮弹差不多)，对来袭弹药的拦截区纵深相当有限，从而严重影响对目标的拦截成功率。

与航炮炮弹相比，反导榴弹的初速较低，弹道不像前者那样平直低伸，飞抵拦截点所需时间也更长，因而在命中精度、快速反应能力等方面存在着明显差距。此外，反导榴弹的体积、重量均比航炮炮弹大得多，这不仅会造成载机的携弹量减少，进而影响系统的持续作战能力，同时还会导致其发射速度过低(远低于航炮炮弹)，在“射击窗口”与航炮炮弹同样狭小的情况下，对来袭弹药的拦截次数将更少，进而会增加系统反导作战的难度。

4. 反导榴弹今后发展方向

针对反导榴弹用作机载 APS 拦截弹时存在的种种优缺点，并考虑到这类弹药的弹体空间较为充裕、改进潜力较大的先天优势，今后可从以下几方面对其实施技术改进，以提高单发榴弹拦截来袭弹药时的毁伤概率，进而提升系统的反导作战效能。

1）采用大杀伤面积战斗部以弥补精度的不足

要使反导榴弹在命中精度和反应速度均较为有限的情况下，也能有效地对来袭的各种高速高机动小目标实施拦截摧毁，最简单的办法就是为其配装具备较大覆盖面积的柔性拦阻战斗部或预制破片/子母式战斗部，从而最大程度地扩展对来袭目标的有效杀伤范围。例如，在美国 C/KC－135 飞机“主动空中防御系统”概念方案中，被用作拦截弹的反导榴弹就可以配装两种类型的拦阻网战斗部，二者完全伸展开后的有效覆盖面积分别达 38.07m^2 和 59.17m^2；作为备选方案，该拦截弹还可配装一种被称为“樱桃炸弹”，重达 33.6kg 的大型破片杀伤战斗部，其引爆后产生的大量破片和强烈爆轰/冲击波将可对大范围空域内的来袭目标造成毁伤。此外，美国“海蛇怪”70(Hydra 70)[①]型 70mm 航空

① 部分国内资料也将其译为“九头蛇”，或者音译为“海德拉”。

火箭弹所配装的M255、M255A1等子母式战斗部也很值得关注。以M255A1为例，该战斗部内置1179枚3.9g重的钢箭，将其全部抛射出后可形成一道直径约35m、厚度为一个钢箭长、以*Ma*2左右的速度稳定飞行的弹幕。今后机载APS中的反导榴弹在对来袭目标实施拦截时，若配装的是这类战斗部，无疑将会极大地增加目标逃脱的难度。

2）加装增程/增速发动机以提升有效射程

为了进一步提高反导榴弹用作APS拦截弹时的作战效能，可利用多年来“发射武器增程技术”飞速发展的相关成果，为反导榴弹加装增程/增速火箭发动机，以提高其全程平均飞行速度，大幅提升其有效射程。从多年来国外在“发射武器增程技术”领域的研究情况来看，对于榴弹这类无动力、低初速弹药来说，加装火箭发动机是一种非常有效的增程手段，通常可使最大射程增加1倍以上。例如，美国XM-174型40mm榴弹发射器发射普通弹时的最大射程为400m，发射火箭增程弹时的最大射程则达1000m；比利时M287型55mm火箭增程枪榴弹的最大射程可达650m，当其拆除火箭发动机并作为普通枪榴弹使用时，最大射程则骤降至270m。因此，今后若对用作机载APS拦截弹的反导榴弹实施类似的技术改进，其抗击来袭弹药时的有效射程将会成倍增加，由此可显著扩大军机反导自卫作战的防御纵深，提高系统对来袭目标的拦截成功率。

3）加装末制导装置以改善命中精度

反导榴弹的命中精度本来就比较有限，在加装火箭发动机、射程大幅增加后，其对来袭目标的命中率将不可避免地会进一步下降。为了解决这个问题，可借鉴多年来制导炮弹/火箭弹技术领域的成熟经验，为今后的反导榴弹加装末制导装置，使其发射后具备一定的弹道修正功能。从目前国外制导炮弹/火箭弹所达到的性能水平来看，加装末制导装置对改善这类弹药精度的效果相当显著，其效费比非常突出。例如，意大利在传统76mm舰炮炮弹基础上加装无线电指令制导设备而改型发展出的“飞镖”制导炮弹，已被用于执行水面舰艇的反导自卫作战任务（拦截来袭反舰导弹）；美国“海蛇怪”70航空火箭弹，通过在头部加装半主动激光导引头改造成制导火箭弹后，其对目标的命中精度提高到了1m左右。因此，今后若对用作机载APS拦截弹的反导榴弹实施类似改进，将可有效解决其增程后精度下降的问题，再配合具有较大杀伤面积的战斗部，其反导作战效能将会大幅提高。

6.2.4 反导自卫导弹

反导自卫导弹实质上就是一种小/微型空空导弹，只不过其主要用途是拦截来袭的敌方对空弹药，而不是打击敌方飞机目标。与前面介绍的几种拦截弹相比，反导自卫导弹由于自身带有动力装置和制导系统，在用于军机反导自卫作战时具有多方面的明显性能优势，因而在军机主动防护领域的应用前景也更加广阔。

1. 反导自卫导弹用于军机主动防护时的性能优势

从多年来国外在军机主动防护领域的研究动向来看，相关各国提出的机载APS方案大都选用反导自卫导弹作为拦截武器；部分方案尽管选用了其他种类的拦截弹，但这些拦截弹也大都配装有制导系统甚至动力装置，在主要性能特点方面逐渐向反导自卫导弹靠拢，因此可以说反导自卫导弹已经成为今后机载APS拦截弹发展的主流。之所以会出现这样的态势，主要是因为在军机反导自卫作战这样的场合，导弹武器相对于非制导弹药的性能优势将可以得到充分发挥，从而大幅提升机载APS的作战效能。

1）命中精度高

反导自卫导弹由于弹上安装有制导设备，在发射后能够对自身弹道进行修正，进而按照一定导引规律自动飞向目标，因此其命中精度远远超过了无制导拦截弹，并且其命中精度在有效射程内不会随着距离的增大而发生明显的改变，这对于力求“一击致命”的军机近距/超近距反导自卫作战来说，意义非常重大。

2）拦截距离远

反导自卫导弹由于自身有动力装置，其有效射程远远超过了其他种类的拦截弹。从国外在相关领域的研究动向来看，今后部分反导自卫导弹甚至可由下一代近距空空导弹兼任，其射程最远将可达数十千米。如此巨大的射程，将非常有助于扩大军机反导自卫作战的防御纵深，增加对来袭目标的拦截次数，从而提高拦截成功率。

3）作战使用受载机飞行状态的影响小

对于非制导拦截弹来说，由于发射后无法修正自身弹道，需要在发射前尽可能精确瞄准目标，因而载机平台的飞行状态对其作战效能（尤其命中精度）的影响很大；而反导自卫导弹借助于“大离轴发射”“越肩发射”“发射后锁定”“发射后不管”等现代高性能空空导弹常用的先进技术，战时无须精确瞄准目标发射，其操作使用受载机飞行状态的影响要小得多，这不仅有助于充分发挥机载APS的作战效能，还可以尽量避免载机为了达成反导自卫导弹的发射条件，而影响自身对来袭弹药的机动规避及作战任务的顺利执行。

4）战斗部种类选择范围大

与航炮炮弹和反导榴弹相比，反导自卫导弹的外形尺寸受发射装置的限制较小，其弹体内部空间普遍较大，因此可以根据载机平台特性、潜在作战对象和战场环境特点等因素，灵活选用6.1节所介绍的各种类型战斗部，在提高系统反导作战效能的同时，还可以力争效费比最大化。尤其值得指出的是，在目前技术条件下，撞击杀伤方式只适合用于制导/控制精度很高的反导自卫导弹，而很难应用到其他各种拦截弹上。

2. 反导自卫导弹技术发展历程和现状

空空导弹作为一种从空中发射，主要用来攻击空中目标的机载武器，理论上同样也可以用来攻击来袭的敌方对空弹药，因为后者也是空中目标的一种。由于这样的原因，自空空导弹问世以来，利用其来拦截敌方发射的对空弹药，进而增强己方军机战场生存力的设想，就一直对各国军方极具吸引力。尤其是对于轰炸机这类自防护能力通常相当脆弱，战时却往往是敌方重点防范对象的大型作战飞机来说，为其配装具备反导自卫能力的空空导弹，意义尤为重大。因此早在20世纪50年代，甚至在世界第一批实用的空空/面空导弹正式投入使用之前，以美国为代表的部分国家就未雨绸缪，开始考虑为轰炸机研制可以用来拦截来袭对空导弹的反导自卫导弹。

在20世纪50年代初前期到60年代初这段时间内，美国空、海军对于通过主动防护方式来增强轰炸机的战场生存力均保持着浓厚兴趣，并积极探讨为当时刚服役的B-52远程轰炸机和在研的XB-70高空高速轰炸机、P6M"海王"水上战略轰炸机配装一种名为"轰炸机自卫导弹"(BDM)，兼具拦截来袭导弹/打击飞机目标双重功能的空空导弹。当时负责掌管战略轰炸机部队的美国空军战略空军司令部(SAC)[①]还曾提出了一种BDM的初步性能指标：采用半主动雷达制导，射程18.5km，弹重272.4kg左右(其中战斗部22.7kg)。在军方的要求下，美国工业界对研制BDM的可行性进行了深入的论证研究，随后北美、康维尔、通用电气等著名防务商和康奈尔航空实验室陆续提出了一系列各具特色的技术方案。其中，康奈尔航空实验室的方案是一种采用了独特控制系统、可从高速飞行的轰炸机上后向发射的空空导弹，能有效对付从载机后方来袭的目标(图6-16)；北美公司的方案名为"肮脏"，是一种可从安装在载机尾部的T-132炮射式发射装置后向发射的小型空空导弹[②]，准备用来取代传统轰炸机上的尾部炮塔；康维尔公司的方案即是著名的"派伊·瓦克特"，其外形呈非常独特的飞碟状，具备极高的高速高机动性能，并且拥有360°全向发射能力；通用电气、雷神和休斯公司合作推出的方案则是一种由MIM-

① 冷战结束后该司令部于1992年被撤消。

② 该弹长1.8m，弹径38mm(1.5in)，有部分资料称其是一种无制导空空火箭弹。

23“鹰”地空导弹改型发展而来的多用途导弹，可兼顾打击空中和地面目标。在这些 BDM 方案中，康奈尔航空实验室的后射型空空导弹和康维尔公司的“派伊·瓦克特”均进入了早期研制阶段并曾在地面滑车上进行过发射试验，其中康奈尔航空实验室方案的研究工作早在 1954 年就已经启动，当时世界上首批实用的空空/面空导弹才刚正式服役①。

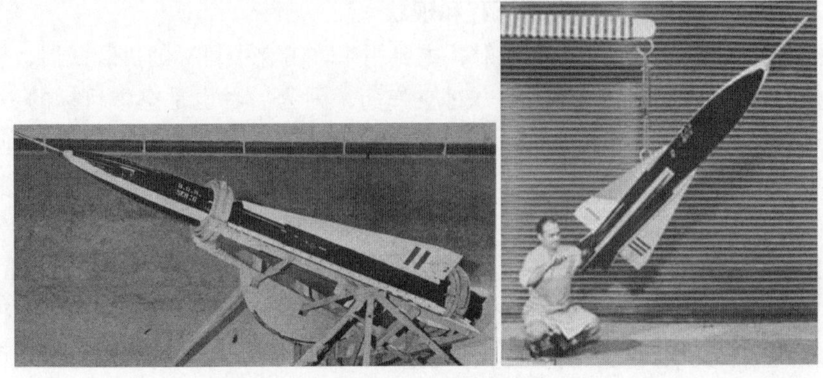

图 6－16 康奈尔航空实验室的 BDM 方案

（图片来源：鲍勃·曼利 | desiynation－systems. net）

尽管由于众所周知的原因，上述这些 BDM 方案最终均没能变成现实，但在随后的数十年间，美国军方一直没有放弃为其轰炸机队配装 BDM 的努力，甚至还曾探讨过为 BDM 配装当量 1～10kt 的核战斗部，希望通过扩大杀伤半径的方式来提高对目标的拦截成功概率。到 20 世纪七八十年代，在美国新一代 B－1 超声速轰炸机的论证发展过程中，BDM 的研制再次被提上议事日程。按照当时美国空军的评估，尽管 B－1 轰炸机的最大飞行速度超过 *Ma*2，但是当该机面对敌方先进防空系统时，其超声速飞行能力对突防所提供的帮助将远不如 BDM。为此，B－1 轰炸机曾一度考虑过配装两种类型的 BDM：其中一种为近程型（SRBDM），主要用来拦截摧毁敌方战斗机发射的空空导弹，同时兼顾飞机目标；另一种为远程型（LRBDM），其射程将超过 400km，主要用于在敌方战斗机发射空空导弹之前对其实施打击，同时兼顾拦截来袭的面空导弹。但由于美军军事战略的转变以及潜在敌手防空技术的进步，后来正式投产的 B－1B 轰炸机放弃了高空高速突防的思想，转而依靠低空高亚声速突防、低可探测性和先进软杀伤自防护系统等手段来保证自身的战场生存力，为其配装 BDM 的

① 世界最早正式服役的空空、地空导弹为美国的 AIM－4“猎鹰”和 MIM－3“奈基－阿贾克斯”，二者均于 1954 年正式交付使用。

想法也无果而终。

在 20 世纪 80 年代，就在美国军方探讨为 B－1 轰炸机配装 BDM 的同时，美国军方和工业界还提出了其他多种为军机配装反导自卫导弹的构想。例如，美国空军大学下属的空中力量研究所(ARI)提出了为在高风险空域活动的运输机配装 AGM－88“哈姆”/122“赛德阿姆”反辐射导弹的空空改型①(用于打击雷达已开机的来袭敌方飞机/雷达制导对空导弹)和 AIM－9L/M/R 近距格斗空空导弹(用于打击从载机前方来袭的敌方飞机/导弹)的概念方案，波音公司提出了将“毒刺”便携式防空导弹移植为轰炸机后射型反导自卫导弹的概念方案，TRW 公司则提出了一种全新设计，以半主动雷达制导导弹为拦截弹的“机载近距防御系统”(ACIDS)方案。除美国外，当时世界上也有其他一些国家曾进行过机载反导自卫导弹的探索研究，其中以由以色列科学发展部与以色列理工学院合作提出，在结构设计/战技特性方面均别具一格的“机载制导反导防御系统”概念方案最具代表性。尽管由于当时科技水平限制、同期软杀伤自防护技术迅速发展等原因，上述这些机载反导自卫导弹概念方案最终均没能转入正式的产品研制，而只是停留在纸面状态；但是通过这些研究工作，为今后反导自卫导弹的发展成熟做了非常有价值的探索，其中很多理念和设想直到今天也不显过时。

进入 20 世纪 90 年代后，随着相关领域技术的进步，各国新一代空空导弹的作战效能(尤其是对付高速高机动目标的能力)有了巨大提升，其中部分型号已经初步具备了反导自卫导弹的部分性能特征。如前所述，目前俄罗斯 R－73、德国 IRIS－T、美国 AIM－9X 等近距空空导弹以及俄罗斯 R－77、欧洲“流星”等中距空空导弹，均不同程度地具备一定的反导自卫能力。尽管总的来看，这类导弹在用作军机反导自卫装备时，普遍存在着拦截成功率有限、对载机任务使命影响大、综合效费比不高等缺点，将其作为紧急情况下的最后自卫手段尚可接受，直接用作今后军机的主力反导自卫弹药则并不合适；但是这类导弹所展现出的性能潜力，初步验证了空空导弹拦截摧毁来袭对空弹药的可行性，表明空空导弹武器在军机主动防护领域具有广阔的应用前景，在其基础上研制专用的军机反导自卫导弹已经指日可待。到 20 世纪 90 年代后期，英国航宇公司针对 2015 年后可能出现的面空/空空导弹威胁，开始了发展新一代军机反导自卫导弹的尝试，提出了一种专用于军机反导自卫作战的“超近距空空导弹”(VSRAAM)概念方案，并曾计划与法国合作研制；尽管该方案最终仍因

① AGM－88/122 均为空地反辐射导弹，但二者均具有一定的空空作战能力。在 1991 年海湾战争中，曾有一架美军 B－52G 轰炸机被友机发射的一枚 AGM－88 反辐射导弹锁定尾炮火控雷达，最终遭击伤。

经费、技术等原因而中途下马，但从其精细的结构设计和独特的战技性能可以看出，经过数十年的不懈努力和持续探索，以空空导弹为基础发展专用反导自卫弹药所涉及到的关键技术和作战概念均已相当成熟，符合多年来人们所期望并且适应现代空中战场需求的军机反导自卫导弹已经呼之欲出。

进入21世纪以来，随着信息、微电子、新材料等技术的飞速发展，研发成熟实用的军机反导自卫导弹所面临的最后技术障碍陆续被突破，再加上主动防护在未来空中战场上的独特作用日益受到各国军方的关注和重视，为军机研制、配装反导自卫导弹可谓是水到渠成。正是在这样的背景下，美国、俄罗斯、欧洲相继开始实施一系列军机反导自卫导弹研发项目，或者将军机主动防护概念应用到已有的空空导弹研发项目中，并由此形成了两条不同的技术途径：①由新一代近距空空导弹兼具反导自卫功能，即反导自卫导弹与近距空空导弹合二为一，美国“小型先进能力导弹”和俄罗斯 K-MD 就属于这种类型；②发展专用的军机反导自卫导弹，但不排除紧急情况下将其用于打击飞机目标，美国“微型自卫弹药”(MSDM)和欧洲“硬杀伤防御辅助系统”就属于这种类型。

3. 反导自卫导弹用于军机主动防护时的主要缺点

由于反导自卫导弹本身就是一种空空导弹，只不过用途较为特殊而已，因而传统空空导弹武器所固有的一些性能缺陷，将不可避免地会被反导自卫导弹沿袭下来，由此会在一定程度上影响其反导作战效能，同时还会给载机的携带使用带来一定不便。

1）反应速度相对较慢，并且存在射程近界盲区

导弹发射后需要从静止状态逐渐加速，才能达到最大飞行速度，因而其初始飞行段内的平均速度普遍较低，这不仅会延长其飞抵目标所需要的时间，而且还会因为这期间弹上气动控制面的效能低，弹体产生的升力小，导致导弹的机动能力较差。不仅如此，机载导弹的发射与航炮炮弹、反导榴弹等非制导弹药不一样，不是提前精确指向目标然后再发射，而通常是呈扇面发射，有时还会大离轴角甚至越肩发射，然后再朝目标方向转向。由于这些原因，反导自卫导弹在反应速度方面明显不如航炮炮弹和反导榴弹，同时还存在一定的射程近界盲区，这样的缺点在“分秒必争”的军机近距/超近距反导自卫作战中不容忽视。

2）存在受外界干扰而效能下降的风险

反导自卫导弹通过配装制导设备，一方面固然会大幅提高自身命中精度，但同时也会带来因受外界干扰而效能下降的隐患，现代战场上大量充斥的各种自然/人为干扰，均可能会影响到反导自卫导弹的作战效能。

3）体积重量相对较大，会给载机携带使用带来一定不便

反导自卫导弹由于弹上有动力装置和制导设备，并且需要确保一定的威力和射程，其体积重量往往难以大幅缩减，因而无法像航炮炮弹那样可以供载机大量携带，由此会影响系统的持续作战能力。此外，由于载机的有效载荷和武器挂点/弹舱空间有限，当部分用于携带反导自卫导弹后，主战弹药的携带量将会相应减少，进而会给载机作战任务的完成带来不利影响。

4）成本费用昂贵，影响作战效费比

价格昂贵一向是精确制导武器的通病，对于军机反导自卫导弹来说也不例外。与前面介绍的各种非制导拦截弹相比，反导自卫导弹尽管作战效能方面的优势非常突出，但是其采购使用成本也远远超过了前者，在部分任务场合下的效费比可能偏低。

4. 反导自卫导弹今后发展方向

与传统空空导弹类似，要最大程度地提高反导自卫导弹在现代空中战场上的作战效能，一方面可以从载机平台入手，通过提升载机的战场态势感知能力、反导作战时载机辅以一定机动、改进发射装置以实现侧射/后射等技战术手段，来部分弥补反导自卫导弹的种种先天性能不足；另一方面还需要随着技术的进步，及时地对反导自卫导弹进行多方面的性能提升，以尽可能改善、消除其用作军机反导自卫弹药时的固有性能缺陷。从美国、俄罗斯、欧洲、以色列等国家(地区)在相关领域的研究动向来看，国外新一代反导自卫导弹将会重点向以下几个方向发展。

1）进一步增强对付弱信号特征目标的能力

现代对空导弹的各种信号特征本身就比较弱，再加上反导作战时往往会迎头观测来袭目标、战场上的各种自然/人为干扰、今后对空导弹可能会采取一定隐身措施等原因，反导自卫导弹导引头必须拥有足够高的灵敏度和分辨率，才能适应未来军机反导自卫作战的需求。为此，今后的反导自卫导弹除了需要采用被动雷达、凝视红外成像、毫米波主动雷达等先进导引头外，还有必要引入复合制导、多模导引、智能化信息处理等技术，以提升其对付弱信号特征目标的能力。例如，美国洛克希德·马丁公司参加美国空军“微型自卫弹药”(MSDM)项目竞标的技术方案就采用了与“爱国者”-3 防空导弹改进型类似的毫米波主动雷达导引头，该公司推出的 CUDA 小型空空导弹概念方案则可以选装“雷达+红外成像+半主动激光”之类的先进多模导引头。

2）进一步提升攻击高速高机动目标的能力

现代对空导弹普遍具有良好的高速高机动性能，并且其这方面能力仍在持续提升中，反导自卫导弹要对这类目标实施有效拦截，将需要在制导系统、导

引规律、控制系统和气动外形等方面较传统空空导弹有全面的改进提升，尤其是有必要借鉴美国“爱国者”-3、“标准”-3等高性能防空导弹的成熟经验，引入直接侧向力/气动力复合控制之类的先进技术。例如，美国洛克希德·马丁公司的CUDA小型空空导弹为了提高自身攻击高速高机动目标的能力，确保足够的控制精度以便对目标实施撞击杀伤，就采用了现代空空导弹上非常罕见的微型姿态控制发动机技术。

3）弹体进一步小型化、轻量化

今后随着弹载相控阵雷达、微机电系统(MEMS)、系统级封装(SIP)、片上系统(SoC)等技术的发展，弹载电子设备将会在性能显著提升的同时，自身体积重量大幅缩减，再结合高性能动力装置、轻质结构材料、高精度制导/控制(由此可缩减甚至取消战斗部)、一体化优化设计等技术的应用，将会有力地促进反导自卫导弹向小型化、轻量化方向发展，从而有效避免弹体体积重量过大所带来的种种弊端。例如，欧洲“硬杀伤防御辅助系统”反导自卫导弹方案的弹长不到1m，弹重不到10kg，仅相当于一枚便携式防空导弹。从长远看，当反导自卫导弹的体积重量缩减到足够程度，其外形尺寸与箔条/红外干扰弹相当时，将可以为其配备专用发射装置甚至与箔条/红外干扰弹共用发射装置，而不必与主战弹药争夺外部挂点/弹舱空间。

4）具备“他机制导”能力

考虑到未来战争中很可能会出现部分军机尽管配装有机载APS，但因自身任务需要而无法携带反导弹药，或者其携带的反导弹药已经在先前战斗中耗尽等情况，今后的反导自卫导弹最好能具备一定的“他机制导”能力，使上述这类军机在遭到敌方对空弹药攻击而友机难以及时救援时，仍可以通过“A射B导”的方式，“借用”友机的反导自卫导弹来实施反导自卫作战。

5）作战任务多样化，可一弹多用

由于军机平台每次出击时的携弹数量/种类有限，为了最大程度地提高其战时任务效能，今后的反导自卫导弹最好能具备一定的多用途能力，除了主要用于军机反导自卫作战外，还可适当兼顾传统空战、攻击地/水面目标等任务。此外，从提高经济可承受性、方便维护保障、战时协同作战等角度出发，今后反导自卫导弹还有必要向系列化、通用化方向发展，同一种导弹不仅能用于多型号、多种类的军机平台，还可移植到陆上、水面作战平台上使用。例如，美国、俄罗斯两国研制中的新一代近距空空导弹——“小型先进能力导弹”和K-MD,均被要求具备近距格斗空战和反导自卫双重用途，其中K-MD经适当改进后还可用作舰载APS/陆上战术反导系统的拦截弹。

第 7 章　机载 APS 拦截弹发射装置

发射装置是载机用来携带和发射(投放)APS 拦截弹的专门装置，其主要功能是将拦截弹从载机上推离出去，使其抵达合适的位置并对来袭弹药实施拦截摧毁。发射装置除了直接关系到机载 APS 作战效能的发挥外，还会对载机的气动外形、隐身性能、结构布置等方面产生不同程度的影响，因此有必要对其进行专门研究。根据第 6 章对目前技术条件下可供机载 APS 选用的拦截弹种类相关情况的分析，本章将对滞空拦截弹、航炮炮弹、反导榴弹和反导自卫导弹这四类拦截弹所适用的发射装置分别进行介绍。此外，考虑到 APS 在载机平台上可以有固定内置和外挂吊舱两种配装方式，而固定内置是其中最基本、最典型的一种，因此本章将对 APS 固定内置时发射装置的选用、安装进行重点研究，同时在 7.5 节中对 APS 外挂吊舱中发射装置的配置情况进行专门介绍。

7.1　滞空拦截弹发射装置

根据滞空拦截弹的技术特性和使用环境，这类弹药通常采用机械发射装置，以弹射力、拦截弹自身重力和空气阻力为动力，来使拦截弹脱离载机。与其他各种发射装置相比，机械发射装置在工作过程中不会产生火光、烟雾等信号，因而具有作战隐蔽性好的突出优点。从多年来国外相关领域的研究情况来看，目前技术条件下适用于滞空拦截弹的机械发射装置主要有四种。

1. 重力投放式发射装置

这种发射装置与目前自由落体炸弹和部分大型空面导弹所采用的自由投放装置类似，也是让拦截弹依靠自身重力与载机分离并自由下落。其结构非常简单，甚至只需一个普通的挂弹架即可，其操作使用也非常方便。但是采用这种发射装置时，拦截弹通常只能由载机外部挂架或机身腹部弹舱携带并向下投放，因而不适于在接近地面的低空、超低空使用，同时这期间载机的航速不宜过高，否则拦截弹会投放困难甚至发生危险。

2. 牵引伞/气囊式发射装置

这种发射装置与目前部分重型装备的空投装置比较类似。采用该发射装置的拦截弹配装有一个牵引伞/气囊，在投放过程中，先将位于载机尾部的弹舱舱门向后打开并抛出拦截弹上的牵引伞/气囊(拦截弹也可从机翼/机身挂架上向后抛出牵引伞/气囊)，后者将会在气流作用下伸展开来并通过空气阻力将拦截弹拖离弹舱(或挂架)。这种发射装置的优点是结构简单，使用方便，但其缺点也很明显，例如，操作时间相对较长因而会影响对来袭目标的反应速度，并且只能朝载机后方投放拦截弹。

3. 弹射式发射装置

这种发射装置是利用弹簧等弹性元件或气/液压能源作为动力，将拦截弹推离载机。与前述的重力投放式和牵引伞/气囊式发射装置相比，弹射式发射装置由于有弹射力的帮助，载机可以在较高航速下投放拦截弹，并且可从机身侧面、腹部、尾部等不同部位投放，因而拦截弹在全机的配置将更加灵活，同时反应速度也有所提高。但是这种发射装置的结构通常比较复杂，重量也较大。

4. 拖曳式发射装置

这种发射装置只能用于拖曳式滞空拦截弹，其结构与目前拖曳式诱饵的投放装置基本相同，也是通过缆绳将拦截弹释放出去并拖曳在载机后方一定距离处，使其随载机一起运动。与上面介绍的几种发射装置相比，拖曳式发射装置的最大特点就在于通过缆绳的牵引，拦截弹可较长时间伴随载机运动，由此可带来三方面的优势：①可确保拦截弹能对载机实施全程防护，不像漂浮式滞空拦截弹那样会因为距离载机越来越远，而逐渐失去防护作用；②可使拦截弹能更好地模拟载机运动特性，主动吸引敌方对空导弹前来攻击自己，从而将其摧毁；③如果拦截弹施放后没有被引爆，将可以通过缆绳将其回收。但拖曳式发射装置也同样存在反应速度相对较慢，只能朝载机后方投放拦截弹等缺点，并且使用过程中还会对载机的机动性、隐蔽性有一定影响。

7.2 航　炮

航炮即航空机炮，是指身管口径在20mm以上(通常20~30mm)、安装在航空器上的自动射击武器。作为最“古老”的机载武器之一，航炮在现代航空武器装备体系中的地位已经有相当程度的下降，部分作战飞机上甚至已经取消了航炮。尽管这样，考虑到航炮的性能特点与部分舰载/地面APS所使用的小口径速射炮类似，甚至可与其完全通用①，根据后者在水面舰艇/地面车辆主

① 以美军军机上广泛配装的M61A1型六管20mm机炮为例，该炮同时也用于MK-15“密集阵”舰载近防武器系统和“百夫长”地面“反火箭炮、火炮及迫击炮”(C-RAM)系统。

动防护领域的成功应用经验，航炮在做一定改进后，在军机主动防护领域同样也有一定的用武之地。

7.2.1　航炮用作机载APS拦截武器时的性能优势

从目前部分现役舰载/地面APS所展现出的性能水平来看，目前技术条件下的小口径速射炮完全有能力对各种高速高机动小目标实施拦截，其不足之处主要表现在杀伤威力/拦截距离不足，进而导致被保护平台很可能会遭到惯性杀伤方面。而当航炮配装于军机平台并用于执行反对空导弹作战任务时，小口径速射炮打击高速高机动小目标的传统能力优势将会得到充分发挥，同时其性能缺点却并不显得突出(参见3.1节)，因此从技术角度来看，将航炮用作部分军机的反导拦截武器是完全可行的。

1. 航炮射速高，易于形成大面积、高密集度的拦阻弹幕

军机在以小口径火炮实施反导自卫作战的过程中，由于来袭目标和本机往往均处于高速高机动飞行状态，敌我双方相对位置变化剧烈，致使"射击窗口"非常狭小，此时实施精确射击将远不如形成大面积拦阻弹幕有效。这样的作战特点要求反导火炮应具备尽可能高的射速，其单位时间内发射的弹丸越多，在来袭目标前方形成的弹幕密集度越高，覆盖面积越广，对目标的命中概率也将越大。而航炮作为一种空战武器，为了适应日益复杂严酷的现代空中战场环境，普遍拥有非常高的射速(如美国M61A1"火神"六管20mm航炮最大射速可达6000rd/min)，因而完全具备用作军机反导自卫武器的先天条件。今后若为航炮配备小口径预制破片/子母弹这类弹种，其战时所形成的拦阻弹幕的密集度和覆盖面积还将会成倍增加，在对来袭目标实施拦截摧毁时的作战效能也相应地会进一步提高。

2. 反应时间短，适于打击近距离内突然出现的目标

在现代战场环境下，可用于承担军机反导自卫作战任务的航炮，主要是指配备于轰炸机、运输机等部分大军机，并且安装在活动炮塔上的航炮①。这类武器在反导作战过程中，由于炮管可以在发射前精确指向目标，并且发射的炮弹初速高，因而在快速反应能力方面明显超过了其他各种反导拦截武器；同时，这类武器战时火力转移迅速，一旦发现某个方向有目标来袭，只须通过炮塔转动(而无须要求载机机动)即可实现对目标方向的快速精确瞄准，因此非常适于打击对空导弹这类往往会在近距离内突然出现的目标。

---

①　固定安装的航炮通常不适合用作机载APS的反导拦截武器，以下如无特别说明，本书中提及的航炮均是指安装于活动炮塔的航炮。

3. 易于实现侧射、后射，满足载机全方位、无死角防护的需求

与反导自卫导弹侧射、后射时往往会面临不同程度的困难(参见7.4.2节)相比，航炮由于其发射的炮弹初速高，侧向投影面积小，加上其载机平台(大军机)的飞行速度和机动性普遍较为有限，其侧射、后射通常不会存在太大问题。因此对于使用航炮作为反导拦截武器的军机来说，只要自身条件允许，完全可以在机上布置多座活动炮塔，实现反导火力在机体周围360°球形空域内全向覆盖，从而有效提高系统对付侧方/后方来袭目标时的反应速度，全面提升系统作战效能。

4. 可兼顾发射箔条/红外干扰弹，实现机载软、硬杀伤自防护系统共用发射装置

与地炮、高炮、舰炮一样，航炮也可配装用途不同的多种炮弹，其中除了可对来袭弹药实施硬杀伤的传统弹种外，也包括可对目标实施软杀伤的箔条/红外干扰弹①。今后若为同一门航炮同时配备这两类炮弹，也就相当于实现了硬杀伤拦截弹与软杀伤干扰物共用发射装置。由此一来，载机在使用航炮进行反导自卫作战的过程中，将可以通过快速转换弹种的方式，来选择对目标实施软杀伤还是硬杀伤，从而为载机提供"软硬结合"式的综合防护。此外值得指出的是，与通常固定安装在军机机身上的专用箔条/红外干扰弹投放装置相比，安装在活动炮塔上的航炮不仅射程更远，而且可以通过转动炮塔，在较长时间内保持对来袭目标的跟踪瞄准，并选择最合适的时机发射干扰弹，从而最大程度地发挥其效能。

7.2.2 反导航炮发展历程及现状

由于历史上航炮曾长期是军机的主要对空作战武器，因此当20世纪50年代对空导弹正式投入使用并且对军机的威胁日趋严重后，相关国家军方很自然地想到利用航炮作为军机的反导自卫装备。尤其是对于轰炸机(也包括部分运输机)这样的大型一线作战飞机来说，一方面它们在战场上很容易遭到面空、空空导弹的攻击，对反导自卫装备的需求尤为迫切；另一方面当时这类飞机普遍配装有多门航炮作为自卫武器，并且其中多数安装在活动炮塔上，也具备使用航炮进行反导自卫作战的良好先天条件。因此在相关各国进行的改进航炮反导作战效能，以提升军机战场生存力的早期尝试中，轰炸机也成为首选载机平台。

---

① 早在20世纪50年代，苏联NR-30型30mm航炮就已开始配装电子干扰弹，用于干扰敌方对空导弹的制导雷达和对空导弹战斗部的无线电近炸引信；目前俄罗斯部分图-22M轰炸机和伊尔-76运输机上保留的Gsh-23型23mm尾炮，其主要用途就是发射箔条/红外干扰弹。

例如，苏联20世纪50年代研制的图-16、图-95、米亚-4等中/远程轰炸机均沿袭了第二次世界大战期间的典型武器配置，机上布设有多座活动炮塔以提供强大的自卫火力，甚至其20世纪70年代推出的图-22M轰炸机和伊尔-76运输机也仍保留了尾部活动炮塔(图7-1)。按照当时苏联军方的要求，这些飞机炮塔上安装的AM-23、R-23和GSh-23等型航炮(口径均为23mm)，除了继续担负打击飞机目标的传统任务外，还应具备一定的拦截来袭对空导弹的能力。为此，这些航炮除了配备有较先进的火控系统外，还配装了专门研制的干扰弹和子母弹，可以分别对来袭导弹实施软杀伤和硬杀伤。尽管这些航炮均没能有机会在实战中展现自身的反导作战能力，但是其在靶场测试和对抗演习中表现不俗：图-22轰炸机上的R-23M航炮发射子母弹拦截导弹目标时的毁伤概率高达95%，图-95轰炸机上的AM-23航炮还曾有过在空中加油事故中击毁脱落的加油管(其直径仅数十毫米)的记录，因此其战技性能得到苏联(俄罗斯)军方的较高评价，部分机型上的这类航炮一直保留至今。

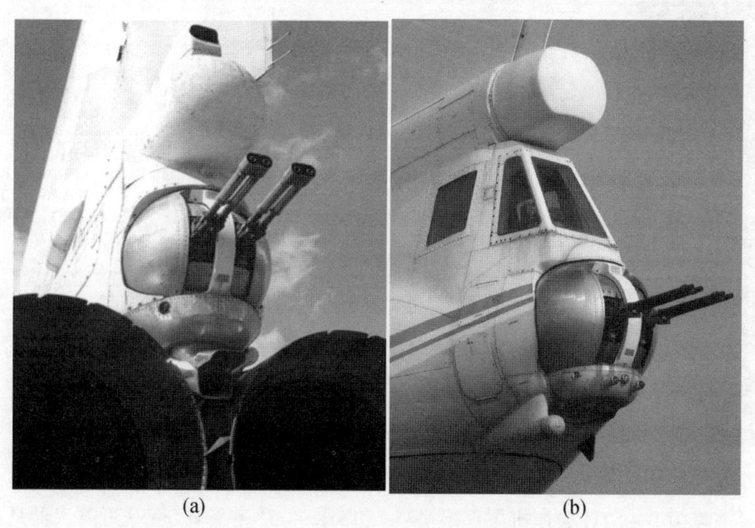

(a)　　(b)

图7-1　俄罗斯图-22M轰炸机(a)和伊尔-76运输机(b)的尾部活动炮塔
(图片来源：imgur. com；airwar. ru)

美国在20世纪50年代也曾对轰炸机配装反导自卫航炮的相关技术进行了探索研究，在当时其研制的几型轰炸机中，除了XB-70高空高速轰炸机曾计划以配装有反导专用炮弹的多管小口径速射炮作为自卫武器外，B-58中程超声速轰炸机上的T171/M61A1“火神”六管20mm尾炮也具有一定的反导自卫潜力。到20世纪60年代初，B-52H远程轰炸机也将其尾部活动炮塔上的四挺

12.7mm机枪更换为一门M61A1航炮，同时还加装了与后者配套的当时非常先进的AN/ASG-21火控系统，从而进一步提高了对后方来袭目标的防护能力。值得注意的是，AN/ASG-21火控系统拥有两部雷达，均安装在飞机尾部并上下纵列布置在M61A1航炮的上方，在其工作期间，一部雷达处于跟踪状态，另一部则处于搜索状态；这种布置方式和功能特点，与后来美国海军"密集阵"舰载近防武器系统所采用的搜索雷达、跟踪雷达和M61A1火炮"三位一体"结构(图7-2)颇有些类似。到20世纪80年代中期，AN/ASG-21系统经过一次全面的数字化改进后，具备了较强的探测跟踪来袭对空导弹的能力；后经进一步改进，该系统还具备了较完善的边搜索边跟踪能力。从理论上讲，改进后的B-52H轰炸机尾炮对从后方来袭的对空导弹应具有一定的防护能力，尤其是对SA-2/5这类体形庞大、机动性也较差的老式地空导弹应当具有较好的防护效果。

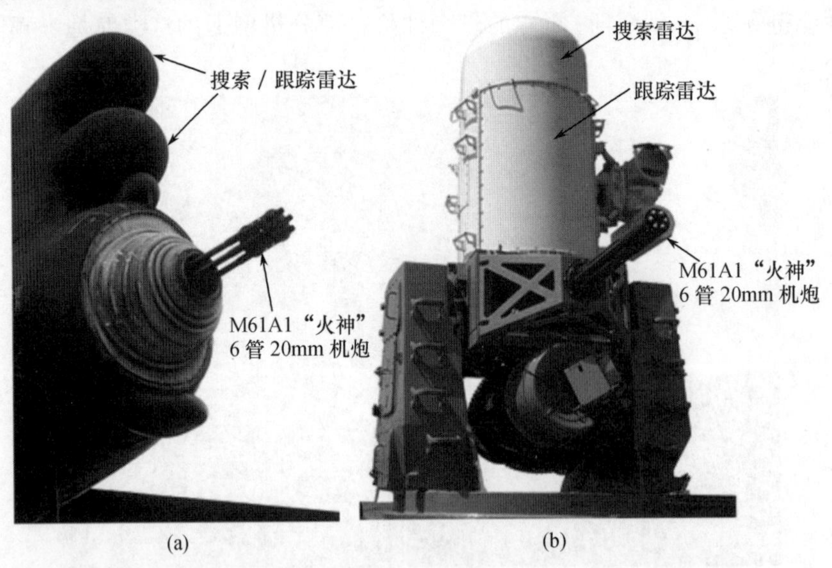

图7-2　美国B-52H轰炸机尾部炮塔(a)和MK-15"密集阵"舰载近防武器系统(b)
(图片来源：archires.gov；commons.wikimedia.org)

除了上述早期探索外，在20世纪80年代末，美国空军大学下属的空中力量研究所(ARI)在进行加强军用运输机的战时防护以提高其在高风险空域活动时的生存力相关研究中，也曾提出过为这类飞机加装自卫尾炮并配备半主动激光制导炮弹，用以拦截从载机后方来袭的对空导弹。为了进一步提高反导作战效能，该所研究人员还建议今后可考虑将自卫尾炮换装为电磁炮等新概念航炮，通过发射初速达数千米甚至更高的超高速炮弹，使其无须配装制导装置即可获得较高的命中率。

7.2.3　航炮用于主动防护领域时面临的主要问题

与小口径速射炮用于舰载/地面APS时相比，当航炮被用作机载APS的反导拦截武器时，除了仍需面对传统小口径反导速射炮所共有的一些先天不足外，还会由于搭载平台、战场环境、作战对象等方面的差异，出现一些妨碍其战技性能发挥的全新问题，进而会在相当程度上影响反导作战效能。

1. 近期内航炮射速进一步提高的空间有限

小口径速射炮在舰载/地面APS中的使用经验表明，面对速度越来越快、机动性越来越高的来袭目标，只有进一步提高自身射速才能有效应对。考虑到对空导弹是一种非常典型的高速高机动目标，航炮要想在今后的军机反导自卫作战中取得较理想的效果，对射速必然有着同样甚至更高的要求。然而在目前技术水平下，采用传统结构原理(滑动机心式、转膛式等)的单管小口径机炮射速已经逐渐接近极限，要想继续提高其射速，通常只能通过两种途径：①进一步增加火炮的身管数，例如，西班牙"梅罗卡"舰载近防武器系统所采用的20mm火炮身管数已达到12管；②将现有的转膛/转管炮组合成双联甚至多联装火炮，如俄罗斯AK－630M2舰载近防武器系统就采用了两门GSH－6－30型六管30mm火炮并联的方式。但这两种途径都会带来系统体积、重量大幅增加的问题，对于陆上/水面作战平台来说尚可承受，要供军机搭载则难度较大。

2. 航炮射击精度与舰载/陆上同类火炮存在差距

为了提高反导作战效能，目前基于小口径速射炮的舰载/地面APS均配备有一套复杂完善的火控系统。以美国"密集阵"为代表的部分先进舰载近防武器系统还采用了搜索雷达、跟踪雷达和火炮"三位一体"结构，能有效克服视差效应的影响并实现了闭环射击校正①，从而达到了极高的射击精度。然而对于绝大多数军机来说，由于受到机体空间和有效载荷的限制，通常不具备配装类似火控系统的条件②。不仅如此，空中飞行的军机作为武器发射平台，还会受到机体摇摆、振动、风阻力矩等因素的影响，其稳定性往往要比陆上/水面作战平台差得多(高速机动飞行时将更是如此)，由此也会对航炮的射击精度带来不利影响。由于这些原因，同等技术水平甚至相同型别的小口径速射炮，

① 所谓闭环校射，就是利用连续射击过程中弹与弹之间脱靶量的相关性，由先前发射弹丸的脱靶量，预测即将发射弹丸的脱靶量，从而将其校正。美国"密集阵"、荷兰"守门员"等先进舰载近防武器系统均采用了这种技术来提高射击精度。

② 以"密集阵"为例，该系统尽管以结构紧凑、通用性好而著称，但总重仍达5625kg，其改进型则达6120kg。

当其配装于军机平台时，射击精度通常难以达到与配装陆上/水面作战平台时相同的水平。

3. 航炮口径普遍偏小，会影响弹药威力和改进发展潜力

由于航炮口径过大会带来体积重量增加、备弹量减少、射速降低、后坐力增大等一系列弊端，因此自第二次世界大战结束以来，除了苏联米格－9/15/17 战斗机（配装有 37mm 航炮）和美国 AC－130 武装运输机（俗称“炮艇机”，配装有 40mm 机炮和 105mm 榴弹炮）等极少数机型外，现代军机上配装的航炮口径通常不超过 30mm。当航炮被用作机载 APS 的反导拦截武器时，如此小的口径这一方面会带来有效射程近、单发炮弹威力小等问题，另一方面也会给各种新技术（尤其新型弹药）的应用带来很大限制，从而影响系统进一步改进发展的潜力。

4. 航炮射界会受载机机身及机上部件的遮挡，存在防护死区

与导弹发射后可进行大幅度调姿甚至转向 180°攻击载机后方目标不同，航炮炮弹发射后完全是沿自然弹道飞行，即使是制导炮弹，通常也只能在弹道末段进行小范围修正，因此当机载 APS 采用航炮作为反导拦截武器时，后者射界大小将会直接影响到系统作战效能的发挥。对于直升机来说，其航炮通常安装在机头下方，只能在俯仰、水平方向做一定角度转动，对从载机后方、上方来袭的目标难以及时瞄准射击；对于战术飞机来说，其航炮通常固定安装在机身前部，只能沿飞机轴向朝前发射，对从侧方、后方来袭的目标则难以及时瞄准射击；对于轰炸机、运输机等大军机来说，虽然有能力在机身各处布置多座活动炮塔，但这些炮塔的射界也会受到机身和机上某些部件（如机翼、平/垂尾、螺旋桨、外挂物、外置天线等）的遮挡。因此军机在使用航炮进行反导自卫作战时，均不同程度地会存在一定的射击死角和防护死区，导致系统作战效能难以得到充分发挥。

7.2.4 反导航炮应用前景及发展方向

从上面的分析可以看出，利用航炮执行军机反导自卫作战任务，在现代战场上仍有一定的实用价值，尤其是在配装小口径预制破片/子母弹、制导炮弹等先进弹药后，航炮的反导作战效能将会大幅提升，足以满足部分特殊场合对军机主动防护装备的需求。从更长远看，今后随着各种新概念、新原理、新技术在航炮及其弹药中的广泛应用，航炮的反导作战效能还有进一步提升的空间。

尽管这样，考虑到航炮用于反导作战时的一些先天性能缺陷难以从根本上消除，今后即使大量引入各种先进技术，反导航炮的应用范围也仍会受到很大限制，尤其是难以在战术飞机和轻小型固定翼飞机/直升机上使用，而更适合配装轰炸机、运输机等大军机和部分重型直升机。因为大军机/重型直升机普遍机动性较低，飞行速度较慢，战时对航炮射击的限制较小；同时这类军机的有效载荷较大，机体空间也较为充裕，有条件配装较复杂完善的火控系统，并且可通过在机身不同部位布置多座炮塔，来减少甚至消除射击死角，从而最大程度地发挥反导航炮的作战效能。

不过，考虑到航炮已不再是主流的空战武器，再加上其用作反导自卫武器时的种种先天性能不足，今后除非在新概念火炮(如电磁炮、电热化学炮、液体发射药等)及其弹药领域取得重大突破，否则是否有必要专门研制基于航炮的机载APS，在很大程度上仍值得商榷。从目前世界各国军用航空装备的现状来看，近期内最现实可行的做法是对部分仍保留有航炮的军机进行针对性的改装，以提升其航炮的反导作战效能，从而以一种简便易行、高效费比的方式来增强这类军机在现代战场上的生存力。例如，俄罗斯空军现役的部分图-95/22M3轰炸机、伊尔-76运输机均配装有AM-23/GSh-23型23mm尾炮，美国空军现役B-52H轰炸机上的M61A1“火神”六管20mm尾炮尽管已经被拆除，但是与其配套的AN/ASG-21火控系统以及射手座椅仍被保留；这类飞机今后完全可以通过改进航炮火控系统并配备先进反导弹药的方式，来提升自身的反导自卫能力。

7.3　榴弹发射装置

榴弹发射装置的基本结构与目前常见的机载箔条/红外干扰弹投放装置、车载烟幕弹发射器、步兵榴弹发射器类似，也是利用枪炮原理、依靠发射药引燃后产生的推力来使拦截弹(反导榴弹)飞离发射管。与发射原理相近的航炮相比，榴弹发射装置的口径通常要大得多，便于配装大威力弹药，但由于其发射管的长径比小，所发射弹药的初速通常较低。榴弹发射装置的发射管可以为滑膛结构(管内壁无膛线)，也可以为线膛结构(管内壁有膛线)，前者发射的榴弹需要借助尾翼装置或其他措施来保持飞行稳定，后者则由膛线赋予榴弹一定的转速，使其通过高速旋转来保持稳定，进而提高射击精度。

7.3.1　榴弹发射装置用作机载APS拦截武器时的性能优势

由于榴弹发射装置的工作原理与航炮相近，因而后者用于军机反导自卫作战时所拥有的大部分优点，均会不同程度地在榴弹发射装置上有所保留。但榴弹发射装置毕竟不是真正的火炮，与后者在结构组成、配套弹药、内/外弹道性能等方面均存在一定差异，这使其在用作机载 APS 反导拦截武器时，会展现出一些有别于传统航炮的独特优势。

1. 发射管口径大，弹药杀伤威力及改进潜力均较大

榴弹发射装置发射的弹药初速远低于航炮炮弹，发射过程中的膛压低，产生的后坐力小，再加上这类发射装置对射速要求不高，甚至无须具备自动连发射击能力，因而其发射管口径可以做得很大，通常远大于航炮，可以接近甚至超过部分近距空空导弹的弹径。由此一来，系统对拦截弹体积重量的限制将大大减小，不仅可以通过配装杀伤威力大、覆盖面积广的战斗部来弥补拦截弹射速和命中精度的不足，而且便于今后在拦截弹上采用火箭增程/增速和末制导等先进技术，进一步提高其反导作战效能。

2. 系统适装性好，便于载机的安装布置

榴弹发射装置对射速的要求远低于航炮，部分较大口径的榴弹发射装置甚至无须考虑自动连发射击，因而不必为此配装一套能自动完成开膛、抽壳、抛壳、进弹、锁膛、击发等系列射击动作的复杂装置，再加上榴弹发射装置膛压低，发射时的后坐力小，其整个系统具有结构简单、体积小、重量轻、可靠性高等特点。这将有助于改善系统的适装性，便于配装不同种类、不同型别的载机(包括部分轻小型固定翼飞机/直升机)，或者在同一载机的不同部位安装多部发射装置以减小甚至消除射击死角；同时也便于发射装置以双联甚至多联装方式布设在载机上，战时可使多枚拦截弹同时处于待发射状态，实现在同一时刻齐射或在极短时间内连射。

7.3.2 反导榴弹发射装置发展历程及现状

从广义上讲，榴弹发射装置早已在军机自防护领域得到广泛应用，现代军机上常见的箔条/红外干扰弹投放装置就采用了与其相似的发射原理。但由于榴弹发射装置发射的弹药(反导榴弹)普遍初速较低，在用作机载硬杀伤反导拦截武器时存在先天性能不足，导致其在军机主动防护领域的应用潜力直到20世纪90年代才逐渐引起重视。进入21世纪后，随着增程/增速发动机、末制导装置等技术的引入，反导榴弹的作战性能较先前有了巨大提高，其发射装置技术也得到了相应发展。从多年来国外相关领域的研究情况来看，目前技术条件下适用于机载 APS 反导榴弹的发射装置主要有四种。

1. 外部安装的固定/半固定发射装置

这种发射装置与目前部分车载 APS 的拦截弹发射装置类似，是将预先装填有弹药的单管、双联甚至多联装榴弹发射装置，以固定发射角或半固定(可在水平、俯仰方向做小角度转动)的方式，直接安装在载机机身外部(图 7－3)。

在实际应用中，将可以根据载机自身条件和相关战术需求，在载机机身的多个部位(包括左右两侧、上部、下部、尾部甚至头部)，布设多座这样的发射装置，分别负责某一方向的防护，从而相互消除发射死角，共同为载机提供尽可能大面积甚至360°全向防护。当载机进行反导自卫作战时，可由系统根据目标来袭的方位，选择对应的发射装置发射反导榴弹予以拦截，从而缩短反应时间。

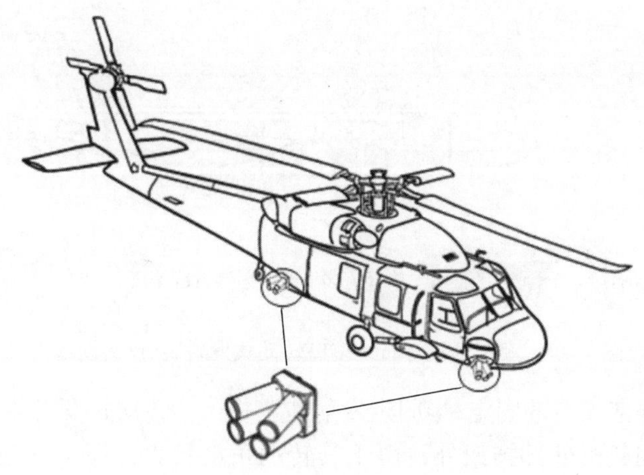

图7-3　直升机机身四周布设多部固定/半固定反导榴弹发射装置

这种发射装置尽管难以精确瞄准目标发射拦截弹，但因为单架载机上配装的数量较多，每座发射装置负责防护的空域较小，再加上其配套的拦截弹通常是发射后具有弹道修正能力的制导榴弹，必要时载机还可辅以一定的机动调姿(如原地转向)，因此仍具备较强的快速反应能力，可满足部分军机反导自卫作战的要求。此外，这种发射装置还具有可快速安装/拆卸、使用维护方便、无须占用载机外部挂架等突出优点。

不过，这种发射装置由于完全暴露在载机机身外，并且每架载机需要配装的数量较多，因此对载机的气动/隐身性能影响较大，通常只适合配装部分飞行速度/机动性有限、对隐身性能要求也不高的直升机和部分大军机。此外，这种发射装置由于转动角度有限，即使考虑到载机可适当机动调姿的因素，在使用非制导弹药时也将难以满足反导作战要求，因而通常只适合用来发射制导榴弹。

在国外推出的各种以反导榴弹为拦截武器的机载APS方案中，美国“天使之火”直升机APS由于是由“全谱近距多层防御”车载APS改进而来的，因而沿用了后者的固定式发射装置。

2. 外部安装的转动式发射装置/活动炮塔

这种发射装置与部分老式军机上的转动式机枪、航炮炮塔类似，是将可转动的榴弹发射装置或带有榴弹发射装置的活动炮塔安装在载机机身上(图7-4)。根据载机平台和发射装置性能特点的不同，发射装置可以为单管、双联甚至多联装，在载机上的安装数量可以为一座或多座，安装部位也可以灵活选择。

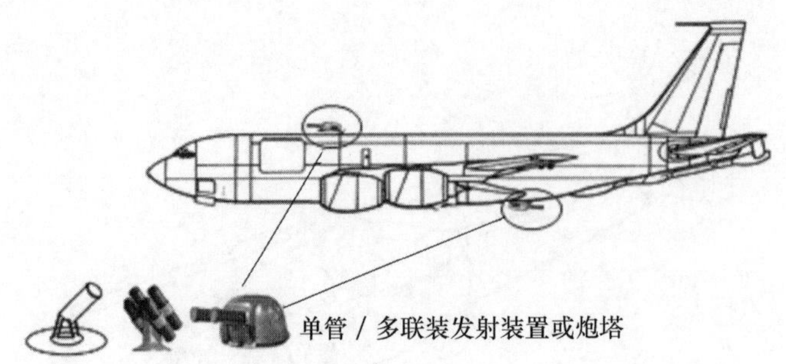

图7-4 大军机机身布设多座转动式发射装置/活动炮塔

与同样外部安装的固定/半固定发射装置相比，转动式发射装置/炮塔除了同样无须占用载机外部挂架外，由于其转动角度较大，还具有独特的性能优势：发射装置可较精确地瞄准来袭目标并适时发射拦截弹，因此所使用的弹种将不再局限于制导弹药，即使非制导榴弹也能满足作战要求；单座发射装置所能防护的空域更大，由此可以大幅减少每架军机上所需发射装置的总数量。此外，这种发射装置的相当部分设备位于载机机体或炮塔内，还便于加装拦截弹再次装填装置，从而提高系统的持续作战能力。

不过，与固定/半固定发射装置类似，转动式发射装置/炮塔由于大部分暴露在载机机身外，也主要适合配装部分飞行速度/机动性有限、对隐身性能要求也不高的直升机和部分大军机。此外，这种发射装置在安装/拆卸、维护保障等方面也不如固定/半固定式发射装置方便。

在国外推出的各种以反导榴弹为拦截武器的机载APS方案中，美国C/KC-135飞机“主动空中防御系统”方案就采用了转动式榴弹发射装置。该发射装置是由美军制式的AN/ALE-17机载干扰弹投放装置改进而来，通过一个可转动的圆盘状底座安装在C/KC-135飞机机身外部(参见9.6.5节)。

3. 固定射界内埋式发射装置

这种发射装置与现代军机上大量配装的箔条/红外干扰弹投放装置非常相似，相当于将上面介绍的外部安装固定式发射装置完全转移到载机机体内，仅在机体表面开设有供榴弹出入的发射孔(平时可由盖板覆盖)，从而使其对载机气动/隐身性能的不利影响得到最大程度的减轻，因而更适合速度/机动性更高、隐身性能也更好的军机平台使用；除此之外，其主要技术性能、配套弹药（仅能使用制导榴弹）、布设方式和操作使用都与外部安装的固定式发射装置相同或相近。

从长远看，考虑到箔条/红外干扰弹投放装置实际上就是一种采用了制式规格尺寸的固定射界内埋式发射装置，今后只要能将反导榴弹的体积、重量缩减到足够程度，将没必要再为其布设专门的内埋式发射装置，而可以直接使用载机上现有的箔条/红外干扰弹投放装置来携带发射，从而实现全机软、硬杀伤自防护系统共用发射装置。

由于反导榴弹固定射界内埋式发射装置的各方面特性与本章后面将要介绍的反导自卫导弹固定射界内埋式发射装置基本相同，关于这类发射装置的更多详情可参见 7.4.3 节中相关内容，此处不再赘述。

在国外推出的各种以反导榴弹为拦截武器的机载 APS 方案中，美国“直升机主动防护系统”（HAPS）直升机 APS 就采用了由 AN/ALE－47 箔条/红外干扰弹投放装置改进而来的固定射界内埋式发射装置。

4. 机翼/机身外挂转动式发射装置

这种发射装置相当于将上面介绍的转动式发射装置当作普通外挂物，通过外部挂架挂载在载机的机翼/机身下。其典型挂载方案是在载机左、右机翼下最外侧（靠近翼尖）的挂架各携带一部可 180°转动的发射装置，分别负责机身左、右方向的防护；或者利用载机机身中轴线上的挂架携带一部可 360°转动的发射装置，负责整个机身下半球空域的防护。

这种发射装置在继承转动式发射装置全部优点的同时，在安装使用方面远比其他几种发射装置更加灵活方便；但是其缺点也很明显，除了同样会影响载机的气动/隐身性能外，还必须占用载机部分外部挂架，进而会影响其他外挂物的携带。

在国外推出的各种以反导榴弹为拦截武器的机载 APS 方案中，美国控制产品公司研制的“主动旋转式对抗”（ARC）直升机 APS 就采用了短翼翼尖外挂的方式来携带转动式发射装置（参见 8.6.2 节）。

7.3.3　榴弹发射装置用于军机主动防护时面临的主要问题

与航炮相比，当榴弹发射装置用于军机反导自卫作战时，除了同样会存在射界可能受限，导致系统可能存在防护死区这一先天不足外，还会因为自身的部分性能特点而出现一些新问题，进而影响反导作战效能。其中最主要的就是目前技术条件下榴弹发射装置发射的拦截弹初速普遍较低（如美国 C/KC－135

飞机“主动空中防御系统”中的拦截弹发射装置使用最大发射装药时的初速也仅为200m/s)，不仅无法与航炮炮弹相提并论，甚至有可能低于载机平台的最大航速。这不仅会直接影响到系统的命中精度、有效射程和反应速度等性能指标，更严重的是只要载机航速稍高一点，就将难以实现侧射、后射，由此会使系统战时作战效能大打折扣。由于这样的原因，以榴弹发射装置为反导拦截武器的机载 APS 通常只适于配装部分飞行速度较低、机动性也不高的固定翼飞机/直升机，而难以供高速高机动飞机尤其战术飞机搭载使用。如果这类机载 APS 要配装高速性能较好的军机，通常只有在载机飞行全程的某些阶段以及当其处于低速状态时才能正常操作使用，如美国 C/KC－135 飞机“主动空中防御系统”就只被要求能在起降/爬升阶段为载机提供防护。

7.3.4 反导榴弹发射装置应用前景及发展方向

总的来看，当榴弹发射装置被用作军机反导自卫武器时，不但可以继承传统航炮的大部分优点，而且还可在相当程度上克服后者的部分性能缺陷，而自身性能不足通常只有在高速载机平台上才表现得较为明显，对低速载机平台来说则并不突出，这样的性能特点已能满足现代战场上相当一部分军机对主动防护装备的需求，在部分特殊场合下还具有较高的效费比。例如，在美国 C/KC－135 飞机“主动空中防御系统”概念方案论证中，多方面对比权衡的结果表明，在包括拦截成功概率在内的多项指标上，榴弹发射装置(配装带有拦阻网战斗部的拦截弹)方案均优于同期 TRW 公司提出的“机载近距防御系统”(ACIDS)反导自卫导弹方案，最终以较明显的综合效费比优势战胜后者而被研究人员选中。因此总的来说，榴弹发射装置在军机主动防护领域应当具有一定的应用前景和发展空间，对于今后的部分低速军机或者处于低速飞行状态(尤其是起降/爬升阶段)的高速军机来说，只要自身条件允许，均可考虑使用这类装备来提升自身的战场生存力。

为了进一步提高榴弹发射装置用作机载 APS 反导拦截武器时的作战效能，今后还有必要随着技术的进步对其进行进一步改进升级，尤其是充分利用榴弹发射装置口径大，对拦截弹体积重量限制小的先天优势，为其配备加装了增程/增速发动机和末制导装置的高性能反导拦截弹。当榴弹发射装置配装这类拦截弹后，在很大程度上相当于综合了反导航炮和反导自卫导弹二者的性能优势：一方面可通过发射管使拦截弹提前瞄准目标，并在发射后赋予其一定的初速；另一方面拦截弹上有动力和制导设备，具有射程远、命中精度高的特点。由此一来，可使系统的反导作战效能得到极大提高。

7.4　反导自卫导弹发射装置

反导自卫导弹发射装置是载机用来携带、发射反导自卫导弹的专门设备，对后者作战效能的发挥有着至关重要的影响。由于反导自卫导弹将是今后机载 APS 拦截弹发展的主流，本书也将对其发射装置做重点研究。

7.4.1　反导自卫导弹发射装置相关概念

由于反导自卫导弹本身就是一种小/微型空空导弹，部分反导自卫导弹甚至可由空空导弹兼任，因此二者的发射装置在工作原理、结构组成、作战流程等方面基本相同，大部分情况下可以相互通用。今后在为军机选配反导自卫导弹发射装置时，同类/同型军机配装空空导弹发射装置时的相关经验，均可以作为借鉴参考。

1. 反导自卫导弹的主要发射方式及相应的发射装置

发射方式是指使反导自卫导弹脱离载机的手段和方法。与目前空空导弹的发射方式类似，按照发射动力的不同，反导自卫导弹的发射方式也可分为自力式和外力式两种(在实际应用中也可能采用这两种方式的混合)。

1) 自力式发射

自力式发射是指反导自卫导弹依靠自身动力脱离载机，其对应的发射装置即为自力式发射装置，包括发射导轨、发射管(筒)和发射箱等多种形式。

当反导自卫导弹采用自力式发射时，将会在发动机推力作用下沿导轨(或发射管/箱，下同)滑行一段时间，在此过程中，导弹运动始终受到导轨的约束和引导，由此可带来三方面的好处：①导弹离轨时能确定和控制初始飞行方向，因此具有良好的初始定向性能，进而有助于提高系统的快速反应能力；②导弹离轨时发动机已经处于工作状态并拥有较高的初始飞行速度，同样有助于提高系统的快速反应能力；③导弹所获得的较高离轨速度，能削弱载机干扰流场对其弹道初始段的偏离影响，从而减小发射散布并提高离机安全性。

自力式发射这样的性能特点，使其在现代近距格斗空空导弹中得到了广泛应用，尤其适于打击近距离内突然出现的目标，因而同样也是今后反导自卫导弹的主要发射方式之一。

2) 外力式发射

外力式发射是指反导自卫导弹依靠外力作用而脱离载机。根据所借助外力的不同，外力式发射又可分为投放式和弹射式两种类型。其中，弹射式发射为现代空空导弹所常用，它是利用火药燃气、高压气体或其他动力源所产生的弹射推力使导弹脱离挂架，与其对应的发射装置即为弹射式发射装置。

与自力式发射相比，反导自卫导弹采用弹射式发射时的优点主要体现在两方面：①导弹在载机上的挂装位置比较灵活，机翼下、机身下、机身弹舱内均可，并且可使用部分气动干扰比较严重的武器挂点（如翼根处）；②导弹离开载机一段距离后，弹上发动机才点火工作，能显著减轻导弹发动机尾流对载机及其发动机的影响。根据弹射方向的不同，弹射式发射还可进一步细分为横向弹射（弹射方向与导弹纵轴相垂直）和轴向弹射（沿导弹纵轴方向向前弹射）两种类型（图 7－5）。当采用横向弹射时，导弹离开载机时无法获得纵轴方向向前的初始速度，而只能从零开始逐渐加速[①]，致使反应时间相对较长，因此更适于中远距空空导弹的发射，近距空空导弹尤其是反导自卫导弹只有在特殊情况（如使用内埋弹舱）下才会考虑采用；而当采用轴向弹射时，导弹离开载机时已被赋予一定的初始速度/方向，对于提高系统的快速反应能力非常有利，因此尽管目前空空导弹很少采用这样的发射方式，但是该技术今后在反导自卫导弹发射领域的应用前景将非常广阔。

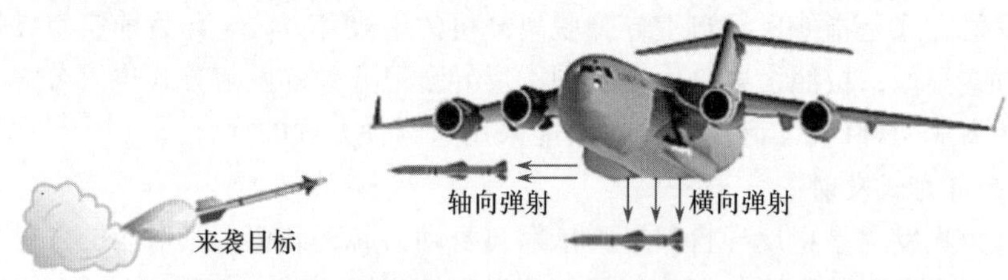

图 7－5　反导自卫导弹的“横向弹射”和“轴向弹射”

2. 反导自卫导弹及其发射装置在载机上的配装方式

为了充分发挥反导自卫导弹的作战效能，同时最大程度地减少对载机的不利影响，在反导自卫导弹的发射方式选定之后，还需要选择合适的方式将其发射装置配装在载机上。参考目前空空导弹发射装置在载机上的配装情况，今后反导自卫导弹发射装置所能采用的配装方式也不外乎外挂和内埋两种。

1）外挂式

当采用这种配装方式时，反导自卫导弹及其发射装置均安装在载机的机体之外，通常是翼下、翼尖、机身下、机身两侧等部位。

当反导自卫导弹及其发射装置以外挂方式配装载机时，其优点主要表现在三个方面：①导弹导引头视场受遮挡较少，易于实现发射前截获目标，从而提高系统的快速反应能力；②导弹及其发射装置可拆卸，不会占用机内空间，因

① 此处不计载机平台为导弹赋予的初始速度。

而对飞机主体结构和布局的影响小；③导弹及其发射装置完全外露，二者的装卸和日常维护都比较方便。但是与其他外挂物一样，外挂携带的反导自卫导弹也会增加载机的气动阻力和雷达散射面积(RCS)，进而影响其飞行性能和战场隐蔽性；此外，反导自卫导弹外挂携带时往往还需占用载机的标准外部挂架，进而会影响主战弹药的携带量。

除外挂和下面将要介绍的内埋外，目前空空导弹还有一种称为半埋的配装方式，它是将导弹部分“埋入”载机机廓内部，从而可在一定程度上兼具外挂和内埋的部分优点。但从严格意义上讲，这种配装方式仍可归属于外挂范畴，只不过外挂物的具体吊挂方式较为特殊而已，再加上半埋外挂的使用灵活性较差，通常仅用于中远距空空导弹等少数种类弹药的挂载，对近距空空导弹尤其是反导自卫导弹来说则不太适合，因此本书也不对其做专门研究。

2）内埋式

当采用这种配装方式时，反导自卫导弹及其发射装置均被置于载机的内埋弹舱中。内埋弹舱的具体规格形式将随载机平台的不同而有所差异：对于较大型的军机来说，既可设置专用的反导自卫导弹内埋弹舱，也可让反导自卫导弹与主战弹药共用内埋弹舱；而对于其他类型军机尤其是战术飞机来说，反导自卫导弹通常只能与主战弹药共用内埋弹舱。

当反导自卫导弹及其发射装置全部内埋安装时，其优点是显而易见的：将不会带来载机飞行阻力和雷达散射面积的增加，从而可以最大程度地减少对载机任务效能的影响，这对于强调超声速巡航和高隐身性能的第五代战斗机来说尤为重要。但内埋配装方式同时也会给反导自卫导弹的携带和发射带来一系列不利影响：①由于导弹挂载于弹舱内部，其导引头被完全遮挡，将难以在发射前截获、锁定目标；②导弹发射需要经过舱门开启、导弹离舱、舱门关闭等一系列操作，在此过程中不仅要克服弹舱周围复杂流场对导弹的干扰，而且要尽量减少舱门开启对载机飞行和隐身性能的影响，由此导致发射装置的技术难度和复杂程度增加；③内埋弹舱的空间通常较为有限，对反导自卫导弹及其发射装置外形尺寸的要求将更加严格，尤其是当反导自卫导弹与主战弹药共用内埋弹舱时，更需要尽量减少其对主战弹药携带量的影响。

7.4.2　传统空空导弹发射装置用于反导作战时面临的主要问题

传统空空导弹发射装置是以空空导弹为配装对象，以固定翼飞机、直升机、巡航导弹等为主要作战目标，并进行了相应的优化设计，若将其直接用来携带和发射反导自卫导弹，并用于执行军机近距/超近距反导自卫作战任务，将不可避免地会存在一定的先天不足。其中最主要、最突出的问题是传统空空导弹发射装置难以支持反导自卫导弹的侧射/后射，进而会影响系统的快速反应能力，这一问题如果不妥善解决的话，将会严重影响机载 APS 的作战效能。

1. 军机反导自卫作战迫切要求拦截弹具备侧射/后射能力

众所周知，现代军机上的空空导弹发射装置射界是固定的，通常只能前向发射，适于对付从载机前方一定范围内来袭的目标。要使用空空导弹打击从载机侧方、后方来袭的目标，目前技术条件下只能通过两种手段来实现：①载机在发射导弹前做急剧的机动转弯，使机头在导弹离轴发射角范围之内概略地指向来袭目标；②导弹采用“大离轴角发射”甚至“越肩发射”方式，在发射后做大角度甚至180°的转弯，转向来袭目标。但是在实战条件下，这两种手段均存在着较明显的弊端，除了都会导致反应时间增加外，前者对载机机动性和飞行员技能提出了很高要求，后者则会带来导弹能量消耗严重的问题，进而会导致其有效射程减小、末段机动能力降低。

由于反导自卫导弹实质上就是一种空空导弹，当战场上的军机使用这类武器对来袭的敌方对空弹药实施拦截时，若目标是来自本机后半球空域，或者目标尽管从前方来袭，但与本机机身纵轴偏离较大角度时，将会同样面临上述问题。如果再考虑到现代对空弹药（尤其对空导弹）的速度和机动性通常远高于飞机目标，信号特征则比飞机目标弱得多，军机在反导自卫作战中遇到的这类问题往往比与敌机进行空战时更严重。由于这样的原因，对于以反导自卫导弹作为拦截武器的机载 APS 来说，如果只是简单地直接沿用传统的空空导弹发射装置，系统作战效能将得不到充分发挥，难以给载机提供可靠的防护。

国外在空空导弹发射技术领域的研究结果以及舰载/地面 APS 技术发展的相关经验表明，要解决这个问题，最理想的办法就是使反导自卫导弹尽可能在发射前直接指向目标，以侧射、后射的方式对目标实施拦截，由此可使导弹在发射前就实现对目标的锁定，并且无须载机或导弹做大的机动转弯，从而有效避免前述的一系列弊端，大幅提升作战效能。要达到这样的目的，将需要在载机上配备相应的发射装置，目前技术条件下可通过两种方式来实现：①使发射装置固定朝向某个方向，这类发射装置结构简单，但用途较为单一，只能防护某一方向来袭的目标；②使发射装置可在水平方向做360°旋转，平时朝向前方，当侧方或后方有目标来袭时则直接转向目标，这类发射装置尽管结构较为复杂，但使用灵活性明显提高。

从历史上看，美国、俄罗斯（苏联）等国为了提高军机对后方来袭目标的防御能力，曾多次考虑为其配装空空导弹固定后射或旋转式发射装置，还曾进行过相关的实弹发射试验，其经验可供今后研发反导自卫导弹发射装置时参考借鉴。例如，早在20世纪40年代末，尚处于早期设计阶段的美国 B-52 轰炸机就曾考虑过配备一种采用固定内埋式发射装置，可从载机尾部直接后射的MX－904自卫空空导弹[①]；20世纪50年代后期，处于方案论证阶段的美国XB－70高空高速轰炸机曾计划在后机身安装一座旋转式发射装置，用来向后发射自卫空空导弹；在20世纪50年代初，苏联也曾试验性地把雷达波束制导的RS－2U（AA－1）空空导弹以固定后射方式外挂在图－4轰炸机的后机身上，并由原来的尾炮射击员专门负责操控；20世纪八九十年代，俄罗斯（苏联）还曾利用苏－27系列战斗机进行过R－73近距空空导弹的后射试验，并且对外挂于机翼下的固定射向式、旋转式两种发射装置都曾进行过测试（图7－6）。

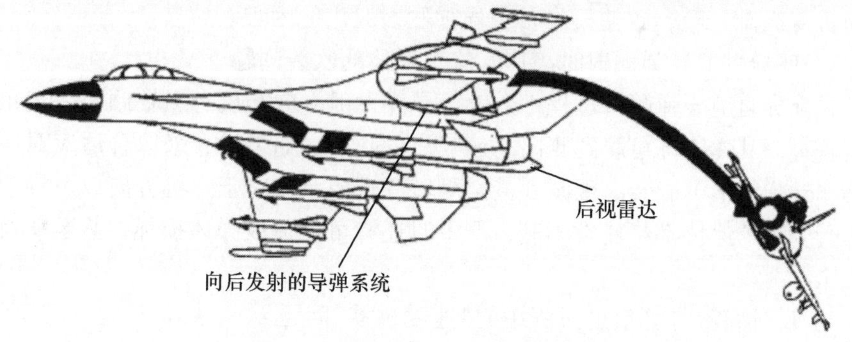

图7－6　俄罗斯苏－27战斗机进行R－73空空导弹后射试验
（图片来源：许捷|《中国航天》）

2. 传统空空导弹发射装置侧射/后射时面临的主要困难

国外多年来的研究测试结果表明，目前技术条件下无论采用固定射向式还是旋转式发射装置，要使直升机之类的低速低机动军机具备空空导弹侧射/后射能力，其难度并不算大；但随着载机平台飞行速度和机动能力的提高，空空导弹的侧射/后射在工程实现中将会越来越困难。对于今后以反导自卫导弹为拦截武器并且有侧射/后射能力需求的机载APS来说，当其配装在高速高机动载机平台上使用时，也将会同样面临一系列问题。

1）发射装置外挂携带时带来的气动干扰和挤占空间问题

当载机使用外挂式固定侧向发射装置时，由于发射装置（连同其上的反导自卫导弹）与机身纵轴垂直或者倾斜一定角度，载机携弹飞行途中将会带来明显的气动干扰；若使用旋转式发射装置，尽管飞行途中可以将其与机身纵轴方向保持一致，但是在侧射导弹时仍需朝目标转向，此过程中仍会出现气动干扰问题。此外，将固定侧向或旋转式发射装置外挂于机身/机翼下时，由于前者

① 该弹由休斯公司研制，后来发展为著名的AIM－4“猎鹰”空空导弹。

是与机身纵轴倾斜布置的，后者则需一定的转动范围，导致二者占用的机身/机翼下空间均较大，由此会严重影响其他外挂物的携带。

2）发射装置内埋安装时带来的弹舱空间冲突和舱门开设问题

对于设有内埋弹舱的军机来说，如果将固定/旋转式发射装置完全置于弹舱中(反导自卫导弹与主战弹药共用内埋弹舱)，其对载机的气动干扰问题将不再存在，但由于载机内埋弹舱空间通常相当有限，此时反导自卫导弹及其发射装置占用空间过大的问题将会更加突出。不仅如此，此时弹舱舱门开设也将会面临很大问题，因为传统舱门均是按照主战弹药使用的需要而设置的，其开口与机身纵轴一致，致使反导自卫导弹侧射时出舱困难。

3）反导自卫导弹侧射时高速气流对弹体的吹袭问题

在反导自卫导弹侧射过程中，由于导弹发射方向与机身纵轴倾斜一定角度甚至垂直，其弹体将会遭到侧向高速气流的吹袭，如果没有采取合适应对措施的话，导弹将很可能会出现倾斜甚至翻转等现象，这对于弹机分离以及导弹初始飞行姿态的保持都将非常不利，严重时还有可能造成弹体损坏，甚至危及载机安全。

4）反导自卫导弹后射过程中的“速度过零”问题

当反导自卫导弹后向发射时，由于导弹发射方向与机身纵轴一致，弹体将不会遭到侧向高速气流的吹袭，但此时会存在导弹“速度过零”过程中的姿态稳定性问题。“速度过零”是指导弹在直接向后发射时，由于受载机速度(牵连速度)的影响，导弹发射后将会经历一个速度由负值(即倒退飞行)、过零再逐渐变为正值的过程；在这期间，由于倒飞中的导弹通常处于静不稳定状态，加上低速飞行条件下导弹舵面的操纵力矩变小，以及载机流场会对在其后方飞行的导弹产生干扰等原因，将很难对弹体姿态进行有效控制；不仅如此，由于这期间导弹的升力先逐渐变小，再逐渐变大，还会导致导弹在一段时间内出现从空中下坠的现象。

3. 解决传统空空导弹发射装置性能缺陷的主要技术措施

为了解决空空导弹的侧射/后射问题，美国、俄罗斯、以色列等国军方和工业界已经进行了多年的不懈探索，并提出了多种技术措施。由于反导自卫导弹与空空导弹在技术方面的共通性，后者在相关领域的技术成果，今后同样可以用来解决反导自卫导弹侧射/后射过程中面临的问题。

1）火箭助推技术

针对反导自卫导弹后射时的“速度过零”问题，可为导弹加装反向(反载机航向)推力的火箭助推器，在发射时先启动助推器对导弹进行反向加速，以缩短其“速度过零”所经历的时间，使导弹姿态尽快由不稳定转为稳定。例如，

20世纪90年代俄罗斯使用苏－27战斗机进行R－73空空导弹后射试验时就曾采用过这样的办法：将导弹以反载机航向的方式（导弹头部朝向载机后方）挂装于机翼下，并在弹体尾部串联安装一具喷口朝向飞机前方的火箭助推器（其喷口处覆盖有整流罩以减小载机带弹飞行时的阻力），发射导弹时将首先启动助推器（此时整流罩将被气流吹掉），随后导弹在助推器推力作用下将会获得反载航向的加速，从而使“速度过零”时间大大缩短。

针对反导自卫导弹侧射时的高速气流吹袭弹体问题，同样可以通过为其加装火箭助推器，使导弹在侧射过程中获得较大的离机速度，顺利实现弹机分离并进入理想的初始飞行姿态，然后再启动弹上的主发动机，这与目前高速飞机失事时飞行员使用火箭弹射座椅脱离载机的情形有些类似。

2）轴向弹射技术

如前所述，当空空导弹以轴向弹射方式脱离载机时，由于动力系统是沿着导弹弹体纵轴、朝其前方进行弹射的，不仅可以对导弹进行初始定向，而且能使其获得一定的初始速度，因此轴向弹射技术同样可用来解决反导自卫导弹的侧射/后射问题。以反导自卫导弹的后射为例，只要其在轴向弹射过程中获得的初始速度足够大，能够抵消掉其被载机平台所赋予的牵连速度，“速度过零”问题将会迎刃而解。

从历史上看，早在20世纪40年代后期，美国B－52轰炸机曾准备配装的固定后射型MX－904空空导弹就采用了轴向弹射的发射方式，可通过位于发射管尾部的火箭助推器（此时相当于一部燃气发生器）对导弹进行加速，并且该发射管设计得相当长，可使导弹脱离载机前能够获得充分加速，从而增大其初始速度（图7－7）；20世纪50年代美国北美公司推出的“肮脏”轰炸机自卫导弹（BDM）方案则是通过安装在载机尾部的T－132炮射式发射装置来实现后向发射，可将导弹以很高的初速直接“打”出去。尽管由于技术水平的限制，当年美国工业界的这些构想方案最后均无果而终，但今后随着技术的进步，通过采用新型弹射动力源、引入反/减后坐措施、增强弹载元器件的抗过载能力等手段，空空导弹轴向弹射/炮射的设想变成现实只不过是迟早的事，届时反导自卫导弹发射过程中将可以获得非常高甚至接近传统炮弹的初始速度，这对解决其侧射/后射问题将非常有利，从而可极大地提高机载APS的快速反应能力。

7.4.3　适应未来战场环境的反导自卫导弹发射装置实现方案

在传统空空导弹发射装置基础上，结合军机反导自卫作战的特点及其对拦截弹发射装置的特殊要求，可以形成六种反导自卫导弹发射装置实现方案。在

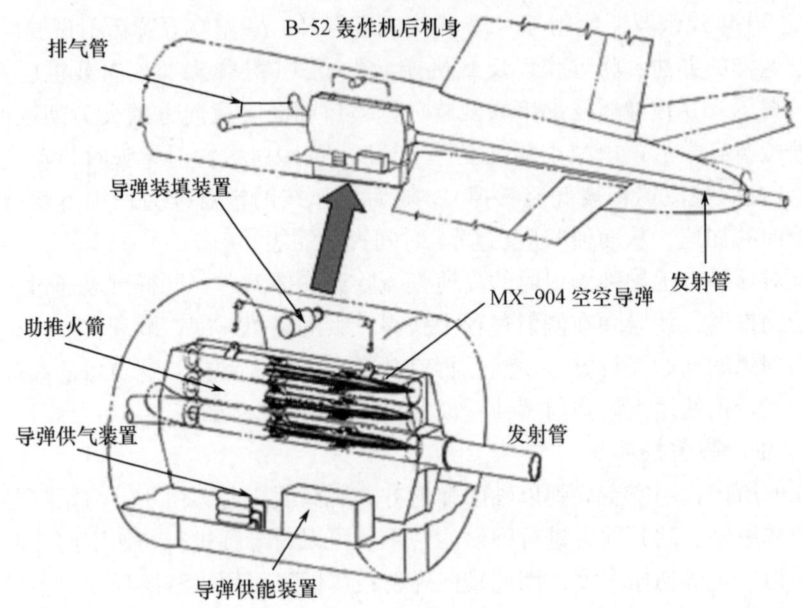

图 7 – 7　美国 B – 52 轰炸机早期型拟配备的 MX – 904 空空导弹固定后射式发射装置
（图片来源：ausairpower. net）

实际应用中，将需要根据载机平台特性、反导自卫导弹性能特点、战场威胁情况等因素进行综合权衡，为军机选配最合适的发射装置，从而在尽可能减小对载机性能影响的前提下，使反导自卫导弹的作战效能得到最大程度的发挥。

1. 与空空导弹共用外挂发射装置

对于部分体积重量较大、尤其是由空空导弹兼任的反导自卫导弹来说，当其以外挂方式配装军机时，可直接使用外挂于载机机身/机翼挂架下的空空导弹发射装置，此时其挂载方式及使用流程与传统空空导弹基本相同。

值得指出的是，当反导自卫导弹以外挂方式配装军机并与空空导弹共用发射装置时，只要有相关的现实需求并且载机条件允许，其中部分发射装置可以考虑设计成固定后向或旋转式的，从而使部分反导自卫导弹具备后射能力。例如，英国在 20 世纪 90 年代推出的主要用于军机反导自卫的“超近距空空导弹”(VSRAAM)，其战时的基本配置方式就是在载机上以前射、后射方式各布设 2 枚导弹(共 4 枚)，从而为载机提供 360°球形空域内的全向防护。

2. 与空空导弹共用内埋发射装置

对于部分体积重量较大、尤其是由空空导弹兼任的反导自卫导弹来说，如果因为载机条件限制而无法以外挂方式携带时，将只能与其他主战弹药共用内埋弹舱内的发射装置。如果载机拥有多个内埋弹舱并且相关条件也允许时，甚至可以考虑专门留出一个弹舱用于携带反导自卫导弹。在具体配装过程中，可以参考目前第五代战斗机内埋弹舱携带/发射空空导弹的相关经验，根据反导自卫导弹导引头是否需要在发射前锁定目标，分别采用以下两种不同类型的发射装置。

（1）当反导自卫导弹的导引头需要在发射前锁定目标时，适宜采用可伸缩的自力式发射装置。这类发射装置以美国 F－22 战斗机侧弹舱中用以发射 AIM－9M/X近距空空导弹的 LAU－141/A 型发射装置为代表，可通过一套可以快速伸缩的作动机构，先将导弹及发射导轨强力推出舱外，让导引头锁定目标，然后弹上发动机点火，使导弹沿导轨脱离载机，随后发射装置收回舱内(图7－8)。

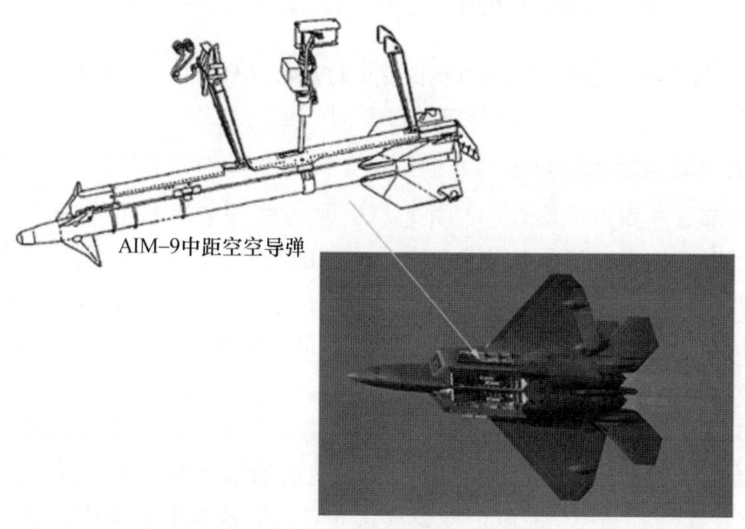

图7－8　美国 F－22 战斗机侧弹舱中的 LAU－141/A 发射装置

（图片来源：af. mil；fas. org）

（2）当反导自卫导弹的导引头不需要在发射前锁定目标时，则可采用横向弹射式发射装置。这类发射装置以美国 F－22 战斗机机腹主弹舱中用以发射 AIM－120C 中距空空导弹的 LAU－142/A 型发射装置为代表，可通过横向的弹射力赋予导弹一定的分离速度和角速度，使其脱离弹舱并快速穿越机身附近的气动干扰区，在空中保持合适的姿态，随后弹上发动机再点火(图7－9)。

同样值得指出是，当反导自卫导弹与其他主战弹药共用内埋弹舱时，只要有相关的现实需求并且载机条件允许，其中部分导弹也可考虑以反载机航向的方式挂载并加装火箭助推器，从而使其具备直接后射能力。

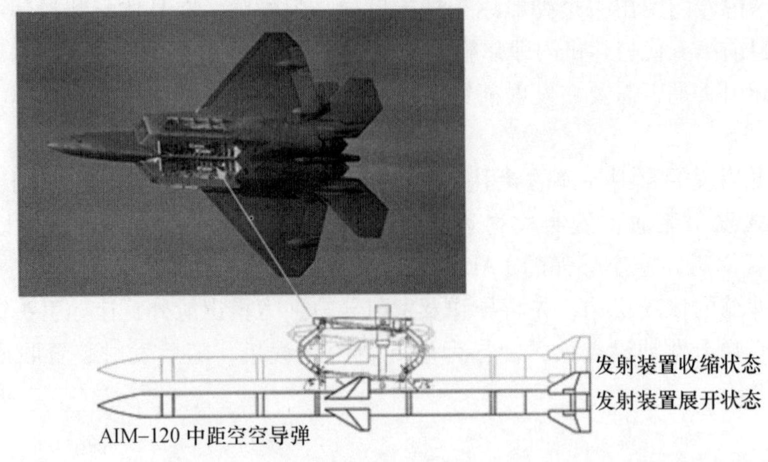

图 7 – 9　美国 F – 22 战斗机机腹主弹舱中的 LAU – 142/A 发射装置
（图片来源：af. mil；fas. org）

3. 外挂式专用发射装置

对于部分体积重量均较小、并且以外挂方式配装军机的反导自卫导弹来说，将可以在机身、机翼各处为其布设专门的小型发射装置。与传统空空导弹发射装置相比，小型专用发射装置由于外形尺寸小，重量轻，在布设过程中受载机结构布局、强刚度、重心变化、可用空间等因素的限制较少，其在载机上的配装方式也更加灵活多样。

（1）与美国 AH – 64/俄罗斯米 – 24 武装直升机短翼下携带的多联装反坦克导弹发射装置以及美国 ADM – 160“微型空射诱饵”（MALD）的多联装复合挂架/发射装置（图 7 – 10）类似，将多具反导自卫导弹发射装置组合在一起，形成多联装集束型发射装置，再挂装在载机机身、机翼的标准外部挂架下，从而在载机承载能力允许的前提下成倍增加导弹携带量。

（2）与美国 F – 8/ A – 7、英国“闪电”等战斗机/攻击机前机身两侧主要用于挂载近距格斗空空导弹（必要时也可携带航空火箭发射装置等外挂物）的专用挂架（图 7 – 11）类似，在载机机身、机翼的特定部位独立布设反导自卫导弹专用发射装置，从而避免与主战弹药争夺标准外部挂架。

（3）与美国 F – 4、F – 14、F – 15 等战斗机的机翼下挂架同时安装中距和近距空空导弹发射装置的做法（图 7 – 12）类似，在载机标准外部挂架的外侧或两侧安装反导自卫导弹专用发射装置，挂架下方则正常挂载主战弹药，从而形成一种组合型发射装置，实现在一个挂架上同时携带主战弹药和反导自卫导弹。

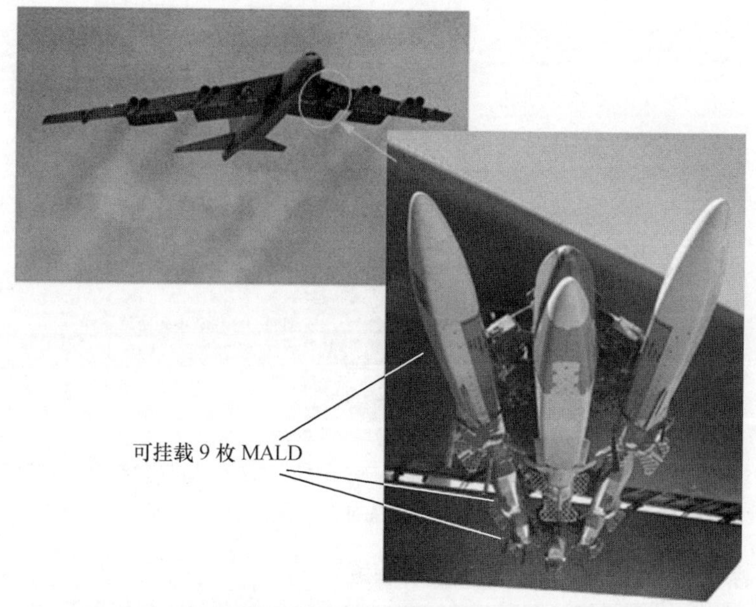

图 7 - 10　美国空军 B - 52H 轰炸机机翼内侧挂架可以安装多联装复合挂架，用于外挂“微型空射诱饵”或其他多型弹药　（图片来源：af. mil；美国波音公司）

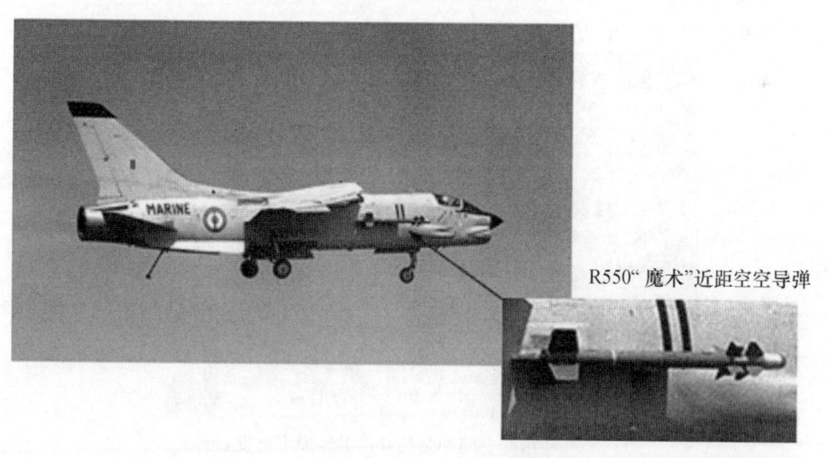

图 7 - 11　服役于法国海军的一架美制 F - 8E(FN)舰载战斗机，其前机身两侧设有空空导弹发射装置，可各携带一枚法制 R550“魔述”近距空空导弹，若在该处换装 Y 形挂架，导弹携带量还可增加一倍　（图片来源：archives. gov）

同样值得指出是，当反导自卫导弹以上述方式外挂配装军机时，只要有相关的现实需求并且载机条件允许，其中部分发射装置可以考虑设计成固定后向或旋转式的，从而使部分反导自卫导弹具备后射能力。

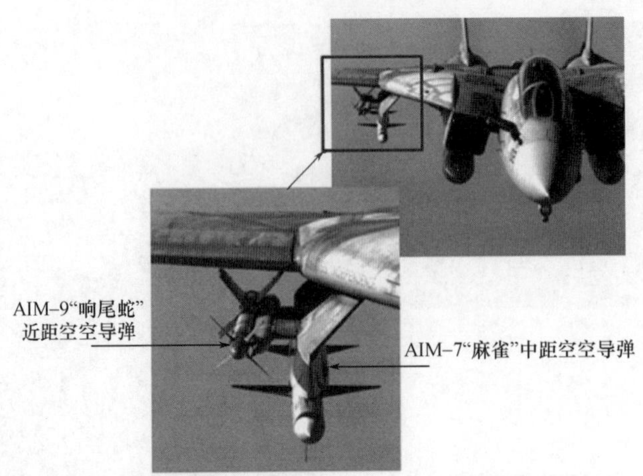

图 7－12　美国 F－14 战斗机机翼固定段下的中距/近距空空导弹组合型发射装置
（图片来源：archives. gov）

4. 标准内埋弹舱中布设专用发射装置

对于部分体积重量均较小、并且只能以内埋方式配装载机的反导自卫导弹来说，如果弹舱在挂载足够的主战弹药后仍有一定的富余空间，将可以考虑与主战弹药共用内埋弹舱，充分利用弹舱中的剩余空间，“见缝插针”地布设供反导自卫导弹专用的小型发射装置(图 7－13)。

图 7－13　美国 F－35 战斗机机腹弹舱内只挂载 2 枚 AIM－120 中距空空导弹时，还有一定的剩余空间①，可以用来增设反导自卫导弹发射装置
（图片来源：美国洛克希德 · 马丁公司）

① 美国 F－35 战斗机的机腹前部两侧各设有一个内埋弹舱，二者均具有容纳 3 枚 AIM－120 中距空空导弹的空间，但由于技术原因，长期以来这两个弹舱内均只携带有 2 枚 AIM－120，直至 F－35 Block4 之后的批次型才将 AIM－120 携带量增加到 3 枚。

在具体布设过程中，可以参考前面所述的反导自卫导弹与空空导弹共用内埋发射装置时的相关情况，为反导自卫导弹选配可伸缩自力式或横向弹射式发射装置。根据相关的现实需求和载机自身条件，弹舱中的部分导弹也可考虑以反载机航向的方式挂载并加装火箭助推器，从而使其具备直接后射能力。

5. 专用内埋弹舱中布设专用发射装置

对于部分需要以内埋方式携带所有武器弹药，同时又不希望反导自卫导弹与主战弹药争夺内埋弹舱空间的载机来说，如果其机体空间允许，将可以考虑在机身的特定部位为反导自卫导弹布设专用内埋弹舱。此时，舱内的反导自卫导弹发射装置除了同样可以选配可伸缩自力式和横向弹射式这两种类型外，还可采用一种全新的轴向弹射式发射装置。当反导自卫导弹采用可伸缩自力式和横向弹射式发射装置时，专用内埋弹舱的结构组成/布置方式与主战弹药所使用的传统内埋弹舱基本相同，只不过舱室容积通常更小而已(图 7 – 14)，本书将不再赘述；而当反导自卫导弹采用轴向弹射式发射装置时，专用内埋弹舱的结构组成/布置方式将与传统内埋弹舱大相径庭，更接近现代军机上普遍配装的箔条/红外干扰弹投放装置(图 7 – 15)，可将其称为反导自卫导弹固定射界内埋式发射装置。

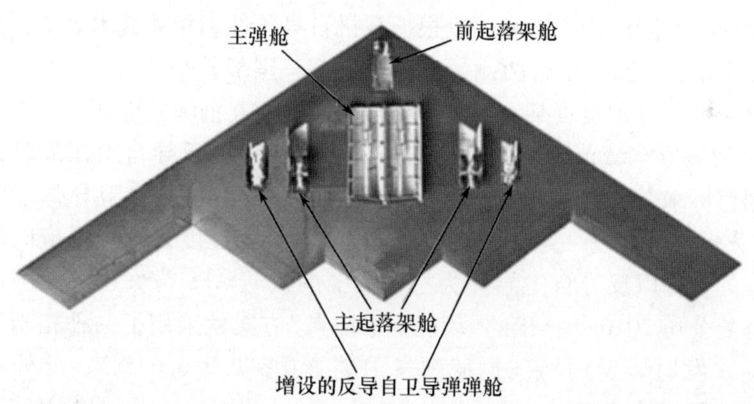

图 7 – 14　美国 B – 2A 轰炸机增设反导自卫导弹专用内埋弹舱示意图

这种发射装置的射界固定，发射管中轴(导弹纵轴)与机身表面垂直或呈一定角度，管身深入机体内部以便保持足够的长度，由此可使导弹在发射过程中能得到充分加速，在离开发射管时将拥有较大的初始速度，从而实现不同角度的侧射(包括后射)。在发射装置安装过程中，可根据导弹弹径的大小不同和载机安装部位的空间情况，选择以单管、双联装或多联装等形式来配置发射管，并且整个发射装置完全内埋安装在载机机体内，仅需在机体表面开设供导弹出入的小尺寸发射孔(平时可由盖板覆盖)，对载机飞行性能和隐身能力方

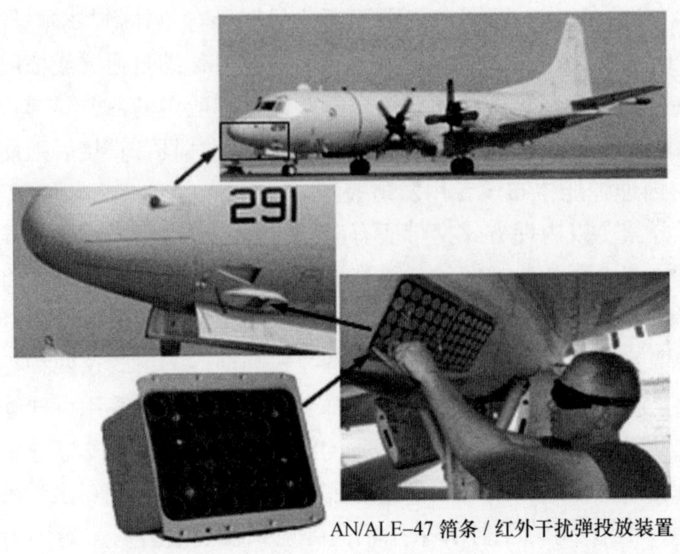

图 7 - 15　美国 P - 3C 反潜巡逻机上的 AN/ALE - 47 箔条/红外干扰弹投放装置

面的不利影响可得到最大程度的减轻，因而非常适合高机动、高隐身军机平台使用。今后在实际应用中，将可以根据载机自身条件和相关战术需求，在载机机身的多个部位(包括左右两侧、上部、下部、尾部甚至头部)，布设多座这样的发射装置，分别负责某一方向的防护，从而相互消除发射死角，共同为载机提供360°球形空域范围内的全向防护。当载机进行反导自卫作战时，可由系统根据目标来袭的方位，选择对应的发射装置发射反导自卫导弹予以拦截(必要时载机还可辅以一定的机动调姿)，从而最大程度地缩短反应时间。在国外出现的各种以反导自卫导弹为拦截武器的机载 APS 方案中，美国诺斯罗普·格鲁曼公司 2016 年推出的“动能空中防御”方案就采用了一种相当于固定射界内埋式发射装置的特殊拦截弹发射装置(参见 9.6.6 节)；此外，欧洲 MBDA 公司 2019 年推出的“硬杀伤防御辅助系统”(HK - DAS)的发射装置也属于这种类型。

从长远看，考虑到现代军机上普遍配装有箔条/红外干扰弹投放装置，而后者实际上就是一种固定射界内埋式发射装置，只不过采用了制式的规格尺寸而已，今后随着反导自卫导弹日益向小型化、轻量化和模块化方向发展，当其体积重量缩减到足够程度后，将没必要再为其布设专门的内埋式发射装置，而可以直接使用机上现有的箔条/红外干扰弹投放装置来携带发射，从而实现全机软、硬杀伤自防护系统共用发射装置。届时，载机在出击前将可以根据此次任务特点及战场威胁的具体情况，临时调整发射装置中箔条/红外干扰弹和反导自卫导弹的装填比例。由此一来，不仅使反导自卫导弹的携带使用得到最大程度的简化，而且有助于实现其与软杀伤手段的协同作战，战时可对来袭敌方对空弹药实施“软硬结合”式的综合对抗。正是由于软、硬杀伤自防护系统共用发射装置所带来的优势非常突出，该技术正越来越受到相关各国的重视，并已成为今后机载APS技术发展的主要方向之一。例如，目前美国正在实施的“微型自卫弹药”(MSDM)战术飞机APS研究计划，就将会考虑采用与机载箔条/红外干扰弹类似甚至通用的发射装置。

不过需要指出的是，现代军机、尤其是战术飞机上的箔条/红外干扰弹投放装置大都位于机身后方，今后如果要兼用于机载APS，将可能需要对投放装置的安装部位、数量和朝向做一定的调整，以适应反导自卫导弹发射的需要，必要时还可以考虑在机身部分位置加装一定数量的投放装置，专供反导自卫导弹使用。

6. 反导自卫导弹发射炮塔

这种发射装置的外形和结构均与传统的航炮活动炮塔非常相似，大体上相当于在航炮炮塔的基础上，用具备轴向弹射功能、能实现侧射/后射的反导自卫导弹发射管取代了后者中的机炮(图7-16)。根据载机自身条件、反导自卫导弹性能特点以及相关战术需求等因素，炮塔中的反导自卫导弹发射管可以采用单管、双联装或多联装形式，必要时炮塔内还可配装多枚备用弹及再装填装置。

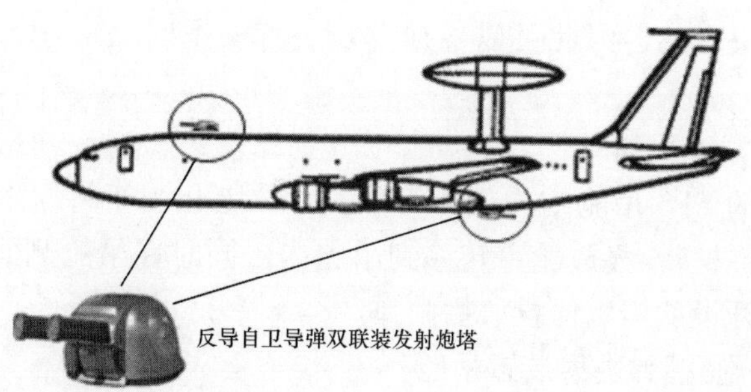

图7-16　大军机机身布设多座反导自卫导弹发射炮塔

对于反导自卫导弹发射炮塔来说，其构件的绝大部分均被埋入炮塔内，仅发射管可能部分外露(类似传统航炮炮塔上的机炮炮管)，并且炮塔外形还可根据其在载机上的具体安装部位进行相应修形，由此可使加装反导自卫导弹发射装置给载机气动/隐身性能带来的不利影响尽可能减轻。与传统的航炮炮塔一样，反导自卫导弹发射炮塔在水平、俯仰方向均可做一定角度的转动，使反导自卫导弹发射前能尽量瞄准目标来袭方向，从而提高系统的快速反应能力。

反导自卫导弹发射炮塔在载机上的配装方式也与传统航炮炮塔相同，可根据不同载机平台的具体情况，选择其机身的不同部位布设多座炮塔，以扩展整个系统的射界，甚至实现机体周围360°球形空域内全向防护。

与上面介绍的固定射界内埋式轴向发射装置相比，反导自卫导弹发射炮塔除了同样无须与主战弹药争夺外部挂架/内埋弹舱空间外，还具有独特的优点——炮塔可沿水平、俯仰方向转动，因而单座炮塔即可承担较大空域的防御任务，由此可显著减少全机所需布设的发射装置数量。不过，反导自卫导弹发射炮塔的结构通常较为复杂，单座炮塔的重量也较大，并且由于转向瞄准是一个机械运动过程，将会在一定程度上增加系统的反应时间。此外，反导自卫导弹发射炮塔的相当一部分是暴露在机体外的，因此仍会在一定程度上增加载机的气动阻力和RCS。

7.5 APS外挂吊舱中发射装置的安装布设

本章以上各节内容均是以机载APS固定内置安装为前提，研究分析各种APS拦截弹所适用的发射装置，以及如何将这些发射装置配装到载机平台上。而当机载APS采用外挂吊舱形式时，拦截弹发射装置的安装布设情况与APS固定内置时的差异很大，因此有必要对其进行专门研究。考虑到APS吊舱与其他外挂武器吊舱一样，其内部结构和外部形状很大程度上是由所配装的拦截弹发射装置所决定的，因此可以根据发射装置的不同，将APS吊舱分为三种类型。

1. 滞空拦截弹吊舱

这种类型的APS吊舱结构较为简单，大体上相当于将原本布设在载机机体内部的拦截弹携带/投放舱室转移到吊舱内，同时在吊舱侧面、腹部或尾部选择合适位置开设舱门以便投放拦截弹。

2. 反导航炮/榴弹发射装置吊舱

由于航炮和榴弹发射装置工作原理相同，在作战流程、结构外形等方面也比较相似，因此可以采用相同构型的吊舱。对于这类APS吊舱来说，通常情况下其发射的是无制导拦截弹，需要在发射前将炮管(发射管)尽可能精确地指向目标来袭方向，仅靠载机平台的姿态调整将远远不够，必须使航炮/榴弹发射装置能在水平、俯仰方向快速转动，才能保证足够的瞄准精度和反应速度，因此不能简单地沿用传统固定射向机炮吊舱的结构布局。

考虑到这样的能力要求，今后的反导航炮/榴弹发射装置吊舱在结构设计方面可以借鉴参考俄罗斯SPPU-22“灵活机炮吊舱”(Flexible Gun Pod，图7-

17)。该吊舱内配装的GSh－23型23mm双管机炮可通过遥控驱动系统，在水平+45°～－45°、俯仰0°～－45°范围内转动，在一定程度上起到活动炮塔的作用；同时该吊舱的头、尾部均装有具备良好气动外形的尖锥型整流罩，当载机携带两个这样的吊舱时，可使其中一个头朝前、一个头朝后，由此可以基本覆盖载机下方360°范围内的空域。今后供军机外挂使用的反导航炮/榴弹发射装置吊舱可以在此基础上，进一步扩大炮管(发射管)水平、俯仰方向的转动范围，使其性能接近部分老式轰炸机上的腹部活动炮塔，从而能有效对付下半球方向来袭的目标；若有必要的话，还可以考虑在载机机身上方另外增设两个APS吊舱，以便为载机提供360°球形空域内的全向防护。

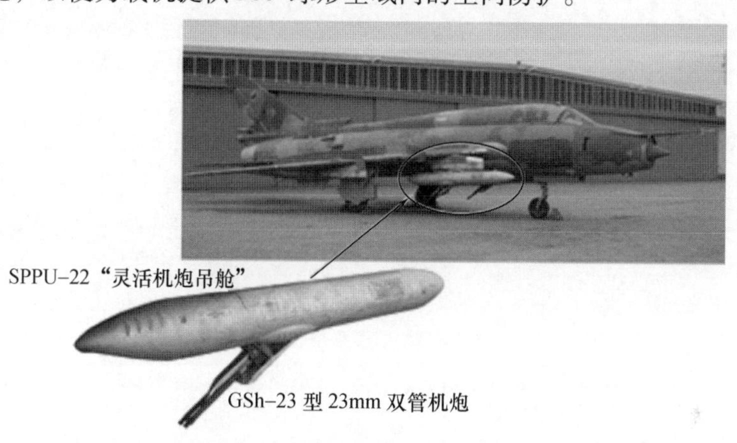

图7－17　苏联苏－17变后掠翼战斗轰炸机机翼固定段下挂载的SPPU－22“灵活机炮吊舱”(图片来源：b－domke. de)

3. 反导自卫导弹吊舱

对于这种类型的APS吊舱来说，由于所配装的反导自卫导弹自身有制导设备，没必要强求发射装置具备精确指向能力，由此可使吊舱结构大大简化，其发射管通常只需固定射向安装即可。根据发射管配置方式的不同，反导自卫导弹吊舱内的发射装置可以有两种结构形式：①多联装发射装置，整个发射装置配有并列布置的多个发射管，并且每个发射管内预先装填有一枚导弹，这与传统的航空火箭弹多联装发射装置比较类似；②单管发射装置，整个发射装置只配有一个发射管，其内预先装填有一枚导弹，同时还配有多枚备用弹，待管内导弹发射后再自动重新装填。

为了进一步提高系统的快速反应能力，以便更加高效地抗击从载机后半球方向来袭的目标，今后在为军机研制和配装APS吊舱的过程中，若条件允许的话，还可以考虑采取以下措施：①当反导自卫导弹发射管以多联装形式布置时，将其中的部分发射管头部朝后(反载机航向)布置；②当载机携带两个以上吊舱的时候，将其中部分吊舱头部朝后布置；③将整个吊舱设计成可以绕中轴转动的构型，此时将有助于系统抗击从载机侧方来袭的目标。

第 8 章　直升机主动防护系统

军用直升机经过数十年发展，目前已经成为一种名副其实的“战场多面手”，在现代战争中的作用日益突出。但与此同时，直升机在现代战场上也逐渐成为“众矢之的”，各种形形色色、甚至一些传统上不适于对空作战的武器，均有可能对直升机构成现实威胁，致使其战场生存力面临着日益严峻的挑战。由于这样的原因，再加上自身在自防护能力方面存在诸多先天不足，直升机急需使用 APS 这类新概念自防护装备来加强战场防护，甚至可以说是目前三类军机平台(直升机、大军机和战术飞机)中对 APS 需求最迫切的一种。

8.1　现代军用直升机发展概况

直升机是依靠发动机驱动旋翼来产生升力、推进力和操纵力的航空器。与固定翼飞机相比，直升机具备垂直起降、空中悬停、贴地飞行、原地转向、沿任意方向飞行(前飞、后飞、侧飞等)等独特性能，因而拥有前者难以比拟的战术灵活性。例如，直升机可在舰船甲板、屋顶及其他狭小场地起降，可长时间在低空/超低空空域活动，可借助地形地物的掩护实现隐蔽接敌。这样的性能特点，使直升机在军事领域有着广阔的用途及发展前景。

按照所承担任务使命的不同，军用直升机可分为专用武装直升机(以下均称武装直升机)、专用运输直升机(以下均称运输直升机)和通用直升机三大类。其中的武装直升机也称攻击直升机，主要承担反装甲(消灭敌方主战坦克及其他装甲车辆)、近距空中支援、空中护航、争夺超低空制空权等任务，其代表机型包括美国 AH－1“眼镜蛇”/－64“阿帕奇”、俄罗斯米－24“雌鹿”/米－28“浩劫”/卡－50“黑鲨”、法/德合作研制的 EC665“虎”；运输直升机主要承担战区内的兵力机动和后勤支援任务，其代表机型包括美国 CH－47“支奴干”/－53“海上种马”、俄罗斯米－26“光环”；通用直升机的基本型主要用于战区内的兵力机动，在其基础上发展的各种改型则可执行反潜/反舰、扫雷/布雷、电子对抗、预警监视、指挥控制、侦察巡逻、中继制导、战斗搜救、炮兵校射、通信联络、医疗救护、后勤补给等众多任务，其代表机型为美国 S－

70/UH－60“黑鹰”和俄罗斯米－8/17/171“河马”，这类直升机在世界各国军队中装备数量最多，使用也最广。

由于自身的独特性能优势，直升机自20世纪40年代首次出现在战场上以来，迅速在世界各国陆、海、空军以及准军事力量中得到了广泛应用，并逐渐成为现代战争中低空/超低空战场的支柱性武器。尤其是对于世界各国陆军来说，直升机更是堪称一种革命性的装备，其大量服役和使用，不仅使各国陆军摆脱了地面的束缚而实现了空地一体化作战，还孕育出一支以直升机为主要技术装备的陆军航空兵，由此极大地改变了传统陆军的作战模式。在第二次世界大战(简称：二战)后的越南战争、苏阿战争、海湾战争、阿富汗战争和伊拉克战争等历次局部战争中，直升机均得到了大量使用并发挥了有目共睹的巨大作用，直升机也因此赢得了“空中铁骑”的美誉，在部分国家军界甚至还一度出现了直升机将会取代长期称霸地面战场的坦克而成为新一代“陆战之王”的论断。

在未来战场上，直升机仍将会扮演重要角色，其地位和作用不可替代。目前美国、俄罗斯、英国、法国、德国等国在对现役直升机进行改进升级的同时，也正在加紧研制飞行速度更快、机动性能更好、有效载荷更大、生存能力更强的新一代直升机。这类直升机通过采用各种新概念、新构型和新技术，将会突破旋翼飞行原理给传统直升机性能带来的瓶颈，可在很大程度上兼具直升机和固定翼飞机的飞行特性。例如，由美国西科斯基公司研制、2015年5月完成首飞的S－97“袭击者”高速直升机采用了“共轴双旋翼＋后机身推进式螺旋桨”的全新布局，其航速和机动性均较传统直升机有了质的飞跃，尤其是最大时速可达现役直升机的2倍左右。可以预见，随着这类新概念直升机的投入使用，军用直升机的任务效能将会大幅提高，其应用领域也将会进一步扩展，从而能更好地满足未来高技术作战的需求。

8.2 现代战争中进一步加强直升机战场防护的必要性

在第二次世界大战后的历次局部战争中，直升机在发挥重大作用的同时，其自防护方面的问题也通过战争的检验而不断暴露出来。回顾第二次世界大战后直升机的参战史可以看出，其多年来骄人战绩的耀眼光环并不能掩盖一个不争的基本事实，那就是直升机在现代战场上的生存力仍很不尽人意，甚至在己方掌握绝对空中优势，敌方有组织的地面防空火力威胁也基本被清除的战场形势下，各种战斗损失仍难以避免。在21世纪初的阿富汗和伊拉克战争中，美军直升机频频遭袭，损失率远高于固定翼飞机，就在相当程度上证明了这一点。因此，直升机已被广泛认为是目前所有军用航空器中生存力最差的一种，如何增强其战时生存力，对各国军方来说是一个不能回避的现实问题。

8.2.1　直升机在二战后历次局部战争中的战损情况回顾

由于直升机在现代战争中的突出作用，再加上现代直升机造价高昂，机上通常至少配置有 2 名机组人员，战时还大都会搭载数量不等的人员/物资，击落一架直升机往往会给敌方带来较大的人员伤亡和物资损失，因此自直升机出现在战场上以来，如何对其实施有效打击就受到各国军方乃至世界各地武装组织的高度重视，各种反直升机武器和战术战法也相应地层出不穷。正是由于这样的原因，在第二次世界大战后的历次局部战争和武装冲突中，直升机均成为敌方重点袭击的目标，其战损相当突出。

以越南战争为例，尽管与战争期间的出动总架次相比，美军直升机的损失率并不算高(每出动 1 万余架次仅损失 1 架)，但是多年累积下来，其总损失的绝对数字仍相当惊人。美国《空军杂志》(*AirForce Magazine*)月刊和“越南战争直升机飞行员协会”(VHPA)公布的统计数字表明，1962—1973 年间美军在越南共损失各种直升机达 4868 ~ 5086 架。

苏阿战争是继越南战争之后第二场大规模使用直升机的战争。在这场战争中，以米 -8、米 -24 为代表的直升机表现非常突出，并被公认为是苏军手中最有效的反游击战装备，但其自身损失也相当严重。按照美国著名网上数据库“哥伦比亚大学国际事务在线”(CIAO)公布的数据，在长达十年的苏阿战争中苏军至少损失了 333 架直升机，美制“毒刺”便携式防空导弹就是因为在此次战争中打击苏军直升机时的不俗战绩而声名大噪。

在 1994—1996 年、1999—2007 年两次车臣战争中，俄军直升机同样频频折戟，并导致严重的人员伤亡。俄罗斯著名战史研究网站“国际纪念馆”(memo. ru)公布的数据表明，在第二次车臣战争期间，俄军至少损失了 45 架直升机，其中一半以上是被敌方防空火力所击落。在这些直升机战斗损失中，最引入注目的是 2002 年 8 月 19 日，俄军一架米 -26 重型运输直升机在车臣境内的汉卡拉被武装分子发射的便携式防空导弹击落，共导致 127 名官兵死亡，这是俄军在车臣战争中最惨重的一次人员损失，也是俄军历史甚至世界航空史上最严重的直升机坠机事件。此外，以下几次俄军直升机遭便携式防空导弹袭击并机毁人亡的事件也曾引起外界广泛关注：2001 年 9 月 17 日，俄军一架米 -8 直升机在车臣首府格罗兹尼被击落，造成包括 2 名少将在内的 13 名官兵遇难；2002 年 1 月 27 日，俄罗斯内务部一架米 -8 直升机在车臣境内的舍尔科夫斯卡亚被击落，造成包括 1 名中将副部长和 1 名少将在内的 14 人死亡；2002 年

11 月 3 日，俄军一架米 - 8 直升机在车臣境内的汉卡拉被击落，造成包括俄罗斯陆军第 58 集团军副司令和参谋长在内的 9 人丧生。

在 21 世纪初的阿富汗和伊拉克战争中，美国及其盟国军队的各种作战行动均大量使用甚至高度依赖直升机，直升机也因此成为反美武装重点袭击的对象，其相关报道曾经频繁见诸报端等媒体。尽管美军官方一直没有正式公布这两场战争中其直升机战损的具体情况，但据一份由美国著名防务智库——防务分析研究所(IDA)与美军联合飞机生存力计划办公室(JASPO)人员合作撰写，并于 2010 年 5 月呈交美国国会的《旋翼机生存力研究》(*Study on Rotorcraft Survivability*)报告透露，在 2001 年 10 月—2009 年 9 月的 8 年时间里，美军在阿富汗和伊拉克战场共损失 375 架直升机(导致 496 人丧生)，其中 70 架为敌方对空火力所致，约占总数的 19%。在这些直升机战斗损失中，最典型的有两次：一是 2003 年 11 月 2 日，驻伊拉克美军一架满载回国休假官兵的 CH - 47“支奴干”直升机在费卢杰附近被反美武装发射的便携式防空导弹击落，导致 16 名美军士兵死亡，26 人受伤，创下了越南战争以来美军军机遇袭一次性伤亡人数的新纪录；二是 2011 年 8 月 6 日，驻阿富汗美军一架 CH - 47 直升机被塔利班武装发射的 RPG 击落，机上 31 名美军(其中包括 22 名精锐的海军“海豹”特种部队成员)和 7 名阿富汗政府军官兵全部遇难，从而创下了阿富汗战争中单次作战美军死亡人数之最，也是美军特种作战司令部(SOCOM)历史上最惨重的一次损失。

此外值得指出的是，上述局部战争中的交战双方实力均极不对称，美/俄(苏)军一方处于绝对优势地位，尤其是美军在阿富汗、伊拉克的作战行动中，所面对的仅仅是一些“业余”对手。在今后更大规模、更高强度的战争中，尤其是当交战双方势均力敌时，直升机所面临的威胁将远非上述这类局部战争所能相比，届时其战场生存力问题无疑会更加突出。

8.2.2 目前技术条件下直升机在自防护能力方面的主要弱点

研究分析表明，直升机之所以在战场生存力方面遭人诟病，在实战中往往比固定翼飞机更容易遭到攻击，主要是因为直升机尽管已历经数十年的发展，但在自防护能力方面仍存在很多先天不足，并且这些“软肋”大都与直升机独特的飞行原理密切相关，决定了其只能通过技术手段予以一定程度的改善，而难以从根本上消除，在战场上往往会给敌方带来可乘之机。

1. 任务飞行时航速慢，高度低，缺乏大过载机动能力

在目前技术条件下，直升机由于受到旋翼的限制，其飞行速度始终难以超出低亚声速的范围[①]，迄今为止仍没能突破 400km/h 这一大关，而巡航速度通常仅为 200km/h 左右。相比之下，现代喷气式战斗机普遍具备超声速飞行能力，个别型号的战斗/侦察机最大平飞速度甚至超过了 *Ma*3。由于飞行速度长期无法得到较大提升，不仅极大地限制了直升机在军事领域的应用，而且会给其战场生存力带来非常不利的影响：战时直升机将难以快速飞离敌方对空探测设备或对空火力的有效作用范围，而不得不在危险空域滞留更长时间，由此会增大被敌方发现和攻击的概率。

此外，旋翼飞行原理还给直升机的飞行高度带来很大限制，因为随着高度的增加，空气越来越稀薄，将会导致发动机功率和旋翼工作效率明显下降。由于这样的原因，目前直升机的实用升限仅能达到 6000m 左右，远低于固定翼喷气式飞机（普遍达 10000m 以上）。不仅如此，直升机在战时由于任务需要，还经常会在 50 ~ 100m 的低空/超低空空域内活动，有时甚至会在 5 ~ 15m 的“树梢”高度贴地飞行，这同样会给其生存力带来诸多不利影响：①当直升机低空/超低空飞行时，很多射程射高有限、对中高空目标只能“望机兴叹”的防空武器均可对其构成威胁，甚至步枪、机枪、RPG 等步兵轻武器也有能力对其进行杀伤；②与中高空飞行时相比，直升机在低空/超低空飞行时，其可见光、声学等信号特征更容易被地面人员捕捉，从而会增大被敌方发现的概率；③当直升机低空/超低空飞行时，机载传感器的通视距离短，并且容易受地面杂波以及各种天气现象（雨雪、烟雾、沙尘等）的影响，机载自防护系统的效能将会被大打折扣甚至完全失效；④低空/超低空飞行的直升机一旦遭到地面火力攻击，由于双方距离太近，来袭弹药从发射到命中的全程飞行时间将非常短，留给飞行员/机载自防护系统的反应时间也将非常有限；⑤低空/超低空飞行的直升机一旦遭到不可挽回的损伤，坠地前留给飞行员应对处理的时间过短，并且难以通过旋翼自转下滑来降低坠地速度，由此会严重影响乘员的逃生。

同样由于旋翼飞行原理的原因，直升机的机动性也受到了严重限制，尤其是难以像固定翼战斗机那样做迅猛剧烈的滚翻、俯冲、拉起、盘旋动作，因此在遭到敌方对空火力攻击时，直升机将难以通过自身的大过载机动来破坏敌方火控系统的跟踪或摆脱来袭弹药的攻击。不仅如此，战场上的直升机在进行各种任务作业的过程中，其仅有的机动能力也往往难以正常发挥：当直升机空投人员（或装备/物资，下同）、吊运重型装备时，需要进行较长时间的低空低速、固定航向飞行；当直升机用吊索放下/回收人员时，需要在空中进行较长

---

① 当直升机飞行速度增大到一定程度后，其旋翼的后退桨叶会发生气流分离失速，而前进桨叶会出现激波，由此会限制速度的进一步提高。

时间的悬停；当直升机执行机降任务时，还需要降落地面并停留一段时间，以便人员离机/登机。显然，对于敌方对空火力来说，正在进行上述任务作业的直升机无疑是非常理想的射击目标，即便使用的是非常落后的武器，也完全有可能获得相当高的命中率。

2. 战场隐蔽性差，各种信号特征明显

在目前技术条件下，直升机的各种信号特征普遍比较明显，再加上直升机经常低空/超低空飞行，与地面观察者/探测设备的距离近，各种信号强度相对较大，由此会进一步影响其战场隐蔽性，这在“发现即摧毁”的现代战场上非常危险。

1）红外信号特征

直升机在空中飞行时，由于蒙皮的气动加热、发动机部件温度升高以及发动机大量向外排放热喷流等原因，机上不可避免地会存在众多强红外辐射源。当直升机飞行一段时间后，由于飞行期间发动机的热量一直持续地对整个机体进行直接加热，并且发动机排气管（通常位于机身上部并向两侧外伸）排出的高温喷流在主旋翼下洗气流的作用下不停地拍打在机身上，其机体的红外辐射还将会进一步增强。而当直升机低空/超低空飞行或空中悬停时，由于发动机输出功率比平时更大，全机的红外辐射强度也远远超过了平时（图 8－1）。由于这些原因，飞行中的直升机红外信号特征往往较为明显，容易遭到敌方红外探测设备的跟踪和红外制导武器的攻击，多年来局部战争的相关统计数据就证明了这一点：在所有曾取得击落击伤直升机战果的对空导弹中，90% 以上为红外制导导弹。

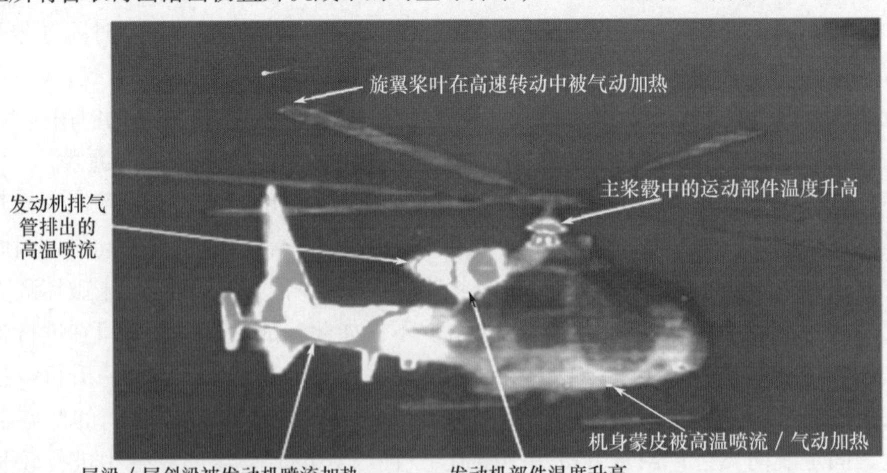

图 8－1　高速飞行中的 SA341/SA342“小羚羊”直升机的红外图像

（图片来源：尼古拉斯·罗 | 英国克兰菲尔德大学）

2）雷达信号特征

直升机机体外形复杂，存在座舱、起落架、短翼、垂尾/平尾、武器挂架等众多强散射源，一旦进入敌方雷达视距内，将会产生较强的雷达回波。更为严重的是，由于直升机在空中的运动方式较为特殊，其飞行过程中除了整个机体的运动之外，机上的旋翼、尾桨和桨毂旋转部件还同时在做周期性的高速转动，被雷达波照射时将会产生较强烈的多普勒效应，这不仅会进一步增强全机的雷达信号特征，敌方通过对回波信号进行技术处理，甚至还可以确定直升机的旋翼转速和叶片数目，进而准确识别其型号。由于这样的原因，目前技术条件下直升机的雷达信号特征还难以得到令人满意的缩减，战时只能尽量低飞以寻求雷达盲区的掩护。

3）声学信号特征

当直升机在空中飞行时，除了高速转动的旋翼和尾桨会产生很大噪声外，机上还会出现其他多种噪声源：发动机在工作过程中，其燃气涡轮的转动加上排气口喷流与周围空气的相互作用会产生气动噪声；减速器与传动系统工作时，齿轮啮合误差会引起高频的啮合激振力，进而引起机匣、支架等部件的结构振动，由此会产生机械噪声。这些噪声的存在，将会极大地影响直升机的战场隐蔽性，尤其是当直升机在山地、丛林、城市等复杂地形环境下低空飞行时，其噪声往往会先于其他信号特征被地面人员/设备发现。今后，随着先进的被动声识别技术广泛用于战场，直升机的这一性能缺陷还将会越来越突出。

4）目视信号特征

当直升机在晴朗的白天飞行时，其复杂外形的机身表面特别是座舱风挡玻璃等部位在阳光照射下会产生反光，容易被各种光学探测设备或人员目视发现，此时其目视信号特征将相当明显。不仅如此，当直升机的旋翼和尾桨转动时，每片桨叶都会形成一个闪光光源，而人眼的生理特点是对闪光光源比对相同亮度的固定光源灵敏得多，由此会进一步增强直升机的目视信号特征。此外还需指出的是，与其他目视信号特征类似但飞行高度更高的空中目标相比，直升机由于经常在低空/超低空活动，与地面观察者的距离较近，在同样的战场环境下也更容易被地面人员发现。

3. 机体防护能力有限，存在旋翼、尾桨等外露薄弱部位

对于大部分直升机来说，为了确保自身任务效能，其机体除了需要有足够空间以容纳各种机载设备外，还需要设置一定容积的双座驾驶舱和人员/物资运载舱，由此造成全机外廓尺寸普遍较大。以目前世界各国装备数量最多的米－8/17/171、S－70/UH－60“黑鹰”中型通用直升机为例，其侧面/正面投影面积与典型的地面装甲车辆基本相当甚至略大，即使对于美国 AH－1“眼镜蛇”这类专门采用狭窄机身设计的武装直升机来说，其侧面甚至正面投影面积通常也大于典型地面装甲车辆。由此一来，战场上的直升机机体(尤其侧面)被弹面积通常也较大，遭敌方对空火力攻击时被命中的概率相应会上升，这对其战时防护非常不利。

尽管现代直升机可以通过加强装甲防护来提高战场生存力，但由于受重量和空间限制，其装甲不能过于厚重，并且只能对机上要害部位实施重点防护。即使再考虑到机体设计中可能采取的其他各种容损/抗损措施，战场上的直升机顶多也只是对步兵轻武器才具备较好的防护效果，同时对小口径高炮炮弹具备一定的防护能力，对稍大口径的高炮炮弹以及威力更大的对空导弹则基本无能为力。由于这样的原因，即便是美国 AH－64/俄罗斯米－24 这类经过专门设计、号称“飞行坦克”的重型武装直升机，其实也只不过是在重火力和远程打击能力方面可与坦克比肩，而从装甲防护能力的角度来看，它们远配不上“坦克”这一称号。

更为严重的是，直升机迥异于固定翼飞机的飞行方式，还不可避免地会导致机上存在若干易遭攻击的薄弱部位，其中以旋翼和尾桨最为典型。因为直升机在空中飞行时，克服自身重力所需的升力、驱动自身飞行所需的前进力以及进行控制/机动所需的操纵力均靠旋翼旋转来产生；同时，直升机还需要靠尾梁后端安装的尾桨来平衡主旋翼的反作用力矩，并帮助实现航向操纵及改善方向稳定性①。因此对于直升机来说，旋翼和尾桨均是机上至关重要的部件，一旦受到损伤，将很容易带来机毁人亡的后果。然而在目前技术条件下，直升机的旋翼和尾桨均完全暴露在机身外面②，并且二者旋转时所形成的桨盘面积巨大③(图 8－2)，战时很容易遭到外来打击，再加上出于高速转动的需要，旋翼/尾桨的桨叶普遍又窄又薄，难以采取可靠有效的抗损/容损措施，因此自直升机诞生以来，旋翼和尾桨一直是其防护方面的薄弱环节。根据美军对其直升机在索马里、阿富汗、伊拉克等地战损情况的调查，其中相当一部分就是被地面火力击中旋翼或尾桨后所致。例如，2011 年 8 月 6 日在阿富汗境内被塔利班武装击落并导致 38 名美/阿军官兵阵亡的那架美军 CH－47“支奴干”直升机，就是被武装分子发射的 RPG 将后旋翼一片桨叶打掉 3m 后而坠毁的；1993 年 10 月 3 日在索马里被击落的两架美军 MH－60“黑鹰”直升机，其中一架也

---

① 在世界各国现役直升机中，除部分纵列/共轴双旋翼直升机外，其余绝大多数均为带有尾桨的单旋翼直升机。

② 目前有部分直升机采用了涵道尾桨，其转子叶片位于尾斜梁中的涵道内，外露面积有所减小。

③ 桨盘面积为直升机旋翼、桨叶旋转时所划圆的面积。纵列双旋翼直升机因为有前后两副旋翼，其桨盘面积更是较单旋翼直升机成倍增加，美国 CH－47D 的旋翼桨盘总面积可达 525.3m^2。

是被武装分子发射的 RPG 直接命中尾桨后所致。

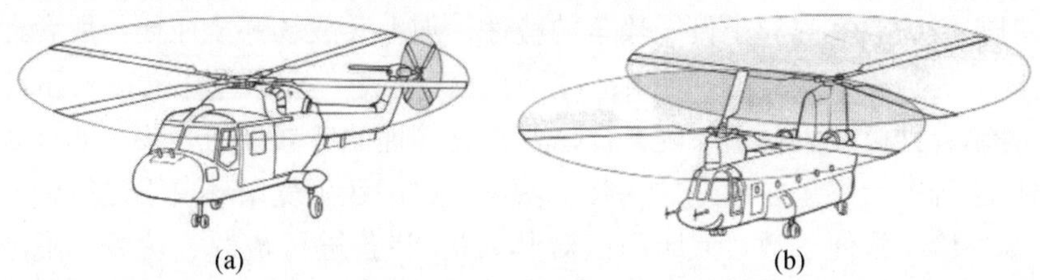

图8-2　直升机主旋翼旋转时形成的桨盘示意图　（图片来源：aerospaceweb. org）
(a)带尾桨的单旋翼直升机；(b)纵列双旋翼直升机。

8.2.3　未来战争中直升机的战场生存力问题将更加突出

随着直升机在军事上应用程度的不断深入和应用范围的不断拓展，今后无论是在传统战争还是非传统战争中，直升机都将会越来越多地出现在战场上。与此同时，随着面空/空空武器装备技术的进步和世界各国军队(及各种武装组织)对直升机威胁的日益重视，直升机在今后战争中所面临的战场环境将日趋复杂险恶，其战场生存力问题也将日显突出。

具体来说，多年来世界各国军方针对日益严重的直升机威胁，在大力发展地(水)面防空兵力和空中掩护兵力的同时，还在积极采取各种技战术措施，以增强地面、水面舰艇、潜艇等部队自身的反直升机作战能力。例如，为坦克装甲车辆和基层步兵分队配备便携式防空导弹、为潜艇加装潜空导弹、探索利用各种步兵轻武器打击直升机的战术、各种固定翼飞机/直升机加强反直升机空战训练等。由此导致在今后的传统战争中，直升机除了在执行反装甲、近距空中支援、空中护航、反潜、反水面舰艇等需要与敌方正面对抗的作战任务时，将会面临日益强大的对空反击火力外，当其执行敌后机降/空降、空运/空投、搜索/救援等传统上风险相对较小的任务时，与敌方各种对空火力遭遇并遭到其攻击的概率也将越来越大。以后一种情况为例，当直升机在执行这类任务时，通常需要渗透进入敌占区并选择合适的地点以开辟临时着陆/空投场；根据任务性质和战场形势的不同，这些着陆/空投场有可能距离己方前沿阵地不远，但也有可能位于敌后纵深数十、上百千米甚至更远处；考虑到敌方反直升机火力的不断增强，今后直升机在执行此类任务的过程中，除了在穿越双方对峙的战线时可能会遭到敌方前沿对空火力攻击外，在飞行途中也可能会遇到敌方空中或地面对空火力的拦截，而当直升机飞抵目的地并开始任务作业后，由于需要在着陆/空投场上空低速盘旋、悬停或起降，更是有可能长时间暴露在敌方对空火力的威胁之下，有时甚至还会面临敌方精心准备的伏击。

而在非传统战争中，尽管直升机面临的对空火力强度通常远不如传统战争，但非传统战争迥异于传统战争的特性，加上其战场环境往往与后者存在巨大差异，将会使参战直升机面临一系列全新挑战。苏军直升机在阿富汗、车臣，美军直升机在索马里、阿富汗、伊拉克等地的参战经历表明，非传统战争中的作战行动大都是在山地、丛林、城市和居民区等复杂环境下进行的，这样的战场环境非常便于敌对武装组织对其人员/装备进行疏散、伪装、隐蔽，因而直升机在出击之前，将很难对武装分子数量多少、藏匿地点和装备情况进行准确判断并据此规划安全快捷的飞行路线，到达目的地后也将不得不在空中滞留较长时间以搜索、确认目标，导致直升机在执行任务过程中遭敌方偷袭或伏击的风险增大。尤其是当直升机在人群聚集区执行任务时，由于武装分子与普通民众混杂在一起，有时甚至还会故意利用平民作为“人体盾牌”来逃避打击，直升机在空中搜索、确认目标的难度更大，也更容易遭到地面火力的袭击。实战经验教训证明，在这样的复杂战场环境下，空中飞行的直升机通常很难提前发现敌方发动攻击的征候，往往直到地面敌人开火才察觉到危险，因而在遭到袭击时猝不及防，敌方即便使用技术相当落后甚至根本不适于对空作战的武器，也有可能取得非常不错的战果。

考虑到上述原因，今后除了在大规模、高强度的传统战争中，参战直升机将不可避免地会出现较大数量战损外，即使是在小规模、低强度的非传统战争中，甚至在一些较简单的反暴乱、强制维和等行动中，直升机要想做到“毫发无损”也将非常困难。因此，在未来战争中，面对复杂恶劣的作战环境和多样化的战场威胁，如何有效增强直升机的自防护能力，减少其战斗损失，对各国军方来说将是一个不能回避的现实问题。尤其值得指出的是，今后随着非传统战争的日益常态化，加强直升机战场防护的现实意义将会越来越突出，因为直升机在非传统战争中的损失率尽管远低于传统战争，但这类战争行动一旦持续较长时间，累计下来的直升机战损总量仍将不是一个小数目，再加上非传统战争中固定翼飞机的损失通常相当轻微，导致直升机的损失特别“显眼”，这在当今世界各国力求减少战时人员伤亡，部分西方国家甚至追求“零伤亡”的时代背景下，将非常容易引起各界的关注，甚至会成为舆论焦点，发生于 1993 年 10 月的“黑鹰坠落”事件就是最好的例证。

8.3 现代战争中直升机面临的主要威胁及其对 APS 的现实需求

本书 3.1 节中曾提到，与地面车辆、水面舰艇、水下潜艇等其他作战平台相比，军机战时面临的战场威胁相对较为简单，甚至相当单一，但这主要是针对固定翼飞机和飞行高度较高的直升机来说的。在实战条件下，直升机不可能始终在较高的高度飞行，而不可避免地会经常在临近地(水)面的低空/超低空执行任务，有时甚至还需要在地(水)面降落并做一定时间停留，如果把这些情况都考虑进去的话，直升机在现代战争中所面临的作战环境和威胁种类将非常复杂，进而会对机载自防护系统提出很多特殊要求，传统的软杀伤自防护系统将很难充分满足，机载 APS 则能很好地适应这样的需求。

8.3.1　现代战场上以对空导弹为代表的制导弹药对直升机的威胁情况

直升机由于自身独特的飞行性能和使用环境，目前世界上几乎所有种类的对空导弹均可对其构成现实威胁；除此之外，现代战争中大量使用、主要用于打击地面移动/固定目标的其他各种精确制导弹药，也大都具备一定的反直升机能力。这些制导对空弹药性能各异，外形、结构等方面差别也很大，大体上可以归纳为以下 6 种，它们也是今后直升机 APS 的直接作战对象。

1. 敌方地面部队伴随防空兵力建制内的中低空、中近程防空导弹

为了给地面野战部队或其他军事目标提供伴随防空掩护，世界各国军队大量装备有各种机动式中近程、中低空野战防空导弹系统(如俄罗斯 SA－15、法国“响尾蛇”)。这类武器普遍具有自动化程度高、反应速度快(SA－15 改进型的反应时间仅为 5～8s)、抗干扰性能好、攻击低空目标能力强(SA－15 最低射高仅为 10m)等特点，其典型作战对象就是各种低空/超低空来袭目标，包括借助地形地物掩护、隐蔽接敌的直升机。

研究表明，在同等技术水平下的野战防空导弹－直升机对抗中，即使后者采用从隐蔽物后突然爬高并发起攻击，然后再退回的典型战术，由于防空导弹通常比后者携带的空地导弹射程远(导致直升机需要进入防空导弹射程之内才能对其发起攻击)，飞行速度也快得多(目前防空导弹飞行速度可达直升机空地导弹的 2 倍以上)，再加上系统突出的快速反应能力，将完全有可能利用直升机从隐蔽处爬高冒出之后、完成对地攻击行动之前的短暂时间，探测、捕获到目标并发射导弹予以打击，甚至对直升机已经发射的空地导弹实施拦截，从而有效完成对地面部队的掩护任务。

2. 敌方地面部队自身配备的便携式防空导弹

在现有的各种地空导弹中，便携式防空导弹是对直升机威胁非常大并且需要重点防范的一种。这主要是因为，便携式防空导弹独特的战技特性，使其非常适合用来打击低空/超低空飞行的直升机，甚至可以说就是为直升机“量身定做”的。例如，尽管这类导弹的射程、射高均较为有限，只有在起飞、降落等特殊阶段才能对固定翼飞机构成威胁，然而其射高却基本覆盖了直升机的任务飞行高度，其射程也非常适合低空/超低空防空作战中武器有效射程大幅缩短(受地球表面曲率和地形地物的影响)的战场环境。又如，与机动式野战防空导弹相比，便携式防空导弹尽管在射程、射高等性能方面远远不如，但是前者战时的射界容易受树丛、山岭、建筑等障碍物遮挡，其打击低空/超低空目标的能力往往要打不同程度的折扣，而便携式防空导弹因为小巧轻便，战时可由单兵携带、前出配置到障碍物边沿，很多时候反而更容易捕捉到战机。

不仅如此，由于便携式防空导弹普遍具有操作简单、作战隐蔽性好等特点，使其在发射之前很难被敌方发现；而一旦便携式防空导弹发射升空，由于与目标距离近，导弹从发射到命中的飞行时间短(通常仅为数秒)，导致直升机难以及时采取对抗措施，因而即使是性能已经落后的老式导弹，也完全有可能对先进直升机构成威胁。例如，2003 年 11 月 3 日伊拉克反美武装击落一架 CH –47“支奴干”直升机并导致美军重大伤亡的那次战斗中，由于射手是隐蔽在棕榈树林里发射导弹，美军直升机飞行员没能及时觉察，因此尽管反美武装所使用的导弹(SA –7)已经非常老旧，但仍然取得了令人瞩目的战果。

此外还需指出的是，由于便携式防空导弹具有成本相对低廉、运输携带方便、使用维护简单等特点，使其在世界范围内呈扩散之势，不仅被各国正规武装力量广泛使用，而且频频出现在世界各地的各种武装组织手中，导致直升机在今后战场上很容易与其遭遇。多年来便携式防空导弹的实战使用情况就证明了这一点：这类武器自 20 世纪 60 年代投入使用以来，在多次局部战争和武装冲突中被大量用于对付直升机，并且战果显赫；尤其是在 20 世纪 80 年代的苏阿战争中，阿富汗游击队手中的美制“毒刺”导弹曾给苏军直升机(包括当时非常先进的米 –24 武装直升机)以沉重打击，甚至被认为在相当程度上影响了战争进程。

3. 敌方战区/国土防空体系编成内的高空远程防空导弹

传统上，高空远程防空导弹①是以各种固定翼战术飞机、轰炸机、巡航导弹乃至战术弹道导弹为主要作战对象，但随着技术的进步，目前这类导弹已经普遍拥有较强的攻击低空/超低空目标能力(如俄制 S –300 地空导弹最低射高仅为 25m)，对直升机的威胁也越来越严重。尤其是以美国“标准” –6 舰空导弹为代表的部分先进区域防空导弹系统，还可在“协同作战能力”(CEC)体系的支持下，借助友邻平台的帮助，对处于其射程远界上的低空直升机目标进行

① 高空远程防空导弹又称区域防空导弹，包括陆基和舰载型。

攻击。因此，今后直升机在执行任务过程中，与这类武器遭遇并遭到其攻击的可能性将越来越大。值得指出的是，与其他中近程防空导弹、尤其是便携式防空导弹相比，区域防空导弹通常飞行速度更快，导引头探测距离更远，抗干扰能力更强，战斗部威力也更大，因而直升机一旦遭到其锁定攻击，所面临的处境将更加危险。事实上，早在马岛战争期间就已经出现了区域防空导弹击落直升机的战例：1982 年 5 月 9 日，英国海军“考文垂”号驱逐舰发射 GWS30“海标枪”舰空导弹将阿根廷空军的一架 SA330“美洲豹”直升机击落。

4. 敌方固定翼飞机/直升机携带发射的空空导弹

现代战斗机已经广泛配装脉冲多普勒火控雷达和更先进的有源相控阵雷达，配合其携带的高性能空空导弹，普遍具有较强的下视下射能力，可对飞行高度远低于本机的低空/超低空直升机实施攻击。与此同时，现代强击机/战斗轰炸机也大都具备一定的空战自卫能力，并且这类飞机因为要执行近距空中支援等任务，战时经常会在低空/超低空空域活动，直升机与之遭遇并遭到其攻击的可能性相当大。与上述固定翼战术飞机相比，直升机在速度、高度、态势感知能力和空战武器性能等方面往往全面处于劣势，一旦在战场上与其相遇，通常很难正面抗衡，很多时候只能被动挨打。由于这样的原因，在历次局部战争和武装冲突中，固定翼战术飞机使用空空导弹等武器击落直升机的战例屡见不鲜。其中最典型的就是 1991 年海湾战争期间，美国海军 F－14 战斗机使用 AIM－9M“响尾蛇”近距空空导弹、美国空军 F－15 战斗机使用 AIM－7M“麻雀”中距空空导弹/GBU－10 激光制导炸弹，先后击落了 5 架伊拉克直升机。

此外值得指出的是，早在 20 世纪 80 年代的两伊战争期间就曾出现过直升机之间的空战，今后随着直升机在战场大量投入使用，以及世界各国军方对争夺超低空制空权的日益重视，敌对双方的直升机之间展开空战并使用各种武器相互攻击的场面，将会越来越常见。为此，各国武装直升机早已不满足于机炮、机枪、火箭发射器等传统武器，而越来越多地配装空空导弹，以增强自身的空战能力。例如，美国 AH－1Z/－64、俄罗斯米－24/－28 等武装直升机除了配装有由“毒刺”、SA－18 等便携式防空导弹改进而来的轻型空空导弹外，还具备携带 AIM－9L“响尾蛇”、R－73 等近距空空导弹的能力。

5. 敌方潜艇从水下发射的潜空导弹

如 2.2.2 节所述，随着潜空导弹的发展成熟和投入使用，目前国外的部分先进潜艇已经具备了从水下发射导弹对空中目标实施打击的能力，进而会对在海洋上空活动，执行反潜、反水面舰艇、布雷/扫雷、中继制导、搜索救援等任务的直升机构成严重威胁。

从 20 世纪 90 年代以来国外推出的“独眼巨人”（德国/法国合作研制）、

“交互式潜空武器系统”(德国/挪威合作研制)等潜空导弹的战技性能来看，尽管目前技术条件下这类导弹的飞行速度、机动能力和有效射程均较为有限(“独眼巨人”的飞行速度和作战距离分别仅为150~250m/s和10km)，以致于难以对高空高速固定翼飞机尤其是战术飞机构成有效威胁，但用来打击直升机时却绰绰有余。不仅如此，这类导弹还普遍采用了光纤、红外热成像、毫米波雷达等先进制导技术，其抗干扰能力和制导精度均非常突出，直升机一旦遭到其跟踪锁定，将难以通过机动规避和软杀伤手段来摆脱攻击。尤其是对于正在执行任务的反潜直升机来说，由于其在搜索敌方潜艇过程中，往往需要进行较长时间的低空低速飞行，有时甚至还需要在超低空悬停以便使用吊放声呐，这更是为敌方潜空导弹攻击提供了可乘之机。

6. 敌方具备反直升机能力的其他制导弹药

在目前世界主要国家军队的装备序列中，除了上面介绍的各种对空导弹外，反坦克导弹、多用途导弹、炮射导弹、制导炮弹、制导火箭弹、智能反直升机地雷等精确制导弹药均会对直升机构成不同程度的威胁，甚至机载制导炸弹在一些特殊情况下也可用作反直升机武器。

以反坦克导弹(包括单兵携带、车载和机载)为例，尽管其设计初衷是用来打击坦克装甲车辆和其他地面目标，但是研究测试和实战经验表明，世界各国现役的反坦克导弹大都具备一定的打击低空低速飞行的直升机甚至固定翼飞机的能力，对付处于空中悬停甚至地面着陆状态的直升机则更是不在话下。例如，自2011年开始的叙利亚内战中，反政府武装使用美制BGM-71“陶”式反坦克导弹曾先后击落多架政府军的米-8/24、SA341/SA342“小羚羊”等直升机。

而对于部分主战坦克所配装的炮射导弹来说，尽管其主要任务是远距离反装甲作战，但由于这类弹药普遍具有飞行速度快、命中精度高、有效射程远等性能特点，因而大都具有一定的反直升机能力，尤其是对低空低速飞行的直升机威胁很大。例如，俄罗斯T-72/80/90等主战坦克上的125mm坦克炮所配装的9M119“芦笛”炮射导弹(AT-11“狙击手”，采用激光驾束制导)以及以色列“梅卡瓦”系列主战坦克上的105/120mm坦克炮所配装的“拉哈特”炮射导弹(LAHAT，采用半主动激光制导)，对处于其有效射程内的低空直升机均具有较高的命中率。

8.3.2 现代战场上以RPG为代表的非制导弹药对直升机的威胁情况

在现代战争中，除了低空/超低空突防、近距空中支援、与敌机近距空战等特殊场合外，固定翼飞机受非制导弹药的威胁通常很小。然而对于直升机来说，由于其独特的飞行性能和使用环境，战时受非制导弹药的威胁不但相当严重，很多时候非制导弹药还是其面临的最主要甚至唯一的威胁。根据历次局部战争的相关经验教训，并结合当今世界各国军队及各地武装组织的装备现状，可以将现代战场上能对直升机构成有效威胁的非制导弹药归纳为以下 4 种，它们同样也是今后直升机 APS 的直接作战对象。

1. 被用作反直升机武器的敌方 RPG

如 2.2.3 节所述，RPG 在苏阿战争甚至更早的越南战争期间就已初露锋芒，创造了不少打击直升机的成功战例，在 21 世纪初的阿富汗和伊拉克战争中更是因为被广泛用作反直升机武器而声名大噪，其对直升机的威胁也逐渐引起了相关各国的重视。在这样的背景下，美国、澳大利亚等西方国家对现代战场上直升机面临的 RPG 威胁进行了一系列深入研究，美国国防部防务技术信息中心(DTIC)下属的生存力/易损性信息分析中心(SURVIAC)还对实战条件下 RPG 射击直升机时的命中概率、直升机被击中后的生存力以及直升机应对 RPG 攻击的技战术手段进行了专门的建模分析(图 8-3)。一系列研究结果表明，RPG 在阿富汗和伊拉克战场上袭击直升机屡屡得手的现象并不是偶然的，其在历次反直升机作战中所取得的战果，并不像部分媒体所报道的那样是“瞎猫撞上死耗子”“纯属碰运气”的小概率事件，而是有大量必然因素在起作用。

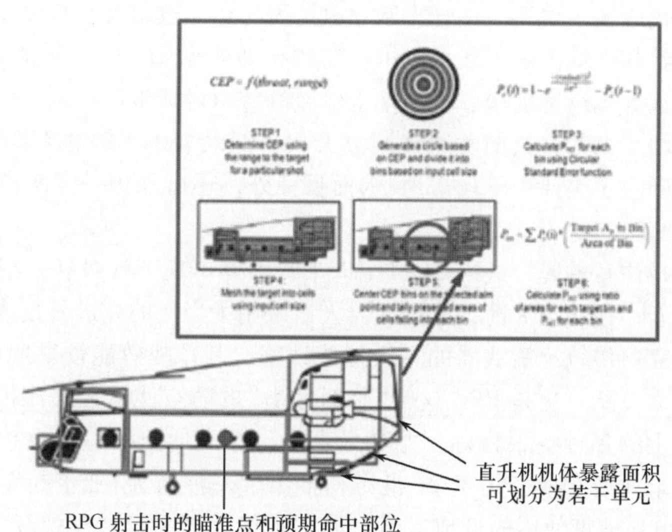

图 8-3　美国国防部生存力/易损性信息分析中心对实战条件下 RPG 打击 CH-47 直升机时的命中概率进行建模分析(图片来源：美国国防部生存力/易损性信息分析中心)

注：图中 CEP 为衡量 RPG 命中精度的圆概率误差，P_{hit} 为 RPG 对直升机的命中概率。

有鉴于此，目前西方国家研究人员已经在相当程度上达成共识：尽管RPG对远距离上快速巡航或机动飞行的直升机的命中率非常有限，然而只要采取行之有效的战术，RPG对近距离（数百米）内处于低空低速、空中悬停或地面着陆状态的直升机将会构成严重威胁，其威胁程度甚至超过了便携式防空导弹。事实上，早在越南战争结束不久的1976年11月，美国陆军训练与条令司令部（TRADOC）根据战争中的经验教训发布了一份关于RPG使用情况的评估报告，其中就有类似的结论：尽管RPG“对运动中的直升机和固定翼飞机命中率很低”，但是当敌方2～3具RPG埋伏在直升机着陆场附近，对正准备着陆、已着陆或刚起飞的直升发动齐射攻击时，其后果将是“毁灭性”的。今后，随着RPG战技性能的持续改进以及使用者对空射击经验的不断积累，其对直升机的威胁还将进一步增大，在一些特殊场合甚至将取代对空导弹而成为直升机的主要威胁。

2. 敌方各种面空/空空无制导火箭弹

与传统的航炮/高炮相比，无制导火箭具有威力大、射程远的明显优势，因此早在20世纪30年代就有无制导空空火箭弹参加实战并取得战果的战例。即使在人类战争进入导弹时代后，无制导火箭凭借其体积小、重量轻、成本低、不受电磁干扰等独特优势，在对空作战领域也仍有一定的用武之地。研究表明，在现代战场条件下，尽管无制导火箭因为存在散布大、精度差等固有性能缺陷，导致其拦截固定翼战术飞机等高速高机动目标的能力非常有限，但是对于直升机这类飞行速度慢、机动性也较差的空中目标来说，无制导火箭仍能构成相当威胁。例如，目前美军武装直升机广泛装备的“海蛇怪”70型70mm无制导火箭弹除了主要用于攻击地/水面目标外，还可承担一定的空空作战任务，包括用来打击敌方直升机。

更加值得注意的是，进入21世纪以来，国外出现了针对现代战场环境而专门研制的新一代防空火箭，这类武器大量采用了当代的先进科技成果，可在相当程度上克服传统火箭武器的先天性能缺陷，其作战效能较早期面空/空空火箭有了巨大飞跃，更是RPG这类“临时客串”的防空武器无法比拟的，足以对未来战场上的多种空中目标、尤其是直升机这类低空低速目标构成严重威胁。例如，瑞典博福斯公司于21世纪初推出了一种名为“亚伯拉罕”（ABRAHAM）的可单兵携带使用的低成本近程防空火箭武器系统，其弹径为120mm，最大射程为10km，最大飞行速度达1000m/s，并配装有先进的主动式激光近炸引信以及重达10kg、有效杀伤距离可达50～90m的预制破片定向战斗部，其对空作战效能远远超过了普通无制导火箭，而售价仅为便携式防空导弹的1/10，因而性价比优势非常突出。

3. 敌方无后坐力炮、坦克炮等直瞄火炮炮弹

与 RPG 相比，无后坐力炮作为一种常见的步兵伴随火炮，在打击直升机等低空低速目标方面的潜力更大。这主要是因为，与 RPG 发射筒为滑膛结构，所发射的火箭弹需靠尾翼稳定不同，无后坐力炮炮管内有膛线，能使炮弹自旋保持稳定，再加上膛压更高，其炮弹初速通常比 RPG 火箭弹更大，受初始扰动、推力偏心和横风等因素的影响也更小，因而在射击精度和有效射程等方面具有明显的优势，同等战场条件下打击直升机目标时也更具威力。事实上，早在越南战争期间，越军就曾广泛使用 57mm、75mm 无后坐力炮打击美军直升机，并取得不俗战果。今后若能利用防空武器领域的最新技术成果，为无后坐力炮配备专用的对空弹药，其反直升机作战效能还将会进一步提升。

坦克主炮作为一种高膛压直瞄火炮，所发射的炮弹初速高，散布小，弹道低伸平直，因而同样拥有一定的打击直升机等低空低速目标的潜力。实战经验证明，只要战时能准确把握战机，即使不做任何改进，目前技术状态的坦克主炮也完全有可能对低飞直升机构成威胁。例如，在 1982 年 6 月的以色列入侵黎巴嫩战争期间，以军“梅卡瓦”MK Ⅰ 主战坦克就曾使用其 105mm 主炮击落一架叙利亚军队的“小羚羊”武装直升机。今后，若能对坦克主炮火控系统进行一定的改进升级，并为其配备专门研制的先进对空弹药，坦克炮在打击直升机等低空目标方面的潜力还将会得到更加充分的挖掘。目前美国已经在此领域取得了重大进展，并为其 M1 主战坦克上的 120mm 滑膛炮配装了一种具备反直升机能力的 M830A1 多用途高爆曳光弹(HEAT - MP - T)。该弹设有专门的对空作战模式，其头部安装有近炸引信，可通过空炸时形成的大量破片来打击直升机等低空目标(图 8 - 4)。由于 M830A1 良好的对空作战性能，配备该弹的 120mm 坦克炮甚至被美国陆军称作是“最有效的反直升机武器”，并被外界认为可以在相当程度上弥补美国陆军没有装备自行高炮所带来的防空问题。

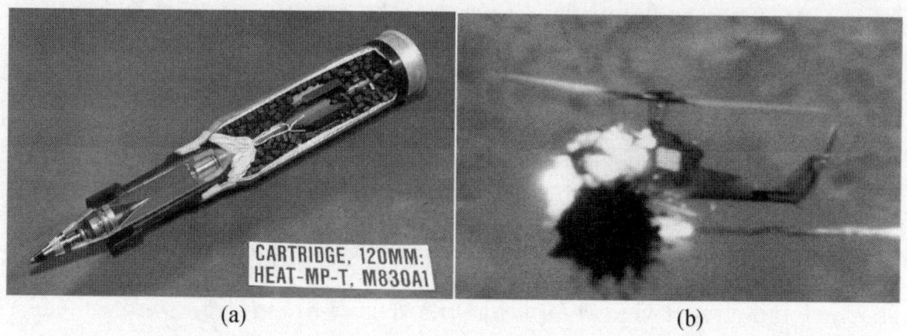

(a)　　(b)

图 8 - 4　美国 M830A1 多用途高爆曳光弹内部结构(a)及其实弹射击测试中命中直升机时的场景(b)　(图片来源：fas. org)

4. 特殊战场环境下的敌方压制火炮炮弹

压制火炮是指用于压制、破坏地/水面目标的火炮，主要包括大中口径加农炮、榴弹炮、迫击炮和火箭炮，是世界各国军队地面炮兵的主要装备。按照传统任务分工，这类火炮战时主要承担杀伤敌方有生力量、摧毁敌方技术兵器、破坏敌方工程设施等任务，通常不会直接用于打击空中目标。然而实战经验表明，在一些特殊战场环境下，压制火炮仍会对军机尤其是直升机构成严重威胁。

如前所述，战时直升机(特别是运输/通用直升机)经常需要在战地甚至敌后方纵深开辟临时着陆/空投场，并进行相应的任务作业。在此期间，直升机或者需要降落地面并做一定时间停留，或者需要进行较长时间的低速盘旋甚至低空悬停，对地面对空火力来说无疑是非常理想的射击目标，即便是压制火炮这类传统地面作战武器，也完全有能力对其实施有效打击。尤其是对于那些已经着陆并停留在地面的直升机来说，此时其与普通的地面固定目标基本无异，更是包括压制火炮在内的地面火力的理想打击对象。不仅如此，当压制火炮在这样的场合下对直升机实施打击时，还可充分发挥自身威力大、对目标毁伤半径也大的优势，从而显著提高对目标的命中率。

这方面最典型的例子就是 1975 年 5 月 15 日美国海军陆战队营救被柬埔寨军队扣留的“马亚克斯”号商船事件。在此次作战行动中，美军突击队乘坐的直升机在降落、地面停留及再次起飞的过程中，遭到柬军 60mm、82mm 迫击炮以及其他多种步兵轻武器的集火射击，最终导致美军投入作战的 15 架直升机先后有 3 架被击落，10 架被击伤，机上人员伤亡惨重。

8.3.3 未来战争中直升机对机载 APS 的现实需求

由以上分析可以看出，在现代战场上，除了各种用于打击固定翼飞机的对空武器，也会对直升机构成相同甚至更致命的威胁外，一些传统上只适于打击地面车辆甚至固定目标、对固定翼飞机很难构成实质性威胁的武器，对直升机来说却很可能是相当严重的威胁。因此在一定程度上可以这样说，直升机是目前三类军机平台中面临战场威胁最复杂的一种，其在现代战场上需应对的威胁接近固定翼飞机和地面车辆所受威胁之和，进而对机载自防护系统的性能也提出了更高要求。更为严重的是，由于直升机高速飞行性能差，并且缺乏大过载机动能力，因此对来袭对空弹药的机动规避能力相当有限，其战场安全对机载软杀伤自防护系统高度依赖，然而在直升机所面临的战场威胁中，有相当一部分恰好是软杀伤自防护系统很难甚至根本无法对付的。例如，部分潜空导弹、反坦克导弹、多用途导弹采用了有线(包括光纤)、激光驾束等制导方式，目前技术条件下机载软杀伤自防护系统还难以对其实施有效干扰；当直升机在低空/超低空遭到对空导弹及其他制导弹药攻击时，由于作战距离太近导致反应时间被大幅压缩，机载软杀伤自防护系统很可能来不及发挥作用，载机就已被来袭弹药命中；当直升机在低空/超低空遭到以 RPG 为代表的非制导弹药攻击时，除了同样会面临作战距离近、反应时间短的困难外，机载软杀伤系统还会因为来袭弹药无制导装置而完全丧失防护作用。

这种状况表明，面对现代战争中复杂多样的战场威胁，直升机单靠传统的软杀伤自防护系统已经很难确保自身的战场安全，而迫切需要有全新的生存力增强措施，主动防护技术则能很好地满足这一要求。如 2.4.1 节所分析的那样，机载 APS 不仅防护效能不会受来袭弹药有无制导/制导方式的影响，而且能在探测到来袭目标后的第一时间内发生作用，因此当直升机配装这类自防护装备后，将会取得立竿见影的效果，上面所述的一系列问题将会全部迎刃而解，其战场生存力将得到极大提升。尤其值得指出的是，借助机载 APS 的防护，直升机将可以有效应对 20 世纪 90 年代以来出现的一些全新战场威胁，不仅部分传统战术将不会因为时代环境变化而过时，甚至还可以开发出一些全新的战术战法，进而可使战时任务效能得到更充分的发挥。这突出表现在反潜直升机与敌方潜艇的对抗中：对于反潜直升机来说，在敌方潜艇“头顶”投放鱼雷是一种非常有效的攻潜战术，此时潜艇即使发现鱼雷来袭，也会由于反应时间过短(通常仅为数十秒)，而来不及采取反鱼雷对抗措施；但是当潜艇配备先进潜空导弹后，“头顶”投雷的直升机由于飞行速度慢(甚至悬停)、与水面距离近、来袭导弹难以干扰等原因，反而会成为潜空导弹的理想打击目标，不但难以完成反潜任务，就连自身安全都成了很大问题；然而反潜直升机一旦配装 APS，将可以借助后者的保护，再度将作战主动权夺回来，强行飞抵敌方潜艇“头顶”并投雷攻击。

由于上述原因，加上 20 世纪 90 年代以来历次非传统战争中的深刻教训，尽管直升机主动防护概念的提出相对来说比固定翼飞机更晚，但直升机 APS 的发展却因美国、以色列等相关国家的高度重视，逐渐“后来居上”，目前直升机 APS 已经成为各类机载 APS 中技术最成熟、最接近实用化的一种。以美国为例，由于 1993 年美军直升机在索马里被 RPG 击落事件随着战争大片《黑鹰坠落》的热映而广为人知，21 世纪初的阿富汗/伊拉克战争中美军直升机屡遭 RPG 袭击也曾长期引起社会各界广泛关注甚至震惊，如何对付 RPG 这种看似落后、然而机载软杀伤自防护系统却对其完全无效的武器，美国军方、工业界甚至民间军事爱好者曾进行了长时间的探索研究，并提出了一系列直升机 APS 解决方案。尤其值得指出的是，在目前美国军方下属各机构中，美军特种作战司令部(SOCOM)对发展直升机 APS 特别热心，这主要是因为在历次局部战争和武装冲突中，美军特种部队均大量参战并且经常在敌后展开行动，作为其主要装备的直升机非常容易遭到 RPG、便携式防空导弹等对空武器的袭击(如 1993 年“黑鹰坠落”事件)，对高性能自防护装备的需求也因此非常迫切。因此早在 2004 年，美军特种作战司令部就与陆军坦克车辆研发工程中心(TARDEC)、美国能源部合作，开始了直升机 APS 相关技术的开发，目前已经取得了阶段性成果，本章后面将要介绍的“天使之火”直升机 APS 就是其代表性产品。

8.4 直升机配装 APS 的平台条件分析

在直升机、大军机和战术飞机这三类军机平台中，直升机除了在飞行原理、外形布局、机体结构等方面均与另两类军机有很大差异外，还有一个非常突出的特点：当其以很低速度在低空/超低空飞行、悬停甚至在地面停留时，其运动状态、周边环境和潜在威胁等方面均与地面车辆非常类似；而当其以较高速度在较大高度上飞行时，这些方面又明显更接近甚至等同于固定翼飞机。这样的特性，对于直升机今后搭载 APS 来说，既存在有利的一面，同时也会带来很多不利的影响。

8.4.1 直升机平台配装机载 APS 的有利条件

与固定翼飞机相比，直升机缺乏高速高机动飞行能力但又具有一些独特飞行性能，并且战时主要在低空/超低空空域活动，有时还需要在低空悬停甚至地面停留。直升机平台的这些特点，使得直升机 APS 在很多方面有别于固定翼飞机 APS，而更接近车载 APS，在相当程度上有利于系统的研制、安装和使用。

1. 直升机对机体气动外形的要求较为宽松，便于 APS 的布设安装

直升机由于飞行速度慢，对机体气动外形、特别是表面光洁方面的要求，远没有固定翼飞机、尤其是战术飞机那样严格。因此，当直升机在安装各种观瞄设备和武器装备时，可以尽可能地从最大程度扩展二者视野、射界等角度来考虑，必要时甚至可以将其完全暴露在外，而用不着过多担心由此带来的气动阻力问题。例如，目前的武装直升机普遍以外露方式在机头处安装有光电观瞄系统转塔，在机头/前机身下方安装有可在水平、俯仰方向做一定角度转动的活动航炮/机枪，美国 AH-64D、俄罗斯米-28N 等少数型号武装直升机所配备的毫米波雷达甚至从旋翼轴顶端向外升出(图 8-5)。今后在为直升机配装

APS 的过程中，完全可以采取类似的方式，其相关设备的配置安装远比固定翼飞机简单方便，由此可以大大降低技术难度。

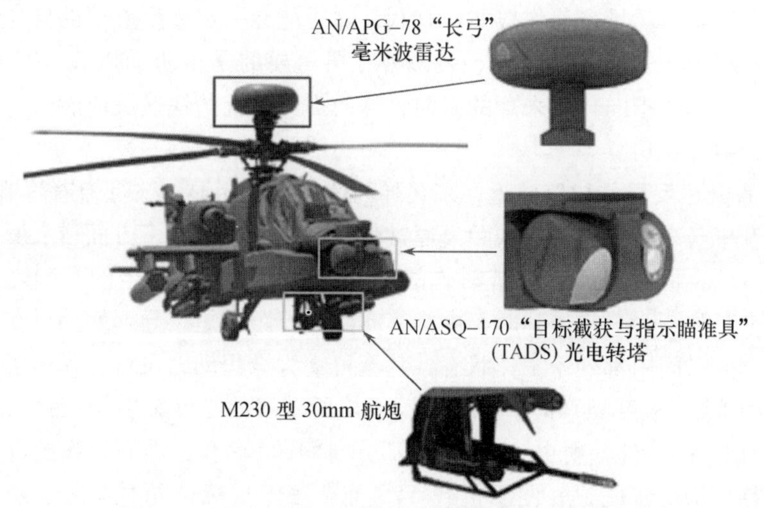

图 8－5　美国 AH－64 武装直升机以外露方式安装的毫米波雷达、光电转塔和航炮
（图片来源：美国波音公司）

2. 直升机飞行特性对机载 APS 操作使用的负面影响相对较小

直升机的最大平飞速度和加速、爬升等机动性能均远低于固定翼飞机（尤其是战术飞机），战时不会也没能力进行过于剧烈的高速高机动飞行，很多时候都处于相对平稳、低速的飞行状态，有时还会在空中悬停甚至地面停留。当直升机被用作 APS 的搭载平台时，这样的飞行特性将可以在相当程度上减轻平台运动状态对 APS 操作使用的负面影响。例如，由于直升机机身表面的气流吹袭远没有固定翼飞机那样严重，机载 APS 发射装置的转动、拦截弹的侧射/后射等都比较容易实现，因此便于在机上配装固定侧向/后向或旋转式发射装置（目前武装直升机机头下方的活动航炮/机枪就可左右转动一定角度，对大幅偏离飞行轴线的目标实施攻击），从而提高系统的快速反应能力并减小射界死角。此外，直升机相对较为平稳的飞行特性还便于对已经发射出去的拦截弹提供后续制导（目前武装直升机普遍可使用有线制导的反坦克导弹），因此今后机载 APS 选用反导拦截弹时，可不必强求其具备“发射后不管”能力。

3. 直升机的部分独特飞行性能有助于 APS 战时作战效能的发挥

尽管总的来说，直升机的飞行速度和机动能力均远不如固定翼飞机，但直升机不同于固定翼飞机的飞行原理，却使其拥有一些独特飞行性能，能完成很多固定翼飞机无法完成的飞行动作，因此战时只要有必要，直升机可通过自身的机动调姿来协助机载 APS 完成反导作战任务，从而在相当程度上提高后者的作战效能。例如，直升机能进行原地转向、横向飞行(侧飞)和倒退飞行，这对其今后实施反导自卫作战非常有利，除了能在一定程度上帮助自身躲避拦截目标过程中产生的各种破片、残骸外，更重要的是可协助机载 APS 将拦截弹发射装置迅速指向目标来袭的方向，从而提升系统的快速反应能力，同时减小系统的射界死角。

4. 直升机反导作战距离近，来袭弹药信号特征明显、飞行弹道简单

直升机与来袭弹药的交战距离通常较近，固然会在很多方面增大反导自卫作战的难度，但对机载 APS 战时作战效能的发挥也存在一定的有利之处。尤其是当来袭弹药为对空导弹时，由于其实际飞行距离短，导弹发动机在飞行全程的大部分时间内都处于工作状态，甚至可视为全程动力飞行，弹体气动加热(因为平均飞行速度高)和发动机喷管/尾焰所带来的红外辐射均较强，发动机尾焰/羽烟中的紫外辐射也一直(或大部分时间内)存在，因而导弹的红外、紫外信号特征均比较明显，便于机载 APS 捕获跟踪目标；同时，由于来袭导弹飞行时间短，本来机动能力就非常有限的直升机在如此短的时间内，根本来不及进行较大范围的机动，因此导弹在来袭过程中也无须进行较大的机动调姿，其飞行弹道相对比较简单，这也比较便于机载 APS 对目标的探测、跟踪和拦截。

5. 直升机面临的战场威胁以小型低速弹药居多，拦截难度相对较低

在现代战场上，直升机尽管不能排除与中高空/中远程防空导弹等较大型对空导弹遭遇的可能性，但总的来说其面临的威胁主要还是来自中低空/中近程防空导弹、近距空空导弹、便携式防空导弹、反坦克导弹、RPG 之类的对空弹药，在非传统战争中更是普遍以便携式防空导弹和 RPG 为主。与较大型对空导弹相比，便携式防空导弹、RPG 这类弹药普遍体型较小，重量较轻，飞行速度较低[①]，因此其飞行中的动能通常也较小，很容易因为外来干扰而偏离正常弹道，由此可大大降低机载 APS 反导作战的技术难度，进而有助于实现系统反导拦截手段的多样化。例如，对于今后的直升机 APS 来说，当来袭目标是便携式防空导弹、RPG 这类弹药时，拦截弹使用拦阻网、气球、气囊等柔性拦阻物作为战斗部，即可对其实施有效的防护；相比之下，若使用此类战斗部对俄制 S－300(SA－10)、美制“爱国者”等较大型防空导弹进行拦截，

① 目前俄罗斯 S－300、美国“爱国者”等高空远程防空导弹的最大飞行速度普遍达 *Ma*6 以上，而便携式防空导弹除了英国“星光”等个别型号外，最大飞行速度通常不超过 *Ma*3，RPG 则不超过声速(仅 300m/s 左右)。

将很容易被后者撞破，或者被其拖带着继续高速飞行，难以取得理想的拦截效果。

6. 直升机 APS 研制过程中可充分借鉴车载 APS 的成熟技术和经验

战时直升机主要在低空/超低空空域活动，并且经常处于低速飞行甚至悬停状态下，此时其在平台特性和战场环境方面与大军机/战术飞机差异很大，更接近地面车辆；而当直升机在地面停留时，则完全可将其视作一部地面车辆。不仅如此，直升机在现代战争中所面临的战场威胁，也有相当部分与地面车辆相同，反坦克导弹、多用途导弹、炮射导弹、RPG、直瞄火炮炮弹等传统上用于打击地面车辆的弹药，也普遍具备不同程度的反直升机能力。由于这样的原因，直升机 APS 在能力需求乃至部分性能指标方面也将与车载 APS 较为接近，其研制过程中将可以大量借鉴参考后者的技术经验，部分车载 APS 经过一定的适应性改进后甚至可以直接用于直升机。例如，以色列 Fliker 直升机 APS 就是在著名的"战利品"车载 APS 基础上研发的；而美国推出的"一体化陆军主动防护系统"（IAAPS）和"全谱近距多层防御系统"（FCLAS）除主要用于地面车辆外，其改型也可装备直升机甚至低速固定翼飞机。

8.4.2　直升机平台配装机载 APS 的不利条件

在世界各国现役的军用直升机中，数量占大多数并且对机载 APS 需求较为迫切的是通用/武装直升机。与大军机/战术飞机相比，这两类直升机不但在平台特性、战场环境方面的差异性很大，战时面临的威胁也往往更加复杂多样，这不仅会对直升机 APS 的部分性能指标提出更高要求，进而增加系统研制过程中的技术难度，同时还会给直升机 APS 战时的作战使用带来一些不利影响。

1. 直升机平台在空间、载荷和供能等方面的条件较为有限

与舰载、车载和地面 APS 类似，一套完整的机载 APS 也是由各种精密复杂的探测、跟踪、控制设备及拦截武器组成，将需要占用载机一定的机体空间并增加其空机重量，同时还会在能源供给方面对载机提出一定要求，这对于目前的通用/武装直升机来说，将是一个不小的负担。因为这两类直升机中的绝大多数都是起飞重量不超过 15t 的中轻型直升机，机上空间、载荷和供能等方面条件通常较为有限（如美国 OH－58D 轻型武装侦察直升机和 AH－64 武装直升机的外挂有效载荷分别仅为 345kg 和 771kg），若强行加装 APS，难免会给载机的战技性能带来一定影响。要解决这样的问题，只能尽量缩减直升机 APS 的体积重量，由此会增加系统研制的技术难度。

2. 直升机面临的战场威胁复杂多样，并容易遭到齐射/连射攻击

如前所述，直升机在现代战争中面临的战场威胁远比固定翼飞机复杂。尤其是当直升机低空/超低空飞行甚至在地面停留时，其战场环境更是迥异于传统固定翼飞机，而比较接近甚至等同于地面车辆。此时，即使将各种步/机枪、高射机枪和小口径高炮发射的弹药(即小口径枪/炮弹)摒除在外，直升机 APS 也仍需同时应对种类众多、性能各异的制导/非制导对空弹药的威胁。更为严重的是，当直升机遭到这些对空弹药尤其是 RPG 等非制导弹药攻击时，敌方为了确保命中率，往往会对一个目标同时或连续发射多枚弹药，由此会大大增加直升机 APS 的作战难度。例如，在 1993 年的"黑鹰坠落"事件中，美军直升机就遭到索马里武装分子大量 RPG 的齐射/连射攻击。

3. 低空/超低空活动环境会增大直升机 APS 反导作战的难度

当直升机在低空、超低空空域活动时，机载 APS 中的传感器受通视距离、地面杂波以及各种天气现象[①]的影响，其性能将会不同程度地下降，进而会影响到系统作战效能。不仅如此，低空/超低空飞行的直升机遭到敌方地面对空火力攻击时，由于双方直线距离近(很可能仅为数千、数百米甚至更近)，也会给机载 APS 的反导作战带来很大困难：①敌方对空弹药从发射到命中的飞行时间短(便携式防空导弹通常仅为数秒，近距离发射的 RPG 甚至不到 1s)，留给机载 APS 的反应时间将非常有限；②当来袭目标是对空导弹时，其发动机燃料在如此短的飞行距离上很可能尚未耗尽，或者刚耗尽不久，基本上可视作全程动力飞行，始终具备很高的飞行速度和机动能力；③反导作战的防御纵深过小，对来袭弹药的拦截次数少，很多时候甚至仅能进行一次拦截。

4. 直升机在反导自卫作战过程中容易遭到破片/残骸的损伤

与固定翼飞机相比，尽管直升机的部分独特飞行性能可为反导自卫作战中躲避破片/残骸提供一定帮助，但总的来说，直升机由于飞行速度慢，并且缺乏大过载机动能力，在反导自卫作战中脱离危险空域所需要的时间相对较长，再加上直升机存在旋翼、尾桨这样完全暴露在外的薄弱部位，因而在拦截来袭弹药的过程中更容易遭到各种破片、残骸的损伤。如果再考虑到直升机反导自卫作战通常都是在相当近的距离上进行的，并且很多时候需要拦截同时/连续来袭的多枚弹药，其遭破片/残骸损伤的概率还会进一步增大。由此一来，将不得不对直升机 APS、尤其是拦截弹(及其战斗部)提出一些特殊性能要求，以尽量降低反导作战过程中载机遭破片/残骸损伤的可能性。例如，以色列在"战利品"车载 APS 基础上改型发展 Fliker 直升机 APS 时，用一种全新研制的

---

① 雨雪、烟雾、沙尘等天气现象主要出现在低空。

拦截弹替换了原来的多爆炸成型弹丸(MEFP)，就是出于这样的目的。

5. 直升机 APS 的射界死角难以消除，存在较大的防护死区

对于飞行中的直升机来说，其主旋翼、尾桨和短翼(及其下面的外挂物)均会对机载 APS 的射界造成不同程度的遮挡，战时会出现较大的防护死区。其中，主旋翼对 APS 射界的影响最为严重，因为主旋翼旋转时会形成一个面积巨大的桨盘，并且正好位于机身的上方，导致 APS 很难及时应对来自上方的威胁。而苏阿战争等局部战争的实战经验教训表明，当直升机在山地、城市等战场环境下低飞时，将很容易遭到从山顶、建筑屋顶向下的火力打击，再加上直升机战时还需应对飞行高度高于本机的敌方固定翼飞机/直升机的下视下射攻击，因此其 APS 上方射界严重受限的问题无疑是一个很大的安全隐患。不仅如此，囿于直升机的独特飞行原理，其 APS 的防护死区将很难通过技术手段完全消除，并且由于平台条件的限制，也难以通过在机身上布设多座 APS 炮塔的方式来予以弥补。

8.5　适应未来战场环境的直升机 APS 初步解决方案

根据以上对直升机在现代战争中面临威胁情况及其配装 APS 时有利/不利条件的分析，结合多年来国外在直升机 APS 研究过程中的经验教训以及世界范围内相关技术领域的最新发展动向，可以从基本能力需求、系统典型构成、机上配装方式、技术实现途径等角度，对适应未来战场需求的直升机 APS 发展构想进行探讨，在此基础上可形成一套直升机 APS 初步解决方案。

8.5.1　未来战场环境对直升机 APS 提出的基本能力需求

考虑到直升机在平台特性、战场环境、潜在威胁等方面均与固定翼飞机存在较大差异，对于今后的直升机 APS 来说，除了应具备 4.3.3 节中所述的军机 APS 基本功能特点外，还需要从以下 4 个方面对系统进行针对性的优化设计，才能在未来战争中为载机提供可靠有效的防护，同时最大程度地提高效费比。

1. 主要用于低空/超低空空域，适当兼顾中空、地面作战

直升机战时通常在低空、超低空空域活动，今后的反导自卫作战也将主要在这一空域进行，因此直升机 APS 的战技性能也应与这样的战场环境相适应。根据任务需要，直升机战时也有可能会进入中空空域飞行，有时还会在地面做一定时间停留，因此直升机 APS 还需适当兼顾中空和地面作战环境。

2. 需同时兼顾制导弹药与非制导弹药两类威胁

由于直升机战时受各种非制导弹药的威胁非常严重，很多时候其威胁程度不亚于甚至超过了制导弹药，因此直升机 APS 与固定翼飞机上同类系统的一个主要不同之处就在于，必须将非制导弹药威胁与制导弹药威胁同等对待，也就是说系统应尽可能同时兼顾制导弹药与非制导弹药这两大类威胁。

3. 应具备比固定翼飞机上同类系统更强的抗饱和攻击能力

由于直升机战时受敌方武器齐射/连射甚至饱和攻击的概率远大于固定翼飞机，因此直升机 APS 应比固定翼飞机上的同类系统更加重视抗饱和攻击能力，在其进行反导作战的过程中，既能抗击敌方分别使用多枚制导弹药或多枚非制导弹药发起的饱和攻击，也能应对敌方混合使用多枚制导与非制导弹药发起的饱和攻击。

4. 应具备比固定翼飞机上同类系统更强的近距/超近距作战能力

与固定翼飞机相比，直升机经常会在低空/超低空空域慢速飞行，有时甚至还需在地面停留，因此更容易遭到敌方各种武器的近距/超近距攻击，当敌方使用 RPG 等无制导直瞄武器时将更是如此。有鉴于此，直升机 APS 无疑应具备比固定翼飞机上同类系统更强的近距/超近距作战能力，才能有效适应未来战场环境。

8.5.2 典型直升机 APS 的系统构成

根据 4.3.4 节所介绍的机载 APS 典型系统构成，结合直升机反导自卫作战的现实需求以及相关技术领域的最新发展情况，可以从威胁告警分系统、目标探测分系统、精确跟踪分系统、拦截弹、拦截弹战斗部、拦截弹发射装置 6 个方面，对未来直升机 APS 的系统构成进行分析探讨。

1. 威胁告警分系统

根据前面相关章节的分析，以及部分现役直升机配装软杀伤自防护系统的经验，目前技术水平下的机载雷达/激光告警接收装置在主要性能指标方面已经完全能满足直升机 APS 对威胁告警设备的需求，因此可直接用于今后的直升机 APS，构成系统的威胁告警分系统，以探测识别战场上的雷达/激光信号威胁并及时提供告警。

不过需要指出的是，多次局部战争的实战经验教训表明，由于直升机战时经常在低空/超低空活动，非常容易遭到敌方各种目视瞄准防空武器的攻击，而传统的雷达/激光告警接收装置将无法对此类威胁进行探测告警。此时，由于难以在敌方防空武器发射前判断本机是否已被探测跟踪，将会在相当程度上增大直升机 APS 的作战难度。

2. 目标探测分系统

直升机在现代战场上所面临的威胁非常复杂，并且各种威胁在目标特性尤其是信号特征方面往往差异很大。今后的直升机 APS 将需要根据所面临的战场威胁特点，选择一种或多种合适的传感器设备，用作系统的目标探测分系统，探测、捕获来袭弹药并测量其初始信息。本书第 5 章所介绍的各种传感器设备中，除了被动雷达/激光探测设备外①，其余的均可用来承担此任务。

1）红外探测设备

对于部分自身有动力并且发动机工作时间相对较长的反直升机弹药（对空导弹、无制导面空/空空火箭弹、反坦克导弹等）来说，当其发射后不久，发动机仍处于工作状态时，其红外信号特征普遍较为强烈。根据前面相关章节的分析，以及现役直升机配装软杀伤自防护系统的经验，目前技术水平下的机载导弹来袭红外告警系统，其探测、识别来袭反直升机弹药的能力已基本能满足直升机 APS 对目标探测设备的需求，因此无须大的改进即可用于今后的直升机 APS。

即使对于部分自身无动力或者发动机工作时间很短的反直升机弹药（RPG、炮弹甚至子弹）来说，其高速飞行过程中弹体气动加热所产生的红外辐射、弹体反射太阳/天空背景的红外辐射，也会被先进的红外传感器探测识别出来，进而可为反导拦截武器提供目标指示。目前除了部分车载 APS 中的红外传感器设备已经具备这样的能力外，可用于直升机自防护的同类设备也已出现：美国劳伦斯利福摩尔国家实验室（LLNL）于 20 世纪 90 年代推出的“生命卫士/神枪手”机载红外探测系统，通过集成两部以上的红外传感器，除了可以直接探测跟踪来袭的导弹、火箭弹、火炮炮弹、迫击炮弹和枪弹外，还可以利用三角测量法对敌方射手进行精确定位。

2）紫外探测设备

对于部分自身有动力并且发动机工作时间相对较长的反直升机弹药（对空导弹、无制导面空/空空火箭弹、反坦克导弹等）来说，当其发射后不久，发动机仍处于工作状态时，其紫外信号特征较为强烈。根据前面相关章节的分析，以及现役直升机配装软杀伤自防护系统的经验，目前技术水平下的机载导弹来袭紫外告警系统，其探测、识别来袭反直升机弹药的能力已基本能满足直升机 APS 对目标探测设备的需求，因此无须大的改进即可用于今后的直升机 APS。

即使对于 RPG 这类发动机工作时间非常短（通常仅 0.7s 左右）的反直升机

① 直升机经常会面临非制导弹药威胁，其面临的导弹威胁也以红外制导导弹居多再加上其所处的特殊战场环境，被动雷达/激光传感器通常不适合用作直升机 APS 的主要探测设备。

弹药来说，紫外传感器设备仍可以通过其发射筒口闪光和发动机短暂工作期间尾焰所产生的紫外辐射，对其进行探测识别。目前以俄罗斯“阿富汗石”为代表的部分车载 APS 所配装的先进紫外传感器已经具备了这样的能力，考虑到车载 APS 与直升机 APS 在技术方面的共通性，前者在紫外探测领域的技术成果将可供后者沿用甚至移植。

3）声学探测设备

在目前的各种反直升机弹药中，除了极个别种类（如低初速无后坐力炮弹）外，其余的最大飞行速度均超过或接近声速，在飞行中会产生较强的激波和噪声，部分弹药发射过程中还会产生膛（筒）口激波，因此均具有不同程度的声学信号特征，可以借助被动声学设备来对其进行探测识别。

值得指出的是，直升机的飞行特性（飞行速度低）和战时活动空域（低空/超低空），对于其通过声学手段实现对来袭弹药的探测告警非常有利：接近地表的大气环境、双方交战距离近以及平台自身速度低，不仅便于机载声学探测设备接收来自目标的激波/噪声，而且后者因为传播过程中的衰减小，其信号强度通常较大。

在直升机机载声学探测设备领域，国外已进行了多年研究，目前其相关技术已经相当成熟并开始实用化。例如，美国已经推出了“直升机告警及威胁终止”（HALTT）和“射击发现者”（图 8－6）两型直升机载声学探测系统，前者曾随UH－60“黑鹰”直升机投入阿富汗战场试用并取得不错效果，后者则将被集成到在研的直升机 APS——“直升机主动防护系统”（HAPS）中。

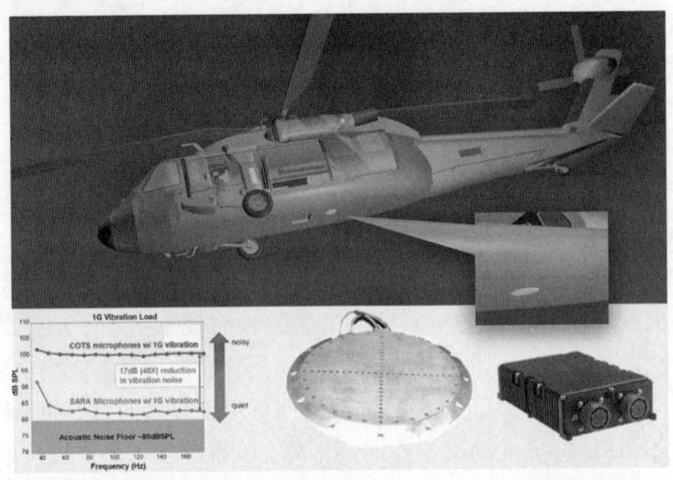

图 8－6　美国阿连特技术系统公司研制的“射击发现者”直升机载声学探测系统
（图片来源：美国阿连特技术系统公司）

4）主动雷达探测设备

由于各种反直升机弹药均具有一定的雷达信号特征，并且其雷达散射面积(RCS)不见得比现代战场上越来越多的隐身目标更小，现代高性能雷达完全有能力对其进行有效的探测识别，因此在今后的直升机 APS 中，雷达仍将是最主要、最基本的目标探测设备之一。

国外相关的研究测试和实战经验表明，目前以美国 AN/ALQ－156(配装 CH－47/EH－60A 直升机)和俄罗斯“弩”－D(配装米－24M/28N 直升机)为代表的直升机机载导弹来袭有源告警系统，在主要性能指标方面已能初步满足直升机 APS 对雷达探测设备的要求，因而可直接用于今后的直升机 APS。此外，从目前国外部分先进车载 APS 中雷达传感器的性能特点来看，这类设备已经具备在非常复杂恶劣的战场环境下探测跟踪目标信号特征与反直升机弹药类似(甚至更加微弱)的来袭弹药的能力，其相关技术今后也可以应用到直升机 APS 上。例如，以色列“战利品”车载 APS 所配备的 EL/M－2133“风挡”脉冲多普勒有源相控阵雷达，可以在复杂战场环境下对来袭火箭弹、反坦克导弹和坦克炮弹实施探测跟踪，并精确测定目标参数；俄罗斯“阿富汗石”车载 APS 所配装的毫米波有源相控阵雷达，甚至可以在恶劣环境中探测、识别、跟踪脱壳穿甲弹弹芯这样的高速(可达 1700m/s)小目标。

值得指出的是，在各种适用于直升机 APS 的雷达探测设备中，毫米波雷达是应用前景非常广阔的一种，因为这类雷达可以在相当程度上克服传统雷达易受多路径效应和地/水面杂波干扰的缺点，对于通常在低空/超低空空域进行的直升机反导自卫作战来说具有重要的现实意义。不仅如此，美国陆军研究实验室(ARL)等机构的研究测试结果还表明，部分先进的直升机机载 Ka 波段毫米波雷达甚至对地面人员携带的便携式防空导弹/RPG 发射筒也具有相当的探测识别能力，进而可以在敌方便携式防空导弹/RPG 发射之前，就为载机提供威胁告警。

5）主动激光探测设备

由于直升机反导自卫作战普遍会面临战场环境复杂恶劣、来袭目标信号特征微弱、近距/超近距离作战、来袭弹药齐射/连射攻击、制导/非制导弹药威胁并存等问题，进而会给机载 APS 的目标探测/识别带来极大困难，而主动激光探测设备(激光雷达)正好具有测量精度/分辨率高、响应速度快、多目标探测能力强、超低空探测/“零高度”工作性能好等特点，可以说是为直升机反导自卫作战“量身定制”的，因而非常适合用作直升机 APS 的目标探测设备。在目前国外推出的直升机 APS 中，美国控制产品公司研制的“主动旋转式对抗”(ARC)系统就选用了激光雷达作为主要探测传感器。

不过，在低空/超低空的工作环境下，激光雷达的性能受稠密大气和各种气象条件的影响较为严重，因此当直升机 APS 选用其作为探测传感器时，最好能与其他种类传感器设备配合使用。也正是由于这样的原因，美国"主动旋转式对抗"直升机 APS 在以激光雷达作为主要探测设备的同时，还另外加装了一部红外探测设备。

6）多种传感器综合探测

考虑到上面提到直升机反导自卫作战过程中面临的种种困难，战时直升机 APS 若单独使用某一种类的传感器设备对来袭弹药进行探测识别，很多时候将难以达到满意的效果。鉴于反直升机弹药在发射过程中往往会同时伴有声响、烟雾和光焰产生，今后的直升机 APS 将可以综合采用多种传感器来对其进行探测，在提高探测概率的同时降低虚警率。

目前美国军方已经开始进行这方面的研究，拟研制一种同时集成有红外、紫外和声学传感器的机载综合探测设备，用以增强直升机对来袭 RPG 的探测识别能力。

3. 精确跟踪分系统

与目标探测分系统类似，今后直升机 APS 中的精确跟踪分系统也需要根据所面临的战场威胁特点，选配相应种类的传感器设备，用于对来袭弹药实施持续跟踪并获取精确的目标信息。在上面介绍的几种可用于直升机 APS 的探测传感器设备中，除了声学传感器在目前技术条件下还难以满足对来袭目标实施精确跟踪的要求外，其余的均可同时用于直升机 APS 的精确跟踪分系统。

1）红外跟踪设备

如前所述，目前技术条件下的红外传感器已完全有能力对各种反直升机弹药实施持续跟踪，因此非常适合用作直升机 APS 的精确跟踪设备，很多时候系统只需配装一部红外传感器设备即可同时担负目标的探测识别和后续跟踪任务。与紫外传感器相比，红外传感器的突出优点是对目标的跟踪不受后者有无动力装置、或者动力装置是否关机的影响，这对于经常需要对付 RPG、火炮炮弹、迫击炮弹等威胁的直升机 APS 来说，非常具有实用价值。

2）紫外跟踪设备

对于对空导弹、无制导面空/空空火箭弹、反坦克导弹这类反直升机弹药来说，由于自身有动力并且发动机工作时间相对较长，再加上这类弹药攻击低飞/地面直升机时的作战距离通常较近，其从发射到命中飞行全程的大部分时间内发动机均处于工作状态，有时甚至接近全程动力飞行，全弹的紫外信号特征普遍较为强烈，无疑非常有利于紫外传感器对其进行持续跟踪。而对于 RPG 这类发动机工作时间很短的反直升机弹药来说，当其发动机停止工作后，全弹的紫外辐射将会剧减甚至消失，导致紫外传感器难以对其实施后续跟踪，但由于这类弹药在发动机关闭后将处于自然弹道飞行状态，因此仍可以根据紫外传感器先前所获得的目标参数，推算其位置。考虑到这些因素，紫外跟踪设备在今后的直升机 APS 中仍将有较好的应用前景。

3）主动雷达跟踪设备

对于各种反直升机弹药(包括制导和非制导)来说，由于战时的作战距离普遍较近，其飞行弹道均比较简单，有时甚至可视作一条直线，因此这类弹药在飞行过程中其头部将始终大致指向目标(直升机)，其雷达信号特征不会像红外/紫外信号特征那样出现很大变化，同时其雷达径向速度也始终较大并且相对比较恒定，这无疑非常有利于机载雷达设备对其实施持续稳定的跟踪。由于这样的原因，再加上雷达传感器还具有作用距离远、可提供目标距离信息、受气象条件影响小等传统优点，因此在今后的直升机 APS 中，雷达仍将是最重要的精确跟踪设备之一。尤其是在对部分发动机已关机或者自身无动力、飞行速度也较低，导致红外/紫外/声学信号特征均较弱的反直升机弹药(如低初速无后坐力炮弹)实施精确跟踪时，雷达相比其他传感器具有明显的优势。

4）主动激光跟踪设备

由于前述的种种独特性能，激光雷达也同样非常适合用作直升机 APS 的精确跟踪设备，用以在复杂纷乱的战场环境下完成对来袭目标的高精度跟踪，并且载机通常只需配装一部激光雷达设备即可同时担负目标的探测识别和后续跟踪任务。考虑到激光雷达在很大程度上兼具传统雷达和光学探测设备的性能特点，因此其在跟踪雷达/红外/紫外/声学信号特征均较为微弱的来袭目标(如较小口径榴弹发射器发射的低初速榴弹)时，将会拥有非常突出的优势。

4. 拦截弹

根据直升机的平台特性以及其战时所处战场环境、所面临威胁的特点，6.2 节所介绍的四大类机载 APS 拦截弹中，滞空拦截弹和航炮炮弹均不适合供直升机 APS 选用，反导榴弹和反导自卫导弹则将是今后直升机 APS 配装的主要拦截弹。

对于滞空拦截弹来说，当其被用作直升机 APS 的拦截弹时，在实际作战使用中存在很多严重甚至致命的缺点：①漂浮式滞空拦截弹只有当直升机处于一定飞行高度时才能正常使用，而当直升机处于超低空/贴地飞行、地面停留等状态时，其使用效果将会很差、甚至完全失效；②拖曳式滞空拦截弹施放后有可能被直升机的旋翼、尾桨缠绕而发生危险，当直升机超低空/贴地飞行时使用还可能会拖挂到地面树枝、高压输电线、建筑等障碍物；③滞空拦截弹通常只能用来对付对空导弹，对各种非制导弹药则基本无效，这对经常会面临非制导对空弹药威胁的直升机来说是一个难以容忍的短板。因此，尽管从理论上讲滞空拦截弹(尤其漂浮式滞空拦截弹)在直升机 APS 中具有一定的应用前景，但多年来国外推出的各种直升机 APS 方案中很少有选用这类拦截弹的。

对于航炮炮弹来说，根据 6.2.2 节、7.2 节的相关分析，尽管理论上可将其用作部分重型直升机 APS 的拦截弹，但是考虑到目前技术条件下航炮用于军机反导自卫作战时的种种先天不足，专门为重型直升机研制装备反导航炮及配套炮弹的做法效费比很低，多年来国外推出的各种直升机 APS 方案中也基本没有选用航炮作为反导拦截武器的，因此近期内基本上可以将航炮炮弹从直升机 APS 拦截弹中排除。

对于反导榴弹来说，当其被选作直升机 APS 拦截弹时，可以考虑为其加装增程/增速火箭发动机，以提高拦截弹的飞行速度和有效射程；同时还可以为其加装末制导装置，从而起到提高拦截弹命中精度、改善系统快速反应能力(发射拦截弹时可不必精确对准目标)、减少系统射界死角等作用。值得指出的是，反导榴弹在 21 世纪初以来国外推出的直升机 APS 方案中应用较多，如美国“天使之火”(Angelfire)和“直升机主动防护系统”(HAPS)两型直升机 APS 均采用了制导榴弹作为拦截弹。

对于反导自卫导弹来说，当其被选作直升机 APS 拦截弹时，最好能具备“发射后不管”能力，由此可以最大程度地减少对载机机动规避(如果需要的话)和作战任务的影响。如果缺乏相关的技术条件，不具备“发射后不管”能力的反导自卫导弹对于直升机 APS 来说也并非不可接受，因为直升机的高速高机动飞行能力远逊于固定翼飞机，通常情况下不但有条件对导弹实施后续制导，而且此过程中给载机作战任务/机动规避带来的影响也可控制在允许范围内。目前国外推出的各种直升机 APS 方案中，以色列 Fliker 就采用了一种微型反导自卫导弹作为系统的拦截弹；此外，以色列“机载制导反导防御系统”和美国“动能空中防御”这两种采用反导自卫导弹作为拦截弹的机载 APS 方案，也可用于配装直升机。

5. 拦截弹战斗部

由于直升机普遍缺乏高速高机动能力，并且战时面临的威胁以小型低速弹药居多，因而直升机 APS 在拦截弹战斗部种类的选择上也较为宽松，在反导作战过程中可以通过多种方式使来袭目标失效。因此，6.1 节所介绍的各种类型战斗部和拦截弹弹体撞击杀伤方式中，除了小口径弹丸外，其余均可供直升机 APS 拦截弹选用。不过，由于直升机存在旋翼和尾桨这样完全外露的薄弱部位，并且在反导自卫作战过程中难以像固定翼飞机那样快速脱离危险空域，今后在为直升机 APS 拦截弹配装战斗部时，将需要采取一定的技术措施以尽量降低本机遭损伤的概率。例如，当直升机 APS 拦截弹使用破片/子母式战斗部时，在拦截点距离、战斗部威力(杀伤半径)和破片/子弹丸抛撒方向等方面的限制，将比固定翼飞机 APS 更加严格。

此外，由于直升机 APS 与大多数固定翼飞机 APS 不同，其作战对象中还包括以 RPG 为代表的各种非制导对空弹药，由此会对其拦截弹战斗部性能提出一些特殊要求。尤其是在部分非传统战争中，非政府武装组织使用的反直升机弹药往往来源众多，其中相当一部分是“地下工厂”产品，甚至是自己“土法上马”制造出来的，导致这些弹药普遍质量低劣，可靠性差，飞行中其性能很不稳定，很多时候并不严格按照正常弹道飞行，由此会“意外”地给直升机 APS 的探测跟踪增加不少难度。例如，负责研制“天使之火”直升机 APS 的美国 Chang 工业公司就曾表示，世界范围内的 RPG 由于产品质量问题，一向以“性能不可靠”而著称，当其发射后，经常会出现火箭增程发动机延迟点火之类的问题，导致其飞行速度出现不规则变化，很可能是 137 ~ 229m/s(450 ~ 750ft/s)范围内的任意值，进而会给直升机 APS 的反导作战带来很大困扰。对于这样的问题，解决办法主要有两种：一是像美国“天使之火”直升机 APS 那样，在拦截弹上安装先进的雷达测距设备，使其能精确测定目标在各个时刻的具体位置并适时引爆战斗部，但这会导致拦截弹成本费用上升；二是适当提升破片/子母式战斗部的杀伤威力，使其可对目标所在的较大空域实施火力覆盖而无须获取其精确位置，但这会导致拦截弹重量增加，同时增大载机受损伤的风险。

考虑到上述特殊性能要求，今后在为直升机 APS 拦截弹选配战斗部时，拦阻网、气球、气囊等柔性拦阻物将是非常值得关注的一种。因为柔性拦阻物在用于直升机反导自卫作战这样的场合时，其覆盖面积大、不易伤及载机、结构重量轻等优点将可以得到充分发挥，同时其缺点也可以得到有效回避：①这类战斗部尽管在拦截较大型对空导弹时很可能力不从心，但在对付直升机最常遇到的小型低速弹药威胁时，却完全能够胜任；②直升机高速高机动性能差，不易与在空中低速飞行甚至缓慢漂浮的柔性拦阻物相撞，由此可有效避免自身遭到不必要的损伤。由于这样的原因，柔性拦阻物在用作直升机 APS 拦截弹战斗部时，其效费比将非常突出，尤其适合在非传统战争中对付 RPG、便携式防空导弹等威胁，因而对各国军方和工业界具有相当的吸引力。例如，8.6.1 节将要介绍的美国“火箭推进拦阻防御系统”直升机 APS 概念方案就采用了拦阻网作为拦截弹战斗部。不过需要注意的是，当直升机在低空/超低空使用柔性拦阻物对来袭弹药实施拦截时，将可能会受到树枝、高压线、电线杆等障碍物的干扰。

6. 拦截弹发射装置

由于直升机普遍缺乏高速飞行和大过载机动能力，在气动减阻方面的要求远没有固定翼飞机尤其是战术飞机苛刻，再加上其具备的一些独特飞行性能对于机载 APS 战时作战效能的发挥非常有帮助，因此在为其布设 APS 拦截弹发射装置时，将可以充分利用这些有利条件，有效缓解部分平台特性对配装 APS 的限制，从最大程度发挥机载 APS 任务效能的原则出发，在机身/机翼的合适部位灵活布设发射装置。

当直升机 APS 采用反导榴弹作为拦截弹时，7.3.2 节所介绍的四种榴弹发射装置均可供其选用，可根据载机的平台条件和所配装反导榴弹的性能特点，为系统选配相应的发射装置。但需要指出的是，如果直升机 APS 配装的是非制导榴弹，将不适合选用固定式发射装置(包括外部安装的固定/半固定发射装置和固定射界内埋式发射装置)，因为此时单靠载机机动调姿，系统的反应速度和瞄准精度将很难满足反导作战要求。

当直升机 APS 采用反导自卫导弹作为拦截弹时，7.4.3 节所介绍的 6 种反导自卫导弹发射装置均可供其选用，可根据载机的平台条件和所配装反导自卫导弹的性能特点，为系统选配相应的发射装置。值得指出的是，尽管目前世界各国直升机中很少有设置内埋弹舱的，但考虑到高速高隐身性能是未来军用直升机尤其是武装直升机的一个重要发展方向，今后部分型别的直升机必然会以内埋方式携带主战弹药①，届时将难免会面临在标准内埋弹舱中布设反导自卫导弹发射装置的问题。

8.5.3 直升机 APS 在机上的配装方式

在为直升机配装 APS 时，固定内置和外挂吊舱这两种方式均可采用，需要根据载机平台特性、面临战场环境、承担任务特点等多种因素，按照能最大程度发挥 APS 的任务效能，同时尽可能减小对载机自身不利影响的原则，进行合理选择。

1. 固定内置

目前世界各国现役的直升机中，大多数为平台条件较为有限的武器/通用直升机，这两类直升机今后若有配装 APS 的现实需求，最好以内置安装的方式来实现。这一方面是因为 APS 外挂吊舱普遍体积重量较大，如果强行挂载

① 美国 20 世纪 90 年代研制、21 世纪初下马的 RAH－66“科曼奇”侦察/攻击直升机以及 2019 年 10 月首次公开展示全尺寸模型、用以竞标“未来攻击侦察直升机”(FARA)项目的贝尔 360“不屈”原型机，均设有内埋弹舱。

在武装/通用机上，将不可避免地会给载机的战技性能带来较大负面影响。从另一方面看，现代武装直升机普遍配备有较为先进完善的软杀伤自防护系统，今后若在此基础上以内置安装方式来构建 APS，将可以大量沿用其中的部分子系统/任务设备，尽可能减少新增设备的数量，从而有效减轻载机平台的负担；通用直升机尽管传统上不属于一线作战装备，但目前也越来越多地承担各种高风险任务，为此开始广泛配装各类自防护设备(尽管不一定有武装直升机那样完善)，这也为其今后以内置安装方式配装 APS 提供了有利条件。

21 世纪初以来国外推出的各种直升机 APS 方案(例如美国“天使之火”“火箭推进拦阻防御系统”、“直升机主动防护系统”、“直升机主动 RPG 防护”和以色列 Fliker)均把满足武装/通用直升机的需求放在首位，因此普遍采用了内置安装方式。

2. 外挂吊舱

目前世界上相当部分国家的军队装备有一定数量的大型/重型直升机(如美国 CH-47“支奴干”、俄罗斯米-26)，其体型重量普遍较大，平台性能受外挂吊舱的影响较小，并且主要承担二线支援保障任务，也没有永久性配装 APS 的太大必要，这类直升机今后若临时执行较高风险任务、急需增强自防护能力，完全可以通过外挂 APS 吊舱来实现。此外，对于部分软杀伤自防护系统不完善、甚至根本就没有配装这类设备，因而短时间内难以通过固定内置方式来配装 APS 的通用直升机来说，若战时急需通过加装 APS 来增强自身的战场防护能力，同样也可以考虑以外挂 APS 吊舱的方式来实现。即使这些直升机会付出部分平台性能下降的代价，但由此能使其战场生存力得到有效提升，也是完全值得的。

当直升机以外挂吊舱方式配装 APS 时，只需在左、右短翼下或机身两侧选定合适位置的挂架，并将 APS 吊舱简单地外挂在机身/机翼下即可。在此过程中，吊舱的布置应有利于 APS 作战效能的发挥，同时尽可能减少给机上其他外挂物带来的影响。例如，当在直升机短翼下外挂 APS 吊舱时，通常应当选择翼尖挂架；而当外挂的是可绕中轴转动的吊舱时，还需要在机翼或机身下为其留出足够的转动空间。

8.5.4　为直升机配装 APS 的典型技术途径

随着相关领域技术的进步和战场威胁的加剧，目前相当部分直升机已经配装有较先进的软杀伤自防护系统，其探测跟踪来袭弹药的能力已经相当完善，与 APS 所要求的水平已经非常接近，所欠缺的仅仅是对目标的硬杀伤能力而已；与此同时，20 世纪 90 年代以来出现的部分高性能车载 APS 已经有能力在与直升机类似甚至更加复杂恶劣的战场环境下，拦截摧毁与反直升机弹药类似甚至对抗难度更高的来袭目标，目前只是由于重量、体积过大等原因，难以供直升机平台搭载使用而已。基于这样的现实，今后在以固定内置方式为直升机研发配装 APS 时，将可以考虑通过以下两条技术途径来实现。

1. 以机载软杀伤自防护系统为基础构建 APS

这种 APS 构建途径的基本思想是：在目前的直升机机载软杀伤自防护系统基础上，对其相关分/子系统进行必要的技术改进，并加装合适的反导拦截武器，从而在不影响系统原有软杀伤能力的同时，增加对来袭目标的硬杀伤能力，并由此构成一套“软硬结合”式的机载综合自防护系统。

在以这种方式构建直升机 APS 的过程中，原来机载软杀伤自防护系统中的大部分设备均可在适当改进后留用甚至直接沿用。例如，原来机载软杀伤自防护系统中的雷达/激光告警接收机、导弹来袭告警设备，可分别用作 APS 中的威胁告警、探测/跟踪分系统；原来系统中的处理/控制设备则需进行必要的改进升级，使系统有能力控制引导 APS 拦截弹对来袭目标实施火力摧毁。在此基础上，还需为系统全新加装一套拦截武器分系统（包括拦截弹及其发射装置），以提供对来袭目标的硬杀伤能力。若条件具备的话，拦截武器分系统中的拦截弹最好能与机上的软杀伤干扰物（箔条/红外干扰弹）共用发射装置；若不具备这样的条件，也可退而求其次，以外部安装、外挂、内埋等方式在机上加装专用的拦截弹发射装置。

值得指出的是，这种 APS 构建途径对于部分自身已经配备有较完善的软杀伤自防护系统并且准备以固定内置方式来加装 APS 的直升机来说，其优点非常明显：在构建 APS 的过程中，将可以大量沿用机上原有软杀伤自防护系统中的任务设备，而无须完全从头开始配装。

在目前国外出现的直升机 APS 方案中，美国“直升机主动 RPG 防护”（HARP）和“直升机主动防护系统”（HAPS）均是在直升机机载软杀伤自防护系统基础上构建的，二者系统构成中除了拦截弹是全新研制的外，其余任务设备均来自载机上原有的软杀伤自防护系统。除此之外，美国、以色列等国推出的其他各种直升机 APS 方案也都在不同程度上使用了载机软杀伤自防护系统中的部分任务设备。

2. 以车载 APS 为基础改型发展直升机 APS

这种 APS 构建途径的基本思想是：选择部分有潜力的车载 APS，按照直升机平台搭载使用的要求，对其进行一系列必要的适应性改进，由此派生出一种可对各种反直升机弹药进行主动拦截的直升机 APS。

通过这种途径发展直升机 APS 时，一方面需要适当缩减原系统的体积、重量以改善其适装性，另一方面需要对原系统中的拦截武器、尤其是拦截弹战斗部进行重点改进，必要时还应予以更换。因为坦克装甲车辆普遍拥有较厚实的防护装甲，即使在数十米甚至数米的极近距离上拦截来袭弹药，也无须过多顾及拦截摧毁目标过程中产生的破片、残骸会对车体造成损伤；然而对于机体装甲防护远不如坦克装甲车辆并且存在旋翼/尾桨等外露薄弱部位的直升机来说，一旦拦截点距离过近或者战斗部引爆/抛撒方向不合理，将很容易伤及自身，因此通常不能简单地沿用原来车载 APS 中的拦截武器。此外，考虑到直升机和地面车辆在平台运动特性方面的差异，原来车载 APS 中的探测/跟踪传感器和处理/控制分系统也很可能需要进行局部性能提升，使其能够适应作战高度大幅增加(当直升机在较高高度飞行时)、搭载平台高速运动(当直升机以远高于地面车辆的速度飞行时)等环境条件变化，从而能可靠有效地引导控制 APS 拦截弹。

在目前国外出现的直升机 APS 方案中，以色列 Fliker、美国“天使之火”就分别是在两国的“战利品”“全谱近距多层防御”车载 APS 基础上发展而来的。此外，美国“综合陆军主动防护系统”(IAAPS)、“快杀”(Quick Kill)、“铁幕”(Iron Curtain)等车载 APS 也均具有改型发展成直升机 APS 的潜力。

8.6　国外典型直升机 APS 方案

尽管直升机对 APS 的需求一向非常迫切，但长期以来由于科技水平的限制以及思想观念方面的束缚，世界范围内一直没有实用的直升机 APS 产品面世。自冷战结束以来，由于历次局部战争和武装冲突中的深刻教训，直升机主动防护理念日益受到各国军方的重视，再加上相关领域技术的飞速发展，研制装备直升机 APS 的条件日趋成熟。进入 21 世纪后，美国、以色列两国陆续提出了一系列直升机 APS 方案，其中部分方案已经进入产品研制阶段，本节将就此做简要介绍。此外，多年来国外提出的其他各种军机 APS 方案中，部分也可用于直升机，本书将会在后面相关章节中提及。

8.6.1　美国“火箭推进拦阻防御系统”

“火箭推进拦阻防御系统”(Rocket Propelled Barrier Defense System, RPBDS)是美国控制产品公司推出的一种以拦阻网为拦截手段的直升机 APS 方案，主要用于保护载机免遭 RPG 的攻击，其改进型也可用于防护对空导弹。该方案由控制产品公司总工程师理查德·格拉逊(Richard Glasson)提出，已获得美国专利商标局授予的专利，并曾被美国著名科学杂志《大众科学》(*Popular Science*)评选为 2006—2007 年度十大发明之一。

RPBDS 的结构组成与传统机载软杀伤自防护系统基本相同，主要区别在于 RPBDS 用一种专门设计的以拦阻网为战斗部的拦截弹取代了后者中的箔条/红外干扰弹。该拦截弹是一种小型(长约 0.91m)无制导固体燃料火箭弹，当其施放拦阻网后还可兼作牵引弹，通过数根缆绳拖带拦阻网在空中飞行。系统中的拦阻网是由凯夫拉、迪尼玛等高强度纤维材料和钢丝制成，平时折叠放置在弹体相应舱段中，被施放后将会在牵引弹的拖曳下迅速伸展开，在空中形成一个直径 1.83 ~2.44m 的伞状拦阻物(图 8 -7)。

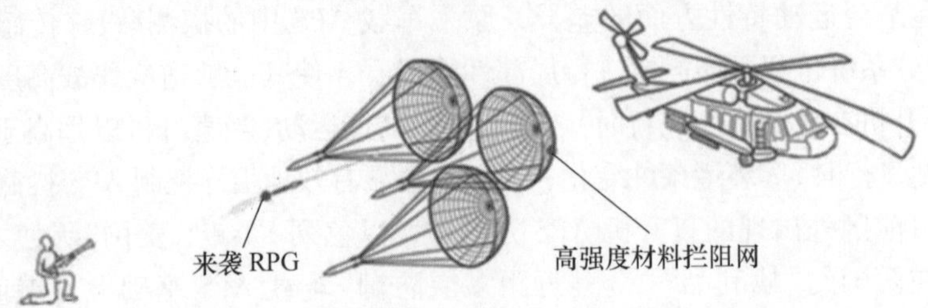

图 8 -7　RPBDS 拦截来袭 RPG 示意图　(图片来源：popsci. com)

RPBDS 的作战流程也与机载软杀伤自防护系统投放箔条/红外干扰弹基本相同，只不过将投放物更换为携带拦阻网的火箭弹。战时当发现有 RPG 来袭后，RPBDS 将会根据探测/跟踪设备测定的目标飞行弹道参数适时发射拦截弹；随后不到 1s 的时间内，拦截弹将会施放拦阻网并使其迅速伸展开来，从而在载机和来袭 RPG 之间形成一道屏障；来袭 RPG 一旦撞上拦阻网，将会被其缠绕、拖拉以至向地面坠落，无法继续对载机构成威胁。如果 RPBDS 对目标齐射多枚拦截弹，所施放的多个拦阻网将会在空中形成一道足以覆盖载机整个机体的“拦阻墙”(图 8 -8),从而取得更佳的防护效果。

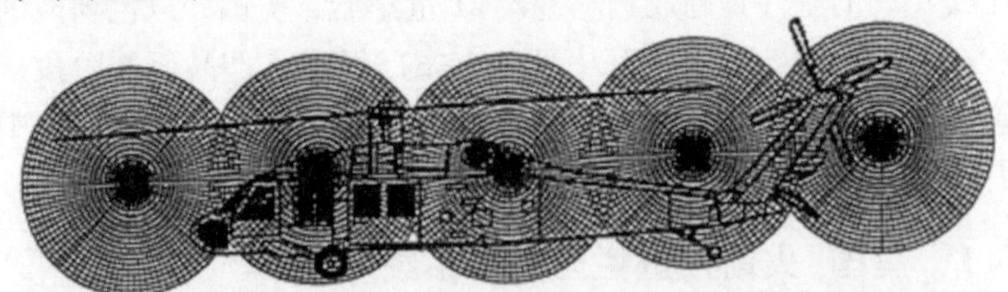

图 8 -8　RPBDS 可以朝目标方向施放多个拦阻网以形成一道“拦阻墙”
(图片来源：美国控制产品公司；美国专利商标局)

RPBDS 研发过程中秉承了一个基本原则：用“低技术、低成本”的自防护系统来对付“低技术、低成本”的战场威胁①，高度重视系统的效费比，为此大

① 意指 RPG 这类技术简单、价格低廉的反直升机弹药。

量使用商用货架产品，整个系统中除了拦截弹是全新设计的外，其余部分均可直接沿用目前直升机上的现成设备。例如，RPBDS中的目标探测/跟踪设备可以选用美军直升机已大量装备使用的AN/ALQ－156导弹来袭有源告警系统和“武器观测”地面火力探测系统①；RPBDS发射装置则可直接使用直升机上现有的箔条/红外干扰弹投放装置。此外，RPBDS也可使用一种专门设计、可供直升机外挂携带的多联装旋转式发射吊舱，该吊舱通过高速电机或液压驱动，可使发射器快速转向目标来袭方向，从而提高系统反应速度。

为了进一步提高系统作战效能，尤其是便于对付速度更快、射程更远、体型/重量也更大的对空导弹，格拉逊还提出了RPBDS的后续改进计划：①拦阻网采用可充气框架，以进一步压缩其从折叠状态到完全展开所需的时间；②使用爆破索替换拦阻网的网绳，使系统可直接对来袭弹药实施硬杀伤。

8.6.2　美国“主动旋转式对抗系统”

“主动旋转式对抗”(ARC)系统是美国控制产品公司推出的一种直升机/地面车辆通用APS，主要用于保护载机/车辆免遭RPG的攻击，经进一步改进后也可用于防护对空导弹、反坦克导弹及其他各种制导/非制导弹药。

与目前世界上出现的其他型别直升机/车载APS相比，ARC系统的最大特点是非常强调对付近距离威胁、尤其是拦截“100码武器”的能力，即能够在100yd(约91.4m)距离上拦截RPG这类来袭弹药。由于在100yd这样的短距离上，来袭弹药从发射到命中所需时间非常短，要对其实施有效拦截，将会对系统的快速反应能力提出极高要求。为此，ARC系统采用了一种设计非常新颖独特并已获得专利授权的持续旋转式发射装置，大大缩短了瞄准来袭目标所需时间，不仅可以有效满足对付近距离威胁的能力要求，而且极大地延伸了系统拦截距离，并使系统具备了多目标拦截能力。该发射装置外形呈鼓状(以下称鼓状转塔)，其上布设有多个长度较短、内部装填有拦截弹的发射管，这些发射管在鼓状转塔的表面以相同间隔呈环形排列，并且各个环形阵列平面均与转塔中轴垂直(图8－9)。

在ARC系统工作期间，鼓状转塔将会一直处于转动状态，因此系统在瞄准周围360°范围内的任何一点时，所需时间只不过是最近的发射管转至相应发射位置所经历的时间，其值主要取决于鼓状转塔的转动速度：转塔转动越快，发射管瞄准目标所需时间也相应越短，系统的快速反应能力也越强。例

---

① “武器观测”是美国辐射技术公司研制的一种可对敌方地面火力进行定位的机载红外探测装置，已配装于美国陆军AH－64D“阿帕奇”武装直升机。

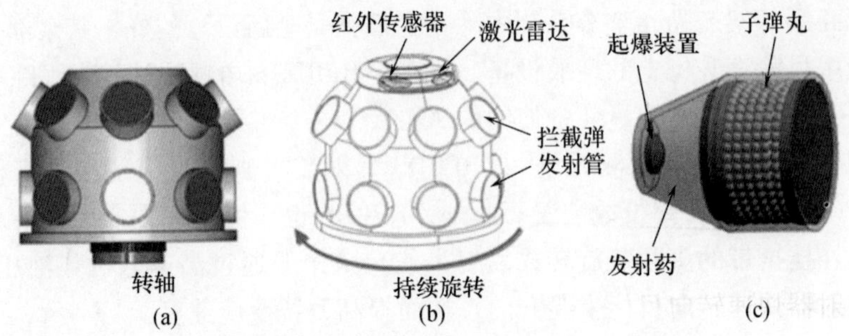

图 8-9 ARC 系统的鼓状旋转式发射装置及拦截弹 (图片来源：cpi-nj.com)
(a)发射装置外形；(b)发射装置结构组成；(c)拦截弹。

如，当鼓状转塔的表面布设 8 根发射管并且保持 300r/min 的转速(相当于普通家用吊扇的转速)时，最多需要转动 45°即可实现最近的发射管指向瞄准点，耗时仅 25ms 左右，大致相当于 RPG 飞过 7m 距离、"毒刺"防空导弹飞过 18m 距离、普通枪弹飞过 20m 距离所经历的时间。因此对于 ARC 系统来说，只要相关的探测/跟踪传感器设备性能水平能跟上，不仅完全有能力对付近距离来袭的 RPG，还可用于拦截便携式防空导弹、反坦克导弹、其他多种超声速导弹甚至部份轻武器发射的子弹。在实际应用中，鼓状转塔表面将可以上下重叠布置多个发射管环形阵列，由此可以成倍增加同一时刻瞄准目标的发射管数量，确保系统能有效对付同一方向来袭的多个目标，或者对同一来袭目标实施多枚弹药齐射或连射拦截，进而提高拦截成功率。

ARC 系统的另一突出特点是在机载/车载 APS 中首次应用了激光雷达探测技术。在其鼓状转塔顶部安装有一部采用了三角测量技术的激光传感器，通过转塔的持续旋转，该传感器可以对目标可能出现的空域进行扫描探测。除此之外，鼓状转塔顶部还可另外安装一部红外探测设备。由于激光、红外传感器均具有采样频率高(可达每秒数千次)的特点，因此二者构成的探测/跟踪分系统除了能有效满足系统快速反应方面的要求外，还可以根据来袭目标高速运动的特点，很容易地把运动速度不超过 400mi/h(约 643km/h)或者不对着载机飞来的物体过滤掉，进而有效减轻系统处理目标信息时的工作负担，并且确保系统不会被战场上四处纷飞的石块等物体所触发。

ARC 系统对来袭目标的拦截与以色列"战利品"车载 APS 类似，也是通过引爆拦截弹、向目标抛撒大量子弹丸来对其实施毁伤[①]。但与"战利品"拦截弹

① ARC 拦截弹作为一种通过发射管定向抛射的集束弹丸，采用了枪炮发射原理，因此仍可归为抛射式榴弹一类。

不同的是，ARC 拦截弹经过特殊设计，再结合其旋转式发射装置，可以精确地对准目标定向发射，进而使子弹丸集中在目标来袭方向的狭小空域内，由此可以在确保命中概率的同时，有效减少各种破片/残骸对载机/友机的损伤。此外，ARC 拦截弹还可以换装 8.6.1 节中所介绍的同样由控制产品公司推出并获得专利授权的拦阻网战斗部，由此可以进一步减少甚至避免反导作战过程中各种破片/残骸的产生。战时，ARC 系统发射装置中将可以混装这两种战斗部的拦截弹，以便灵活对付各种潜在威胁(图 8－10)。

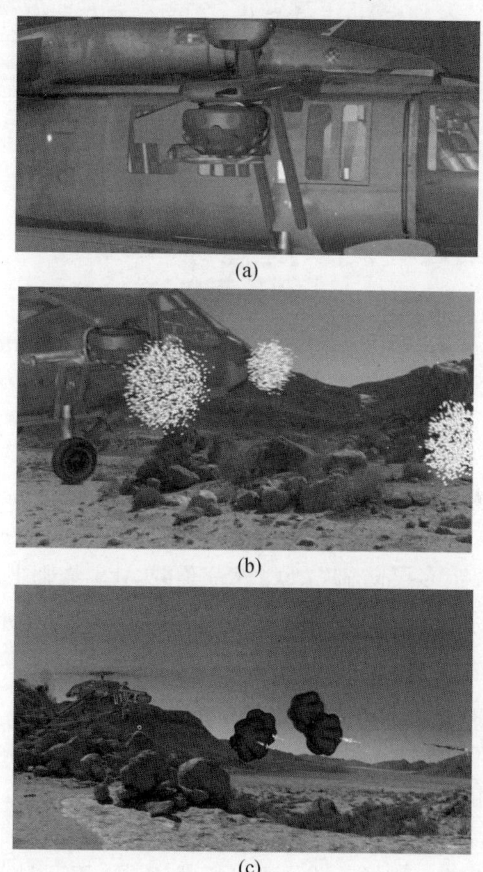

图 8－10　ARC 系统拦截弹可通过定向抛射子弹丸或施放拦阻网两种方式拦截来袭目标（图片来源：cpi－nj. com）

(a)“黑鹰”直升机外挂携带的 ARC 系统处于战时状态；

(b)ARC 系统向来袭目标定向抛射大量子弹丸；

(c)ARC 系统向来袭目标施放拦阻网。

当ARC系统配装于直升机(或倾转旋翼机)时，将可以在机身两侧的短翼下各外挂一个发射吊舱(图8-11)，并且允许载机在悬停或着陆期间使用。除此之外，作为一种多平台通用APS，ARC系统还可用于配装坦克装甲车辆、水面舰艇和地面军事设施。

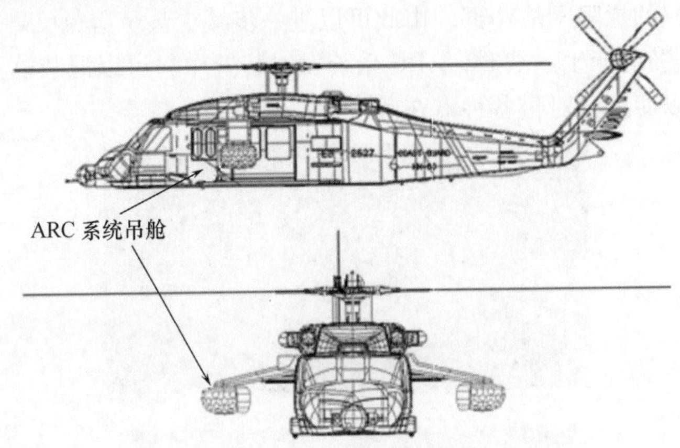

图8-11 “黑鹰”直升机可以在左/右短翼下各外挂一个ARC系统吊舱
(图片来源：cpi-nj.com)

8.6.3 美国“天使之火”

“天使之火”(Angel fire)是美军特种作战司令部与Chang工业公司合作，在美国陆军“全谱近距多层防御”(FCLAS)车载APS基础上改型发展而来的一种直升机APS。该系统于2004年正式开始研制，并曾于2007年8月利用一架系留固定在地面台架上的直升机成功进行了拦截RPG的实弹射击试验，待其后续研究试验和作战评估完成后，将有望装备美军直升机。

作为“天使之火”的发展原型，FCLAS是一种由美国陆军坦克车辆研发工程中心主导研制的能对付“任何已知反装甲武器威胁”的高性能硬杀伤型车载APS，具有改型发展成直升机APS的良好先天条件。与目前西方国家车载APS常用的“无制导拦截弹+旋转式发射器”模式不同，FCLAS采用了一种独特的“智能拦截弹+固定式发射器”模式，当其配装在车辆上时，将会沿车体四周布置多具不同射向的固定式发射器，每个发射器内装填有一枚“智能”拦截弹，每枚拦截弹均具备从目标探测、识别、跟踪到拦截摧毁的完整功能，分别负责某一范围内来袭目标的防护，整个系统则可提供车体四周360?范围的全方位防护。战时当FCLAS被启动后，各个发射器内拦截弹的导引头将会对其前方相应范围的空域实施监控，一旦发现有目标来袭，该拦截弹将会自动锁定跟踪该目标并适时发射出去，最终将目标摧毁。在此过程中，由于各发射器不需要转向，可按照自己负责的范围就近拦截来袭目标，加上其拦截弹为带有发射药筒且具有较高初速的反导榴弹，因而显著缩短了系统的反应时间。与这样的功能特点相适应，FCLAS 拦截弹上配装有一套先进的毫米波雷达导引头/近炸引信系统，该系统由两部雷达组成：一部为前视雷达，其天线位于弹体头部，用于探测、跟踪前方的来袭目标；另一部为侧视雷达，其天线(共四具)位于头部稍微靠后的位置，可分别对弹体上、下、左、右方向进行探测，用于测定目标与拦截弹的相对位置，从而确定引爆战斗部的最佳时间(图 8 - 12)。

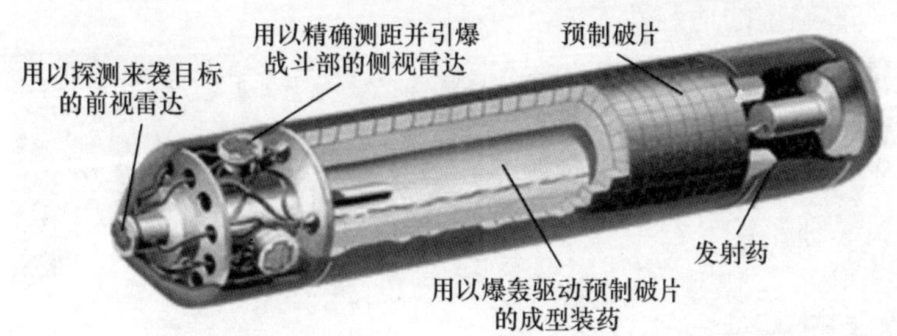

图 8 - 12　FCLAS 拦截弹内部结构图　(图片来源：吉姆·威尔逊丨美国《大众机构》)

得益于上述先进设计，FCLAS 具有自动化程度高(工作期间无须人工干预)、反应时间短(整个作战全程仅耗时 0.5s)、命中精度高、对目标毁伤效能好等特点，再加上该系统重量轻(仅重 140kg 左右)，适装性好，并且采用了开放式架构，可以比较方便地移植到水面舰艇、地面固定设施、直升机甚至固定翼飞机等作战平台上，因而被美国军方和工业界选中，作为发展新型直升机 APS 的原型。在 FCLAS 的基础上，“天使之火”主要进行了两方面改进：①进一步减轻系统全重，以便直升机携带；②为拦截弹换装一种重量更轻但杀伤威力不减的“防御性”战斗部。战时，“天使之火”的操作流程与 FCLAS 基本相同，在载机上相关任务设备的支持下，单枚拦截弹即可完成对来袭目标的探测、识别、跟踪和摧毁。尤其值得指出的是，在拦截弹与目标遭遇的最后阶段，弹上的毫米波雷达将会对目标进行精确测距，并适时起爆战斗部装药，使破片尽可能地集中于目标方向，从而在确保对目标毁伤效果的同时，最大程度地减少、以至避免伤及载机自身。

8.6.4　美国“直升机主动防护系统”

“直升机主动防护系统”(HAPS)是美国轨道 - 阿连特技术系统公司研制的一种主要用于拦截来袭 RPG 和便携式防空导弹的直升机 APS。该系统于 2015

年2月成功进行实弹射击演示验证，并获得了美国专利商标局授予的专利，被部分媒体认为有望成为世界首型正式投入使用的直升机APS。

HAPS由作战管理模块、被称作“杀伤器”的拦截弹以及发射装置组成，其中拦截弹是系统最核心、最关键的部分(图8－13)。该拦截弹为一带制导装置和发射药筒的反导榴弹，外形为细长圆柱体，其尾部有四片呈十字形布置、可收缩进弹体内的小型尾舵。该弹口径(36mm)及发射方式均与美军现役的MJU－8A/B红外干扰弹相同，因此美军制式的AN/ALE－47箔条/红外干扰弹投放装置稍做改进即可供HAPS使用，而无须为其配装专门的发射装置，由此可极大地改善系统的适装性。

(a) (b)

图8－13 HAPS拦截弹及其发射装置 (图片来源：northropgrumman. com；miltechmag. com)

(a)HAPS拦截弹外形，可见其弹体非常小巧紧凑；

(b)HAPS可使用AN/ALE－47干扰弹投放装置作为拦截弹发射装置，图中右边的圆盘状设备为“射击发现者”声学探测系统。

HAPS拦截弹采用无线电指令制导，飞行期间由载机上的火控系统根据目标运动参数和拦截弹飞行轨迹进行弹目相遇点(拦截点)解算，并向拦截弹发出无线电修正指令，使其进行相应的机动调姿，精确飞抵拦截点并引爆破片战斗部以毁伤目标。该弹有效射程估计为数百米，从探测识别来袭威胁、拦截弹发射、飞抵弹目相遇点到毁伤目标的整个作战全程耗时不超过1s，因此非常适合对付RPG、便携式防空导弹这类近距离突然出现的来袭目标。为了防止拦截过程中载机遭到损伤，弹目相遇点将由火控系统经过精确计算后确定，与载机保持足够距离。

HAPS可直接使用目前直升机上的雷达/激光告警接收机、导弹来袭告警设备作为系统的探测/跟踪传感器，但考虑到直升机作战环境的特殊性，今后还可以将同样由轨道－阿连特技术系统公司研制的“射击发现者”声学探测系统集成到系统中，以进一步增强载机的战场威胁感知能力，进而提升系统作战效能。

8.6.5　美国“直升机主动 RPG 防护”

“直升机主动 RPG 防护”(HARP)是美国海军从 2014 年开始计划实施的一项演示验证项目，旨在开发一种能以硬杀伤方式拦截来袭 RPG 等非制导弹药的机载自防护装备，用以提高直升机和倾转旋翼机的战场生存力。

按照美国海军的要求，HARP 除了能有效对付以 RPG 为代表的非制导对空弹药威胁外，还需尽可能降低技术风险和减少研发成本，同时尽量减轻载机在机体空间、重量载荷和能源供给方面的负担。为此，HARP 研发中引入了美国国防部“模块化开放式系统开发方法”(MOSA)的设计思想，通过采用开放式系统架构，并辅以模块化设计，使 HARP 可与直升机上现有的软杀伤自防护系统相整合，实现多种任务设备、子系统的共用，并由此构成一套“软硬结合”式的综合自防护系统。在这样的思想指导下，整个 HARP 系统中除了拦截弹外，其余部分都将会尽量使用成熟技术、尤其是载机上的现有设备。例如，目前美军部分直升机上配装的 AN/AAQ－24(V)定向红外对抗系统中的高精度传感器，将可用来为 HARP 提供目标指示；AN/AAQ－24(V)系统中的高性能控制/处理设备经过一定改进升级后，也可用于 HARP 的指挥控制；目前美军直升机上广泛使用的 AN/ALE－47 箔条/红外干扰弹投放装置，则可直接(或者稍做改进后)用于 HARP 拦截弹的发射。

在 HARP 系统中，拦截弹将是唯一全新研制的部分，其对来袭 RPG 的硬杀伤将可以通过两种途径来实现：①采用“化学能”杀伤方式，拦截弹上将配装传统的破片杀伤战斗部，依靠高能炸药爆炸作用下形成的大量高速破片来毁伤目标；②采用“动能”杀伤(即撞击杀伤)方式，拦截弹将取消战斗部，通过弹体与目标碰撞所产生的巨大动能来对后者造成毁伤。但无论采用哪种杀伤方式，拦截过程中对本机/友机的误伤和对周围非军事目标的附带杀伤，都将会得到最大程度的降低。

按照项目计划安排，HARP 的研发将分概念探索、原型样机研制和原型样机演示验证三个阶段进行。在第三阶段将会对 HARP 原型样机进行战场环境下的验证测试，其中包括地面和空中状态下的实弹射击测试，在空中测试时将会使用一架系留悬停的直升机作为搭载平台。

8.6.6　以色列 Fliker

Fliker 是以色列拉菲尔公司在“战利品”车载 APS 基础上改型发展的一种直升机 APS，可用于保护载机免遭 RPG、便携式防空导弹之类武器的袭击。该系统已于 2011 年 9 月成功完成首次实弹射击测试(图 8－14)，初步验证了其在实战条件下拦截摧毁来袭 RPG 的可行性，目前仍在进行后续测试和改进。

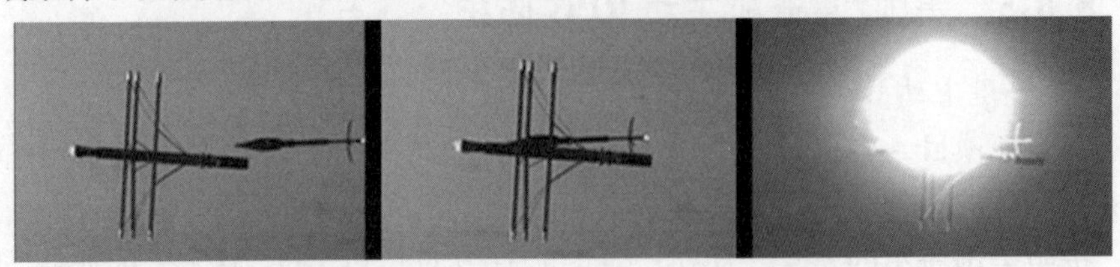

图 8 – 14　Fliker 在实弹射击测试中成功拦截来袭 RPG　（图片来源：defense – update. com）

“战利品”是拉菲尔公司推出的一型具有世界先进水平的车载 APS，具有自动化程度高、抗饱和攻击能力强、可对付高速来袭目标、附带杀伤小、适装性好等特点，不仅在配装于坦克装甲车辆时表现优异(曾在实战中取得接近 100% 的拦截成功率)，而且具备在直升机甚至固定翼飞机上使用的潜力，因此拉菲尔公司只是在其基础上做了一定的适应性改进，就很快派生发展出供直升机使用的 Fliker 机载 APS。与“战利品”相比，Fliker 除了在外形尺寸和系统全重方面大幅缩减(其重量最终将控制在 200kg 以内)以满足直升机搭载要求外，其最主要的改进是换装了一种全新研制的配有先进光学近炸引信的拦截弹。因为“战利品”系统中原有的拦截弹是一种多爆炸成型弹丸(MEFP)，需要等来袭弹药飞抵相当近的距离后才能引爆，然后利用由此产生的大量弹丸来毁伤目标，如果 Fliker 将其直接沿用的话，将很容易对载机(尤其是旋翼/尾桨)造成损伤。Fliker 系统中新换装的拦截弹则是一种自身带有动力装置的微型导弹，可使拦截点尽可能远离载机，从而最大程度地减少破片/残骸对后者的损伤。此外，Fliker 拦截弹还采用了一种由高速电机驱动的先进舵机系统，它与弹上的高性能动力装置相配合，再加上设计独特的旋转式发射装置，可进一步提升系统的作战效能：一方面可以大幅缩短反应时间，从而满足系统对付 RPG、便携式防空导弹这类近距离突然来袭目标的要求；另一方面还极大地提高了制导精度，甚至可以使拦截弹精确瞄准来袭弹药的特定部位①，从而在使目标失效的同时不触发其战斗部，由此可避免目标被引爆后形成金属射流和大量破片，进一步确保载机的安全。

在实际应用中，Fliker 将会以附加套件的形式与目前直升机上的软杀伤自防护系统配合使用，由二者构成一套“软硬结合”式的综合自防护系统。因此，标准的 Fliker 系统套件仅由发射转塔、拦截弹和升级软件组成，并没有配备专门的探测/跟踪传感器，而是与载机上的软杀伤自防护系统共用这类设备。战

① Fliker 拦截弹在 2011 年 9 月的实弹射击测试中曾准确命中来袭 RPG 的中央部位。

时，机载综合自防护系统将会首先对来袭弹药实施软杀伤，一旦失败，Fliker 将作为最后一道防线，对目标实施后续的硬杀伤。在此过程中，系统需通过相关的探测设备和控制软件，判断已经实施的软杀伤手段对来袭威胁是否奏效，进而决定是否启动 Fliker。

第9章　大型军用飞机主动防护系统

大型军用飞机(大军机)作为世界各国空中力量的重要组成部分，在现代战争中的地位和作用日显突出，导致其在战场上越来越引起参战各方的关注，其战时安全也因此面临着日益严重的威胁。考虑到大军机在自防护能力方面的先天劣势，软杀伤、机动规避等传统手段往往难以达到理想的防护效果，配装APS无疑是一种提高其战场生存力的有效措施，再加上大军机在平台条件方面较直升机/战术飞机具有明显的优势，搭载APS时面临的技术难度相对较低，因此大军机主动防护技术正越来越引起相关各国军方和工业界的重视。

9.1　现代大军机发展概况

传统上，大飞机是指起飞总重超过100t的飞机，但为了便于对搭载APS的军机平台进行统一分类，对于部分起飞重量尚未达到传统大飞机标准，但外形尺寸和起飞重量远远超过普通战术飞机，同时飞行特性也与传统大飞机相近的军用飞机，本书也将其列入大军机的范畴。按照这一标准，本书所研究的大军机将主要包括中远程轰炸机、大中型军用运输机以及由二者改型派生而来的各种特种飞机[①]。

在这些大军机中，轰炸机是以战略轰炸为主要使命的机种，战时可对敌国大后方的各种战略目标(政治/经济中心、交通枢纽和能源设施等)实施打击以从根本上削弱其支持战争的能力，同时也可用于执行持久近距空中支援、反水面舰艇作战等战术任务，其代表机型包括美国B-52H/1B/2A和俄罗斯图-95/22M/160。

运输机是主要执行人员/物资运输以及空投、空降等任务的机种，战时可以将作战部队快速运送到目标区域，并为已经部署在前沿地区或正在前线作战的部队提供后续的人员、装备及其他物资支援，其代表机型包括美国C-5/

① 部分特种飞机也可由民用运输机改型发展而来，另有个别型号的特种飞机(如日本P-1反潜巡逻机)也可能是专门研制的。

17/130、俄罗斯伊尔-76、乌克兰安-124和欧洲A400M。

特种飞机是指经专门改装后用于执行特殊任务的机种，主要包括以下种类：

(1) 空中预警指挥机，主要执行预警探测、指挥引导、通信中继等任务，其代表机型包括美国E-2D/3C、俄罗斯A-50和以色列“白尾海雕”。

(2) 空中加油机，主要任务是为主战飞机和其他作战支援飞机提供空中加油保障，其代表机型包括美国KC-130/135/46、俄罗斯伊尔-78和欧洲A330MRTT。

(3) 指挥通信机，主要作为战区乃至国家的空中指挥所，在空中指挥己方军队的作战行动，其代表机型包括美国E-4B/EC-135、俄罗斯伊尔-80/82。

(4) 战略/战役侦察机，主要执行各种情报支援保障任务，其代表机型包括美国EP-3/RC-130/RC-135、俄罗斯伊尔-20M/图-95MR/图-214R。

(5) 防区外电子战飞机，主要承担远距支援干扰任务，在敌方防空火力射程之外对其雷达、通信等系统实施干扰压制，其代表机型包括美国EC-130H/37B、俄罗斯安-12PP/伊尔-22PP。

(6) 心理战飞机，主要任务是实施心理战，向敌方开展政治攻势，其代表机型为美国EC-130E/J。

(7) 海上巡逻/反潜机[①]，主要承担海上监视/侦察、巡逻警戒、反潜/反舰等任务，其代表机型包括美国P-3C/8A、日本P-1和俄罗斯图-142/伊尔-38。

(8) 武装运输机，俗称“炮艇机”，主要执行较低威胁环境下的对地攻击和近距空中火力支援任务，其代表机型为美国AC-130H/U。

(9) 特种作战飞机，主要用于执行隐蔽渗透/撤离、空中回收/救援、特种部队再补给等任务，其代表机型为美国MC-130E/H/W。

根据基本用途的不同，上述大军机又可分为作战飞机和作战支援飞机两大类。其中，作战飞机仅包括轰炸机这一机种，此类飞机战时需要飞临一线战场甚至敌方国土纵深执行作战任务；而运输机和特种飞机均属于作战支援飞机的范畴，战时主要用于保障己方的空中作战行动，为作战飞机(包括轰炸机和战术飞机)提供各种技术支援。不过，有少数特种飞机在执行任务时也需要使用自身携带的武器弹药摧毁所发现的目标。例如，炮艇机可使用各种口径的机载火炮/机枪和空地导弹打击地/水面目标；电子战飞机可发射反辐射导弹等武器

① 本书以后除部分特别指出之处外，均称反潜巡逻机。

摧毁敌方雷达站和有源干扰设备；反潜巡逻机则可发射空舰导弹摧毁所发现的敌方水面舰艇，或者投放反潜鱼雷/深水炸弹摧毁所发现的敌方潜艇。

与直升机和战术飞机相比，大军机的研发、采购和使用维护成本通常要昂贵得多，因而对于目前世界上大多数国家军队来说，其大军机的装备数量均相当有限，战略轰炸机更是只有美国、俄罗斯等极少数国家才拥有。但随着时代的发展，大军机在现代战争中的地位和作用不断提高，目前这类飞机已经被广泛视为各国建设现代化空中力量、完善综合攻防作战体系时不可或缺的装备，其在役数量、性能水平和种类谱系已经成为衡量一个国家国防实力的重要标志。因为现代战争已不再是作战平台与作战平台、作战单元与作战单元之间的单个较量，而是由情报侦察、指挥控制、火力打击、综合保障等要素无缝链接所形成的作战体系之间的综合对抗，与这样的时代要求相适应，各国军队除了需要保有一支规模适当、性能先进的作战飞机机队外，还须配备足够数量和种类的作战支援飞机，才能优化空中力量的兵力结构，形成完整的空中作战体系，为夺取战争胜利提供可靠保证，而大军机在这两方面均具有不可替代的作用。例如，轰炸机作为一种大型作战飞机，具有航程远、续航时间长、载弹量大等独特性能优势，长期被视作进攻性空中力量的标志性装备，其在战略威慑(包括核威慑)、远程火力投送、持久近距空中支援等方面的能力令绝大多数战术飞机难以望其项背；大中型运输机凭借其运载能力强、飞行速度快、运输距离远、不受地/水面自然障碍影响等性能特点，在战争爆发初期的兵力投送和快速部署、战争进行期间的支援保障和后勤补给、战争结束后的机动转移和后送撤离等场合，一向被作为支柱性运输装备使用，其在现代军事运输体系中的独特地位难以撼动；大型特种飞机则可充分利用载机平台有效载荷大、机内空间充裕、活动范围广、留空时间长等性能优势，最大程度地发挥机载任务设备的性能潜力，成倍提升整个系统的任务效能，从而更好地满足现代高技术战争的需求，在战场上起到“力量倍增器”的作用。

在20世纪90年代以来的海湾战争、科索沃战争、阿富汗战争、伊拉克战争、叙利亚内战等历次局部战争中，大军机的价值已经得到了淋漓尽致的体现。在这些战争中，美国、俄罗斯军队的大军机在整个作战全程和体系对抗中的地位十分显著，不仅战略轰炸机充分展示了自身在远程奔袭作战、为地面部队提供持久火力支援、长时间待机以打击时敏目标等任务领域的独特优势，而且大型运输机和特种飞机在提供各类支援保障、确保空中战役的顺利实施方面也发挥了至关重要的作用，其使用规模和强度均较以往战争明显上升，总出动架次已经接近主战飞机。

展望未来，在今后的高技术战争中，信息化作战、体系对抗、战场空间广阔、战争消耗巨大等特征将更加明显，对各国武装力量在远程打击、快速反应、空中机动、兵力协同、持续作战等方面的能力要求也将更高，届时各种大军机的使用将比以往更加广泛和频繁，其在战争中的作用及地位也将会进一步提升。

9.2 现代战争中进一步加强大军机战场防护的必要性

与其他军机相比，大军机不仅在现代战争中作用重大，而且造价昂贵，装备数量有限，同时机上人员、设备密集，“众多鸡蛋装在一个篮子里”，一旦对其攻击得手，不但会给敌方造成重大人员、装备损失，削弱其综合作战实力，而且还将沉重打击敌方官兵士气，甚至会在一定程度上影响作战进程。正因为如此，大军机在现代战场上已经成为一种非常典型的高价值空中目标，对交战双方均极具诱惑力，甚至在双方实力对比悬殊的情况下，弱小一方也不会放过一切机会对敌方大军机进行打击。因此在未来战争中，如何加强对各种大军机的防护，提高其战场生存力，已是一个亟待解决的问题。

9.2.1 大军机在二战后历次局部战争中的战损情况回顾

早在第二次世界大战时期，以轰炸机为代表的大军机在战争中显示出巨大作用的同时，其战场防护方面的问题也始终困扰着各国军方，这突出表现在美英盟军对纳粹德国的战略轰炸中。尽管当时盟军的轰炸行动取得了重大战果，并对战争进程产生了重要影响，但付出的代价也相当惊人，共 40379 架飞机（其中轰炸机 21914 架）被击落，空勤人员损失达 158546 人①。尤其是在对德战略轰炸的初期，由于盟军轰炸机自卫火力薄弱，并且没有性能合适的远程战斗机护航，导致其在德国空军战斗机的拦截下损失惨重，甚至一度被迫中止轰炸行动。

在第二次世界大战后的越南战争期间，尽管美军拥有绝对的空中优势，但是面对越军由米格战斗机、萨姆地空导弹和高炮组成的防空体系，其轰炸机、运输机等大军机仍遭受了重大损失。仅以著名的 B－52 轰炸机为例，按照美国《空军杂志》（*AirForce Magazine*）月刊和“越南战争”网站（vietnamwar. net）的统计数字，该型飞机在越南共损失 31 架，其中 18 架为越军防空火力所击落。尤其是在 1972 年 12 月 18 日至 29 日的“后卫”Ⅱ空袭行动中，尽管美军通过各种手段对越军防空火力实施强力压制，使其 SA－2 地空导弹的实战命中率急

① 数据来自文献[133]。

剧下降，但是参战的 B－52 轰炸机仍然有 15 架被击落(另有多架受伤)，共有 92 名机组人员死亡、失踪或被俘[①]。在此次战争中，参战的美军运输机同样损失惨重，仅美国空军的 C－130 中型运输机就有 34 架被击落或击毁，尤其是 1968 年 5 月 12 日一架 C－130B 飞机在南越境内的钦德机场被击落后，导致机上 155 人全部丧生[②]，这是越南战争期间乃至美军航空史上因战斗原因造成的坠机事件中死亡人数最多的一次。

在苏阿战争中，尽管苏军面临的对手(阿富汗游击队)在防空力量方面比越南战争中的越军更加弱小，但是其手中的便携式防空导弹(尤其是当时非常先进的美制“毒刺”导弹)，仍对苏军运输机等大军机构成了相当威胁。根据荷兰“航空安全网络”(ASN)数据库和俄罗斯“空中战争”(skywar. ru)网站披露的数字显示，苏阿战争期间苏军至少损失了 2 架伊尔－76 大型运输机和 6 架安－12 中型运输机。在当时阿富汗游击队袭击苏军运输机的战例中，有两次特别引人注目：①1984 年 10 月 27 日，一架苏军伊尔－76M 运输机在喀布尔机场着陆过程中被阿富汗游击队发射的 SA－7 导弹击落，造成机上 11 人死亡，并导致该型飞机在随后约一年半的时间内暂停执行任务；②1986 年 11 月 29 日，一批刚抵达阿富汗的苏军官兵乘坐的一架安－12 运输机在喀布尔机场起飞时被游击队发射的“毒刺”导弹击落，5 名机组人员及机上搭载的 27 名官兵全部丧生。此外，根据 2017 年俄罗斯媒体的披露，在苏阿战争末期，苏联最后一任领导人戈尔巴乔夫的专机都曾险遭阿富汗游击队“毒刺”导弹的伏击。

在 20 世纪 90 年代以来的一系列局部战争中，参战大军机遭敌方甚至实力远弱于己方的对手击落的事件也时有发生，并且每次造成的损失和影响均相当严重。例如，1991 年海湾战争期间，美国空军一架 AC－130H 炮艇机被伊拉克军队发射的 SA－7 导弹击落，导致 14 名机组人员死亡，这一数字接近美军此次战争中阵亡总人数(148 名)的 1/10；伊拉克战争期间的 2005 年 1 月 30 日，一架英国空军 C－130K 运输机被武装分子发射的便携式防空导弹击落，机上 10 人全部丧生，并创下了此次战争中英军在单次战斗中的阵亡人数之最；2008 年 8 月的俄罗斯－格鲁吉亚战争期间，一架俄空军图－22M3 超声速中程轰炸机被格军发射的 SA－11 地空导弹击落，在俄国内曾一度引起震惊，后来俄军不得不对该机自防护系统进行了全面改进升级；乌克兰战争期间的 2014 年 6 月 14 日，乌政府军的一架伊尔－76 运输机在卢甘斯克机场着陆时遭东部民兵组织发射的便携式防空导弹击落，机上 9 名机组人员及搭载的 40 名空降

---

① 数据来自文献[35]。

② 美军资料显示，当时机上共有 6 名机组人员和 149 名乘客，后者中有相当部分是南越平民。

兵无一生还。

即使是在和平时期，大军机在执行各种侦察、监视、巡逻任务时，很多时候也充满了风险，尤其是局势紧张甚至危机时期或者在部分热点地区执行这类任务时，将更是凶险重重。例如，1969 年 4 月 15 日，美国海军的一架 EC－121 大型电子侦察机在朝鲜东部日本海上空被朝鲜空军米格－21 战斗机发射的 R－13(AA－2)空空导弹击落，机上 31 名人员全部死亡，导致朝鲜半岛一度濒临战争边缘；1999 年 8 月 10 日，巴基斯坦海军的一架"大西洋"反潜巡逻机在印巴边境附近被印度空军米格－21 战斗机发射的 R－60(AA－8)空空导弹击落，导致 16 名机组人员死亡；2018 年 9 月 17 日，俄罗斯空天军的一架伊尔－20 侦察机被正在抗击以色列空袭的叙利亚地面防空部队发射的 SA－5(S－200)地空导弹误击，机上 15 名俄军官兵全部丧生。

9.2.2 目前技术条件下大军机在自防护能力方面的主要弱点

研究分析结果和实战经验教训表明，与其他各种军机、尤其是战术飞机相比，大军机①在自防护能力方面存在着种种先天不足，导致其在现代战场上一旦遭到敌方对空火力攻击，生存力将相当脆弱。不仅如此，大军机在自防护方面的这些"软肋"还大都与自身的平台特性/任务定位密切相关，由此决定了除轰炸机等少数机种外，其余大多数大军机在这方面的改进空间也不会太大。

1. 现代大军机普遍缺乏自卫武器

在世界各国现役的大军机中，数量占绝大多数的是运输机、预警机、加油机等机种，这类飞机战时的活动空域通常都会与一线战场保持相当距离，很多时候甚至还是在己方纵深执行任务，与敌方对空火力遭遇并遭到其攻击的概率较小，因而这部分大军机中除了俄罗斯伊尔－76 运输机等极少数机型外，其余飞机均没有考虑配装自卫武器，其战时安全主要靠尽量远离作战空域以及己方空中/地面护卫兵力来保证。

即使对于轰炸机这种典型的一线作战飞机来说，尽管其早期普遍配装有航炮作为自卫武器，部分机型甚至一度考虑过配装空空导弹，但随着防空武器尤其是对空导弹技术的飞速发展，轰炸机自卫武器在面对敌方防空兵力时所能发挥的作用越来越有限，并且保留自卫武器还会带来飞机空重增大、机体空间被挤占、日常维护工作量增加等一系列弊端，因此第二次世界大战后美国、俄罗斯(苏联)、英国、法国等国推出的各型轰炸机中，机载自卫武器的配装数量

① 本章随后内容中的"大军机"除有特别说明外，均不包括隐身轰炸机、超声速轰炸机等少数具备特殊性能的飞机。

明显呈不断减少的趋势，并且最终全部消失。目前美国、俄罗斯两国现役的6种型号轰炸机中，除了图－95和图－22M仍保留有航炮外，其余均已彻底取消了自卫武器，并且图－22M的尾炮在改进升级中也将陆续被拆除。

在这样的背景下，目前世界各国现役的大军机普遍缺乏航炮、空空导弹等机载自卫武器，战时无法通过先发制人、消灭对手的方式来保存自己[①]，一旦被敌方发现并遭到其攻击，将会完全处于被动挨打的境地。

2. 大军机的各种信号特征较为明显

与其他大部分军机相比，大军机在现代战场上的隐蔽性明显更差，其雷达、红外、目视等信号特征均比较突出：①大军机的外形尺寸通常远远超过其他军机，加上其为了提高升阻比而普遍采用的大展弦比平直机翼，导致全机的雷达散射面积(RCS)很大，因而雷达信号特征非常明显；②大军机由于体型庞大，通常情况下其机体蒙皮气动加热所产生的外辐射以及机体对太阳/天空背景红外辐射的反射均较为强烈，同时这类飞机还普遍以翼下吊挂的方式、分散安装有多台大功率(推力)发动机，由此会形成多个强红外辐射源，进一步增强全机的红外信号特征；③大军机除了外形尺寸巨大外，一旦环境温度和空气湿度合适，机上多台大功率(推力)发动机工作过程中还会在空中形成较明显的尾迹(图9－1)，导致其目视信号特征也非常突出，容易被敌方地面/空中人员目视发现。

(a)　　(b)

图9－1　两型美制大军机在空中飞行时形成的尾迹

(图片来源：af. mil；globalsecurity. org)

(a)高空飞行中的一架美国空军E－3空中预警机，其4台发动机后面形成4条粗大而清晰的尾迹；

(b)美国空军B－2A隐身轰炸机在部分环境条件下的尾迹非常明显，由此会在相当程度上影响隐身性能。

---

① 目前美国、俄罗斯的部分轰炸机战时可使用空地导弹、反辐射导弹等武器对航路沿途的地面防空系统实施压制。

由于上述原因，对于现代战场上的各种对空探测设备和对空导弹导引头来说，大军机是一种信号强度大、比较容易捕获跟踪的目标，这不仅会增大来袭对空导弹的命中率，还便于其采取最优制导规律优化弹道，从而提高有效射程。2001 年 10 月 4 日发生的乌克兰军队 SA－5 地空导弹误击俄罗斯图－154 客机事件就在很大程度上证明了这一点：事发时图－154 正在黑海上空飞行，与乌军导弹阵地的距离达374km，这一距离甚至超出了 SA－5 系列导弹中绝大多数型别的最大有效射程(250～300km)，是迄今为止世界范围内对空导弹命中飞机目标的最远纪录。

今后如果能够在大军机上广泛采用隐身技术，甚至将其全部设计成类似美国 B－2A 轰炸机那样的“纯隐身飞机”，使整个大军机机队完全实现隐身化，无疑是解决大军机战场生存力问题的最理想办法。但对于大多数大军机来说，由于自身先天条件的限制，在缩减各种信号特征时将远不如战术飞机那样容易，要使其隐身性能达到 B－2A 那样的程度将非常困难。例如，预警机、电子战飞机这类自身就是强电磁辐射源，并且机载任务设备经常需要长时间开机的大军机如何实现隐身，一直是颇为棘手的问题；再如，现代大军机中有相当一部分是由民机改型发展而来，囿于后者的原始设计，这类飞机无论进行怎样的改进，也很难获得理想的隐身性能。由此可见，对于今后的大军机来说，除了轰炸机等极少数机种之外，其余飞机适当采用隐身技术来部分缩减自身信号特征是可行的，但要想将这些飞机全部按照“纯隐身飞机”的标准来设计制造，从技术、经济角度来看都很不现实。

3. 大军机应对导弹来袭的自防护手段非常单一

大军机机体笨重，飞行速度慢，机动性能差，面对导弹攻击时基本谈不上什么机动规避能力。因此，即使来袭对空导弹处于弹道末段，其存速已经相当低，以致于很可能会被战术飞机之类的高机动目标摆脱，但是对于飞行速度和机动能力均非常有限的大军机来说，来袭导弹的速度余量仍可能是足够的，因此同等条件下对空导弹攻击大军机时的命中率及有效射程远比攻击战术飞机时高。

在基本排除机动规避手段后，软杀伤就成为目前技术条件下大军机对付导弹攻击的唯一“法宝”，但在现代战场上，这种大军机自防护手段的有效性也日益受到质疑。一方面，随着技术的进步，现代对空导弹的抗干扰能力越来越强，要想对其实施有效的软杀伤，所面临的难度正越来越大；另一方面，大军机自身的目标特性也会给机载软杀伤系统的作战使用增加不少难度：自身信号强度大，在对来袭导弹实施干扰时，往往需要比战术飞机更强的干扰信号才能取得较好的效果；自身外形尺寸大，被弹面积也相应较大，通常需要将来袭导弹诱离至更远处才能确保自身安全；自身速度慢，机动性差，无法像战术飞机那样通过合适的机动动作来配合电子干扰，机载软杀伤系统的效能往往难以得到充分发挥。

考虑到机载软杀伤自防护系统用于大军机战场防护时的先天不足，目前世界各国大军机实际上更多的是依靠尽量远离危险空域、己方其他空中/地面兵力保护等自身之外的措施来保证战场安全。

4. 大军机在结构易损性方面仍存在诸多薄弱之处

与直升机和战术飞机相比，大军机的平台设计特点使其在承受火力打击方面具有一些先天优势。例如，大军机普遍采用多发布局，可显著提高发动机被击中后飞机仍安全返航的概率；机上关键系统的布置通常比战术飞机更加分散，有助于降低飞机被敌方火力命中后系统毁损的严重程度。尽管这样，进一步研究分析后可以发现，大军机在结构易损性方面仍存在着不少薄弱环节，进而会在相当程度上影响其战场生存力。这主要表现在两个方面：①大军机的外形布局与战术飞机存在很大差异，除少数型别的轰炸机外，普遍采用了大展弦比平直机翼，其翼展通常很大，因此对对称性比较敏感，一旦出现一侧机翼被打断或严重毁损的情况，飞机将很容易失控坠毁；②大军机的机身内部通常设置有空间较大的货舱、弹药舱或任务舱，整个机体比较接近中空结构，一旦来袭导弹战斗部在近距离爆炸，机身在外力冲击的作用下将有可能发生断裂。此外，出于成本费用、技术难度、任务定位等方面原因，大军机通常不会像战术飞机那样在机体结构设计中大量采用各种抗损/容损措施，尤其是对于部分由民用飞机直接改型而来的大军机来说，其原始设计中基本不会考虑如何应对火力打击的问题。

9.2.3 未来战争中大军机的战场生存力问题将更加突出

第二次世界大战结束以来，随着大军机技术性能的提升和任务领域的拓展，无论传统战争还是非传统战争中，大军机均得到越来越广泛的应用。但与此同时，随着现代高新技术在军事领域的广泛应用，各种先进对空武器装备不断涌现，再加上信息化条件下战争行动所具备的非接触、非线性、多方位、全纵深等特点，以及今后非传统战争行动的日益常态化，大军机在未来战场上的安全也将会面临越来越多的挑战。

1. 传统战争中一线大军机需直接面对敌方各种对空火力威胁

由于自身的任务定位，传统战争中有相当数量的大军机需要飞临战区，或者在接近一线的空域执行任务，导致其战时面临的风险也相对较高，有时甚至接近战术飞机。这类大军机主要指轰炸机，但也包括部分特种飞机和运输机，本书将其统称为一线大军机。

轰炸机作为一种航程远、载弹量大的大型作战飞机，在传统战争中无论是用于战略打击还是执行战术任务，均具有巨大的威力，因而历来是敌方地（水）面防空系统/空中战斗机的主要作战对象。实战经验教训表明，轰炸机在执行任务的过程中，即便使用远程空地武器对目标进行防区外打击，很多时候也需要突破敌方的空中/地（水）面火力拦截后才能飞抵发射阵位；若以临空投弹的方式对目标实施打击，则更是需要突破敌方层层防空火网拦阻后才能飞抵目标上空，因此除非己方拥有绝对军力优势，否则将很难做到“毫发无损”。例如，20 世纪 60 年代以来的越南战争、乍得－利比亚冲突、两伊战争和俄罗斯－格鲁吉亚战争中，参战的美国空军 B－52、利比亚空军图－22、伊拉克空军图－16/22、俄罗斯空军图－22M 等轰炸机在对方地面防空火力或空中战斗机的拦截下，均受到不同程度的损失。

除轰炸机外，传统战争中参战的部分特种飞机在执行任务期间，由于需要在较近距离上与敌方交战，因而也可能会遭到各种对空火力攻击。例如，电子战飞机对敌方实施电磁干扰压制、反潜巡逻机搜索攻击敌方潜艇/水面舰艇、炮艇机对敌方地（水）面目标进行火力打击的过程中，均可能会遭到目标自身防空武器或其掩护兵力的反击。显然，这部分特种飞机战时所处的战场环境有些类似、甚至接近一线作战飞机，尽管其对抗激烈程度通常不如后者，但考虑到大军机普遍存在自防护能力不足这一“通病”，届时这些飞机在战场上面临的风险仍不可小觑。美国空军特种飞机在历次战争中的实战经历就证明了这一点：越南战争中参战的美军 EB－66 电子战飞机在掩护主战飞机执行任务的过程中，自身经常成为越军防空火力的打击目标，先后有 13 架被击落；1991 年海湾战争中参战的美军 EC－130H 电子战飞机在战场上也频频遇险，曾多次与伊拉克军队发射的地空导弹“擦肩而过”；而美军著名的 AC－130 炮艇机，在越南战争和海湾战争中均曾有过被地面防空武器击落的记录。

在传统战争中，运输机通常不会与敌方发生直接对抗，但其中部分飞机战时需要飞临战区执行空投/空降任务，有时甚至还需飞越战线/国境、深入敌后执行这类任务，在此过程中将有可能与敌方地面防空兵力遭遇，或者遭到敌方战斗机的空中拦截。例如，越南战争中的安禄战役期间（1972 年 4 月至 6 月），美国/南越空军的 C－123、C－130 运输机在为被围困在安禄的地面部队空投补给物资时，遭到越军地面防空炮火的猛烈射击，参加空投行动的飞机有一半以上被击中，其中 5 架被击落。此外，当运输机在执行为前线运送兵员/装备/物资、后送伤病员等任务时，很多时候需要在敌方炮火威胁下的机场强行起降，此时还将有可能遭到敌方地面压制火炮的打击。例如，越南战争中的溪山战役期间(1968 年 1 月至 7 月)，美军出动大批 C－7A、C－123、C－130 运输机为远离后方且相对孤立的溪山基地提供后勤补给，但由于机场跑道在周围越军炮兵火力控制范围之内，致使美军飞机在起降过程中频频遭受越军准确而密集的炮火打击，先后有 4 架飞机被击毁，另有多架受损，以致于美军官兵将执行空运任务的这些运输机称作“迫击炮磁铁”。

对于未来传统战争中的一线大军机来说，上述的各种战场威胁不仅仍然存在，而且其威胁程度还将随着对空武器技术的快速发展，尤其是反隐身探测设备、潜空导弹、面空/空空反辐射导弹、便携式防空导弹、制导炮弹、炮射导弹等先进武器装备的大量投入使用，而进一步上升。

2. 传统战争中二线大军机需应对敌方多种手段发起的突袭

在传统战争中，除了上面介绍的一线大军机外，其余大军机在传统战争中通常不会直接参与一线作战，而主要在二线空域甚至己方纵深活动，为己方其他参战兵力提供各种支援保障，本书将其统称为二线大军机。从理论上讲，这类飞机由于远离“接触线”，通常不会与敌方发生直接对抗，并且很多时候还会受到己方地(水)面/空中兵力的严密保护，因而在任务飞行途中遭到敌方对空火力攻击的可能性远低于一线作战飞机。尽管这样，随着大军机在现代战场上日益引起敌方的关注以及打击大军机相关技战术手段的不断进步，传统战争中二线大军机遭敌方打击的风险也在不断上升，甚至当己方在战场上处于明显优势时也仍然如此。例如，1981 年 2 月，叙利亚空军不顾自身在和以色列空军的多年对峙较量中长期处于下风，出动米格－25 战斗机以高空高速突防的方式对位于地中海上空的以军 E－2C 预警机发起突袭；1991 年海湾战争中，面对多国部队的绝对空中优势，伊拉克空军也曾有过偷袭美军加油机、预警机的企图。今后，随着隐身作战飞机、超远程对空导弹、潜空导弹等先进武器装备的发展成熟并越来越多地投入使用，二线大军机在战场安全方面的先天优势还将会进一步丧失，其在传统战争中遭敌方对空火力攻击的可能性也将会越来越大。

此外，从多次局部战争的相关经验教训来看，战时在后方机场处于起降/停放状态的二线大军机(也包括部分一线大军机)还很有可能遭到敌方特战分队、游击队的袭击。例如越南战争期间，渗透到敌方机场附近发动袭击一直是越南南方游击队对付美军大军机的主要战术手段，当时美军战斗损失的 34 架 C－130 运输机中，有一半以上是在机场起降/停放时遭袭所致。由于包括大军机在内的所有军机在起降、停放时的自防护能力都非常脆弱，一旦遭到外来火力袭击将只能被动挨打甚至坐以待毙，因此打击起降/停放状态大军机这一战术即使在今后的高技术传统战争中，也仍然大有用武之地。尤其值得指出的是，随着技术的进步，以便携式防空导弹、大口径反器材步枪、轻型多用途导弹、榴弹发射器为代表的各种先进步兵武器不断出现，这类武器普遍具有威力大、精度高、轻便灵活等特点，将会使打击起降/停放状态大军机这一战术变得更加方便可行，其在今后传统战争中对二线大军机的威胁也将会越来越严重。

3. 非传统战争中大军机需应对敌方便携式防空导弹的伏击

在非传统战争中，由于参战的非政府武装组织普遍缺乏中高空防空导弹、战斗机之类的武器装备，因此对处于任务飞行阶段的大军机(此时通常位于中高空空域)基本不可能构成威胁。但随着 20 世纪 80 年代以来便携式防空导弹在全球范围内的大量扩散，这类武器正越来越多地落到世界各地的非政府武装组织手中，其在非传统战争中给大军机带来的威胁，已经越来越引起各国军方的关注和重视。

多次局部战争和武装冲突的实战经验教训表明，由少量人员携带便携式防空导弹潜伏到敌方机场附近对处于起降阶段的大军机实施伏击，已经成为非传统战争中武装组织对抗敌方强大空中力量的一种经典战术，并在实战中屡试不爽。如前所述，在苏阿战争期间，阿富汗游击队通过这样的战术，除了取得击落击伤苏军运输机的直接战果外，还给苏军的空运行动带来很大影响，甚至一度导致伊尔 –76 运输机暂停使用；为了应对便携式防空导弹的袭击，当时苏军不得不采取了多种技战术措施：为部分缺少机载自防护系统的运输机紧急加装红外干扰设备；出动米 –24 武装直升机在重要机场上空巡逻，并在运输机起落航线附近投放红外干扰弹，以掩护后者的起降；部分运输机甚至使用简单粗暴且存在严重安全隐患的“阿富汗降落法”，在高于便携式防空导弹有效射高的高度接近机场，到达跑道正上方后急剧下降、减速并大角度下滑着陆。而在 21 世纪初的伊拉克战争中，反美武装也曾多次使用便携式防空导弹在机场附近对美、英、德等国的军/民用运输机发动袭击并频频得手，先后击落击伤包括 C –17、C –5、C –130、A300 在内的不同型号飞机多架。

此外值得指出的是，与传统战争中承担类似任务的特战分队/游击队相比，非传统战争中的武装组织尽管在人员素质、武器装备、协同保障等方面均远远不能相比，但是前者在执行这类任务时往往需要穿越边境/战线并实施长距离敌后渗透，进而会增加行动的难度和风险，而后者基本上都是在本乡本土作战，对战区的地形、气候和社会环境都非常熟悉，不但便于其隐蔽渗透到机场附近设伏，事毕之后也更加容易逃脱。不仅如此，在非传统战争中，大军机还经常会使用各种民用机场甚至大型国际机场执行任务，而民用机场作为各国的重要交通枢纽，普遍具有占地面面积广、人流/车流量大、周边设施复杂等特点，面对经过周密策划、精心准备的袭击者，将更是防不胜防。例如，苏阿战争期间的喀布尔国际机场和伊拉克战争期间的巴格达国际机场，均是大军机遭便携式防空导弹袭击事件的主要发生地。

9.3 现代战争中大军机面临的主要威胁及其对 APS 的现实需求

根据上面的相关分析，随着大军机在现代战场上对敌方诱惑力的不断增加和相关技战术手段的不断进步，今后无论是在传统战争还是非传统战争中，也无论是执行一线任务还是二线任务，大军机遭受敌方对空火力攻击的风险都将会明显上升，其面临的战场威胁在复杂性、多样性、先进性等方面都将与以前不可同日而语。届时，大军机在自防护能力方面的先天不足将会更加突显出来，传统的机载软杀伤自防护系统将很难为其提供可靠的防护，因而迫切需要配装效能更高的新型自防护装备，机载 APS 则能很好地满足这样的现实需求。

9.3.1 大军机在现代战场上面临的主要威胁

现代大军机种类众多，战时承担的任务千差万别，因而不同机种在不同战场环境下所面临的威胁情况也各不相同。但总的来看，由于大军机在自防护能力方面众多软肋的存在，只要具备一定的作战条件，目前世界上几乎所有种类的对空导弹均可对其实施有效打击；在一些特殊战场环境下，甚至地面压制火炮也可对其构成一定威胁。根据第二次世界大战后历次局部战争和武装冲突中大军机参战使用的经验教训以及 9.2 节中对未来战争中大军机战场生存力问题的相关分析，可以将大军机在现代战场上面临的威胁归纳以下 6 种类型，它们也是今后大军机 APS 的直接作战对象。

1. 承担定点猎杀任务的敌方隐身飞机携带发射的空空导弹

随着隐身飞机被越来越多地投入使用，其在今后战场上对大军机所带来的威胁，正日益引起各国军方的重视。美国、俄罗斯等国的相关研究测试表明，面对隐身飞机的突袭(特别是当其辅以电磁干扰手段时)，大军机及其护航兵力的预警探测距离将会大幅缩短，当发现敌机来袭时往往猝不及防，很难进行有效的防御。正因为如此，目前欧美国家军界普遍认为，对隐身飞机来说，其战时最有效的使用方式之一就是利用自身的隐身性能优势，渗透穿越敌方严密防空网并打击其作战体系中的关键核心节点(如预警机、指挥通信机)，从而为己方后续作战扫清最具威胁性的障碍。事实上，美国空军第一种(也是世界第一种）隐身飞机——F-117A 战斗轰炸机[①]服役时，尽管其主要任务使命是对地攻击和武装侦察，但该机也具备携带 AIM-9“响尾蛇”近距空空导弹渗入敌后方打击其预警机等空中目标的能力；美国空军现役 F-22 隐身战斗机尽管主要用于制空作战，但该机也担负了战时对敌方高价值空中目标实施隐蔽突袭的使命，服役后曾多次参加以预警机为假想目标的对抗演习[②]。

2. 敌方具备防区外打击能力的超远程面空/空空导弹

如前所述，目前以俄罗斯 S-400、美国“标准”-6 为代表的部分面空导弹，以及以俄罗斯 KS-172/R-37 为代表的部分空空导弹（图 9-2），最大射程均已达 300～400km，俄罗斯 S-500 等个别研发中的面空导弹射程还有进一步增加的趋势，这给习惯于在己方纵深空域活动、并籍此保证自身安全的二线大军机所带来的威胁是显而易见的。届时，发起袭击一方的作战平台根本无须突破敌方防御圈，即可对后者纵深部署的大军机实施打击，由此可极大地降低作战难度。例如，俄罗斯工业界曾明确表示，其推出 KS-172/R-37 超远程空空导弹的主要目的，就是战时供米格-31、苏-27 这类不具备隐身能力的第四代重型战斗机携带，打击西方国家军队部署在战区纵深的 E-3 预警机、E-8 战场监视飞机、KC-135/46 加油机等高价值空中目标。

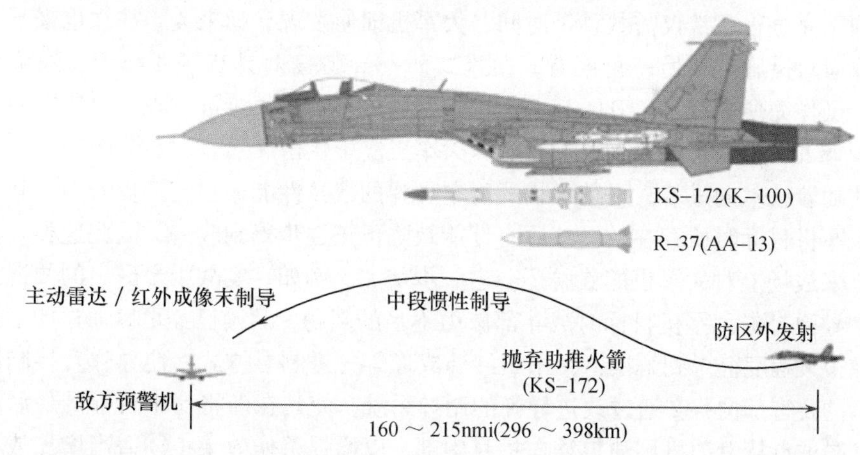

图 9-2　俄罗斯苏-27 系列战斗机携带 KS-172/R-37 超远程空空导弹执行反预警机任务示意图　（图片来源：ausairpower. net）

尤其值得指出的是，超远程对空导弹在未来战争中大量投入使用后，对军力劣势一方的帮助将非常突出，可使其在丧失制空权或者无力突破敌方防空网

① F-117A 于 1982 年入役，后于 2006 年全部退役。

② F-22 服役后曾在多次对抗演习中，对 F-15、F-16 战斗机护航下的预警机目标发起模拟攻击。

的情况下，也仍具备威胁强敌大军机的能力。例如，名噪一时的美国机载高能激光武器——“机载激光器”（ABL）之所以中途停止研制，其中一个重要原因就是该系统射程有限，战时必须靠前部署才能充分发挥作战效能，而在各种远程、超远程对空导弹不断涌现的今天，即使美军拥有绝对空中优势也难以确保其安全。

3. 在机场附近实施伏击的敌方便携式防空导弹

研究分析结果和实战经验教训表明，对于现代战争中的大军机来说，尽管其执行任务期间通常在中高空飞行，受便携式防空导弹的威胁很小，但是当大军机在机场起飞、降落时，却非常容易遭到便携式防空导弹的打击。这主要是因为起降阶段的大军机由于多种原因，当其面对便携式防空导弹的打击时，生存力将相当脆弱：①此时大军机飞行高度低，完全处于便携式防空导弹的有效射高范围内；②此时大军机速度慢，飞行姿态和航向相对固定，不仅便于敌方射手的搜索瞄准和导弹导引头的捕获跟踪，而且在遭到攻击后将难以进行有效的机动规避；③起飞、降落是固定翼飞机飞行全程中最容易出事故的两个阶段，这期间飞行员往往因为集中精力操纵飞机而疏于防备，容易给敌方以可乘之机；④由于便携式防空导弹有效射程短（通常不超过5000m），作战距离近，导弹飞完全程通常仅需数秒钟时间，大军机即使发现导弹来袭，往往也来不及采取应对措施。从另一角度看，便携式防空导弹普遍具有轻便小巧、隐蔽性好、操作简便等特点，其贮存、运输和发射过程中都很难被发现，也非常便于由少量人员携带并潜入到机场附近对大军机实施伏击。

随着技术的进步，目前便携式防空导弹的战技性能还在继续提升中，其对付大军机目标时所存在的一些固有性能缺陷也正逐步得到改进，因此这类武器在未来战场上对大军机的威胁还会进一步增大。例如，实战中暴露出的便携式防空导弹打击大军机目标时战斗部威力不足的问题，目前已经可以通过如下措施在很大程度上得到解决：①采用红外成像等先进制导方式，使导弹直接瞄准目标的要害部位；②通过改进导弹的制导系统，使其在即将命中目标的最后时刻把瞄准点从发动机尾喷口移向机身中部，以增强杀伤效果；③适当增加战斗部重量，由SA-7等早期型的不到1kg，增加到目前SA-18、“西北风”等型别的3kg甚至更多；④导弹命中目标后，若发动机推进剂尚未耗尽，可随引爆后的战斗部一起爆燃。

4. 敌方潜艇从水下隐蔽发射的潜空导弹

今后，随着潜空导弹逐渐发展成熟并大量投入使用，其对部分在海洋上空活动的大军机的威胁也将越来越突出。研究表明，尽管目前技术水平下的潜空导弹还难以用来对付飞行速度快、机动性高的战术飞机，但是在打击反潜巡逻机这类空中目标时，其性能却往往是完全足够的。因为反潜巡逻机通常是由大中型运输机改装而来的，不可避免地会沿袭自防护能力差这一大军机固有的通病，再加上这类飞机执行任务期间大都处于低空低速飞行状态，并且需要在敌方潜艇可能活动的海域上空较长时间滞留，对敌方潜空导弹来说无疑是非常理想的打击目标；此外，现代潜空导弹普遍采用了红外热成像、毫米波雷达等先进制导技术，其中部分导弹还采用了光纤制导等特殊制导方式，传统的软杀伤自防护设备很难对其实施有效干扰，由此会进一步增加反潜巡逻机防护的难度。

由于潜空导弹攻击空中目标时具有出其不意、防不胜防的特点，多年来国外一直有人在探讨在传统潜空导弹基础上更进一步，战时利用潜艇携带高性能中/远程对空导弹，对敌后方海域上空活动的运输机、预警机、加油机等大军机实施奇袭。例如，早在 1995 年 11 月，美国《海军学会月刊》(*Naval Institute Procedings*)刊登的一篇由弗兰克·鲍里克(Frank Powlik)中校撰写的题为《孙子与潜艇战艺术》(*Sub Tzu & the Art of Submarine Warfare*)的文章中，虚构了 2006 年美国海军与中国海军在南海进行的一场“大规模海战”，其中就提出了包括“潜艇发射对空导弹打击敌后方空域的预警机和加油机”在内的一系列新概念战法；而根据 2018 年 7 月国外媒体的披露，美国军方已经开始将这样的想法付诸实际，计划在“标准”-6 超远程舰空导弹基础上改型发展一种名为“海龙”的兼顾防空/反舰作战的全新潜空导弹。

5. 敌方传统防空体系中的各种面空/空空导弹

这里所说的传统防空体系，是指第二次世界大战后世界各主要国家陆续建立起来的由国土防空、野战防空和海上防空组成，以各种类型面空/空空导弹为骨干作战武器的综合对空防御体系。在现代战争中，各国防空体系均以来袭的各种固定翼飞机、直升机和巡航导弹为主要作战对象，因此会对部分一线大军机尤其是轰炸机构成直接威胁。考虑到目前世界上，但凡拥有一定军事实力的国家，均已不同程度地建立起了各自的防空体系，并且随着潜在威胁的变化和相关技术的进步，各国还在持续不断地对其进行改进升级和更新换代，因此对于今后战争中的一线大军机来说，来自敌方防空体系内各种对空导弹的威胁不但会长期存在，而且其威胁程度还将会不断上升。尤其值得指出的是，随着各种反隐身技术手段的日渐成熟和实用化，今后即使能像美国、俄罗斯等部分国家所设想的那样，将战时需要在高风险空域执行任务的一线大军机全部隐身化，其在应对敌方防空体系内各种面空/空空导弹攻击时的效果也将远不如预期。

6. 承担封锁机场任务的敌方地面压制火炮发射的炮弹/火箭弹

如前所述，当运输机(有时也可能包括其他大军机)在部分前沿机场执行任务时，敌方执行封锁机场任务的地面压制火炮将会对其构成严重威胁。实战经验表明，与坦克、装甲输送车、卡车等典型地面移动目标相比，处于地面滑跑、滑行状态或刚离地升空的运输机尽管移动速度可能更快，但由于其外形尺寸和被弹面积均远大于前者，并且抗损性往往更差，当遭到同等强度和精度的炮火打击时，其被命中毁伤的概率并不会比前者低；而对于那些已经着陆并且正在进行物资装卸、人员登机/离机等作业的运输机来说，其目标特性则与普通的无防护/轻防护地面固定目标相差无几，在敌方压制火炮的威胁下其生存力将更加脆弱。

今后，随着压制火炮及其弹药技术的发展，这类武器在封锁机场、打击起降/停放状态的运输机方面的能力还将会进一步提升。例如，21 世纪初以来美国、英国、俄罗斯等国推出的部分远程火箭弹和复合增程炮弹，最大射程已达100km 甚至更远，可使压制火炮无须靠近目标机场即可对其进行远距离打击，在极大地增加后者防御难度的同时，还可显著减轻自身风险；此外，与以往战争中封锁机场时主要使用传统的触发引信炮弹不同，今后的压制火炮在执行这类任务时，还可采用能精确控制引爆时机的先进空炸榴弹，使炮弹在跑道、滑行道、停机坪上空一定高度爆炸，由此产生的密集弹片雨将会对正在地面滑跑、滑行、停放或刚刚升空的大军机带来致命打击。

9.3.2 未来战争中大军机对机载 APS 的现实需求

由以上分析可以看出，随着世界各国军方对打击大军机的日益重视，各种相关技战术手段正处于飞速发展中，导致大军机部分传统防护措施(远离危险空域、己方其他兵力保护等)的有效性在相当程度上遭到削弱，其战时安全对自身软杀伤自防护系统的依赖程度则明显上升。然而如前所述，随着现代对空导弹性能的不断提高，即便是机载软杀伤自防护系统更加先进完善并且具备高速高机动飞行能力的战术飞机应对起来也倍感棘手，对于信号特征、被弹面积、机动性能等方面均存在先天不足的大军机来说，单靠软杀伤自防护系统就更难以保证自身战场安全了。如果再考虑到部分场合下大军机还会面临采用特殊制导方式(如光纤制导)的对空导弹甚至非制导对空弹药的威胁，机载软杀伤系统在防护效能方面的局限性将更加暴露无遗。

由于这样的原因，目前以美国为代表的西方国家普遍认为大军机在今后战争中的生存力不容乐观，由此甚至在相当程度上影响了大军机的未来发展，这突出表现在美国空军 E－8“联合星”战场监视/侦察飞机的后继机发展计划上。

众所周知，美国作为当今世界唯一的超级大国，凭借其强大的科技和军事实力，战时可通过多种手段为包括 E－8 在内的各种大军机提供可靠的战场防护[①]，其效果已经在历次局部战争和武装冲突中得到验证。尽管这样，美国军方仍居安思危，对 E－8 这类飞机今后可能面临的严峻战场环境一直保持着清醒认识，认为在今后的高强度战争尤其是“中国或俄罗斯可能参与的战争”中，面对第五代隐身战斗机、超远程对空导弹等先进装备的威胁，E－8 飞机的战场生存力将非常堪忧。例如，2018 年 2 月，在美国空军协会举办的年度空中战争研讨会上，时任空军部长希瑟·威尔逊(Heather Wilson)表示“不相信 E－8 能够在 2025 年后与中国、俄罗斯为敌手的高强度战场环境中生存”；同年 5 月，威尔逊在参议院拨款委员会的听证会上甚至声称，由于“中国、俄罗斯地空导弹射程不断增大”，E－8“在开战第一天就会被击落”。正是由于对 E－8 飞机在未来战场上的生存力缺乏信心，美国空军在该机的替换和升级计划上一直踟蹰不前，认为以传统模式来发展 E－8 后继机或者改进升级现役飞机已经没有太大实际意义，而希望待现役 E－8 机队到寿退役后再一步到位，直接转向拟议中的“先进作战管理系统”(ABMS)[②]等全新概念方案。在这样的背景下，目前美国军方正试图“多管齐下”、以多种途径并用的方式来发展新一代大军机：①通过无人化来解决部分大军机被击落时导致的重大人员伤亡问题，例如美国空军现役的 RQ－4“全球鹰”无人侦察机和美国海军研制中的 MQ－25“黄貂鱼”舰载无人加油机；②通过隐身化来降低大军机在战场上被敌方发现、攻击的概率，例如美国空军除了现役的 B－2A 和在研的 B－21 隐身轰炸机外，还计划研制新型 KC－Z 隐身加油机；③通过网络化来解决部分大军机作为关键节点，一旦遭攻击将会导致己方整个作战体系效能严重下降甚至崩溃的问题，例如美国空军提出的由陆基、海基、空基和天基设备组成，拟替代 E－8 飞机(也包括 E－3 预警机)任务使命的分布式多域传感器网络概念；④通过防区外打击来解决部分一线大军机无力渗透穿越敌方严密防空网的问题，例如美国空军现役非隐身的 B－52H、B－1B 轰炸机均配备有空射巡航导弹等防区外武器，美国海军 P－3C、P－8A 等反潜巡逻机今后也将配装可高空远距离投放的新型“高空反潜战武器能力”(HAAWC)反潜鱼雷，从而躲避敌方潜空导弹的

---

① 根据历次局部战争中的经验教训，美军 E－8、E－3 等大军机战时至少可以通过 3 种途径获得可靠的防护：以 F－15“鹰”等先进战斗机构筑一道严密的“鹰之墙”对来袭敌机实施有效拦阻；通过己方先进完善的预警指挥控制体系，全面把握战场态势并及时规避潜在的威胁；在机上配装包括定向红外对抗系统在内的先进软杀伤自防护系统。

② 截至本书发稿日，美国空军“先进作战管理系统”仍处于备选方案分析状态，但一般认为该系统将会采用多域传感器混合互联方案。

反击。

但对于当今世界绝大多数国家来说，其科技、经济实力均难以与美国相提并论，要想通过同样途径来发展自己的大军机，将会面临多方面的困难，因此今后相当长时期内其大军机机队仍将会以传统飞机为主，要提高其战场生存力，只能从改进这些飞机自身的防护能力入手，为其引入更高效的自防护措施，机载APS则为此提供了一种现实可行的选择。由于机载APS的作用机理完全不同于传统的软杀伤自防护系统，前面所介绍的大军机在自防护能力方面的种种先天不足，对机载APS战时作战效能的负面影响远没有对软杀伤系统那样大，甚至其中部分“不足”反而还在一定程度上有利于机载APS效能的发挥(参见9.4.1节)，因此大军机一旦配装机载APS，其战场防护能力将会获得革命性提升，进而极大地有助于其战时任务效能的发挥。第二次世界大战后历次局部战争的经验教训表明，对于大多数大军机来说，即使战时会受到己方各种技战术手段的保护，但为了最大程度地确保自身战场安全，这些飞机的任务空域范围仍会受到很大限制，很多时候其有效活动空域相当狭窄，以致于无法进入理想战位执行任务，从而严重影响自身任务效能的充分发挥。以预警机为例，这类飞机战时通常部署在与前沿保持相当距离的己方一侧空域，导致其空情保障范围大大缩水，并且一旦发现敌方有异动，可能会威胁到自身安全时，还将不得不快速逃离危险空域，由此会导致己方对战区空域的监控出现空白。今后一旦为大军机配装APS，将相当于为其战场安全增加了一道可靠的“保险”，再结合其他各种传统防护措施，大军机在战时任务空域的选择上将会有更大的余地，完全可以根据战场形势的实际需要，飞抵最有利、最合适的空域位置，从而使自身任务效能得到更充分的发挥。例如，预警机将可以适当靠前部署，以便更高效地为己方提供空情保障；反潜巡逻机将不再担心潜空导弹的反击，可以低空搜索、攻击敌方潜艇；加油机将可以前出到更加接近前沿的空域甚至敌后纵深执行任务。

正是由于主动防护技术在提高大军机战场生存力方面表现出的高效费比，为现役或在研大军机配装APS正日益受到相关国家军方和工业界的关注。例如，美国尽管在通过前述多种途径发展新一代大军机，但考虑到今后相当长时期内仍将会有大量传统大军机在役①，以及反隐身技术快速发展给隐身大军机带来的现实威胁等原因，目前也在同步开展大军机主动防护技术研究，并陆续

① 在美军现役的传统大军机中，美国空军B-52H、B-1B轰炸机和KC-135加油机等较老式飞机按计划将服役至21世纪四五十年代，美国空军KC-46加油机、美国海军P-8A反潜巡逻机等较新式飞机则将会服役至21世纪50年代以后。

提出了“动能空中防御”“硬杀伤自防护对抗系统”等大军机 APS 方案。

9.4　大军机配装 APS 的平台条件分析

大军机普遍飞行速度较慢、机动性差、机体庞大笨重，这样的平台特性对今后 APS 的配装和使用来说有利也有弊，但总的来说是利大于弊，再加上大部分大军机战时主要承担危险程度较低的支援保障任务，对机载 APS 部分性能指标的要求也可适当放宽，因此在目前的直升机、大军机和战术飞机这三类 APS 搭载平台中，大军机可以说是平台综合条件最好的一种，这无疑会在相当程度上降低大军机今后配装 APS 时的技术难度，有助于大军机主动防护技术尽早实现实用化。

9.4.1　大军机平台配装 APS 的有利条件

与战术飞机和大部分直升机相比，大军机在飞行性能(速度、高度、机动性等)方面大致介于二者之间，但是在外形尺寸、内部空间、机体重量和有效载荷等方面则远远超过前二者，战时所处的战场环境通常也更为简单，因而同样在用作 APS 的搭载平台时，大军机对 APS 设计、安装和使用等方面的限制均要少得多，在平台条件方面的优势非常明显。

1. 大军机平台在 APS 搭载保障条件方面较为优越

在直升机、大军机和战术飞机这三类军机平台中，大军机在机体空间、重量载荷和能源供给等方面的优势非常明显，相对来说更容易满足 APS 对载机平台配套条件方面的要求。同时，大军机因为自身体型和重量本来就较大，也更容易将加装 APS 所带来的部分性能指标下降控制在能够承受的范围之内，这也对其配装 APS 非常有利。

从历史上看，早期轰炸机为了提高自卫能力，普遍在机上布置有多座活动炮塔并配备有专门的射击员。例如，苏联(俄罗斯)图 -16 中程轰炸机就配备有 3 座活动炮塔(各装 2 门 23mm 航炮)和 1 门机头固定 23mm 航炮，其中仅尾部炮塔就重达 1152kg；美国 B -36 远程轰炸机配备的活动炮塔更是达 8 个之多，共安装有 16 门 20mm 航炮(图 9 -3)；俄罗斯现役的伊尔 -76 大型运输机、图 -22M中程轰炸机机队中，也仍有部分飞机保留了尾部活动炮塔。因此对于今后的大军机来说，只要有相关的战术需求并且技术条件成熟，为其配装功能与传统自卫炮塔类似，体积、重量则远远不如的机载 APS，同样不会存在太大困难。

不仅如此，大军机凭借其远比直升机/战术飞机优越的平台条件，还可以

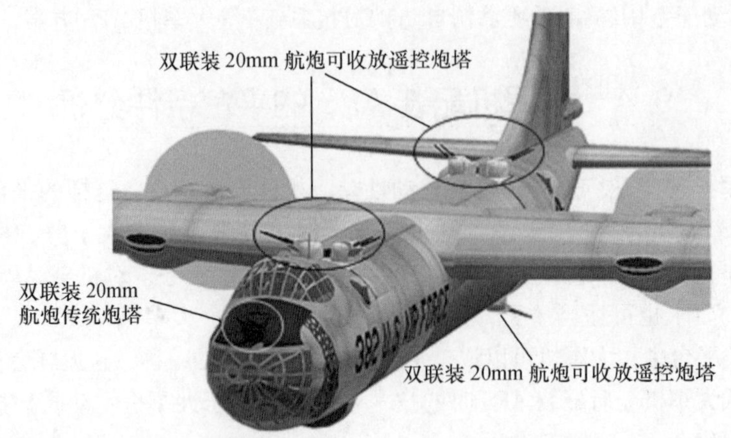

图 9－3　美国 B－36 远程轰炸机机身上、下共安装有 6 座可收放遥控炮塔，机头、机尾各安装一座传统炮塔，全机共配备 16 门 M－24A1 型 20mm 航炮
（图片来源：store. flightsim. com）

在同等技术水平下大幅提升机载 APS 的战技性能，从而进一步提升其对载机的防护能力。例如，通过采用天线孔径、输出功率均更大的传感器，可以改善 APS 对目标的探测、跟踪能力；通过配装体积、重量更大的拦截弹，可以大幅延伸拦截距离或者提高战斗部杀伤威力；通过增加拦截弹的携带数量，可以增强机载 APS 的持续作战能力。

2. 大军机平台易于实现机载 APS 的全向视界/射界

对于目前的大多数直升机/战术飞机来说，其火控雷达、红外探测设备等任务传感器通常安装在机头部位，所携带的空战武器也普遍缺乏侧射、后射能力，战时往往难以及时应对后半球空域的威胁，今后机载 APS 如果也沿用类似的配置模式，将很难适应分秒必争的近距/超近距反导自卫作战需求。然而在目前技术条件下，直升机/战术飞机要在除机头之外的其他部位加装任务传感器并配备相应的侧射/后射对空武器，除了同样会受到机体空间、重量载荷和能源供给等方面的制约外，有时候还需要考虑由此给气动/隐身性能带来的影响，因此面临的技术难度相对较大。

但是对于大军机来说，除了机体空间、重量载荷和能源供给等条件远远优于直升机/战术飞机外，其航速、机动性普遍较为有限，在隐身性能方面的要求也不高，相关设备配装过程中可不必过多考虑气动干扰、隐身性能破坏等问题，因此在实现机载 APS 任务传感器的全向视界和反导拦截武器的侧射/后射时要容易得多。由此可以在战术使用方面带来一系列优势：①可有效弥补载机平台因为速度慢、机动性差，难以通过机动调姿来协助 APS 完成反导任务的性能缺陷；②有助于减小甚至消除因为机上垂尾、机翼、雷达天线罩等部件的遮挡而形成的 APS 射击死角；③便于对付敌方多枚弹药从不同方向发起的齐射/连射攻击；④可在某些重要方向实现反导火力重叠，从而提高对此方向来袭目标的拦截成功率。

例如，今后的大军机只要有必要的话，完全可以像早期的多炮塔轰炸机那样在全机灵活布置多座安装有任务传感器/拦截弹发射装置的 APS 活动炮塔，分别负责迎击某一方向的来袭目标，从而使整个机载 APS 的视界/射界实现机体周围 360°球形空域全向覆盖(图 9－4)；战时一旦发现有目标来袭，处于最佳位置的 APS 炮塔可迅速转向目标方向，捕获跟踪目标并完成射击准备，从而极大地缩短反应时间。

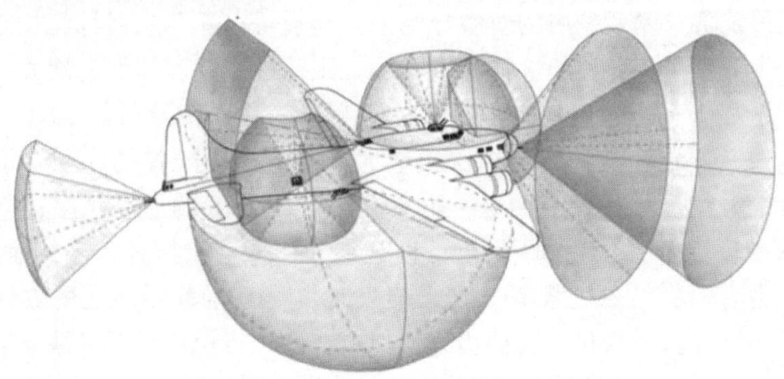

图 9－4　第二次世界大战期间美国 B－17F 轰炸机所配装的活动炮塔火力覆盖范围示意图
(图片来源：比尔·甘斯顿|《航空武器图解百科全书》)

3. 大军机任务飞行特性有利于 APS 战时的操作使用

与战术飞机和大部分直升机(尤其是武装直升机)相比，大军机在任务使命方面与二者存在明显差异：二线大军机战时主要在后方空域从事各种支援保障任务，通常不会与敌方防空体系发生直接接触；一线大军机尤其是轰炸机尽管需要深入战区执行任务，将不得不考虑突破敌方防空体系的问题，但通常也会尽量不与其正面对抗，而采取任务规划、隐身突防等消极躲避的方式，在任务复杂性和对抗激烈程度方面均远不如战术飞机/武装直升机。由于这样的任务特点，再加上自身飞行性能的限制，大军机在执行任务的过程中通常是在中高空空域飞行(轰炸机低空/超低空突防等特殊情况除外)，并且这期间航速较慢，无剧烈机动，飞行轨迹也相对固定。

对于今后战场上的大军机来说，上述特性对其实施反导自卫作战非常有利，将非常有助于机载 APS 作战效能的充分发挥。这可表现在多个方面：①中高空战场环境较为简单，机载 APS 工作时受各种自然、人为干扰较少；

②中高空环境下，机载 APS 中的任务传感器工作高度高，视野广阔，通视距离远；③载机平台的稳定性好，有助于提高 APS 拦截武器的发射精度；④易于实现 APS 拦截弹的侧射/后射，从而提高对侧/后向来袭目标的反应速度；⑤可避免因为自身的频繁机动，导致来袭导弹为了保持对本机的追踪而不断变化弹道，进而影响机载 APS 对目标的探测、跟踪及拦截；⑥便于给飞行中的 APS 拦截弹提供后续制导，从而降低对拦截弹的技术性能要求，不必强求拦截弹具备“发射后不管”能力；⑦当 APS 拦截弹使用拦阻网、气球、气囊等柔性拦阻物作为战斗部时，不易伤及载机自身。

4. 部分威胁的目标特性有助于降低大军机反导作战难度

9.3.1 节所介绍的大军机在现代战场上面临的主要威胁中，除了敌方隐身作战飞机或传统防空体系发射的对空导弹外，其余对空弹药从目标特性来看，均在不同程度上存在着有利于机载 APS 探测、跟踪、拦截和摧毁的地方：①超远程对空导弹尽管飞行速度快，但是作战距离远，因而留给机载 APS 的反应时间较长，对其实施拦截的作战纵深也较大，同时这类导弹的体积、重量均较大，目标信号特征往往较为明显，也有利于机载 APS 的探测跟踪；②便携式防空导弹尽管目标小，作战距离近，但这类导弹普遍重量轻，飞行速度偏低，战斗部威力有限，只要机载 APS 能及时发现，将其拦截并使之失效的难度并不大；③潜空导弹尽管抗干扰能力强，但是普遍飞行速度较低，缺乏大过载机动能力，因而便于机载 APS 的探测跟踪和拦截摧毁；④无制导炮弹/火箭弹尽管目标小，飞行速度也较快，但发射后只会沿着固定弹道飞行，同样也有利于机载 APS 的跟踪拦截。

考虑到上述因素，大军机在相当一部分任务场合下反导自卫作战的难度将会有所降低，进而有助于提高对来袭目标的拦截成功率。尤其是在非传统战争中，由于便携式防空导弹是参战大军机面临的最主要甚至唯一现实威胁，只要能对这类导弹实施有效防护，大军机的战场安全就能得到可靠保证，因此机上的 APS 完全可以便携式防空导弹为主要作战对象进行针对性的优化设计，从而在确保任务效能的同时，最大程度地降低系统的复杂度和技术难度。

9.4.2 大军机平台配装 APS 的不利条件

任何事物都是一体两面的，对大军机平台特性来说也同样如此。尽管总的来看，大军机是目前三类军机平台（直升机、大军机和战术飞机）中平台综合条件最好的一种，但其平台特性仍不可避免地存在着一些影响机载 APS 战时作战效能发挥的地方，并且这些不利之处很难通过技术措施完全消除，还需要战时借助合适的战术手段予以弥补。

1. 大军机平台特性会增大反导自卫作战伤及自身的概率

与直升机和战术飞机相比，大军机的外形尺寸普遍较大，导致其“安全半径”和被弹面积也相应较大，在同等战场条件下实施反导自卫作战时，被拦截过程中产生的各种破片、残骸损伤的概率也更高。不仅如此，与同为固定翼飞机的战术飞机相比，大军机在速度、机动性等飞行性能方面的差距明显，导致其在反导自卫作战过程中脱离危险空域所需要的时间也相对较长，难以通过快速机动来躲避破片、残骸对本机的伤害。对于这样的问题，目前技术条件下只能通过适当延伸拦截点距离来解决，由此导致大军机 APS 的拦截区近界普遍较大，进而会减小拦截区纵深，最终会影响到对来袭目标的拦截成功率。

2. 大军机 APS 射界易受遮挡，导致系统会出现防护死区

大军机的机翼、平尾、垂尾等翼面的外形尺寸普遍较大，预警机通常还外置有大型雷达天线罩，部分特种飞机战时往往还会外挂任务吊舱、武器弹药、副油箱，以涡桨发动机为动力的部分大军机螺旋桨旋转时还会形成较大面积的桨盘，这些均会对机载 APS 的射界造成不同程度的遮挡，从而出现防护死区。尽管目前技术条件下可以通过在机上合适位置布设多座拦截弹发射装置（如 APS 活动炮塔）的方式，来对此予以一定程度的弥补，但是考虑到拦截弹发射装置数量增多后，将会带来系统全重增加、气动阻力增大、占用机体空间过多等一系列弊端，因此发射装置的数量不可能无限制增加下去，致使大军机 APS 的射界死角往往难以完全消除。

3. 大军机飞行性能会影响机载 APS 的快速反应能力

与战术飞机相比，大军机普遍飞行速度较慢，机动性也较差，这样的飞行特性对 APS 的战时操作使用，固然存在有利的一面，但其带来的不利影响也不容忽视。除了上面提到的将会影响自身躲避破片/残骸的能力外，大军机还难以通过自身的机动调姿来积极主动地协助反导拦截武器快速指向目标，而只能依靠发射装置转动或者拦截弹发射后再做机动转弯，由此会在相当程度上影响系统的快速反应能力。尽管这一缺点同样可以通过在载机上布置多座拦截弹发射装置的方式来予以一定弥补，但是考虑到机上发射装置数量不可能无限制增加以及各拦截弹发射装置均不可避免地会存在一定射界死角，系统在一些紧急场合下的反应速度仍很可能难以满足要求。

9.5 适应未来战场环境的大军机 APS 初步解决方案

根据以上对大军机在现代战争中面临威胁情况及其配装 APS 时有利/不利条件的分析，结合多年来国外在大军机 APS 研究过程中的经验教训以及世界范围内相关技术领域的最新发展动向，可以从基本能力需求、系统典型构成、机上配装方式、技术实现途径等角度，对适应未来战场需求的大军机 APS 发展构想进行探讨，在此基础上可形成一套大军机 APS 初步解决方案。

9.5.1 未来战场环境对大军机 APS 提出的基本能力需求

考虑到大军机在平台特性、战场环境、潜在威胁等方面均与直升机/战术飞机存在较大差异，对于今后的大军机 APS 来说，除了应具备 4.3.3 节中所述的军机 APS 基本功能特点外，还需要从以下三个方面对系统进行针对性的优化设计，才能在未来战争中为载机提供可靠有效的防护，同时最大程度地提高效费比。

1. 主要用于中高空作战，部分兼顾起降阶段的防护

与直升机战时通常在低空/超低空活动、部分战术飞机(尤其是攻击机)执行任务时也难免会涉足低空/超低空空域不同，大军机在其整个任务飞行全程中，除了轰炸机等个别机种有可能存在低空/超低空突防等特殊情况外，将主要是在高度较高的中高空活动，因此今后的大军机 APS 也将主要在这样的空域环境下工作。

尽管这样，考虑到运输机等部分大军机战时很可能需要在前沿机场执行任务，有时甚至会在敌方地面炮兵火力封锁下的野战机场强行起降，以及战区机场战时存在被敌方特战分队、游击队或其他武装分子渗透袭击的可能，部分大军机上的 APS 还应适当兼顾载机起降阶段的防护任务。

2. 主要用于二线空域，部分兼顾一线作战

在现役的各种大军机中，除了轰炸机、炮艇机、反潜巡逻机等少数机种外，其余飞机战时主要在风险相对较低的二线空域承担各种支援保障任务，与敌方防空体系正面遭遇并遭到密集猛烈对空火力攻击的可能性较小，因而这类飞机即使需要进行反导自卫作战，在激烈程度和对抗强度方面通常也远不如一线作战飞机，由此可对考虑其机载 APS 的部分战技性能指标做一定调整，以提高系统的综合效费比。

但是对于一线大军机、尤其是轰炸机来说，由于其所处的战场环境在危险程度方面远高于二线空域，部分时候面临的对空火力威胁甚至接近战术飞机和武装直升机，因此这类飞机机载 APS 的战技性能指标也应尽可能向战术飞机/武装直升机看齐。

3. 主要对付来袭对空导弹，部分兼顾非制导弹药

由于现代战争中对空导弹是对付中高空飞机的主要武器，因此对于战时主要在中高空空域执行任务的大军机来说，对空导弹无疑是其在现代战场上面临的最主要威胁，再考虑到战时部分大军机在低空飞行、尤其是起降阶段还可能会面临便携式防空导弹的袭击，今后的大军机 APS 无疑应将对空导弹作为其主要作战对象。

此外，对于部分战时需要在前沿机场起降并有可能遭到敌方地面压制火炮袭击的大军机来说，由于需要考虑各种大/中口径加榴炮弹、迫击炮弹、火箭弹所带来的威胁，这部分飞机的机载 APS 还应在一定程度上兼顾对付非制导弹药。

9.5.2　典型大军机 APS 的系统构成

根据4.3.4节所介绍的机载 APS 典型系统构成，结合大军机反导自卫作战的现实需求以及相关技术领域的最新发展情况，可从威胁告警分系统、探测/跟踪分系统、APS 拦截弹、拦截弹战斗部、拦截弹发射装置等5个方面，对未来大军机 APS 的系统构成进行分析探讨。

1. 威胁告警分系统

根据前面相关章节的分析，以及部分现役大军机配装软杀伤自防护系统的经验，目前技术水平下的机载雷达/激光告警接收装置在主要性能指标方面已经完全能满足大军机 APS 对威胁告警设备的需求，因此可直接用于今后的大军机 APS，构成系统的威胁告警分系统，以探测识别战场上的雷达/激光信号威胁并及时提供告警。

值得指出的是，由于大军机在平台条件方面较直升机、战术飞机有着明显的优势，今后在为其 APS 配装威胁告警分系统时，对相关设备体积、重量和功耗等方面的限制较小，可通过采用较大型部件、增加天线数量、加装辅助设备等方式，来进一步提升雷达/激光告警装置的探测灵敏度、工作频段范围、测向精度等性能。

2. 探测/跟踪分系统

根据前面相关章节的分析，以及部分现役大军机配备软杀伤自防护系统的经验，目前技术水平下的机载导弹来袭红外/紫外/有源告警系统，其探测跟踪来袭对空导弹的能力已基本能满足大军机 APS 对目标探测/精确跟踪设备的需求，因此这类设备可直接用于今后的大军机 APS，以构成系统的探测/跟踪分系统。

此外，根据大军机反导自卫作战的现实需求及其自身平台条件，也可为大军机 APS 选配合适的主/被动雷达或主/被动激光传感器设备，用作系统的目标探测/精确跟踪分系统，对来袭目标进行探测识别和后续跟踪。

同样值得指出的是，由于大军机在平台条件方面的先天优势，今后在为其

APS 配装探测/跟踪分系统时对设备体积、重量和功耗的限制较小，如果有必要的话，将可以通过增大传感器天线孔径、适当增加传感器数量、在分系统中同时集成两种甚至多种传感器等方式，进一步提升大军机 APS 对目标的探测跟踪性能。

3. 拦截弹

大军机战时通常在中高空空域活动，并且因为自身速度和机动性有限，其飞行姿态通常也较为平稳，在反导自卫作战过程中载机平台对 APS 操作使用的限制和影响相对较小，因此在 APS 拦截弹种类的选择上也较为宽松。6.2 节所介绍的滞空拦截弹、航炮炮弹、反导榴弹和反导自卫导弹等四大类拦截弹均可供今后的大军机 APS 选用。

在上述四类 APS 拦截弹中，航炮炮弹可以说是一种大军机 APS 特有的拦截弹，目前技术条件下该弹仅在大军机 APS 中才能较好地发挥作用，而很难用作直升机和战术飞机 APS 的拦截弹。而当大军机 APS 选用反导榴弹作为拦截武器时，将可以考虑为其加装增程/增速火箭发动机和末制导装置，以进一步提高拦截弹的反导作战效能。当大军机 APS 选用反导自卫导弹作为拦截武器时，可不必强求其具备"发射后不管"能力，因为大军机平台通常不会像战术飞机那样进行高速高机动飞行，在反导自卫作战过程中只要有必要，完全有条件对飞行中的拦截弹实施后续制导。

此外值得指出的是，由于大军机的机体空间和有效载荷通常远大于直升机和战术飞机，当其使用与后二者相同的 APS 拦截弹时，如果有必要的话，完全可以成倍增加备弹量，从而有效增强系统的持续作战能力，或者在反导作战过程中对来袭目标齐射多枚拦截弹以提高拦截成功率。

4. 拦截弹战斗部

大军机平台的飞行特性及其战时所处的中高空环境，对反导拦截弹战斗部毁伤效能发挥的限制也较小，因而大军机 APS 在拦截弹战斗部种类的选择上也较为宽松。6.1 节所介绍的各种类型战斗部以及拦截弹弹体撞击杀伤方式，均可供今后的大军机 APS 拦截弹选用。

不过值得指出的是，由于拦阻网、气球、气囊等柔性拦阻物只有在拦截小型低速对空弹药时才能取得较好的效果，而在对付大型高速对空导弹时很可能会力不从心，因此当大军机 APS 拦截弹配装这类战斗部时，将只适合在一些特殊场合使用。例如，美国 C/KC-135 飞机"主动空中防御系统"概念方案之所以最终选用了拦阻网战斗部，主要是因为该系统的部分性能指标要求相对较低，只需在载机起降/爬升阶段对来袭便携式防空导弹实施防护即可。

5. 拦截弹发射装置

由于大军机的平台条件较为优越，在布设 APS 拦截弹发射装置时，受载机平台各方面的限制较少，因而可以从最大程度发挥机载 APS 任务效能的原则出发，在机身/机翼的合适部位灵活布设发射装置。

当大军机 APS 采用滞空拦截弹作为反导拦截弹时，可参考目前部分大军机配装箔条/红外干扰弹和拖曳式诱饵的经验，在载机机身尾部或者机身腹部/两侧设置专门用于携带、施放拦截弹的舱室。

当大军机 APS 采用航炮炮弹作为拦截弹时，可参考早期轰炸机配装航炮活动炮塔的经验，在载机机身上选择合适的位置布设一定数量的 APS 活动炮塔。考虑到今后的航炮炮弹有可能加装末制导装置，由此可使传统航炮发射装置射界受限的问题得到相当程度的缓解，届时机上 APS 炮塔的数量将可适当减少，其布设位置的选择也将更加灵活。

当大军机 APS 采用反导榴弹作为拦截弹时，7.3.2 节所介绍的 4 种榴弹发射装置均可供其选用，可根据载机的平台条件和所配装反导榴弹的性能特点，为系统选配相应的发射装置。但需要指出的是，如果大军机 APS 配装的是非制导榴弹，将不适合选用固定式发射装置(包括外部安装的固定/半固定发射装置和固定射界内埋式发射装置)，因为此时单靠载机的机动调姿，系统的反应速度和瞄准精度将很难满足反导作战要求。

当大军机 APS 采用反导自卫导弹作为拦截弹时，7.4.3 节所介绍的 6 种反导自卫导弹发射装置均可供其选用，可根据载机平台的实际情况和所配装反导自卫导弹的性能特点，为系统选择合适的发射装置(包括多种发射装置的组合)。但值得指出的是，对于类似美国 B-2A 这样的隐身轰炸机，以及今后可能出现的隐身加油机、隐身运输机等隐身大军机来说，为了避免配装 APS 给载机隐身性能带来破坏，这类飞机应尽可能以内埋方式来布设反导自卫导弹发射装置，包括与机载软杀伤自防护系统中的箔条/红外干扰弹共用发射装置。

9.5.3　大军机 APS 在机上的配装方式

与直升机和战术飞机相比，大军机在平台条件方面的先天优势使其在配装 APS 时显得非常灵活方便：一方面大军机在机体空间、重量载荷和能源供给等方面均远非直升机/战术飞机所能相比，这为其以固定内置方式配装 APS 提供了有利条件；另一方面，大军机的机身/机翼下空间较为宽裕，便于布设外部挂架，通常不会出现 APS 吊舱与其他外挂物严重冲突的情况，同时大多数大军机对高速、高机动、隐身等性能的要求较低，有效载荷则普遍较大，即使外挂较大较重的 APS 吊舱后，也不至于会对载机性能带来难以接受的影响，因而非常有利于以外挂吊舱方式配装 APS。因此从理论上讲，大军机在配装 APS 时，将可以在固定内置和外挂吊舱两种方式中随意选取，但是在实际应用中，还需要具体情况具体分析。

1. 固定内置

目前现役的各种类型大军机中，轰炸机、炮艇机、反潜巡逻机、电子战飞机等一线大军机比较适合以固定内置方式来配装 APS。此外，部分战时经常需要在接近战区的空域活动，并且遭敌方攻击风险较高的大军机(如预警机、加油机)，在配装 APS 时也可考虑采用这种方式。

对于上述种类的大军机来说，之所以更适合通过固定内置方式来配装 APS，一方面是因为这类飞机为了对付日益严重的战场威胁，普遍以固定内置方式配装有较完善的机载软杀伤自防护系统，其中的大部分设备均可直接供 APS 沿用，今后只需在此基础上做适当改进并加装必要的硬杀伤拦截武器即可构建一套完整的 APS，而没必要为载机外挂一个集成有全部或大部分 APS 任务设备的大型吊舱；另一方面，上述大军机战时经常在高风险空域活动，有时甚至需要直接面对敌方的严密防空体系，其对各种高性能自防护系统的需求是长期存在的，APS 作为一种可有效满足此需求的新概念自防护装备，完全有必要与现有的机载软杀伤自防护系统一样，作为这类飞机的标准配置，永久性安装在载机平台上。

尤其值得指出的是，在今后的一线大军机中，有相当一部分具备非常突出的隐身性能(隐身轰炸机以及今后可能出现的隐身加油机、隐身运输机)，这类飞机若需通过加装 APS 来进一步提升自防护能力，采用固定内置方式所带来的优势更是显而易见的，将可有效避免因为外挂 APS 吊舱而影响自身隐身性能。

从多年来国外推出的各种大军机 APS 概念方案来看，固定内置是一种非常常见的 APS 配装方式。例如，前面介绍的美国 XB－70 轰炸机、C/KC－135 运输/加油机等飞机的机载 APS 概念方案，均采用了固定内置方式。

2. 外挂吊舱

目前现役的各种类型大军机中，大中型运输机、战略侦察/情报收集飞机、通信指挥机等二线大军机比较适合以外挂吊舱方式来配装 APS。尤其是对于部分由民机改装而来的大军机和战争期间临时征用的大中型民机来说，外挂吊舱很可能是其配装 APS 时的首选甚至唯一方式。

对于上述种类的大军机来说，其平台特性及战时所处战场环境决定了 APS 采用固定内置方式时的效费比将会相当差，有时还会面临很多技术困难，若改用外挂吊舱方式来配装 APS，则可使这些问题迎刃而解。这主要表现在两个方面：①这类飞机中有相当一部分平时没有配装软杀伤自防护系统，甚至在其原始设计中根本就没有这方面的考虑和预留（战时征用的大型民机尤为如此），战时如果完全从头开始，以固定内置方式为其配装 APS，所需付出代价太大，远不如外挂吊舱方式快捷方便；②这类飞机战时通常在二线空域甚至己方纵深活动，大多数时候并不会直接面临敌方对空火力的威胁，因此没必要永久性配装 APS，完全可以根据战场形势的变化和所执行任务风险程度的高低，来临时决定是否携带 APS 吊舱。例如，同一架运输机，当其在己方纵深安全空域执行普通空运任务时，将无须携带 APS 吊舱；而当其到前沿地区甚至敌后空域执行空投/空降等高风险任务时，则有必要携带 APS 吊舱。

与直升机和战术飞机一样，大军机在以外挂吊舱方式配装 APS 时也非常简单方便，通常只需在左/右机翼或机身下方的合适位置布设挂架（利用已有的或新增挂点均可），并将 APS 吊舱外挂在机身/机翼下即可。但与直升机和战术飞机不同的是，大军机在平台条件方面的先天优势非常突出，在外挂 APS 吊舱时受平台各方面的限制较少，由此可以大大简化 APS 吊舱的配装工作，在外挂过程中无须过多考虑 APS 吊舱影响载机性能或者与其他外挂物冲突之类的问题。

不过需要注意的是，由于大军机机身、机翼的外形尺寸通常较大，当 APS 吊舱以传统方式外挂于载机的机身/机翼下时，系统中传感器视野和拦截武器射界受到的遮挡也较严重，导致机载 APS 难以快速应对上半球方向来袭的目标。为了弥补这一缺陷，只要载机条件允许，战时可以考虑将部分 APS 吊舱挂载在载机的机身/机翼上方。此外值得指出的是，对于隐身轰炸机、隐身加油机、隐身运输机等隐身大军机来说，在必要时也可通过外挂 APS 吊舱来进一步增强战场防护能力，只不过此时需要为其选配特制的隐身吊舱，以尽可能减少对载机隐身性能的破坏。

从多年来国外推出的各种大军机 APS 概念方案来看，外挂吊舱方式也应用得较为普遍。例如，以色列“机载制导反导防御系统”、美国“机载近距防御系统”（ACIDS）概念方案均采用了外挂吊舱方式。

9.5.4　为大军机配装 APS 的典型技术途径

如前所述，目前部分大军机（尤其是轰炸机）已经配装有相当先进完善的机载软杀伤自防护系统，其探测跟踪来袭对空导弹的能力已经相当完善，与 APS 所要求的水平已经非常接近，所欠缺的仅仅是对来袭导弹的硬杀伤能力而已；此外，部分大军机所配装的自卫航炮尽管主要用于打击飞机目标，但大都具备一定的拦截来袭对空导弹的潜力，只不过由于技术条件的限制，其这方面的潜力一直没能得到充分发挥。基于这样的现实，今后在以固定内置方式为大军机研发配装 APS 时，将可以考虑通过以下两条技术途径来实现。

1. 以机载软杀伤自防护系统为基础构建 APS

这种 APS 构建途径的基本思想是：在目前的大军机机载软杀伤自防护系统基础上，对其相关分/子系统进行必要的技术改进，并加装合适的反导拦截武器，从而在不影响系统原有软杀伤能力的同时，增加对来袭目标的硬杀伤能力，并由此构成一套“软硬结合”式的机载综合自防护系统。

在以这种方式构建大军机 APS 的过程中，原来机载软杀伤自防护系统中的大部分设备均可在适当改进后留用，甚至直接沿用。例如，原来机载软杀伤自防护系统中的雷达/激光告警接收机、导弹来袭告警设备，可分别用作 APS 中的威胁告警、探测/跟踪分系统；原来系统中的处理/控制设备则需进行必要的改进升级，使系统有能力控制引导 APS 拦截弹对来袭目标实施火力摧毁。在此基础上，还需为系统全新加装一套拦截武器分系统（包括拦截弹及其发射装置），以提供对来袭目标的硬杀伤能力。若条件具备的话，拦截武器分系统中的拦截弹最好能与机上的软杀伤干扰物（箔条/红外干扰弹及拖曳式诱饵）共用发射装置；若不具备这样的条件，也可退而求其次，以外部安装、外挂、内埋等方式在机上加装专用的拦截弹发射装置。

值得指出的是，这种 APS 构建途径对于部分自身已经配备有较完善的软杀伤自防护系统并且准备以固定内置方式来加装 APS 的大军机（尤其是轰炸机）来说，其优点非常明显：在构建 APS 的过程中，将可以大量沿用机上原有软杀伤自防护系统中的任务设备，而无须完全从头开始配装。例如，9.6.6 节将要介绍的美国诺斯罗普·格鲁曼公司“动能空中防御”机载 APS 方案，就可以直接使用载机上现有的各种传感器设备作为系统的探测/跟踪分系统。

2. 以机载航炮自卫系统为基础构建大军机 APS

目前仍在役的较老式战略轰炸机（如俄罗斯图 -22M、图 -95）和大中型运输机（如俄罗斯伊尔 -76、安 -12）中，有部分仍保留有自卫用的航炮炮塔，这类飞机可以在现有的航炮自卫系统基础上，通过实施针对性的技术改进，大幅提升其对付高速高机动小目标的能力，从而在不影响系统原有对空/面目标作战效能的同时，增加对来袭对空导弹实施硬杀伤的能力。

在以这种方式构建大军机 APS 的过程中，机上原有航炮自卫系统中的任务设备和武器（航炮）将被最大程度地保留，相关技术改进主要集中在两个方面：①通过改进航炮火控设备，大幅提高其探测跟踪高速高机动小目标的能力，从而能可靠有效地控制引导航炮对来袭对空导弹实施拦截摧毁；②为航炮配装更先进的反导弹药，包括新一代小口径预制破片/子母弹、制导炮弹甚至炮射导弹，必要时还可以考虑将航炮拆除，代之以多联装反导自卫导弹或者反导榴弹发射装置。

如6.2.2节、7.2节所述，早在20世纪50—70年代，苏联就对轰炸机航炮反导自卫系统的相关技术进行了积极探索，并曾在测试中获得较为满意的结果；而在20世纪80年代的美国空军B-52轰炸机改进方案中，也曾考虑以“毒刺”反导自卫空空导弹多联装发射装置替换原来尾炮塔中的20mm航炮。

但值得指出的是，由于航炮作为一种机载武器，在现代战争中的地位已经明显下降，世界各国现役的较新型大军机已经普遍不再配装航炮作为自卫武器，部分较老式大军机在改装升级过程中甚至还将原有航炮拆除，因此对于今后的大军机来说，将机载航炮自卫系统改进升级为反导自卫武器并不是一种典型的APS构建途径。这种做法的现实意义主要在于能充分发挥现役老式大军机上航炮的“余热”，从而以一种投资少、见效快的方式，在较短时间内大幅提升这类飞机防御对空导弹攻击的能力。

9.6　国外典型大军机APS方案

由于以轰炸机为代表的部分大军机对机载APS的需求一直相当迫切，并且大军机平台配装APS的技术难度也较直升机/战术飞机更低，因此早在20世纪50年代，美国、苏联就开始了大军机主动防护技术的研究探索。在随后的数十年间，相关各国陆续提出了一系列大军机APS概念方案，并且随着技术条件的日渐成熟，这些方案也越来越接近实用化。进入21世纪第二个十年后，美国军方正式将大军机APS研发提上议事日程，并开始征集和评估相关解决方案。本节将根据20世纪50年代以来国外在大军机主动防护技术领域的研究成果，对一些较为典型的大军机APS方案做简要介绍。此外，多年来国外提出的其他军机APS方案中，部分也可用于大军机，本书将会在后面相关章节中提及。

9.6.1　美国“派伊·瓦克特”反导自卫空空导弹

“派伊·瓦克特”(Pye Wacket)的正式名称是“透镜状自卫导弹”(LDM)，它是美国康维尔公司①于20世纪50年代末、60年代初为XB-70“女武神”高空高速轰炸机配套研制的一种反导自卫空空导弹(图9-5)。该弹主要用于拦截摧毁来袭的面空/空空导弹，以确保载机能顺利突破敌方防空网，同时也具

① 该公司后并入通用动力公司。

备打击敌方飞机甚至地面目标的能力。

图 9-5　XB-70 轰炸机发射"派伊·瓦克特"导弹的战斗场景假想图
（图片来源：astronautix. com）

按照美国空军对 XB-70 轰炸机自防护系统的要求，"派伊·瓦克特"将具备极高的高速高机动性能，能够以 *Ma*7 的最大相对速度对来袭目标实施迎头拦截，飞行中最大过载可达 60~250*g*；该弹同时还将具备 360°全向发射能力，能够拦截从任意方向来袭的导弹/飞机。为了满足如此苛刻的性能要求，"派伊·瓦克特"采用了一系列非常先进的设计：其弹体为非常独特的双凸透镜状结构，外形很像传说中的"飞碟"；其动力装置为三台高性能固体火箭发动机，同时另外配装有 6 台小型火箭发动机用于姿态控制；其存放/发射方式同样非常独特，平时多枚导弹通过载机弹舱中的一根螺杆穿透中轴并上下堆叠在一起（和现在光盘盒中叠放的光盘非常相似），发射过程中导弹将会一边沿螺杆下降一边旋转，当其到达弹舱舱门处时，头部将正好转向目标方向，随后舱门将会打开并将导弹弹射出去（图 9-6）。

"派伊·瓦克特"的主要性能数据为：弹重 230kg，其中战斗部重 25kg；弹体直径 1. 8m，最大厚度 0. 23m；最大飞行速度 > *Ma*6. 5 或超过 *Ma*6. 5 最大飞行高度 23580m，最大射程 133km。该弹采用"程控 + 寻的"复合制导体制，在其飞行初段和中段将根据预先装定的目标数据由自动驾驶仪控制飞向目标，末段则采用红外制导。值得指出的是，"派伊·瓦克特"除了配装有传统的破片杀伤战斗部外，还曾考虑引入小当量核战斗部，其中包括一种微型中子弹头，它可以通过强辐射来使敌方导弹的战斗部失效，同时不会将其引爆。

"派伊·瓦克特"项目启动后曾完成了一系列研究测试，但后来由于 XB-70 轰炸机项目的下马，该弹的研制工作在进入地面滑车发射试验阶段后（据说

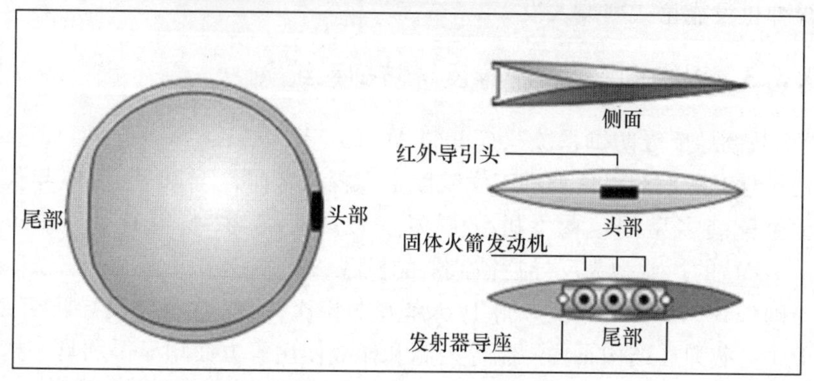

图 9-6　“派伊·瓦克特”导弹外形及四视图　（图片来源：raigap. livejournal. com）

仅停留在风洞模型阶段）即告中止。

9.6.2　美国“毒刺”反导自卫空空导弹

“毒刺”反导自卫空空导弹是 20 世纪 80 年代美国波音公司提出的 B-52H 战略轰炸机改进方案中，拟用来取代机上原有 20mm 尾炮的一种反导自卫武器。该弹是由著名的“毒刺”便携式防空导弹改型发展而来的，沿袭了后者结构紧凑、外形尺寸小、重量轻等优点，不仅便于载机携带，而且可以显著增大备弹量以增强系统的持续作战能力。更为重要的是，由于“毒刺”便携式防空导弹所采用的玫瑰花瓣形扫描红外/紫外双色导引头具有灵敏度高、虚警率低、抗干扰能力强等特点，非常适合用于近距反导自卫作战这样的场合，因此沿用其导引头的“毒刺”反导自卫空空导弹将具备较强的拦截来袭对空导弹的能力，进而可以大幅提升 B-52H 轰炸机的战场生存力。

按照波音公司当时的改进建议，B-52H 轰炸机尾炮塔上原来安装的 M61A1“火神”6 管 20mm 航炮将被拆除，替换为一座可重复装填的“毒刺”反导自卫空空导弹多联装发射装置（共备弹 50 枚），战时可用于拦截尾追而来的敌方对空导弹或飞机。这一做法与后来美国海军水面舰艇使用“拉姆”舰空导弹部分取代“密集阵”近防武器系统颇有异曲同工之处：“拉姆”导弹研制中同样也采用了由“毒刺”导弹直接移植而来的导引头，并且“拉姆”在取代“密集阵”的过程中，也是将十一联装导弹发射装置直接安装在后者的炮架上，替换了原来的20mm机炮。

不过，由于上述B-52H轰炸机改进方案的效费比一直存在很大争议，再加上新型B-1B、B-2A轰炸机的相继入役，因此美国空军尽管曾对波音公司的改进建议进行过研究论证，但最终并没有将其付诸实施，“毒刺”反导自卫空空导弹也没能正式列装入役。

9.6.3 以色列“机载制导反导防御系统”

“机载制导反导防御系统”(Guided Antimissile Defense System for Aircraft)是以色列科学发展部与以色列理工学院航空工程系合作，于20世纪80年代提出的一种可配装多型固定翼飞机/直升机，以一种名为“自卫导弹”(Defensive Missile, DM)的拦截弹为反导拦截武器的机载APS概念方案。

与国外其他各种机载反导自卫导弹方案相比，“机载制导反导防御系统”中的DM拦截弹在结构布置、制导控制和作战使用等方面均显得别具一格，其最突出的性能特点就是可根据目标来袭的不同方位(前向、后向和左/右侧向，图9-7)，选择3种不同的作战模式，并对拦截弹的发射方式/飞行路线进行相应的调整，由此可显著提升系统作战效能。为此，该弹的弹体结构和弹载设备布置也非常富有特色：其弹体前、后部各设置有一个制导/控制设备模块，分别负责目标从前方、后方来袭时拦截弹的制导飞行；此外，弹上还专门设置了一种可从弹体内向外伸出的减速装置，用于在发动机关闭状态下使拦截弹顺利脱离载机(图9-8)。

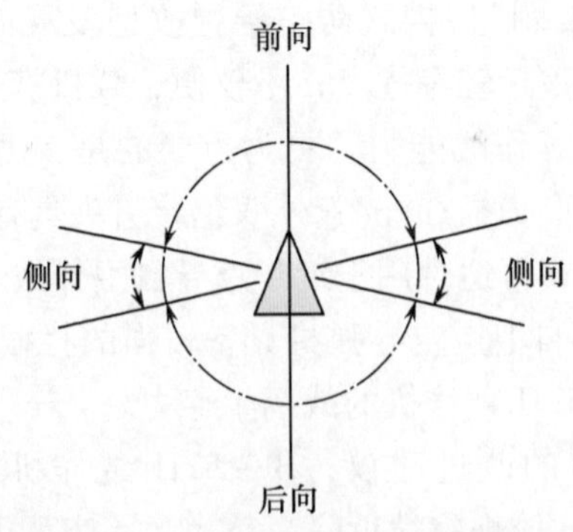

图9-7 “机载制导反导防御系统”对目标来袭方位的划分
(图片来源：阿兹里尔·罗伯丨以色列科学发展部)

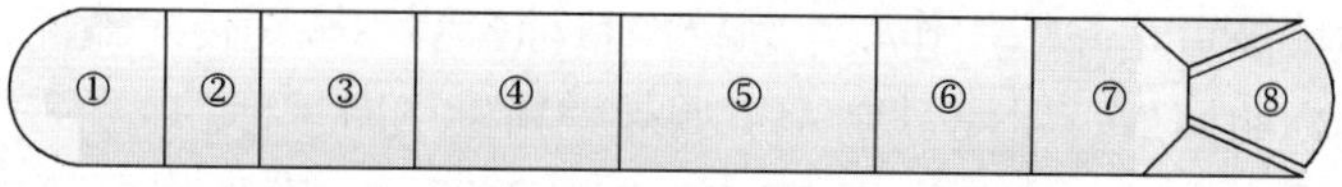

①　②　③　④　⑤　⑥　⑦　⑧

①前部制导设备模块；②减速装置模块；③前部控制设备模块；④电子设备模块；⑤战斗部；⑥后部控制设备模块；⑦火箭发动机；⑧后部制导设备模块

图 9-8　DM 拦截弹弹体结构布局示意图

（图片来源：阿兹里尔·罗伯｜以色列科学发展部）

在上述 3 种作战模式下，DM 拦截弹的具体操作流程分别如下：

（1）当目标从载机前方来袭时，DM 拦截弹的作战流程与传统的机载导弹武器基本相同，弹上发动机将正常启动并使拦截弹朝前方发射出去，位于发动机尾喷管处的后部制导设备模块将被抛弃，由前部制导设备模块来保证拦截弹的制导飞行。

（2）当目标从载机后方来袭时，弹上发动机将不启动，位于弹体前部的减速装置将向外伸展开来，通过急剧增大飞行阻力来使拦截弹与载机脱离；随后拦截弹将在载机后方空域内做一定时间的无动力飞行，在此期间弹上的后部制导/控制设备模块将被启动，并操控拦截弹做一定的侧向机动，使其始终位于来袭目标的航路上，最终与后者相遇。

（3）当目标从载机左、右侧方来袭时，将采取与①类似的方式发射拦截弹（启动弹上发动机并朝前方发射），随后再根据弹上控制系统的指令，使拦截弹迅速转向目标来袭方向；在转弯期间，将会根据来袭目标的精确方位来确定拦截弹的瞬时转弯率，以尽可能减小过载。

在“机载制导反导防御系统”方案中，作为系统核心的 DM 拦截弹全重 16kg（其中战斗部重 4kg），由一台整体式固体火箭发动机提供动力，可对付最大飞行速度达 $Ma3.5$ 的来袭目标，其对目标的探测距离不小于 1000m，拦截点距离不小于 40m。战时，“机载制导反导防御系统”将以外挂吊舱方式配装载机，每个吊舱中集成有发射装置及多枚 DM 拦截弹，载机可根据任务需要携带一个或多个吊舱。

9.6.4　美国“机载近距防御系统”

“机载近距防御系统”（ACIDS）是美国 TRW 公司在 20 世纪 80 年代后期推出的一种反导自卫导弹概念方案，主要用于配装运输机、加油机等大军机，但也可供其他多种固定翼飞机和直升机搭载使用。

ACIDS 导弹采用半主动雷达制导，需要根据载机雷达照射到目标上、再由后者反射回来的雷达回波信号来进行制导飞行。为此，载机将配装一部先进的毫米波雷达，该雷达除了用作整个系统的目标探测、跟踪传感器外，同时也用于对来袭目标的照射，以便引导 ACIDS 导弹精确飞向目标。

ACIDS 导弹全重 6.81kg，配装有一个重 2.27kg、带近炸引信的预制破片杀伤战斗部。该战斗部采用了定向起爆技术，可使破片朝预定方向集中抛撒，对目标的毁伤半径达 1.2m，相当于覆盖约 4.5m^2 的空域面积，其对来袭目标的单发杀伤概率可达 85%。

ACIDS 的自动化程度非常高，除了系统的启动/关闭外，其整个工作全程无须人工干预，从而有助于提高系统的快速反应能力。在 ACIDS 导弹发射过程中，发射装置可赋予导弹 100g(约 981m/s^2)的加速度，由此确保导弹与载机顺利分离并尽可能缩短系统反应时间。按照设计，ACIDS 导弹飞抵拦截点时仍拥有较高的存速(Ma2)和能量，可确保其能有效对付各种高速高机动来袭目标。

ACIDS 以吊舱方式配装各种军机，当其由载机外挂使用时，除了需要接入载机数据总线，并由载机提供能源外，将不会给载机增加过多的负担。由于 ACIDS 导弹设计得非常小巧轻便，每个吊舱中除了发射装置外，还可携带多枚(最多可达 8 枚)导弹，由此可保证系统具备较强的持续作战能力。

9.6.5 美国“主动空中防御系统”

“主动空中防御系统”(Active Air Defense System)是美国空军大学下属的空军技术学院研究生院的一个研究团队于 20 世纪 90 年代中期提出的一种大军机 APS 概念方案，主要用于保护处于起降/爬升阶段的 C/KC－135 运输/加油机免遭以“毒刺”为代表的便携式防空导弹的攻击。

与其他机载 APS 普遍采用制导拦截弹尤其是反导自卫导弹不同，“主动空中防御系统”选用了一种独具特色、以拦阻网作为战斗部的非制导榴弹作为反导拦截弹(图 9－9(a))。该弹外形与普通炮(枪)弹相似，口径为 130mm，长 390mm，空重 1.77kg，其弹体前部舱段内安放有处于折叠状态的拦阻网，弹体后部药筒内则装填有发射药。弹上装有定时引信，当拦截弹飞离载机约 30m① 后，引信将起爆并使拦阻网脱离弹体，随后拦阻网将迅速伸展开来并继续朝目标方向飞行。

用作拦截弹战斗部的拦阻网可分为“Spec 网”和“Det 网”两种类型，二者均为十四边的多边形结构(图 9－9(b))，但是在网绳材料、杀伤机理等方面完全不同。其中，“Spec 网”由高强度聚乙烯材料制成，其完全伸展开后的有效覆盖面积可达 38.07m^2，可通过对来袭导弹的拦阻、缠绕，使其急剧减速而

① 此值为 C/KC－135 飞机防御“毒刺”便携式防空导弹攻击时的“安全半径”。

被引爆；“Det 网”则由内部装填有塑性炸药的爆破索制成，其完全伸展开后的有效覆盖面积可达 59.17m^2，可直接对来袭导弹实施硬杀伤。

该系统中的拦截弹发射装置是在美军制式的 AN/ALE－17 机载干扰弹投放装置基础上改进而成的，将后者截面呈矩形的发射筒更换为口径 130mm、长 800mm 的圆筒形发射管，并且在管内壁刻有膛线，可使发射出去的拦截弹(反导榴弹)获得约 40r/s 的转速(与目前火炮炮弹的平均转速相当)，进而有助于其在飞行中保持稳定。在发射管的底部设有电子点火装置，用以引燃拦截弹药筒内的发射药；根据药筒内发射药装填量的不同，拦截弹离开发射管时的初速也不一样，当使用最大装药时，拦截弹初速可达 200m/s。该发射管通过支架安装在一个可 360°旋转的圆盘状底座上，后者由直流电机驱动，可带动发射管做相应转动，从而瞄准目标来袭方向(图 9－9(c))。该发射装置的控制系统则源自 AN/ALE－47 箔条/红外干扰弹投放装置，可根据探测/跟踪设备传送来的目标位置信息对发射管进行姿态调整，并适时将拦截弹发射出去。

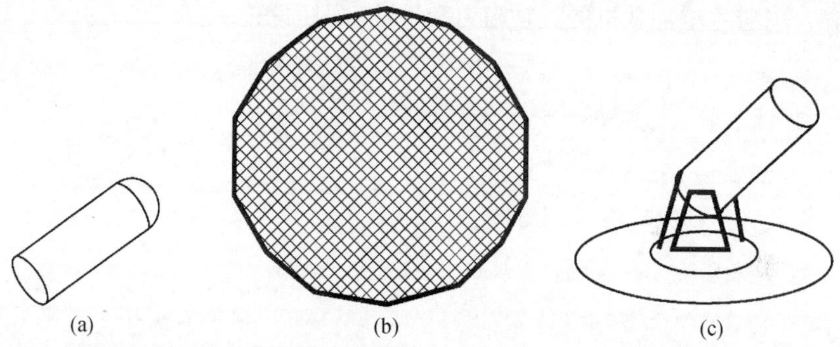

图 9－9　“主动空中防御系统”的拦截弹(a)、十四边形拦阻网战斗部(b)和拦截弹发射装置(c)外形示意图　(图片来源：美国空军大学空军技术学院研究生院)

“主动空中防御系统”特别强调高性价比和高可靠性，为此系统中各主要任务设备都尽量选用当时美军大量装备使用的成熟“货架产品”：其目标探测分系统是一种由 AN/AAR－47 紫外告警系统和 AN/ALQ－156 有源告警系统组成的组合式探测器；其精确跟踪分系统由 AN/AAR－54 紫外告警系统、AN/AAR－44 红外告警系统和专门加装的测距仪组成；其拦截弹发射装置则由 AN/ALE－17 箔条/红外干扰弹投放装置改进而来。

9.6.6　美国“动能空中防御”

“动能空中防御”(Kinetic air Defense)是美国诺斯罗普·格鲁曼公司于 2016 年 4 月推出的一种机载 APS 概念方案，主要用于配装美国空军 B－21 轰炸机之类的大型隐身作战飞机，同时也可用于其他多种固定翼飞机和直升机。该方案已于 2017 年 6 月获得美国专利商标局的授权专利。

与其他机载 APS 一样，“动能空中防御”系统也是由探测跟踪分系统、处理控制分系统、拦截弹及其发射装置组成。其中，探测跟踪分系统可直接使用载机上现有的雷达、导弹来袭告警系统、光电分布式孔径系统等设备，也可另外配装专门的探测跟踪传感器；系统中的拦截弹则是一种采用撞击杀伤体制的微型空空导弹，其导引头可以选用主动雷达、红外、半主动激光和被动雷达等制导方式，但今后会优先考虑以其中几种方式组合成双模或多模制导，由此可以有效提高导弹的制导精度和抗干扰能力。

如图 9－10 所示，当“动能空中防御”系统配装在载机上时，可根据需要在载机机身的合适部位安装多个弹出式发射舱（图中载机机身两侧从前至后各安装有 3 个发射舱，全机共 6 个），每个发射舱可内置 9 枚拦截弹。发射舱只是在使用时才向外弹出，平时则完全收缩回载机机体内部，并使头部与机身表面平齐，以避免增加载机的气动阻力和雷达散射面积。

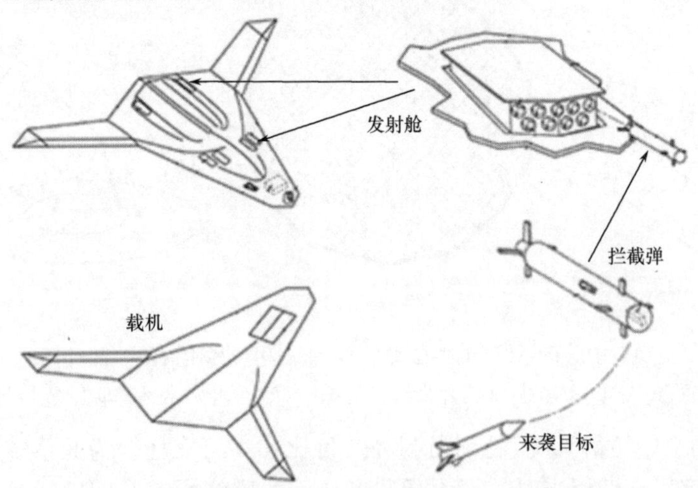

图 9－10 “动能空中防御”概念方案示意图

（图片来源：美国诺斯罗普·格鲁曼公司；美国专利商标局）

为了增强对来袭导弹的防护效果，“动能空中防御”系统战时将会与其他软杀伤自防护系统尤其是意大利“亮云”之类的空射有源诱饵配合使用，甚至可与后者共用发射装置。

9.6.7 美国“硬杀伤自防护对抗系统”

“硬杀伤自防护对抗系统”（HKSPCS）是美国海军主导研制的一种大军机

APS，该系统可通过对来袭的敌方对空导弹(尤其是先进的中/远程对空导弹)实施拦截摧毁，来提高 C－130 运输机、P－8 反潜巡逻机、E－6B 空中指挥机等“无武装”大军机在未来高强度战争中的生存力。

根据美国海军航空系统司令部(NAVAIR)2018 年 5 月向工业界发布的 HKSPCS 项目信息征询书，今后在为载机配装 HKSPCS 时，将可以通过三种途径来实现：①以固定内置方式安装在载机上，此时要求系统总重不超过 1044kg(2300lb)；②以吊舱形式供载机外挂携带，此时要求系统全重控制在 386～1312kg(850～2890lb)范围内，吊舱长度不能超过 5.33m，最大直径则不能超过 0.79m，并且可以使用目前美军飞机上的制式 BRU－32 武器挂架；③研制一种全新的无人机并为其配备 HKSPCS 以用作己方大军机的护航机，战时该机将会在大型飞机附近伴飞，负责拦截摧毁敌方射来的对空导弹。

按照 HKSPCS 项目信息征询书中的相关要求，HKSPCS 将拥有足够的备弹量，以确保系统在拦截成功概率一定的前提下，可使载机在一次出航中至少能对付 4～10 枚导弹的攻击。不过，HKSPCS 将不会取代传统的机载软杀伤自防护系统，而会与后者配合使用，由此可在不影响传统软杀伤自防护系统任务效能的同时，为载机增加一种战场防护手段。

9.6.8 美国“制导硬发射弹药”

“制导硬发射弹药”(GHLM)是美国堪萨斯大学航空航天工程系的硕士研究生劳伦·舒马赫(Lauren Schumacher)在其 2016 年 8 月公开发表的毕业答辩论文中提出的一种航炮制导炮弹概念方案。该弹可用于拦截来袭的敌方对空导弹，同时也具备打击其他各种空中/地面目标能力(图 9－11)；配装该弹的载机可以是 AC－130 炮艇机、C－17 运输机等大军机，也可以是各种战术飞机和直升机。

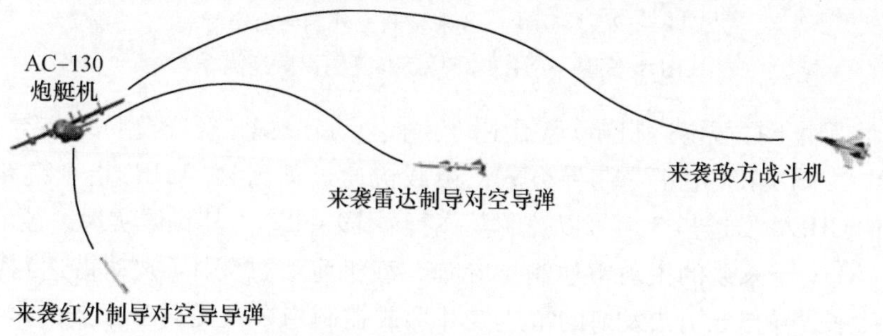

图 9－11 AC－130 炮艇机可使用 GHLM 对红外制导对空导弹、雷达制导对空导弹和战斗机等三种来袭目标实施拦截
(图片来源：劳伦·舒马赫 | 美国堪萨斯大学)

根据来袭导弹制导方式的不同，GHLM在反导作战过程中可以选择两种工作模式。当用于拦截红外制导对空导弹时，GHLM离开炮管后将成为一枚高速定向飞行的硬杀伤红外诱饵（即6.2.1节所介绍的无动力滞空式拦截弹），通过模拟载机的红外信号特征，吸引来袭导弹的导引头捕获、锁定自身，待双方遭遇后再以近炸或动能撞击的方式将其摧毁（图9-12）。其模拟载机红外信号特征的技术途径又可分为两种：①与传统红外干扰弹类似，为GHLM装填/涂覆可在空气中燃烧并产生较强红外辐射的烟火材料；②为GHLM加装欠膨胀火箭发动机（此时还将有助于GHLM的后向发射），使其在飞行中产生很强的红外辐射。但无论采用哪种途径，GHLM都是通过吸引来袭导弹主动追踪自身，来实现与目标的遭遇，因此弹上无须安装传统的红外、雷达等制导系统，由此可有效简化弹体结构，降低成本。

图9-12　GHLM拦截来袭的红外制导对空导弹
（图片来源：劳伦·舒马赫丨美国堪萨斯大学）

而当用于拦截雷达制导（包括主动、半主动、被动三种类型）对空导弹时，GHLM将采用无线电指令制导方式，由载机通过甚高频（VHF）指令链路向飞行中的GHLM发送指令信号以控制其飞行（图9-13）。其具体实现途径可分为两种：①对于来袭的主动雷达制导导弹，载机将通过无源（被动雷达）探测设备跟踪来袭导弹导引头发射的雷达波并形成控制指令；②对于来袭的半主动/被动雷达制导导弹，则需要由载机上的雷达全程跟踪来袭导弹并形成控制指令。在此工作模式下，GHLM的制导飞行将分为两个阶段：①在第一阶段（初段），GHLM将会沿着与来袭导弹航路相反的方向，通过弹上的气动控制面进行大过载机动飞行，进而实现对来袭目标的粗略瞄准；②在第二阶段(末段)，GHLM 则会通过一系列小过载机动飞行来实现对来袭目标的精确瞄准。

图 9－13　GHLM 拦截来袭的雷达制导对空导弹
（图片来源：劳伦·舒马赫丨美国堪萨斯大学）

为了提高 GHLM 的初速，配装该弹的航炮炮管将需要尽可能加长，同时最好使用滑膛炮管、而非现代航炮广泛采用的线膛炮管来发射。因为线膛炮管中的膛线尽管可以使发射出去的炮弹高速自旋，进而保持飞行稳定，但是膛线的存在会使炮管中位于炮弹后面的部分高压气体泄漏，再加上炮弹高速旋转会消耗很大一部分发射能量，最终将会导致炮弹的初速降低。尽管这样，为了提高与美军现役装备的通用性，今后也可以通过在 GHLM 弹体外加装闭气环的方式，来实现该弹在线膛炮上发射。借助这样的手段，美军现役作战飞机上的 M61“火神”20mm、GAU－8/A“复仇者”30mm 航炮均可用于发射 GHLM，甚至 AC－130 炮艇机上的 M102 型 105mm 榴弹炮也可配装这类弹药。

第10章 战术飞机主动防护系统

在现代军机中，以战斗机为代表的战术飞机始终是装备数量最多、应用最广、发展最快的机种，同时也是大多数国家军队空中力量的主力和核心。回顾世界航空发展史，最先进的航空技术一般都首先用于战斗机上，同时各国军方对先进战斗机的需求也对世界航空技术的整体进步起着重要的牵引作用，因此可以说战斗机始终代表着世界航空科技发展的前沿。由于这样的原因，自军机主动防护概念诞生以来，如何将其应用到战术飞机尤其是战斗机上，就一直是相关国家军方和工业界关注的焦点。

10.1 现代战术飞机发展概况

战术飞机是主要遂行战役战术作战任务的军用飞机，其作战效果通常只对某一战区或者某个战役产生影响。在目前世界各国现役的军机中，战术飞机主要包括以下机种：

(1) 战斗机(又称歼击机)，其基本任务使命是攻击敌方各种空中目标，争夺前线制空权，保卫己方的高价值空中/地面目标，这类飞机的代表机型包括美国 F-15/16/22、俄罗斯米格-29/苏-27、欧洲“台风”、法国“幻影”2000/“阵风”等。

(2) 攻击机(又称强击机)，主要用于执行近距空中支援、战场空中遮断、反舰攻击等任务，其代表机型包括美国 A-10、俄罗斯苏-25。

(3) 战斗轰炸机(又称歼击轰炸机)，主要用于执行战场空中遮断任务，其代表机型包括欧洲“狂风”、俄罗斯苏-24/34。

此外，在上述飞机基础上改型发展而来的部分战术侦察机(如俄罗斯苏-24MR)、电子战飞机(如美国 EA-18G“咆哮者”)、前线空中管制飞机(如美国 OA-10)，以及部分具备一定对空/面作战能力、战时可用来承担相应作战任务的高级教练机(如英国“鹰”50/60/200、意大利 M-346 和俄罗斯雅克-130)，也可归入战术飞机范畴。

从任务使命来看，在目前的战术飞机中，战斗机主要用来执行对空作战任务，同时兼具一定的对地/水面目标攻击能力；攻击机和战斗轰炸机则主要用于对敌方战役战术纵深内的地/水面目标实施打击，必要时也可与敌机进行自卫性空战。但随着军事需求的变化和航空科技的进步，现代战斗机所承担的任务使命越来越广，已经逐步涵盖国土防空、夺取战区制空权、空中护航、对地/水面目标攻击、近距空中支援、战场纵深遮断、防空压制、情报/监视/侦察(ISR)、信息作战和空基反导(拦截巡航导弹和助推段弹道导弹)等几乎所有战役战术级的作战任务，部分战斗机在携带相应的武器弹药并接受空中加油等技术保障后，甚至还具备较强的战略打击(包括核打击)能力。在这样的背景下，传统攻击机/战斗轰炸机的任务领域已经基本被现代多用途战斗机所覆盖，致使战斗机、攻击机和战斗轰炸机之间的界限日趋模糊。从21世纪初以来美国、俄罗斯和欧洲在军用航空装备领域的最新动向来看，除了俄罗斯苏-34等极个别型号外，传统意义上的攻击机/战斗轰炸机已基本停止发展，而多用途战斗机将逐步成为各国今后最主要甚至唯一的战术飞机。例如，美国F-35联合打击战斗机(JSF)拥有F-35A常规起降型、F-35B短距起飞/垂直降落型和F-35C弹射起飞/拦阻着舰型等三种型别，今后将会同时取代美军三个军种的四种机型：空军的F-16战斗机和A-10攻击机、海军陆战队的AV-8B垂直/短距起降攻击机以及海军的F/A-18B/C/D舰载战斗/攻击机。由于这样的原因，本章在对战术飞机APS进行分析研究时，除了部分特别指明之处外，将主要以战斗机为配装对象进行探讨。

考虑到本书中大量使用第X代战斗机(简称X代机)的说法，本章在进一步开展相关研究之前，有必要对战斗机分代的问题进行明确。自第二次世界大战(以下简称“二战”)末期至今，世界喷气式战斗机已经历了多次更新换代，但长期以来，以美国为代表的西方国家与俄罗斯(苏联)在战斗机的“划代”方面存在着明显差异：按照前者的划代标准，二战后的喷气式战斗机可分为四代，后者则将其分为五代；其中最主要的分歧在于俄罗斯将其米格-21和米格-23(大致对应美国的F-104和F-4)视作两代飞机，西方国家则将其归为同一代。不过，自2005年12月美国F-22A战斗机正式服役以来，西方国家对其原来的战斗机划代标准进行了重大调整，把F-22A、F-35由先前的“第四代战斗机”改称为“第五代战斗机”，而将当前大量装备的F-15、F-16等主力战斗机重新划归为“第四代战斗机”，同时还将二战末期及战后不久出现的早期喷气式战斗机定位为“第一代战斗机”。根据西方国家这种新的战斗机划代标准，自二战末期喷气式战斗机问世以来，世界战斗机的发展可分为五代(表10-1)，而目前美国、俄罗斯等国正在探索的继F-22/35、苏-57之后的新

表 10-1　世界喷气式战斗机代次的划分

	首次入役时间	主要性能特点	代表机型	服役使用情况
第一代	第二次世界大战末期	采用早期喷气发动机作为动力装置，亚声速飞行，航电设备较为简陋，以机炮、机枪和无制导火箭弹为空战武器	纳粹德国 Me 262，英国"流星"，苏联米格-9/15/17，美国 F-80"流星"、F-84"雷电"、F-86"佩刀"、F-89"蝎"、F-94"星火"	早已退出现役
第二代	20 世纪 50 年代初	采用更加成熟的喷气发动机和更加先进的气动外形，实现超声速飞行（部分机型飞行速度超过 $Ma2$），开始使用早期空空导导弹作为空战武器	苏联米格-19/21、苏-7/9/11，法国"幻影"Ⅲ，英国"闪电"，美国 F-8"十字军战士"、F11F/F-11"虎"和"百系列"[①]战斗机	曾是 20 世纪 50—60 年代各国空中力量的主力装备，目前除米格-21、"幻影"Ⅲ等少数机型外，其余已基本退出现役
第三代	20 世纪 60 年代初	配备较完善的航电系统，普遍采用单脉冲火控雷达，广泛使用空空/空地导弹作为机载武器，部分机型已具备超视距空战能力	苏联米格-23/25、苏-15，法国"幻影"F.1，英国"鹞"，美国 F-4"鬼怪"、F-111"土豚"等	20 世纪六七十年代曾大量装备部队，目前在西方发达国家和俄罗斯已基本退出现役，但在其他国家仍有一定数量在役
第四代	20 世纪 70 年代中期	注重飞机的高机动性，配备有先进完善的航电系统，普遍采用具备下视下射能力的脉冲多普勒火控雷达，可携带各种精确制导空空/空面武器，空战中强调超视距攻击和近距格斗并重	苏联米格-29/31/35、苏-27/30/35，法国"幻影"2000、"阵风"，欧洲多国合作研制的"狂风"/"台风"，瑞典"鹰狮"，美国 F-14"雄猫"、F-15"鹰"、F-16"战隼"、F/A-18A/B/C/D"大黄蜂"、F/A-18E/F"超级大黄蜂"[②]	目前仍大量在役，并且是各国战斗机部队的中坚力量，美国 F-14 等个别机型已经退役

① "百系列"战斗机主要包括 F-100"超佩刀"、F-102"三角剑"、F-104"星"、F-105"雷公"、F-106"三角标枪"等机型。

② 欧洲"台风"、法国"阵风"、瑞典"鹰狮"、美国 F/A-18E/F"超级大黄蜂"、俄罗斯苏-35/米格-35 等部分 20 世纪 90 年代以来入役的战斗机，尽管与美国 F-22 同期研制，战技性能也较早期四代机明显提高，但其部分性能指标仍与 F-22 为代表的五代机有着很大差距，尤其是不具备隐身和超声速巡航能力，通常被认为比五代机所代表的技术层次低半代，因此部分媒体也将其称作四代半战斗机。

（续）

	首次入役时间	主要性能特点	代表机型	服役使用情况
第五代	21世纪初	具备隐身、超声速巡航、超机动性等性能特征，配备有高度综合的航电系统，采用有源相控阵火控雷达	美国F-22"猛禽"、F-35"闪电"Ⅱ，俄罗斯苏-57	美国F-22、F-35均已服役，俄罗斯苏-57将于2020年服役

一代战斗机将被划归为第六代①。由此可以看出，调整后的西方国家战斗机划代标准尽管仍与俄罗斯方面不完全相同，但是它将原来西方国家战斗机中的第三、四代重新划为第四、五代，因此从第四代开始，西方国家和俄罗斯对战斗机"代"的划分开始趋向一致。目前，这种新的战斗机划代标准已经在西方国家大量使用，并且在世界范围内被越来越多的国家所接受，本书也将采用这一标准。

10.2　现代战争中进一步加强战术飞机战场防护的必要性

与直升机和大军机相比，当面临同等程度的对空导弹威胁时，战术飞机通常拥有更强的战场生存力：飞行速度更快，机动性更好，实用升限也更高，在一定程度上有助于摆脱敌方对空导弹的攻击；配备的软杀伤自防护系统更加先进完善，在对抗来袭对空导弹时的效能也更高；机体大量采用各种抗损/容损措施，在遭到对空导弹打击后存活下来的概率更高；携带有威力强大的对空/面武器，面临威胁时可以"先下手为强"，在敌方对空导弹发射之前就将其搭载平台摧毁，从而达到保护自身的目的。尽管这样，历次局部战争和武装冲突的实战经验教训表明，战术飞机作为现代空中力量的核心机种，历来是各国军队实施空中作战行动时的骨干和首选力量，在战争中不但会全程大量使用，很多时候还将不得不在任务使命繁重多样、战场环境复杂恶劣、敌方对空火力强大等不利条件下出击作战，出现不同程度甚至非常严重的损失往往在所难免。因此在未来战争中，如何进一步加强对各种战术飞机的防护，提高其战场生存力，非常值得各国军方和工业界关注。

① 截至本书发稿日，美国军方及工业界对继F-22/35之后新一代战斗机的发展方向仍存在争议，为方便起见，本书将美国国内提出的一系列相关概念方案统称为第六代战斗机。

10.2.1 战术飞机在二战后历次局部战争中的战损情况回顾

回顾世界战争史，除了在两次世界大战、历次中东战争、两伊战争这类交战双方空中力量势均力敌，至少相差不太悬殊的传统战争中，双方战术飞机不可避免地会出现大量毁伤外，即使是在双方空中力量对比悬殊甚至完全一边倒的局部战争和武装冲突中，优势一方参战的战术飞机也经常会出现不小的战损。

在越南战争中，尽管美方拥有压倒性的军力优势，但是越军在苏联等国的援助下，建立起一套颇具威力的防空体系，不仅在地面防空作战中取得重大战果，其小规模战斗机队对美军空袭编队的偷袭也屡屡得手，因而整个战争期间美军战术飞机的损失相当惊人。根据美国空军协会 2004 年 12 月发布的《越南战争中的空军》(*The Air Force In the Vietnam War*)报告文件，在 1962 年 2 月至 1973 年 10 月期间仅美国空军就有 1708 架固定翼飞机在战斗中损失①，其中除了不到 300 架轰炸机、运输机、炮艇机及其他不明型号的飞机外，其余全部为 A－1 攻击机、F－4/100 战斗机、F－105 战斗轰炸机、O－1/2/OV－10 观测/攻击机、RF－4/101 侦察机等战术飞机。尤其值得注意的是，当时美国空军的两种主力战术飞机——F－105 战斗轰炸机和 F－4 战斗机(包括 RF－4 侦察型)在战争期间分别损失 397、528 架，占这两种飞机总产量的 40% 和 12.5%②。

在苏阿战争期间，由于众所周知的原因，阿富汗游击队是以游击战的形式对付苏军的入侵，面对强大的侵阿苏军航空兵，根本无力实施有组织、成规模的防空作战，而只能依靠少量便携式防空导弹/小口径高炮和各种步兵轻武器进行零散的抵抗。尽管这样，由于阿富汗游击队的轻型防空火力抗击，加上其对部分机场的地面袭击，以及在边境地区与巴基斯坦空军的冲突，苏军战术飞机在战争期间仍有相当数量的损失。综合美国网上数据库“哥伦比亚大学国际事务在线”(CIAO)、俄罗斯“空中战争”(skywar.ru)网站等媒体公布的数据，1979 年 4 月至 1989 年 3 月苏军在阿富汗境内至少有 114 架固定翼飞机毁损(包括少量非战斗损失)，其中除了约 20 架运输机外，其余全部为米格－21/23 战斗机、苏－17/22 战斗轰炸机、苏－25 强击机等战术飞机，仅苏－25 就达 23 架之多。

在 1991 年海湾战争中，以美国为首的多国部队将大量高科技武器投入实

---

① 美国陆军航空兵、海军航空兵、海军陆战队航空兵以及美国盟国军队的战术飞机损失不包括在内。

② 数据来自文献[159]，其中包括非战斗损失。

战，通过各种技战术手段，使伊拉克军队耗费巨资构建起来的防空体系基本处于瘫痪、崩溃状态，因此多国部队飞机在空袭行动中的损失率远低于越南战争。尽管这样，伊军防空部队零星发射的地空导弹和密集的高炮火力，仍给来袭的多国部队作战飞机造成了一定损失。美国《空军杂志》在 1996 年 1 月纪念海湾战争爆发五周年时发布的一份题为《“沙漠风暴”行动的更多数据》(*More Data From Desert Storm*)的研究报告透露，在 1991 年 1 月 17 日至 2 月 28 日期间，多国部队在战斗中共损失各种固定翼作战飞机 38 架，其中除了一架 AC－130 炮艇机外，其余全部为 F－4G/5/14/16 战斗机、F/A－18 战斗/攻击机、F－15E/“狂风”战斗轰炸机、A－4/6/10 攻击机等战术飞机。尤其值得指出的是，此次战争中被伊军 SA－2 地空导弹击落的一架 F－14 是该型飞机在美国海军整个服役生涯中的唯一一次战斗损失，被伊军米格－25 战斗机击落的一架 F/A－18 则创下了越战结束以来美军战斗机唯一一次空战被击落的纪录。

1999 年科索沃战争是一场典型的非对称、非接触、以空袭/反空袭为主要作战样式的高技术局部战争，以美国为首的北约利用绝对军力优势，对弱小国家南联盟进行了大规模、长时间、高强度、高精度的空中打击。尽管此次战争以北约的全面胜利告终，但战争期间南联盟军队充分发挥手中武器的潜力，采取灵活多变的战术进行反空袭作战，不但有效保存了自身实力，而且取得了令人瞩目的战果①。根据美国《空军杂志》1999 年 7 月发布的一份题为《华盛顿观察：在科索沃的胜利》(*Washington Watch*: *Victory in Kosovo*)的研究报告，这场战争中美国空军至少损失了两架战术飞机：一架 F－16 战斗机和一架 F－117A 隐身战斗轰炸机。其中，F－117A 遭击落曾一度在世界范围内引起轰动，此举不仅打破了该机“不可战胜”的神话，而且创造了战争史上击落隐身飞机的首次成功战例。

在 2008 年 8 月发生的俄罗斯－格鲁吉亚战争中，尽管双方的军力对比同样非常悬殊，在空中力量方面更是不可同日而语，但是参战的俄空军在格军地面防空火力尤其是较先进的 SA－11 地空导弹的抗击下，短短五天时间内至少有三架苏－25 强击机被击落②，其损失远远超出了外界的预料。

在其他一些规模更小、非传统战争性质的作战行动中，尽管各参战国普遍拥有绝对的军力优势，但是其战术飞机在作战过程中“马失前蹄”，被非政府

---

① 根据南联盟军方宣布的战果，科索沃战争中共击落北约作战飞机 61 架、无人机 30 架、直升机 7 架，但其中大部分没能得到证实。

② 俄罗斯《莫斯科防务简报》(*Moscow Defence Brief*)等媒体认为，此次战争中俄空军损失的战术飞机除了其公开承认的这三架苏－25 外，还包括一架苏－24M 战斗轰炸机、一架苏－24MR 战术侦察机和一架苏－25 强击机。

武装防空武器偷袭得手的战例也时有发生。例如，在1992—1995年的波黑战争期间，英国、美国、法国各有一架“海鹞”、F-16和“幻影”2000战斗机被塞尔维亚族武装发射的地空导弹击落；自2015年开始的也门内战中，胡塞武装曾多次击落击伤以沙特阿拉伯为首的阿拉伯国家联军的F-15、F-16、“幻影”2000和“狂风”等先进战术飞机；叙利亚内战期间的2018年2月3日，俄罗斯空军一架苏-25强击机在执行对地攻击任务时遭反政府武装发射的便携式防空导弹击落。

10.2.2 目前技术条件下战术飞机在自防护能力方面的主要弱点

尽管在面临同等程度的战场威胁时，战术飞机通常拥有比直升机/大军机更强的生存力，但实战经验教训表明，性能再先进的战术飞机，在战斗中也不可避免地会存在自身的“阿喀琉斯之踵”，并且这些软肋和弱点在复杂恶劣的现代战场环境下，尤其是当面对现代高性能探测设备和对空武器装备时，往往会被进一步“放大”，显得非常突出，容易给敌方以可乘之机，进而严重影响自身的战场生存力。

1. 战术飞机高速高机动飞行时各种信号特征较为明显

现代战术飞机为了提高战场生存力，在研制设计阶段普遍会采取大量技术措施，以尽可能缩减自身各种信号特征，但是当其处于部分特定飞行状态、特别是高速高机动飞行时，其信号特征仍较为明显，容易被敌方探测设备发现、跟踪。这主要表现在三个方面：①战术飞机高速高机动飞行时机体蒙皮的气动加热较为强烈，处于加力状态的发动机高温尾流所产生的红外辐射也较平时成倍增加，导致全机的红外信号特征较为明显(图10-1)；②根据雷达多普勒效应原理，目标的径向速度越大，在雷达波反射中就越容易被分辨出来，因此战术飞机即使具备良好的雷达隐身性能，当其高速飞行并且与敌方呈迎头接近的态势时，被雷达发现的概率也将会成倍增长；③战术飞机高速飞行时噪声普遍较大，超声速飞行时还会产生较强的激波，其声学信号特征将相当明显，容易被敌方被动声学探测装置发现和定位。

2. 战术飞机满外挂状态下部分性能指标将严重“缩水”

尽管从纸面上看，现代战术飞机(尤其是战斗机)普遍拥有不错的高空、高速、高机动飞行性能，但这些性能数据通常都是在无外挂/标准外挂甚至机内油箱没有装满的条件下测试出来的，战时一旦处于满载状态，外挂有大量武器弹药、任务吊舱、副油箱时，其飞行性能将会迅速恶化，远远达不到纸面标准。在此期间，一旦战术飞机遭到敌方空中/地面火力的袭击，如果不能及时丢弃所有不急需的外挂，往往会严重影响自身抗击来袭威胁的能力，甚至完全

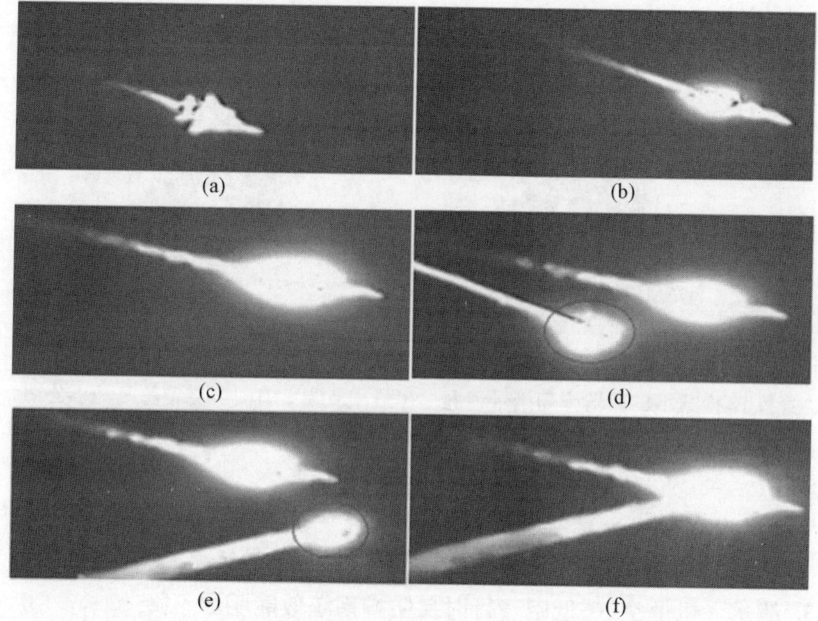

图 10－1 2018 年 1 月 7 日，也门胡塞武装使用红外制导地空导弹击中一架沙特阿拉伯空军 F－15 战斗机的作战全程红外视频截图 （视频截图来源：liveleak. com）

(a)F－15 被地面上的美制 FLIR 红外搜索跟踪设备捕获；

(b)F－15 发现导弹来袭，打开发动机加力以图加速逃离，机体红外信号特征明显增强；

(c)高速飞行中的 F－15，其红外信号特征进一步增强；

(d)F－15 投放红外干扰弹(圆圈处)，但后者信号强度明显不如飞机自身；

(e)来袭导弹(圆圈处)没有受到红外干扰弹的诱骗、干扰，准确飞向目标；

(f)F－15 被导弹命中。

处于被动挨打的境地。例如，越南战争期间美国空军大量使用的 F－105 战斗轰炸机是当时非常先进的一种战术飞机，但是该机在空战中曾多次被越军的老式米格－17 亚声速战斗机击落，其中一个重要原因就是 F－105 在战斗中没能及时丢弃外挂的大量对地攻击弹药，导致自身飞行性能严重下降。

此外，当战术飞机携带大量外挂物时，由于外挂物自身的雷达散射面积(RCS)加上其与飞机机体间的互反射效应，往往会导致载机 RCS 成倍增加，从而严重影响其战场隐蔽性。要从根本上解决这个问题，只能将所有外挂物全部内埋携带，但这样的解决办法即使对第五代战斗机来说也很难完全做到①

① 第五代战斗机由于内埋弹舱容积有限，在执行部分任务(尤其是对面攻击任务)时往往需要外挂携带部分任务载荷，即使是美国 F－22 这类不强调对面攻击能力的空中优势战斗机，在远程转场飞行时也需外挂多个大型副油箱。

(图 10 – 2)，对其他战术飞机更是无从说起了。

图 10 – 2　当 F – 35 执行以对面攻击为主、兼顾空战自卫的作战任务时，其在隐身/“野兽”①模式下的武器弹药携带情况　（图片来源：美国洛克希德 · 马丁公司）

(a)隐身模式：包括 2 枚 2000lb(907kg)级 GBU – 31" 联合直接攻击弹药" (JDAM)和 2 枚 AIM – 120 中距空空导弹，所有弹药均内埋携带；

(b)“野兽”模式：包括 6 枚 2000lb(907kg)级 JDAM、2 枚 AIM – 120 中距空空导弹和 2 枚 AIM – 9X 近距空空导弹，这些弹药中除 2 枚 JDAM 和 2 枚 AIM – 120 位于内埋弹舱外，其余均外挂携带。

3. 战术飞机低空/超低空飞行时自防护系统效能明显下降

现代战争中，战术飞机为了躲避敌方地(水)面防空系统的探测，经常会利用地球曲率和地形起伏所形成的雷达盲区，实施低空/超低空突防；此外，部分战术飞机在执行对面攻击任务时(尤其是使用非制导弹药时)，为了提高命中精度，有时也需要低空/超低空飞行。研究分析结果和实战经验教训表明，对于这些场合下的战术飞机来说，低空/超低空飞行尽管有助于作战任务的完成，但同时也会给自身战场生存力带来一些不利影响：①低空/超低空飞行时所面对的敌方防空火力，无论武器种类还是火力密集度均远远超过中高空，便携式防空导弹、小口径高炮、高射机枪甚至步/机枪等射程/射高非常有限，难以对付中高空目标的武器，均有可能对战术飞机构成现实威胁；②当战术飞机处于低空/超低空飞行状态时，机载传感器的通视距离短，并且容易受地面杂波及各种天气现象的影响，机载自防护系统的效能往往会被大打折扣，当导弹来袭时将难以给载机提供可靠的防护；③低空/超低空飞行的战术飞机一旦遭到地(水)面火力攻击，由于双方距离太近，来袭弹药从发射到命中的全程飞行时间将非常短，留给飞行员/机载自防护系统的反应时间也将非常有限。

4. 战术飞机在近距格斗空战中面临的战场态势异常险恶

尽管超视距攻击已日益成为现代空战的主要形式，但在今后的高技术战争中，对于承担有空战任务的战术飞机尤其是战斗机来说，近距格斗空战仍将难

① “野兽”模式下 F – 35 将以牺牲隐身性能为代价，大幅增加外挂物携带量，进而提升战斗力。

以避免。这一方面是由于隐身技术的大量采用以及战场电磁环境的日趋恶劣，导致交战双方均难以通过机载雷达在较远距离上发现对方；另一方面，交战双方在接敌过程中，为了避免过早暴露自身，均会严格控制本机雷达的使用以保持电磁静默，当开启雷达时很可能双方距离已经相当接近。而一旦进入近距格斗空战，战术飞机面临的战场态势将会非常险恶：①由于双方距离已经相当接近，甚至已进入飞行员目视范围之内，各种隐身技术手段的效果将急剧下降，甚至基本失效；②为了维持高机动飞行，战术飞机的发动机将会持续处于加力状态，导致全机红外信号特征成倍增强，有利于敌方红外制导空空导弹的跟踪锁定；③由于双方交战距离近，来袭空空导弹从发射到命中的全程飞行时间将非常短，留给飞行员/机载自防护系统的反应时间也非常有限；④交战双方的高速高机动飞行和频繁快速变换阵位，导致拖曳式诱饵难以正常使用，箔条/红外干扰弹的效能也会受到不同程度影响；⑤与超视距空战中只受中远距空空导弹的威胁不同，战术飞机在近距格斗空战中不但需要应对近距空空导弹的攻击，还可能会遭到航炮炮弹、航空火箭弹等非制导弹药的杀伤。

10.2.3　未来战争中战术飞机的战场生存力问题将更加突出

随着现代战术飞机任务效能的不断提高，无论是传统战争还是非传统战争中，战术飞机作为空中作战主体力量的地位均不断巩固，其战时任务效能的发挥将在很大程度上影响整个战争的进程甚至结局。但是在传统战争和非传统战争这两类战争行动中，由于交战对手实力的巨大差异，参战战术飞机所处的战场环境和面临的潜在威胁也迥然不同。在非传统战争中，战术飞机受到的威胁很小，很多时候甚至可以忽略不计；而在传统战争中，战术飞机却将会面临日益严峻的挑战。考虑到对于世界绝大多数国家军队来说，其主战装备、尤其是战术飞机均不能只满足于在非传统战争中完成任务使命，而必须立足于在传统战争中战胜强大敌手，因此从总体和全局的角度来看，战术飞机在未来战场上的生存力问题无疑将越来越突出。

1. 非传统战争中战术飞机面临的战场环境

在非传统战争中，由于众所周知的原因，参战的非政府武装组织通常不具备组建较大规模空中力量的条件，他们即使在战争爆发前拥有一定数量的老旧军机[①]，也将会在战争初期被迅速摧毁殆尽。因此对于随后参战的战术飞机来说，在整个战争期间基本上无须考虑对空作战，而可以专注于对面攻击、空中

① 车臣战争中的反政府武装、阿富汗战争中的塔利班武装在战争爆发前均曾拥有一定数量的老旧军机。

侦察等任务。

不仅如此，非传统战争中的战术飞机在执行对面攻击等任务过程中，也大都会在中高空活动，在低空/超低空飞行的时间将非常有限，由此可以有效避开武装组织手中各种轻型防空武器的威胁。究其原因，主要有两点：①非传统战争中的武装组织除了不可能拥有较大规模空中力量外，通常也没能力构建由预警雷达网络、指挥控制系统和中高空防空导弹组成的地面防空体系，在没有敌方战斗机和中高空防空导弹威胁的情况下，战术飞机在执行任务时根本无须考虑低空/超低空突防；②随着机载精确制导弹药技术的发展，大多数情况下战术飞机只需在中高空投放少量精确制导弹药即可达到作战目的，而没必要沿袭低空/超低空大量投放非制导弹药的传统对面攻击方式。

尽管非传统战争中仍不可避免地会存在少数需要战术飞机低空/超低空飞行，进而有可能遭到便携式防空导弹、小口径高炮等防空武器攻击的任务场合，但是其给战术飞机带来的风险也完全可以控制在可接受范围之内。因为目前技术条件下便携式防空导弹的射程、射高、威力均比较有限，并且非传统战争中的武装分子即使能拥有这类武器，其数量也往往不多，很多时候性能也乏善可陈，而现代战术飞机普遍配装有先进完善的软杀伤自防护系统，战时只要严格注意控制低空/超低空航路的进入、退出时机，并适时启动各种干扰措施，通常情况下是足以保证自身安全的。

此外，非传统战争中武装分子所惯用的便携式防空导弹在机场附近设伏战术，对于战术飞机来说其效果也远没有对大军机那样明显。这主要是因为战术飞机普遍飞行速度快、机动性高、爬升/下降性能突出，其由任务飞行高度下降至进场起始高度，或者起飞离地后爬升至任务飞行高度所需时间均远小于大军机，并且这两项性能指标必要时还可以通过小航线着陆、离地后大仰角/垂直爬升等方式进一步缩短，由此可以显著减少在机场附近危险空域滞留的时间，大幅压缩便携式防空导弹的“射击窗口”，从而极大地增加袭击者对空作战的难度。此外，战术飞机与大军机不同，考虑到作战所需航材、油料、弹药等物资供应，以及通信、导航、气象等勤务保障的需要，即使是在非传统战争中，战术飞机也主要部署在保障条件较为优越、戒备也更加严密的军用机场①，而较少使用地处城市近郊、不便于警戒的大型民用机场，由此也会增加武装分子渗透伏击的难度。

综合考虑以上因素，可以认为战术飞机在非传统战争中执行任务时面临的

① 在苏阿战争期间，苏军为了保护其军机的安全起降，甚至曾在部分机场外围布设了面积广阔的雷场，以阻止携带有便携式防空导弹的阿富汗游击队接近机场。

风险非常有限，除了在个别需要低空/超低空飞行的场合可能会遭到便携式防空导弹、小口径高炮、高射机枪等地面轻型防空火力的威胁外，总的来说其在战场上遭敌方火力袭击并导致毁伤的概率相当低，这已为多次非传统战争的实战情况所证实。例如在 21 世纪初的阿富汗和伊拉克战争中，以美国为首的西方国家军队参战的直升机频频遭袭，大军机在机场附近被伏击的事件也时有发生，而战术飞机因为战斗原因而造成的损失却非常罕见。

2. 传统战争中战术飞机面临的战场环境

在传统战争中，由于交战双方均在战区内集结有大量地面（舰艇）部队，为其提供空中掩护的各种防空兵力（包括战斗机和陆基/舰载防空系统）通常也相当密集，尤其是在一些敌对双方平时就长期对峙、重兵囤积的地区（如冷战时期的德国、1953 年停战后至今的朝鲜半岛），战时双方兵力再经进一步加强，战区内的各种防空武器装备更是会达到“超饱和”的程度，进而会给在战区前沿及浅近纵深内活动的战术飞机带来巨大威胁。在这样的战场环境下，战术飞机不仅在执行任务途中很容易与敌方形形色色的防空武器遭遇，很多时候还需要将敌方防空兵力作为其直接甚至首要的作战对象。例如，战术飞机在为己方地面部队提供近距空中支援或执行战场遮断任务时，往往会面临敌方由各种射程/射高的地空导弹、防空高炮和其他轻型防空武器组成的密集地面防空火网；战术飞机在执行夺取战区制空权、空中掩护、空中护航等任务时，将需要与敌方战斗机进行正面较量，展开不同规模的空战；而对于部分专门承担防空压制任务的战术飞机（如美国 F－16CJ“野鼬鼠”战斗机）来说，则更是需要与敌方防空兵力进行“硬碰硬”式的直接对抗，强行在敌方防空网中撕开缺口。

不仅如此，当在这样的战场环境下作战时，战术飞机对来袭对空导弹实施防护的难度还会明显增大。其中最为突出的就是，由于敌我双方均会积极实施电子战，双方电磁干扰频率范围和能量的叠加，往往会导致交战空域内的电磁环境十分恶劣，战术飞机机载软杀伤自防护系统的效能也将会受到影响，其对来袭威胁的告警、探测、跟踪和干扰能力均会出现不同程度的下降。此外，由于战区内各种防空装备密集，战术飞机将更容易遭到敌方对空弹药的饱和攻击，部分场合下还会遭到不同型别、不同制导方式、来自不同发射平台的多枚对空导弹的齐射/连射攻击，有时甚至还可能会遭到己方对空导弹的误击。例如，在 2018 年 2 月 10 日叙利亚防空部队击落以色列空军 F－16I 战斗机的战斗中，媒体披露当时叙军对来袭的 4 架以机共发射了 25 枚地空导弹（至少包括 SA－3、SA－5 两种型别），最终将其中一架击落；而在 2003 年美英联军推翻伊拉克萨达姆政权的战争行动期间，开战后仅两周时间内，一架英国空军“狂风”GR4 战斗轰炸机和一架美国海军 F/A－18C“大黄蜂”战斗/攻击机先后遭到美军“爱国者”地空导弹的误击，均机毁人亡。

此外还需指出的是，战术飞机(尤其是战斗机)作为世界各国武器库中最具威力、对潜在敌手威胁也最严重的装备之一，其发展动向历来为外界高度关注。很多型号的战术飞机甚至尚在研制阶段，潜在敌手就开始大量搜集其相关信息，并且根据其性能特点，开发各种针对性的技战术手段，甚至研制以其为主要作战对象的武器装备。例如，美国 F－16 战斗机在研制之初就被要求能有效压制苏联米格－21，苏联苏－27 战斗机则在很大程度上是为对抗美国 F－15 而推出的。与此同时，以美国、以色列为代表的部分国家，还专门组建了“假想敌”部队用于其航空兵/地面(舰载)防空部队的日常训练，利用性能相近的飞机模拟潜在对手的主力战术飞机，甚至直接使用通过各种渠道获取的潜在敌手战术飞机，来为己方部队提供高度逼真的训练环境，探索开发相应的战术战法。在这样的背景下，相当部分战术飞机理论上不错的性能指标，战时将难以得到充分发挥，其实战表现很可能远不如预期。

由于上述原因，对于传统战争中的战术飞机来说，即使其具备再优异的战技性能，配装再先进的自防护设备，采取再周密的战术战法，也将很难做到每次作战行动都“全身而退”。例如，在冷战后以美国为首的西方国家发起的多场局部战争中，尽管西方国家军队拥有绝对的军力优势，但其先进战术飞机被敌方击落击伤的事件仍时有发生，1999 年科索沃战争中甚至美国空军 F－117A 隐身战斗轰炸机也遭击落。

10.3 现代战争中战术飞机面临的主要威胁及其对 APS 的现实需求

根据前面的相关分析，战术飞机由于自身的性能特点和任务定位，在战时[①]承担的大多是非常典型的高风险一线作战任务，因此其在战场上面临的敌方对空火力威胁，无论从数量还是从质量来看，通常是直升机/大军机难以比拟的。更为严重的是，与直升机/大军机通常会尽量避开、远离威胁不同，战术飞机战时往往需要直接面对、有时甚至还会主动“挑战”威胁，由此导致传统的机动规避/软杀伤手段越来越难以提供可靠的防护，对 APS 这类新概念自防护装备的需求则日显迫切。

① 根据前面的相关分析，本章后面内容均以传统战争为背景，而不考虑非传统战争中的情况。

10.3.1　战术飞机在现代战场上面临的主要威胁

与直升机和大军机相比，战术飞机战时不存在长时间超低空低速飞行[①]/空中悬停、在战区临时着陆场起降、在敌方炮火封锁下的前沿机场起降等问题，因此受非制导对空弹药的威胁较小；同时，由于战术飞机普遍拥有较强的高速高机动飞行能力，以潜空导弹/反坦克导弹为代表、对直升机/大军机有相当威胁的部分制导弹药，对战术飞机却很难构成有效威胁[②]。因此，8.3、9.3 节中介绍的现代战场上直升机/大军机所面临的各种威胁中，有相当部分对战术飞机来说可以排除在外，没必要专门考虑相应的防护措施。基于这样的分析，可以将战术飞机在现代战争中面临的战场威胁简单地分为以下两大类，它们也是今后战术飞机 APS 的直接作战对象。

1. 敌方固定翼飞机/直升机携带发射的空空导弹

在现代战争中，战术飞机除了在执行对面攻击、空中侦察等任务过程中可能会遭到敌机的拦截外，在执行国土防空、争夺战区制空权等任务时更是需要主动与敌方战斗机展开空战，因而空空导弹历来是其面临的最主要战场威胁之一。随着时代的发展和科技的进步，对于今后战争中的战术飞机来说，来自空空导弹的威胁还将会进一步加剧。这一方面固然是因为空空导弹自身性能的不断提高，另一方面则在于现代空空导弹的发射平台日益多样化，正由战斗机向其他机种扩散，导致战场上的战术飞机遭空空导弹攻击的概率进一步增大。

传统上，战术飞机只有在与敌方承担对空作战任务的战斗机遭遇时，才会受到较现实的空空导弹火力威胁，而当面对的是敌方承担对面攻击、空中侦察等任务的战术飞机以及直升机、大军机时，战术飞机不但受其威胁很小，很多时候对方反而还是自己的攻击目标，但随着相关领域技术的发展，目前这种状况已经发生了很大变化。由于高性能空空导弹的广泛使用，加上机载火控系统技术水平以及载机平台挂载能力的不断提高，现代多用途战斗机的对空作战能力也较先前有了巨大提升，不仅在执行空战任务时能与敌机有力抗衡，即使当其挂载大量武器弹药执行对面攻击任务时，也可同时携带一定数量的空空导弹，一旦飞行途中遇到敌机拦截，可在全部或部分丢弃对面攻击弹药后迅速转入空战模式。例如，目前美国 F－15E、欧洲“台风”、法国“阵风”等先进战斗机

① 部分执行近距空中支援任务的战术飞机进行超低空低速飞行的时间可能相对较长，但通常也远不如直升机。

② 战术飞机仅在低空低速飞行等特殊情况下，有可能会受到反坦克导弹、炮射导弹等制导弹药的一定威胁。

在挂载大量对面攻击弹药后，均可同时携带中距拦截和近距格斗两种空空导弹，待其转入空战模式后，将具有不亚于传统制空战斗机的空战能力(图 10 – 3)。在 1991 年海湾战争中，甚至还出现过执行对地攻击任务的美国海军 F/A – 18“大黄蜂”战斗/攻击机在不丢弃对地攻击弹药的情况下，与前来拦截的伊拉克空军米格 – 21 战斗机展开空战并将其击落，随后继续完成对地攻击任务的战例。

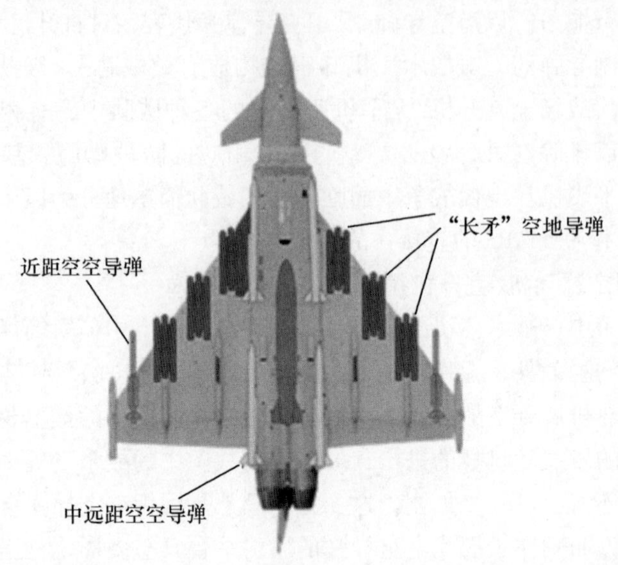

图 10 – 3　欧洲“台风”战斗机执行近距空中支援任务时的典型外挂配置方案，此时该机在携带多达 18 枚“长矛”空地导弹的情况下，仍可同时携带 4 枚“流星”一类的中远距空空导弹和 2 枚 AIM – 132/IRIS – T 近距空空导弹　(图片来源：eurofighter. com)

由于同样原因，一些传统上对空作战能力较弱、甚至基本不具备空战能力，战时需要在己方掌握制空权或战斗机护航的条件下才能出击的战斗轰炸机、攻击机和直升机，目前也大都可携带一定数量的自卫用空空导弹，从而具备了相当强的空战自卫能力。例如，俄罗斯苏 – 25 强击机的改进型——苏 – 25TM 在配备“矛” – 25 雷达瞄准系统吊舱后，除了可携带 R – 60(AA – 8)/R – 73(AA – 11)近距空空导弹外，还可挂载 R – 27(AA – 10)/R – 77(AA – 12)中距空空导弹，其对空火力已经接近传统制空战斗机；美国 AH – 1Z/64、俄罗斯米 – 24/28 等武装直升机除了广泛配装有由“毒刺”、SA – 18 等便携式防空导弹改进而来的轻型空空导弹外，还能携带 AIM – 9L“响尾蛇”、R – 73 之类的近距空空导弹，AH – 64 的舰载型——AH – 64N“海上阿帕奇”(后因故下马)甚至曾还计划携带 AIM – 120 中距空空导弹。因此在今后的战争中，当这类军机遭到敌方战斗机拦截时，将不会再像以前那样基本处于被动挨打的状态，不仅自身生存力可得到极大提高，甚至还可对来袭敌机发起反击。

即使第二次世界大战后已经逐步取消机载自卫武器的轰炸机、巡逻机等大军机，进入 21 世纪以来也开始呈现出向“恢复武装”方向发展的态势，今后很可能会越来越多地配装空空导弹用于自卫。从历史上看，世界各国军方为大军机配装空空导弹以增强其战时自卫能力的想法由来已久，美国研制其第一种(也是世界第一种)空空导弹——AIM－4“猎鹰”的初衷就是用作轰炸机的自卫武器，俄罗斯伊尔－38 反潜巡逻机、图－95MS/22M3/160 轰炸机和美国 B－1B 轰炸机在研制或改进过程中均曾考虑过配装空空导弹，英国“猎迷”反潜巡逻机甚至还曾携带 AIM－9“响尾蛇”空空导弹参加过马岛战争。尽管由于种种原因，迄今为止空空导弹仍没能成为大军机的制式自卫装备，但随着技术的进步和战场威胁的加剧，目前美国、俄罗斯等国军方均在考虑为其新型大军机、尤其是新一代轰炸机配装自卫用空空导弹。例如，美国空军和工业界在新一代 B－21 轰炸机的方案论证过程中，就一直在探讨为其配备可由内埋弹舱携带、通过被动手段获取目标信息的空空导弹；与此同时，美国空军甚至还在考虑将历史上出现过的“空中武库机”概念变为现实，对 B－1B、B－52H 等轰炸机进行一定改装，使其可携带数十、上百枚空空导弹，并与 F－22、F－35 战斗机协同作战(图 10－4)。

图 10－4　已下马的 B－1B 战略轰炸机改型方案——B－1R 区域轰炸机假想图，该机除了换装有源相控阵雷达和 F119 涡扇发动机(F－22 隐身战斗机的动力装置)外，还可利用内埋弹舱和外部挂架携带大量 AIM－120 之类的空空导弹
(图片来源：defence－blog. com)

此外，从世界军用无人机的发展动向来看，目前美国、欧洲、俄罗斯等国家(地区)除了在探索研究具备较强空战能力的高性能无人作战飞机外，还针对历次局部战争中执行情报、监视、侦察(ISR)等任务的无人机屡遭战术飞机

击落的教训，拟采取多种措施来提高这类无人机的战场生存力，其中包括给其加装自卫用空空导弹。事实上，21 世纪初在伊拉克“禁飞区”执行任务的美军 RQ－1“捕食者”无人机就曾携带过“毒刺”轻型空空导弹，其中一架还于 2002 年 12 月 23 日与前来拦截的伊军米格－25 战斗机发生“空战”并抢先发射导弹，只不过没能命中目标并最终遭对方击落。因此在今后战争中，战术飞机即使在拦截敌方无人机时，也无法再像以前那样“肆无忌惮”了，而不得不考虑应对对方空空导弹反击的问题。

2. 敌方陆上/海上防空体系编成内的防空导弹

防空导弹在现代对空作战中，一向具有重要地位。实战经验证明，只要武器装备性能满足一定要求并且战术战法得当，防空导弹不仅可有效打击包括战术飞机在内的各种来袭敌机，为己方地面目标/海上舰艇提供可靠空中掩护，在一定条件下还可参加争夺制空权的战斗，实现“以地制空”。例如，在越南战争和中东战争中，地空导弹在打击来袭战术飞机的战斗中均曾有过出色表现，尤其是在 1973 年第四次中东战争初期，埃及军队以 SA－2/3/6/7 地空导弹为基础建立起严密的野战防空体系，不但取得了重大战果，击落击伤大批以色列战术飞机，还一度掌握了苏伊士运河地区的制空权，使以军飞机不敢进入该空域活动。因此在目前世界上，但凡拥有一定军事实力的国家，均已不同程度地建立起以各种防空导弹为主要装备的陆上/海上防空体系，从而会对今后战争中的战术飞机构成直接现实威胁，并且随着相关领域技术的发展，这种威胁还会进一步加深。

从陆上防空来看，目前世界主要国家军队均拥有不同规模的国土/野战防空部队，所装备的地空导弹更是种类繁多，性能各异。以俄罗斯为代表的部分国家，其国土防空/野战防空导弹部队均已形成近、中、远程和低、中、高空相结合的密集火力配系，尤其是野战防空导弹系统还全部实现了自行化，可全天候、全天时伴随机械化部队行进，为后者提供防空掩护(图 10－5)；以朝鲜为代表的部分国家，则在地面部队中大量装备便携式防空导弹，甚至已将其配发至排一级作战部队，并且用作主战坦克、步兵战车等车辆的单车防空武器。更加值得注意的是，自进入 21 世纪以来，美国“爱国者”－3、俄罗斯 S－400、欧洲“紫菀”15/30 等第四代防空导弹系统相继入役，这类导弹普遍采用了固态有源相控阵雷达、高精度制导、直接侧向力/气动力复合控制、定向战斗部、不同型别导弹共架发射等先进技术，有效提高了在现代战场环境下的作战效能，足以对包括隐身战斗机在内的先进战术飞机构成有效威胁。

从海上防空来看，目前世界主要国家海军的水面舰艇普遍配装有舰空导弹作为防空反导武器，尤其是以美国、俄罗斯为代表的部分海军强国，凭借其雄

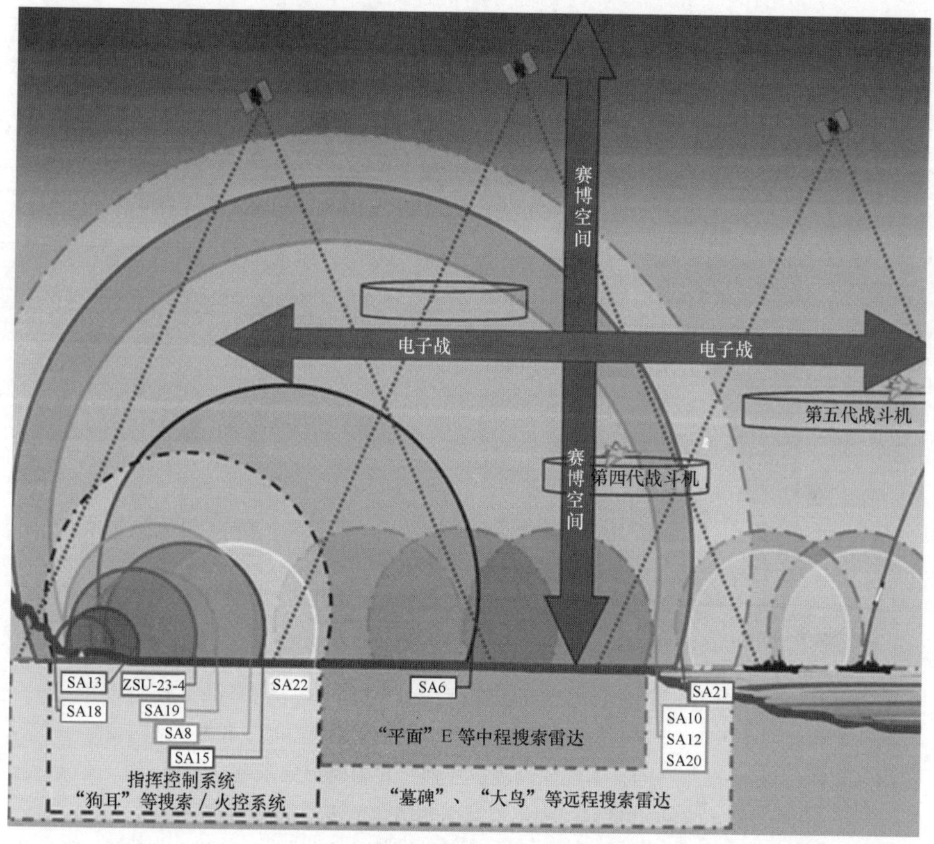

图 10－5　俄罗斯军队地面防空体系构成示意图，该体系内集成了 ZSU－23－4、SA－18、SA－13、SA－19（2S6M"通古斯卡"）、SA－8、SA－15（9K330"道尔"）、SA－22（"铠甲"－S1）、SA－6、SA－10（S－300P）、SA－12（S－300V）、SA－20（S－300PMU）、SA－21（S－400）等不同技术性能的防空导弹（或自行高炮、弹炮一体防空系统），并由此形成近、中、远程和低、中、高空相结合的密集火力配系（图片来源：japcc. org）

厚的科技实力，更是已经建立起由高空、中空、低空、掠海等不同高度，远程、中程、近程、末端等不同射程舰空导弹火力组成的多层次海上防空体系。以美国海军"提康德罗加"级巡洋舰和"阿里·伯克"级驱逐舰配装的"宙斯盾"（AEGIS）舰载防空系统为例，该系统以 AN/SPY－1A/D 相控阵雷达为核心，结合 MK－41 垂直发射系统和 RIM－66"标准"－2 中远程舰空导弹，具有反应速度快、抗干扰性能好、抗饱和攻击能力强、系统可靠性高等特点，可为海上舰艇编队提供全天候、全方位、全空域的防空掩护，其改进型还将 RIM－174"标准"－6 超远程舰空导弹、RIM－162 增强型"海麻雀"（ESSM）中近程舰空导弹甚至 RIM－116“拉姆”近程舰空导弹整合进来，由此进一步提高了系统对超远距、超低空、高机动来袭目标的拦截能力，在未来战争中将会给在海洋上空活动(尤其是执行反舰作战任务)的战术飞机带来前所未有的威胁(图 10－6)。

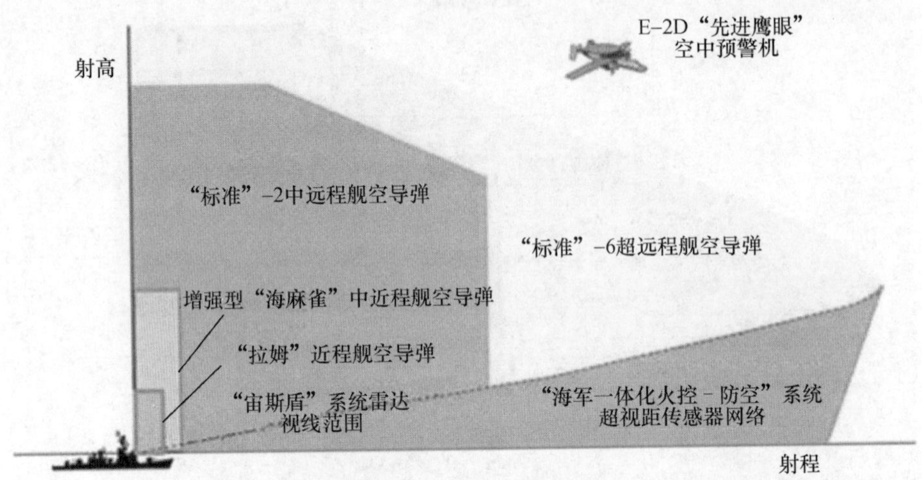

图 10－6　美国海军“宙斯盾”舰载防空系统中各型舰空导弹作战空域示意图，该体系内集成了 RIM－116“拉姆”、RIM－162 增强型“海麻雀”、RIM－66“标准”－2、RIM－174“标准”－6 等不同技术性能的舰空导弹，并由此形成末端、近程、中程、远程、超远程和掠海、低空、中空、高空相结合的多层次海上防空体系
(图片来源：美国海军作战部)

从长远看，今后随着模块化设计、开放协同、互联互通等概念的广泛应用，陆上/海上防空导弹系统将会向一体化、网络化、分布式等方向发展，由此可以突破先前防空武器系统只能“单打独斗”的传统作战模式，打造出适应未来战场环境需求、作战效能成倍提升的新一代防空体系，其在未来战争中给战术飞机带来的威胁也将会进一步增大。例如，美国海军针对目前水面舰艇编队内各种作战平台①战时只能各自为战、难以发挥体系优势的弊端，正在大力发展“协同作战能力”/“海军一体化火控－防空”(CEC/NIFC－CA)系统，使这些平台上的传感器设备、电子战装置及防空武器系统实现网络化协同，由此可构建起一个分布式“探测－跟踪－火控－打击”防空作战链，并使传感器网、火控网、武器网“三网合一”，最终实现整个编队的协同作战，使系统的超视

① 包括编队内的航空母舰、“宙斯盾”巡洋/驱逐舰、预警机、战斗机、电子战飞机、浮空器等水面/空中平台。

距防空(拦截距离可延伸至 400km 处)、打击水天线以下目标、抗饱和攻击等作战能力得到革命性提升。

10.3.2　未来战争中战术飞机对机载 APS 的现实需求

由以上分析可以看出，战术飞机作为现代战争中各国军队对空作战的主要目标，世界范围内针对其性能特点而优化设计的对空导弹和专门开发的战术手段可谓层出不穷，战术飞机也因此成为目前三类军机平台中面临战场威胁最严重的一种，进而对机载自防护装备的性能提出了更高要求。由于这样的原因，尽管战术飞机普遍配装有比直升机/大军机更加先进完善的自防护系统，但在现代战场上仍显得越来越力不从心，而迫切需要有全新的生存力增强措施。正是在这样的背景下，以美国、欧洲为代表的部分国家(地区)加大了战术飞机主动防护技术的研发力度，相继提出了"小型先进能力导弹"(SACM)、"微型自卫弹药"(MSDM)、"硬杀伤防御辅助系统"(HK – DAS)等战术飞机 APS 方案，并将主动防护视作今后战术飞机的一项重要能力特征。国外多年的研究结果表明，主动防护技术在提高战术飞机战场生存力，进而提升其对空/对面作战效能方面的效果非常明显，集中表现在以下三个方面。

1. 性能相近的战斗机之间展开空战，配装 APS 将有助于打破战场僵局

众所周知，现代战斗机之间的空战按照所使用武器和交战距离的不同，可以分为超视距攻击和视距内格斗两大类。前者是指战斗机在飞行员目视距离之外发射中远距空空导弹对目标实施攻击，后者则是当双方飞机进入目视范围内后，使用近距空空导弹和航炮进行格斗空战。

根据世界主要国家在战斗机技术领域的发展动向以及历次局部战争中空战的实战经验，今后相当长时期内战斗机之间的空战仍将是超视距攻击与视距内格斗两种模式并存，并且一场典型空战将很可能会由远到近，先后经历这两个阶段①。其基本过程大致如下：双方战斗机编队在各自作战体系的支持下向战区接近，一旦对方飞机进入己方机载探测设备工作距离和中远距空空导弹有效射程，双方将会相互发射导弹实施超视距攻击，导致双方各自有部分飞机被击落，或者因为受伤而退出战斗；随后双方剩下的飞机将继续接近，当进入到飞行员目视范围之内后，双方飞机将以近距空空导弹和航炮为武器，实施近距离格斗空战，直至最终分出胜负。很显然，在这样的空战中，如果交战双方在作

① 在实战中，也可能会出现双方飞机在进行超视距交战后，一方(或双方)主动回避近距格斗空战的情况；或者由于隐身技术大量采用、战场电磁环境恶劣等原因，导致双方飞机均没能在视距外发现对方而直接进入近距格斗。

战体系先进完善程度、飞机/机载武器性能、出动飞机数量规模、参战人员综合素质等方面均比较接近的话，空战的最终结局将很可能是两败俱伤，即使对于获胜的一方来说，也难免会付出不小的代价。

然而，当交战中的一方配装 APS 后，后者将会成为一种名副其实的“游戏规则改变者”，使这种僵局在相当程度上被打破，配备有 APS 的飞机将会在空战(无论是超视距空战，还是近距离格斗)中获得明显优势。其原因在于一方面，通过 APS 拦截摧毁来袭对空导弹，将可以直接提高己方飞机在空战中的生存率；另一方面，配装 APS 后，2.3 节中所述的载机在以传统机动规避/软杀伤手段应对敌方导弹攻击过程中所存在的一系列弊端：自身能量损失过多导致影响对后续导弹的规避和空战中的占位，发动机经常处于加力状态导致本机红外辐射特征和燃油消耗增加，剧烈机动影响本机对敌机的瞄准攻击，频繁机动导致编队内飞机失散甚至相撞，脱靶后的敌方导弹可能重新捕获本机或友机，有源/无源干扰可能会影响本机或友机传感器工作，施放后的拖曳式诱饵影响本机机动性/隐蔽性，有源干扰影响本机隐蔽性等，都将会在极大程度上得到缓解甚至完全消除，从而间接提升己方飞机的生存率和战斗力，进一步扩大对敌方的优势。

由此一来，交战双方在空战中的损失交换比将会急剧拉大，进而会对战场态势乃至战役战斗进程产生极大影响。

2. 性能差距较大的战斗机之间展开空战，APS 能帮助弱势一方出奇制胜

对于部分技术已经落后甚至与对手存在“代差”的较老式战斗机来说，配装 APS 所带来的意义同样重大，它将可以显著缩短本机与敌方先进战斗机之间的作战效能差距，使后者拥有的技术优势在相当程度上遭到削弱乃至丧失，进而使本机具备与其展开空战甚至正面抗衡的能力，这突出表现在四代机(或更老旧的机型)与五代机的对抗空战中。

与四代机相比，五代机拥有隐身、超声速巡航、超机动性和高度综合的航电系统等多项革命性的性能特征，而隐身是其与四代机之间最主要、同时也是后者最难赶超的性能差距①。当与四代机展开空战时，撇开五代机所具备的其他先进性能不谈，仅凭其在隐身性能方面的巨大优势，就可以做到“先敌发现、先敌锁定、先敌开火、先敌脱离”，甚至使战场单向透明，呈“一边倒”的态势。例如，五代机借助隐身性能的庇护，完全可以在四代机雷达的有效探测/跟踪距离外与之交战，通过发射中远距空空导弹，对尚在接敌过程中甚至

① 军机的雷达隐身能力大部分(约 80%)由外形设计所决定，四代机囿于其原始设计，仅靠机体表面敷覆吸波涂层、座舱盖金属镀膜等改进措施，其隐身性能很难达到五代机的水平。

根本没能发现本机的四代机实施打击；不仅如此，五代机还可随时根据战场态势，调整本机与四代机之间的距离，以回避与其可能的近距格斗空战，并伺机再次对其实施超视距打击。在这样的背景下，如果不考虑战时其他各种因素的作用，单从平台自身性能的角度来讲，现役四代机将很难与五代机正面对抗。美国空军F－22战斗机在与F－15、F－16等四代机的对抗演习中所创造的144:0的惊人“战绩”，就在相当程度上证明了这一点。

然而，通过加装APS，使四代机有能力拦截射向本机的中远距空空导弹，其与五代机之间的超视距空战将会由“我看不到你、也打不到你，而你既能看到我、又能打到我”的态势，转变为“我看不到你、也打不到你，但你尽管能看到我、却打不到我”，从而在很大程度上将交战双方拉回到同一起跑线上。在这样的战场态势下，对于五代机来说，除非其发射的中远距空空导弹也同样具备良好的隐身性能或者所携带的中远距空空导弹数量足以耗尽四代机的反导拦截弹，否则要想彻底消灭四代机并夺取战区空中优势，将不得不与对手进行近距格斗空战。然而一旦进入视距内格斗，五代机相对于四代机的性能优势将远没有超视距空战中那样突出，这可表现在两方面：①现役四代机普遍配备有先进头盔瞄准系统和高性能近距格斗空空导弹，由此可以在相当程度上弥补载机自身在机动性方面的差距，从而使五代机超机动性所带来的近距格斗优势有所“贬值”；②五代机需要设置内埋弹舱，并且通常配备有更加完善的航电/任务设备，因而外形尺寸普遍较为庞大，不但容易被敌方目视发现，而且被弹面积也更大，这在近距格斗空战中比较“吃亏”①。由于这样的原因，再加上APS在近距格斗空战中同样具有非常突出的防护作用，四代机在五代机面前的弱势地位将会在很大程度上得到扭转，甚至有能力与其正面对抗。

由此可见，在五代机大量入役的时代，通过引入主动防护技术，将可以使现役四代机甚至更老式机型在相当程度上“恢复生机”，不至于因为性能差距过大而被彻底淘汰。考虑到世界各国由于经济、技术和战术需求等多方面原因，均难以用五代机“一对一”地替换在役的四代机及更老式机型(即使对于美国这样的国家来说也同样如此②)，因此以加装APS的方式来提升老式战斗机的作战效能，无论是在军事上还是经济上，均具有重大的现实意义。

---

① 在21世纪初，以美国兰德公司分析师本杰明·兰贝斯(Benjamin Lambeth)为代表的部分西方国家专家曾撰文指出，在视距内空战中，F－5、米格－21这类老式轻型战斗机将有能力与F－22隐身战斗机对抗，后者甚至可能会因为体型更大而有所“吃亏”。

② 按计划，美国空军现役F－15/16、海军现役F/A－18E/F战斗机都将会服役至21世纪30年代之后，美国空军2020财年才开始采购的F－15EX战斗机退役时间将更晚。

3. 战术飞机执行对面攻击任务时，配装 APS 将会显著提升任务效能

现代战争中，战术飞机在执行对面攻击任务时，将不可避免地会遭到敌方战斗机的拦截和地面(舰载)防空系统的抗击，很多时候不仅难以顺利完成任务，自身还会蒙受不同程度的损失；尤其是在对严密设防的敌方地/水面目标实施攻击时，战术飞机即使大量采用各种先进技战术手段，也往往要付出不小的代价才能达到作战目的，有时还可能会因为损失过大而被迫修改甚至中止任务。例如 1991 年海湾战争初期，英国“狂风”战斗轰炸机以低空投弹方式对伊拉克军队前沿及纵深目标实施打击，一度损失相当严重，后来不得不改为在中高空执行任务。今后若为执行对面攻击任务的战术飞机配装 APS，这种状况将可以在相当程度上得到改观，战术飞机的战场生存力和对面攻击任务效能均会得到明显提高。

一方面，配装 APS 后，战术飞机面对敌方严密防空体系时的突防能力将会得到革命性提升：从应对敌方战斗机空中拦截的角度来看，由于现代战术飞机普遍具备不同程度的空战能力，只要在执行对面攻击任务的过程中携带一定的对空武器，再借助配装 APS 所带来的对空作战效能巨大提升，将完全有能力与敌机展开自卫性空战并突破其拦截，而且在空战中无须全部或部分丢弃对面攻击弹药；而从应对敌方面空火力打击的角度来看，考虑到面空导弹系统(固定/半固定发射阵地、地面发射车或水面舰艇)在机动灵活性方面远不如空中飞机，并且其射界还不同程度地会受战区地形地貌的限制，战术飞机只要能够借助 APS 将敌方射向本机并具有较高威胁性的防空导弹一一拦截，就可以在敌方防空火网中强行撕开缺口，搜寻并摧毁预定的打击目标。

另一方面，在机载 APS 的掩护下，战术飞机乘员(包括飞行员和武器系统操作员)将不必为应对敌方对空火力威胁而过多地分心，可以将精力更多地集中在对面攻击任务的执行上，进而确保任务的高质高效完成。例如，战术飞机在使用不具备“发射后不管”能力的弹药对目标实施打击的过程中，若同时遭到敌方对空导弹的攻击，将完全可以一边使用 APS 对来袭导弹实施拦截，一边继续为投放后的弹药提供制导，从而避免因为机动规避来袭导弹而中断后续制导，导致弹药丢失目标的情况出现。

10.4 战术飞机配装 APS 的平台条件分析

与直升机和大军机相比，战术飞机既不像直升机那样具备有独特的机动飞行能力并且经常处于低速飞行状态，也不像大军机那样拥有较为宽裕的平台条件，由此会对机载 APS 的配装和使用带来相当大的限制。尽管这样，相关的研究分析结果表明，当战术飞机在用作 APS 搭载平台时，仍拥有一些直升机/大军机所不具备的先天优势，再加上随着技术的进步，战术飞机配装、使用 APS 过程中所存在的各种困难也正在逐步缓解，因此总的来看，战术飞机 APS 仍具有良好的发展和应用前景。

10.4.1　战术飞机平台配装机载 APS 的有利条件

战术飞机作为经常在高风险空域执行任务的一线作战飞机，除了普遍具备良好的高空、高速、高机动性能外，还拥有通常远超直升机/大军机的软杀伤自防护能力，以及绝大部分直升机/大军机所不具备的对空作战能力，这为其今后以硬杀伤手段拦截来袭对空导弹提供了较好的能力基础，有助于降低机载 APS 的复杂度及其配装时的技术难度。

1. 战术飞机软杀伤自防护系统功能完善，可进一步集成硬杀伤能力

为了适应高风险战场环境下执行任务的需要，现代战术飞机（尤其是战斗机）通常配装有一套比其他绝大多数军机更加先进完善的机载软杀伤自防护系统，能有效地对战场上出现的各种对空导弹威胁进行探测、跟踪和干扰。从这类系统目前所达到的技术水平来看，其在对抗来袭对空导弹方面的任务效能已经非常突出，各项性能指标距离 APS 所要求的水平也已相当接近，尤其是对战场威胁的告警、探测能力已完全能满足今后机载 APS 的需求，对来袭导弹的精确跟踪能力也初步达到了对目标实施硬杀伤所需要的精度，今后只需在此基础上做适当技术改进，并加装合适的硬杀伤拦截武器，即可发展出真正意义上的战术飞机 APS。

不仅如此，由于目前战术飞机机载软杀伤自防护系统中多种任务设备的性能已经接近甚至达到 APS 所要求的水平，今后在为战术飞机配装 APS 的过程中，将可以最大程度地沿用现有系统中的部分任务设备，例如直接将其中的雷达/激光告警装置、导弹来袭告警设备分别用作 APS 中的威胁告警分系统和探测/跟踪分系统。由此一来，今后在为战术飞机配装 APS 的过程中，将可以最大程度地减小对载机原有系统和结构的变动，同时尽可能减少新增任务设备的数量，这将非常有助于缓解载机因为加装 APS 而在机体空间、重量载荷、能源供给、内部布置等方面带来的问题，而这些问题对于战术飞机平台来说，解决起来往往非常棘手。

2. 战术飞机对空作战武器系统威力强大，可进一步扩展反导自卫能力

在世界各国现役的各种战术飞机中，战斗机作为以空战为主要任务使命的机种，其主要作战对象就是包括固定翼飞机、直升机和巡航导弹在内的各种空中目标；即使是战斗轰炸机、强击机等以对面攻击为主要任务使命的机种，也普遍具备一定的空战自卫能力，可对来袭敌机实施火力反击。因此现代战术飞机(尤其战斗机)通常配装有一套先进完善、威力强大的对空作战火控系统以及相应的武器弹药，其对空作战能力是直升机/大军机望尘莫及的。从理论上讲，战术飞机上的这套对空作战武器系统同样可以用来拦截来袭的敌方对空导弹，因为后者同样也是一种空中目标，只不过目标特性较为特殊而已。

事实上，如3.4节及第5章所述，目前国外现役先进战斗机上配装的火控雷达、红外搜索跟踪(IRST)系统、光电分布式孔径系统(EODAS)等任务传感器均已具备探测跟踪来袭对空导弹的能力，而以俄罗斯R-73、美国AIM-9X、德国IRIS-T为代表的部分先进空空导弹也已初具拦截摧毁来袭对空导弹的能力，今后只需在此基础上进一步改进完善，即可将战术飞机对空作战武器系统在反导自卫作战方面的潜力变成现实。尤其值得指出的是，鉴于未来战场上隐身空中目标将会大量出现，今后战术飞机对空作战武器系统本身也亟需大幅提高对付弱信号特征目标的能力，在此过程中正好可以"顺便"增强其在反导自卫作战方面的任务效能，因为对空导弹就是一种典型的弱信号特征空中目标。

3. 战术飞机高空高速高机动性能突出，可部分弥补机载APS性能的不足

与其他绝大多数军机相比，战术飞机(尤其是战斗机)飞行速度快，升限高，机动性好，这样的平台性能特点对于今后机载APS的反导作战来说，既会带来种种不利影响，但同时也存在众多有利的方面，由此可以在相当程度上弥补机载APS性能的不足，间接提升其反导作战效能。

考虑到目前技术条件下战术飞机APS主要以反导自卫导弹作为拦截弹(参见10.5.2节)，今后战术飞机平台的高空高速高机动性能对机载APS反导作战的帮助，将主要体现在四个方面：①在反导自卫作战过程中，若载机同时进行剧烈机动，来袭导弹也将不得不频繁进行机动调姿以保证与目标交汇，这将会大量消耗导弹的能量，导致其有效射程和末段机动能力降低，进而有助于机载APS的拦截；②借助自身的高速高机动性能，战术飞机在反导自卫作战过程中可以比其他军机更快地远离危险区域，以躲避各种破片/残骸对本机的损伤；③对于部分不具备侧射/后射能力的机载APS来说，需要通过载机平台的快速机动占位，使机头尽可能指向来袭目标，尽快构成反导自卫导弹的发射条件，从而提高系统对付侧方、后方来袭目标时的反应速度，而战术飞机在这方面具有天然的优势；④对于部分最大作战高度有限，或者末段存速和机动能力已经严重下降的对空导弹来说，很多时候战术飞机根本无须动用APS，单靠自身的高空高速高机动性能就足以将其摆脱，由此可以减少APS拦截弹的消耗。

10.4.2　战术飞机平台配装机载 APS 的不利条件

如前所述，由于平台性能特点、所承担任务的复杂性/多样性以及战时所处的激烈对抗环境等原因，今后为战术飞机配装 APS 时面临的困难也将非常突出，不仅 APS 拦截弹(包括战斗部)及其发射装置的选用会受到很大限制，系统在载机上的配装也会受到多方面掣肘，同时其战时作战效能的发挥还会在相当程度上受到载机飞行状态的影响。由于这些原因，在目前的直升机、大军机和战术飞机这三类军机平台中，战术飞机一向被认为是配装 APS 时技术难度最大，所需代价也最高的一种。

1. 战术飞机 APS 受平台搭载条件制约的现象较为严重

与其他大部分军机不同，战术飞机(尤其是战斗机)战时需要在高风险、甚至激烈对抗的环境下执行任务，其机体设计也围绕此任务特点进行了一系列优化，平台各方面潜力通常已经得到最大程度的挖掘，由此会导致今后配装 APS 时，受机上各种软硬件条件的制约比其他军机更严重。这主要表现在四个方面：①战术飞机对机体增重更加敏感，因而对 APS 任务设备轻量化的要求也更高，以免因为加装 APS 而过多地影响自身飞行性能；②战术飞机通常配装有较大功率火控雷达、电子战系统以及大量其他航电/任务设备，用电需求一向较大，配装 APS 后将会进一步增加载机在能源供给方面的负担；③战术飞机为了确保自身的作战效能，其航电/任务设备通常相当完善，五代机还需要设置一定容积的内埋弹舱，由此造成其机体的设备填充密度通常远大于其他军机，部分机型甚至已经接近饱和，为其加装 APS 设备所面临的难度也相应更大，尤其是难以腾出足够空间用来布设 APS 拦截弹专用内埋式发射装置；④战术飞机为了提高隐身性能和减小气动阻力，对机体表面光滑度的要求比其他大部分军机高，需要严格控制机体表面的各种突出物、台阶、缝隙和孔洞，由此会增加 APS 任务设备的安装难度。

2. 战术飞机 APS 拦截弹与主战弹药争夺挂点/空间的问题较为突出

与直升机和大军机不同，目前技术条件下战术飞机 APS 对拦截弹种类的选择较为单一，反导自卫导弹是近期内可供其选用的主要甚至唯一一种反导拦截弹药(参见 10.5.2 节)。由于反导自卫导弹实质上就是一种空空导弹，对于现役绝大多数战术飞机来说，通常只能利用机身/机翼下的挂点，以外挂方式来携带，在载机有效载荷和挂点数量一定的前提下，反导自卫导弹与主战弹药之间必然会存在“此多彼少”的制约关系。要确保机载 APS 拥有足够的拦截成功率与持续作战能力，载机每次出航所携带的反导自卫导弹数量显然不能太少；然而反导自卫导弹带多了，又必然会导致空空/空面导弹、航空炸弹等主战弹药携带量的减少，进而会给载机作战任务的完成带来直接影响。而对于以五代机为代表的部分隐身战术飞机来说，当其以内埋方式携带武器弹药时，由于弹舱容积非常有限(即使是主战弹药，其外形尺寸和携带数量也会受到严格限制)，反导自卫导弹与主战弹药争夺弹舱空间的问题将会更加严重。对于这样的问题，战时只能根据战术飞机所担负任务的特点以及战场威胁的实际情况，进行综合权衡，合理取舍，而难以从根本上解决。

3. 战术飞机战时的高速高机动飞行会影响 APS 作战效能的发挥

对于战术飞机来说，其高速高机动性能可谓是一柄“双刃剑”，一方面固然可以弥补 APS 某些方面性能的不足，但同时也会给 APS 的战时操作使用带来不少困难，并最终会影响到系统的反导作战效能。这具体表现在四个方面：①战术飞机在高速高机动飞行过程中，将很难为自身搭载的 APS 提供一个较为稳定的工作平台，由此会影响拦截武器的操作使用，并且难以对已经发射出去的拦截弹提供后续制导；②当对空导弹来袭时，本机实施剧烈机动尽管会对降低导弹末段存速/机动能力、甚至摆脱其攻击有一定帮助，但同时也会导致来袭导弹为了保持对本机的追踪而频繁进行调姿，不断变化自己的弹道，进而增加机载 APS 探测、跟踪、拦截目标的难度；③当战术飞机处于高速高机动飞行状态时，由于机身表面高速气流的影响，将难以使用外部旋转发射装置，并且拦截弹侧射过程中的弹机分离、拦截弹初始飞行姿态保持等问题将会非常突出，拦截弹后射时则由于载机自身速度大，速度过零问题将会更加严重，由此导致 APS 拦截弹的侧射、后射难度增大；④由于反导自卫作战的距离往往很近，对于经常会进行高速高机动飞行的战术飞机来说，其机载 APS 拦截弹将难以采用拦阻网、气球、气囊等柔性拦阻物战斗部，即使采用预制破片/子母式战斗部时也须保持谨慎，否则载机自身会面临一定风险①。

4. 近距离交战场合下战术飞机 APS 的作战难度将会明显增大

现代战术飞机承担着种类繁多的作战任务，战时将会面临复杂多样的战场环境，其中很多场合都有可能会遭到敌方对空导弹的近距离攻击。例如，当战术飞机执行低空/超低空突防、低空/超低空为地面部队提供航空火力支援、与敌机进行近距离格斗空战等任务时，一旦遭到敌方对空导弹攻击，由于双方交战距离近，敌方导弹的发射距离将很可能仅为数千甚至数百米。如此短的作战

① 预制破片/子母式战斗部引爆后所产生的破片/子弹丸尽管初始速度很大，但由于重量太轻，随后的速度衰减将非常快，载机在高速高机动飞行状态下很可能会追上破片/子弹丸而危及自身；拦阻网/气球/气囊从拦截弹弹体中被抛出后，其速度衰减更快，甚至会在空中呈漂浮状态，更容易被载机追上而对其造成损伤。

距离，将会给本机的反导自卫作战带来一系列困难：①来袭导弹从发射到命中(如果能命中的话)的飞行时间非常短，留给本机的反应时间将相当有限，对机载 APS 快速反应能力的要求相应会提高；②由于来袭导弹的发动机燃料在如此短的飞行距离上很可能尚未完全耗尽(或者刚刚耗尽不久)，导弹在此期间的运动状态可在很大程度上视作全程动力飞行，即使当其处于飞行末段时，也仍具备非常高的存速和机动性，对机载 APS 拦截高机动目标能力的要求也相应会提高；③由于双方交战距离过近，导致本机反导自卫作战的防御纵深过小，对来袭导弹的拦截次数减少，部分场合甚至仅能进行一次拦截，最终会影响到对目标的拦截成功率；④由于反导自卫作战的距离过近，即使考虑到战术飞机速度快、机动性好的因素，这期间载机因为来不及脱离危险空域而遭破片/残骸损伤的可能性也会在一定程度上有所增大。

10.5　适应未来战场环境的战术飞机 APS 初步解决方案

根据以上对战术飞机在现代战争中面临威胁情况及其配装 APS 时有利/不利条件的分析，结合多年来国外在战术飞机 APS 研究过程中的经验教训以及世界范围内相关技术领域的最新发展动向，可以从基本能力需求、系统典型构成、机上配装方式、技术实现途径等角度，对适应未来战场需求的战术飞机 APS 发展构想进行探讨，在此基础上可形成一套战术飞机 APS 初步解决方案。

10.5.1　未来战场环境对战术飞机 APS 提出的基本能力需求

考虑到战术飞机在平台特性、战场环境、潜在威胁等方面均与直升机/大军机存在较大差异，对于今后的战术飞机 APS 来说，除了应具备 4.3.3 节中所述的军机 APS 基本功能特点外，还需要从以下三个方面对系统进行针对性的优化设计，才能在未来战争中为载机提供可靠有效的防护，同时最大程度地提高效费比。

1. 主要用于高风险、高强度、高对抗性的一线作战，同时兼顾二线作战

战术飞机战时广泛用于执行各种高风险、高强度的一线作战任务，其中包括与敌方战斗机/地(水)面防空系统的直接对抗，所面临的战场威胁在装备技术水平、火力猛烈密集程度、战术战法多样性等方面通常远远超过其他绝大多数军机，因此战术飞机 APS 也应与这样的任务使命和战场威胁相适应，有能力在激烈对抗的环境下对付敌方各种形式的导弹攻击，以确保载机安全。

对于具备这样功能特点的战术飞机 APS 来说，当用来对付在二线空域或者非传统战争中可能遇到的零星导弹袭击时，其能力通常是绰绰有余的(尽管效费比不一定很理想），因此完全可以兼顾后二者的需求。

2. 能适应高/中/低/超低空和远/中/近/超近距等各种态势下的反导作战

与直升机、大军机分别主要在低空/超低空、中/高空环境下进行反导自卫作战不同，战术飞机战时可能会在涵盖高、中、低、超低空的广大空域内活动，并且很可能会面临敌方高、中、低、超低等不同射高和远、中、近、超近等不同射程的对空导弹威胁，因此机上的 APS 也应与这样的威胁特点相适应，具备在高、中、低、超低空等不同高度和远、中、近、超近距等不同距离上拦截摧毁来袭目标的能力。

其中，当战术飞机 APS 对来袭目标实施近距/超近距拦截时，对系统一次拦截成功率（力求"一击致命"）以及避免破片/残骸损伤载机自身的能力，均有较高要求。

3. 主要针对地空/舰空/空空导弹，基本无须考虑其他对空弹药威胁

如前所述，在目前技术条件下，以 RPG、直瞄火炮炮弹、压制火炮炮弹等为代表的非制导对空弹药和以潜空导弹、反坦克导弹、制导炮弹为代表的部分制导对空弹药，能对直升机及部分大军机构成相当程度的威胁，但它们给战术飞机带来的威胁却非常有限，大部分场合下可以忽略不计。因此，与直升机/大军机 APS 不同，今后的战术飞机 APS 可将这些制导/非制导对空弹药从其作战对象中摒除，而主要针对各种类型的地空/舰空/空空导弹。

10.5.2 典型战术飞机 APS 的系统构成

根据 4.3.4 节所介绍的机载 APS 典型系统构成，结合战术飞机反导自卫作战的现实需求以及相关技术领域的最新发展情况，可从威胁告警分系统、探测/跟踪分系统、APS 拦截弹、拦截弹战斗部、拦截弹发射装置 5 个方面，对未来战术飞机 APS 的系统构成进行分析探讨。

1. 威胁告警分系统

根据前面相关章节的分析，以及现役战术飞机配装软杀伤自防护系统的经验，目前技术水平下的机载雷达/激光告警接收装置在主要性能指标方面已经完全能满足战术飞机 APS 对威胁告警设备的需求，因此可直接用于今后的战术飞机 APS，构成系统的威胁告警分系统，以探测识别战场上的雷达/激光信号威胁，并及时提供告警。

2. 探测/跟踪分系统

根据前面相关章节的分析，以及现役战术飞机配装软杀伤自防护系统的经验，目前技术水平下的机载导弹来袭红外/紫外/有源告警系统，其探测跟踪来袭对空导弹的能力已基本能满足战术飞机 APS 对目标探测/精确跟踪设备的需求，因此不需要大的改进即可沿用于今后的战术飞机 APS，以构成系统的探测/跟踪分系统。

此外，目前战术飞机机载对空作战武器系统中的火控雷达、红外搜索跟踪系统、光电分布式孔径系统、综合电子战系统、电子支援系统等任务设备，也普遍不同程度地具备探测跟踪来袭对空导弹的能力，今后在做适当的性能提升、进一步增强探测跟踪弱信号目标的能力后，也可直接用于机载 APS。

3. 拦截弹

由于战术飞机战时经常会处于高速高机动飞行状态，导致其 APS 拦截弹的选用会受到很大限制，传统的航炮炮弹和反导榴弹都将难以正常使用，甚至二者在加装末制导装置，具备一定弹道修正能力后也仍很难满足作战要求；相比之下，自身带有动力装置和制导系统、作战使用受载机飞行状态影响较小的反导自卫导弹，无疑是今后战术飞机 APS 配装拦截弹时的首选和主流。此外，根据现代战术飞机装备使用箔条/红外干扰弹及拖曳式诱饵的成熟经验，滞空拦截弹(包括漂浮式和拖曳式)在战术飞机 APS 中也有一定的应用前景。

当战术飞机 APS 选用反导自卫导弹作为拦截弹时，通常会遇到两个较为棘手的问题：①反导自卫导弹会与主战弹药争夺有限的外部挂点和内埋弹舱空间；②反导自卫导弹外挂使用时会给载机的气动/隐身性能带来不利影响。要解决这样的问题，可以从两个方面入手：①尽可能缩减反导自卫导弹的体积重量和外形尺寸，尤其是争取将其缩减到与箔条/红外干扰弹相当的程度，从而实现与后者共用发射装置；②若反导自卫导弹的体积重量和外形尺寸难以大幅缩减，则尽可能使其同时兼具传统空战和反导自卫两种用途，实现一弹多用，从而使载机战时无须同时携带两种导弹。此外，考虑到在双方激烈对抗、形势瞬息万变的战场环境下，战术飞机发射 APS 拦截弹后，很可能还需要进行相应的机动规避以进一步提高防护效果，或者需要继续执行对敌方空中/地(水)面目标的打击任务，此时将难以对飞行中的 APS 拦截弹实施后续制导，因此对于供战术飞机 APS 使用的反导自卫导弹来说，最好还应具备“发射后不管”能力。

当战术飞机 APS 选用滞空拦截弹作为反导拦截武器时，也将会遇到与反导自卫导弹类似的问题，其解决办法也类似：尽可能缩减拦截弹的体积重量和外形尺寸，尤其是争取将其缩减到与箔条/红外干扰弹和拖曳式诱饵相当的程度，由此可以实现与后二者共用发射装置。

4. 拦截弹战斗部

如前所述，6.1 节所介绍的各种机载 APS 拦截弹战斗部中，拦阻网、气球、气囊等柔性拦阻物和硬杀伤拦阻网均不适合用于高速高机动载机平台，否则反导作战过程中将容易伤及载机自身，因此战术飞机 APS 应将这类战斗部排除。相比之下，预制破片/子母式战斗部在采取定向起爆、适当增大拦截点距离等技术措施后，将可以在确保反导作战效能的同时，尽可能降低拦截摧毁目标过程中载机遭损伤的风险，显然更适合配装战术飞机 APS 拦截弹。事实上，多年来世界各国提出的战术飞机 APS 方案中，除了预制破片/子母式战斗部外，很少有采用其他类型战斗部的，尤其是当战术飞机 APS 采用滞空拦截弹时，除了预制破片/子母式战斗部外将别无选择。

从长远看，当战术飞机 APS 选用反导自卫导弹作为拦截弹时，撞击杀伤方式将具有非常广阔的应用前景。因为采用撞击杀伤方式的拦截弹无须配装战斗部，将可以大幅缩减拦截弹的体积重量，进而非常有利于载机的携带使用，这对平台条件普遍较为局促的战术飞机来说，其现实意义非常突出。由于这样的原因，进入 21 世纪以来，国外在战术飞机主动防护技术研究中对撞击杀伤方式日益重视，并已将其用于多个战术飞机 APS 方案中。例如，目前美国计划研制的两种战术飞机反导自卫导弹——“小型先进能力导弹”和“微型自卫弹药”，以及欧洲 MBDA 公司 2019 年 6 月推出的“硬杀伤防御辅助系统”战术飞机反导自卫导弹概念方案，均采用了撞击杀伤方式。

5. 拦截弹发射装置

现代战术飞机为了携带各种任务载荷，普遍设置有一定数量的外挂点或一定容积空间的内埋弹舱，以及相应的空空/空面弹药投放装置；同时战术飞机为了提高战场生存力，还普遍配备有先进完善的软杀伤自防护系统，包括各种软杀伤干扰物(箔条/红外干扰弹或拖曳式诱饵)及其发射装置。在为战术飞机配装机载 APS 时，将可以充分利用这些条件，为拦截弹灵活选配合适的发射装置(包括多种发射装置的组合)。

当战术飞机 APS 采用滞空拦截弹作为反导拦截弹时，7.1 节所介绍的四种滞空拦截弹发射装置均可供其选用。而当战术飞机 APS 采用反导自卫导弹作为反导拦截弹时，7.4.3 节所介绍的 6 种反导自卫导弹发射装置中，除了反导自卫导弹发射炮塔外，其余的均可供其选用。届时，可根据载机的平台条件和所配装反导拦截弹的性能特点，为系统选配相应的发射装置。

值得指出的是，从尽量减少对载机气动/隐身性能的破坏、避免与主战弹药争夺挂点/空间、软/硬杀伤自防护系统协同作战等角度出发，今后在为战术飞机 APS 拦截弹(无论滞空拦截弹还是反导自卫导弹)选配发射装置时，只要技术条件允许，应尽可能与机上的软杀伤干扰物共用发射装置。例如，上面提到的美国“微型自卫弹药”，就将考虑直接使用载机上的箔条/红外干扰弹投放装置。

10.5.3　战术飞机 APS 在机上的配装方式

与直升机/大军机一样，战术飞机在配装 APS 时，固定内置和外挂吊舱这两种方式均可采用。但是在实际应用中，考虑到战术飞机外挂携带 APS 吊舱时所带来的种种弊端，通常会优先考虑内置安装方式，而外挂吊舱方式主要适用于一些特殊场合。

1. 固定内置

在目前技术条件下，现役的大多数战术飞机明显更适合以固定内置而非外挂吊舱方式来配装 APS，这是由战术飞机的平台先天条件、配装 APS 时的效费比、任务使命特点等多方面因素决定的。

与大部分直升机/大军机不同，现代战术飞机普遍配装有较为先进完善的软杀伤自防护系统和对空作战武器系统，二者在反导自卫作战方面均已具备相当潜力，系统中的很多任务设备甚至子系统均可供 APS 直接沿用，从而为战术飞机以固定内置方式配装 APS 提供了非常有利的先天条件。今后只需对机上的软杀伤自防护系统/对空作战武器系统进行适当的改进升级，就可以使战术飞机具备拦截摧毁来袭对空导弹的能力，同时尽可能减少新增任务设备的数量，并最大程度地减轻配装 APS 给载机机体空间、重量载荷和能源供给等方面带来的负担，从而较好地适应战术飞机在平台搭载条件方面的先天不足。

从另一方面看，战术飞机若以外挂吊舱方式来加装 APS，往往会给自身任务效能带来一系列负面影响，从效费比的角度来看并不理想。这突出表现在三个方面：①APS 吊舱将会极大地增加飞行阻力，从而严重影响载机的高速高机动性能，这对于承担对空作战任务的战术飞机来说尤其难以接受；②APS 吊舱将会占用载机有限的有效载荷和重载挂点，从而严重影响主战弹药、尤其是部分大尺寸重型弹药的携带，其后果对于承担对面攻击任务的战术飞机来说尤为明显；③APS吊舱将会导致全机 RCS 明显增大，从而严重破坏载机的战场隐蔽性，这对于五代机等隐身战术飞机来说尤其难以容忍。

此外还需指出的是，战术飞机作为典型的一线作战飞机，战时普遍用于承担各种高风险任务，所面临的战场环境在对抗性、复杂性、严酷性等方面远远超过了绝大多数其他军机，因此对各种高性能自防护系统的需求是长期而又迫切的，APS 作为一种可有效满足这方面需求的新概念自防护装备，也完全有必要与现有的机载软杀伤自防护系统一样，作为战术飞机的标准配置，永久安装在载机平台上。事实上，自 21 世纪初以来，国外推出的新一代战术飞机 APS 方案均不同程度地体现出了这样的特点：美国“小型先进能力导弹”、俄罗斯 K－MD 近距空空导弹本身就同时兼具传统空战和反导自卫两种用途，是载机在大多数任务场合下的标准外挂武器；而欧洲 MBDA 公司的“硬杀伤防御辅助系统”反导自卫导弹将会以保形方式(包括设置专用内埋弹舱)配装到载机上，需要载机在设计阶段就应有所考虑。

2. 外挂吊舱

尽管总的来说，目前技术条件下的战术飞机更适合以固定内置方式来配装 APS，但是在一些特殊场合下，当部分战术飞机急需通过加装 APS 来提升自身战场防护能力而内置安装方式又存在较大困难时，本着“两害相权取其轻”的原则，外挂 APS 吊舱仍是一种现实可行的选择。

根据多年来国外在战术飞机主动防护技术领域的相关研究结果，现代战争中战术飞机适合以外挂吊舱方式配装 APS 的场合主要有以下几种：①部分较为老旧的战术飞机，其机载软杀伤自防护系统/对空作战武器系统已经相当落后，难以用作构建 APS 的基础；②部分临时承担对空/面作战任务的战术飞机(如高级教练机)，其机载软杀伤自防护系统/对空作战武器系统本来就很不完善，同样难以用作构建 APS 的基础；③以高能激光等新概念武器作为反导拦截手段的机载 APS，其拦截武器分系统包含较多的任务设备，难以全部固定安装在现役战术飞机机体上，而只能集成在一个吊舱中并供载机外挂使用。显然，在这些场合下，强行以内置安装方式来为战术飞机配装 APS 将是不可取的，往往会得不偿失，而外挂 APS 吊舱的方式无疑效费比更高。例如，按照美国机载反导自卫高能激光武器的研制计划，尽管这类武器最终将会完全整合进载机机体内部，但是其早期产品将会以外挂吊舱方式来配装 F－15、F－16 等现役战术飞机。

与直升机/大军机类似，战术飞机携带 APS 吊舱时也非常方便，通常只需在左/右机翼或机身下方选择合适的挂点，并将 APS 吊舱外挂在机身/机翼下即可。但需要注意的是，在 APS 吊舱挂点的选择过程中，应在最大程度保证 APS 射界的同时，尽可能减少对其他外挂物的影响。此外，对于以五代机为代表的部分隐身战术飞机来说，如果战时需要以外挂吊舱方式来配装 APS，最好采用隐身吊舱，以尽量减少对载机隐身性能的破坏。

10.5.4 为战术飞机配装 APS 的典型技术途径

如前所述，目前战术飞机已经普遍配装有先进完善的软杀伤自防护系统，其探测跟踪来袭对空导弹的能力与配装 APS 所要求的水平已经相差无几，所欠缺的仅仅是对来袭导弹的硬杀伤能力而已；与此同时，部分战术飞机上的机载对空作战武器系统在各种高性能任务传感器/空战武器的支持下，已初具探测、跟踪、拦截来袭对空导弹的潜力，今后只需对其进行适当的性能升级，即可将系统在反导自卫方面的潜力变成现实。基于这样的现实，今后在以固定内置方式为战术飞机研发配装 APS 时，将可以考虑通过以下两条技术途径来实现。

1. 以机载软杀伤自防护系统为基础构建 APS

这种 APS 构建途径的基本思想是：在目前的战术飞机机载软杀伤自防护系统基础上，对其相关分/子系统进行必要的技术改进，并加装合适的反导拦截武器，从而在不影响系统原有软杀伤能力的同时，增加对来袭导弹的硬杀伤能力，并由此构成一套"软硬结合"式的机载综合自防护系统。

在以这种方式构建战术飞机 APS 的过程中，原来机载软杀伤自防护系统中的大部分设备均可在适当改进后留用，甚至直接沿用。例如，原来机载软杀伤自防护系统中的雷达/激光告警接收机、导弹来袭告警设备可分别用作 APS 中的威胁告警、探测/跟踪分系统，原来系统中的处理/控制设备则需进行必要的改进升级，使系统有能力控制引导反导自卫导弹对来袭目标实施火力摧毁。在此基础上，还需为系统全新加装一套拦截武器分系统(包括拦截弹及其发射装置)，以提供对来袭目标的硬杀伤能力。若条件具备的话，拦截武器分系统中的拦截弹最好能与机上的软杀伤干扰物共用发射装置；若不具备这样的条件，也可退而求其次，采用由外部挂架/内埋弹舱携带的较大型拦截弹。

对于以这种方式构建的战术飞机 APS 来说，工作过程中很可能需要机上对空作战武器系统的协同配合，以提高自身作战效能。例如，APS 可利用后者任务传感器作用距离远、全天候能力强等性能优势来协助获取目标信息，或者使用兼具传统空战/反导自卫双重用途的空空导弹作为反导拦截弹。

此外值得指出的是，这种 APS 构建途径对于已经配备有较完善的软杀伤自防护系统、并且准备以固定内置方式来加装 APS 的战术飞机来说，其优点非常明显：在构建 APS 的过程中，将可以大量沿用机上原有软杀伤自防护系统中的任务设备，而无须完全从头开始配装。

在国外推出的战术飞机 APS 拦截弹方案中，美国"微型自卫弹药"是一种主要用来拦截来袭对空导弹，同时兼顾打击飞机目标的反导自卫武器，使用该弹作为反导拦截弹的战术飞机 APS 将可以机载软杀伤自防护系统为基础来构建，不但可借助后者的传感器设备来获取目标信息，而且可直接使用机上的箔条/红外干扰弹投放装置来携带、发射拦截弹。

2. 以机载对空作战武器系统为基础构建 APS

这种 APS 构建途径的基本思想是：在战术飞机现有的对空作战武器系统基础上，通过实施针对性的技术改进，增强系统对付高速高机动小目标的能力，从而将对空导弹也纳入其作战对象的种类范围之内，最终在不影响系统原有对空作战能力的前提下，使其兼具拦截来袭对空导弹的能力。

在以这种方式构建战术飞机 APS 的过程中，原来机载对空作战武器系统中的火控雷达、红外搜索跟踪系统、光电分布式孔径系统等任务设备在做局部性能提升，尤其是增强探测、跟踪弱信号目标的能力后，将被直接用作 APS 探测/跟踪分系统的任务传感器，以便控制引导反导拦截弹对来袭目标实施火力摧毁。系统中的反导拦截弹则可根据自身功能特点及尺寸重量规格的不同，选择与主战弹药混合使用机上的外部挂架/内埋弹舱，或者与机上的软杀伤干扰物共用发射装置。不过，当系统中的反导拦截弹为兼具传统空战/反导自卫能力的空空导弹时，其外形尺寸和重量往往较大，通常只能通过机上的外部挂架/内埋弹舱来携带和发射。

对于以这种方式构建的战术飞机 APS 来说，工作过程中通常也需要与机上的软杀伤自防护系统相互配合，密切协作，而不能与后者隔离开来：一方面机载 APS 可以利用后者获取的威胁告警和目标来袭信息，进一步提高反导作战效能；另一方面二者战时可协同作战，从而构成一套“软硬结合”式的综合自防护系统。

同样值得指出的是，这种 APS 构建途径对于已经配备有较为先进完善的对空作战武器系统、并且以固定内置方式来加装 APS 的战术飞机来说，其优点非常明显：在构建 APS 的过程中，将可以直接使用机上原有对空作战武器系统中的大部分任务设备，而无须完全从头开始配装。

在国外推出的战术飞机 APS 拦截弹方案中，美国“小型先进能力导弹”、俄罗斯 K－MD 均为兼具传统空战/反导自卫双重用途的空空导弹，使用这两种导弹作为反导拦截弹的战术飞机 APS 均可以机载对空作战武器系统为基础来构建。

10.6 国外典型战术飞机 APS 方案

与直升机和大军机相比，战术飞机配装 APS 时面临的技术难度更大，加上战术飞机通常高空高速机动性能较好，机载软杀伤自防护系统也较为先进完善，对 APS 的需求相对不是很迫切，因此长期以来世界各国对战术飞机 APS 的探讨基本上都停留在概念探索阶段。直到冷战末期，随着相关技术条件的逐渐成熟以及战场环境的日趋复杂恶劣，西方国家和苏联才陆续提出了一系列战术飞机 APS 技术方案并着手将其付诸实施。本节将根据 20 世纪 80 年代以来国外在战术飞机主动防护技术领域的研究成果，对一些较为典型的战术飞机 APS 方案做简要介绍。

10.6.1　俄罗斯 K－MD 近距空空导弹

K－MD 也称 K－30[①]，是俄罗斯“三角旗”导弹设计局研制的新一代近距空空导弹(图 10－7)，主要用于配装俄罗斯第五代战斗机苏－57，同时也可供其他多型军机携带使用。按照设计，该弹不仅可用于与敌机之间的空战，而且可作为载机自防护系统的一部分，用来拦截来袭的敌方对空导弹，因此被部分俄罗斯媒体称作“高机动格斗空战/反导自卫空空导弹”。

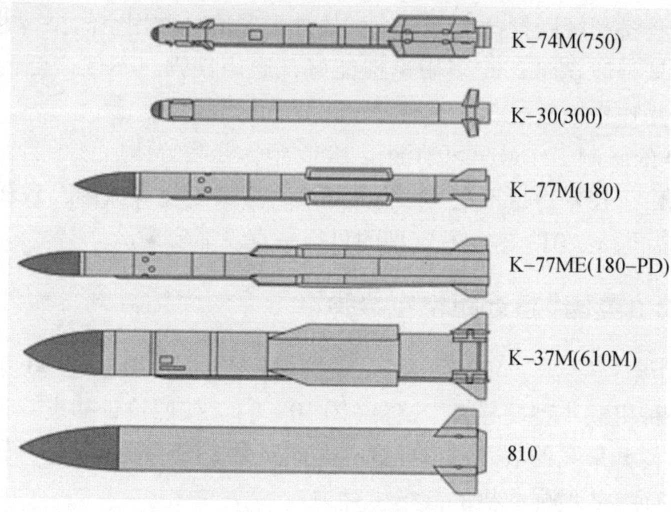

图 10－7　K－MD(K－30)及其他多型俄罗斯先进空空导弹外形图
(图片来源：combatace. com)

K－MD 是作为著名的 R－73 近距空空导弹的后继型号而研制的，在充分借鉴后者研制、改进和使用经验的基础上，还采用了一系列在俄罗斯空空导弹上比较少见乃至首次出现的先进技术：①低阻特性好、结构简单、横向尺寸小的无弹翼气动布局；②高比冲、超长工作时间的双脉冲固体火箭发动机；③“惯导/指令修正＋红外成像”的复合制导体制，其凝视焦平面阵列红外成像导引头是在苏联/俄罗斯空空导弹发展史上首次应用；④全新开发的数字信号处理和模式识别技术；⑤被称作“三通道燃气舵控制系统”的新型推力矢量控制系统；⑥能根据目标特性和遭遇条件调整起爆时机/方式，实现最佳毁伤效果的自适应战斗部。在此基础上，K－MD 根据未来空中战场环境的现实需求，独创性地引入了一弹多用、以空空导弹兼作反导拦截弹的设计理念，在设计阶段

① K－MD 的设计局代号 Izdeliye 300，即“产品”300。

就考虑到了格斗空战/反导自卫双重用途。相比之下，采用类似设计理念的美国“小型先进能力导弹”(SACM)直到2010年后才出现。

得益于上述先进技术和独特设计理念的应用，K－MD的战技性能较先前的俄罗斯近距空空导弹有了明显提升，主要具备以下特点：①制导精度高，抗干扰能力强，可实现一定程度的“智能化”；②机动能力强，能有效对付包括五代机、对空导弹在内的各种高机动目标；③具备大离轴角/越肩发射能力，可有效对付各个方向来袭的目标；④有效射程远[①]，虽归类为近距格斗空空导弹，但同时具备超视距拦截能力；⑤弹体外形紧凑，占用空间小，非常适合隐身飞机的内埋弹舱携带；⑥多用途性能好，通用性强，不仅广泛配装作战飞机，而且可用作水面舰艇/陆上防空反导系统的拦截弹。

K－MD的研制工作最早可追溯至1986年，苏联解体后该项目由俄罗斯继承下来，但由于技术力量不足[②]、经费短缺、需求变化等原因，致使该弹的研制困难重重，原定2013年左右定型的目标一直没能实现。

10.6.2 英国“超近距空空导弹”

“超近距空空导弹”(VSRAAM)是英国航宇公司在20世纪90年代后期探讨发展的一种机载小型反导自卫武器(图10－8)。按照设计初衷，该弹将主要用于近距离拦截来袭的敌方对空导弹，并能对付2015年后出现的面空/空空导弹威胁，从而有效增强载机的战场生存力。

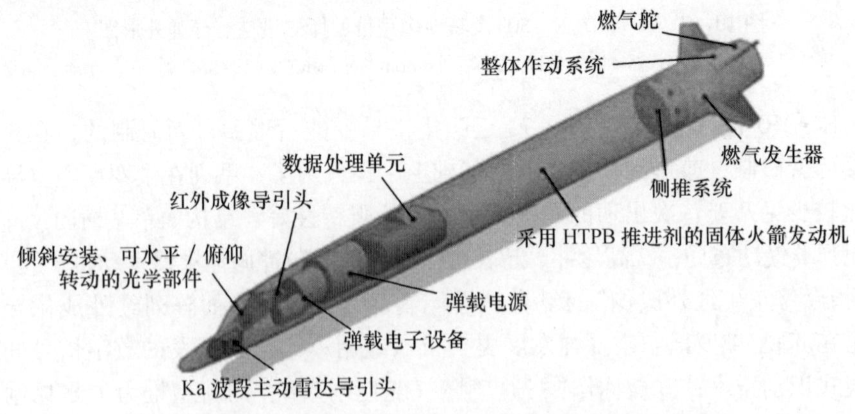

图10－8 VSRAAM“超近距空空导弹”外形及内部结构图

(图片来源：查尔斯·比克斯丨英国《简氏防务周刊》)

① R－73改进型R－74M2的射程已达40km，估计K－MD射程不会低于该弹的水平。

② 苏联空空导弹红外导引头的研究机构在乌克兰境内。

VSRAAM 采用无弹翼气动布局，其弹体非常小巧，长约 2m，弹重仅 35kg 左右，由此可显著增加载机的携弹量，增强持续作战能力。为了提高导弹的机动性和敏捷性，VSRAAM 采用了一套被称作“整体式驱动系统”的综合飞行控制系统，可通过侧向推力装置、燃气舵（推力矢量装置）和尾舵共同作用所产生的复合力，对导弹进行控制。其中的侧向推力装置在现代空空导弹上非常罕见，该装置的使用将可以大大简化导弹的发射条件，并且可以在最后的弹－目交会段对弹道进行精准及时的修正，从而提高导弹的命中精度。

VSRAAM 采用了一种被称为“多频谱导引头”的红外成像/Ka 波段主动雷达双模导引头，可以达到很高的制导精度。由于两种导引头设备窗口的孔径不一样，致使 VSRAAM 头部整流罩呈独特的非对称结构，与目前以色列“大卫投石器”反导系统拦截弹的头部外形非常相似。通过在载机上选择合适的布设位置，VSRAAM 的导引头可实现对前方/后方来袭目标的发射前截获、锁定。不过，考虑到导弹头部整流罩的特殊外形结构对导引头视野的影响，载机要实现对所有方向来袭目标的发射前锁定，将需要携带布置至少 4 枚 VSRAAM，其中 2 枚头部朝载机前方，另 2 枚头部朝载机后方。

战时，载机可通过“发射前锁定”或“发射后锁定”两种方式来发射 VSRAAM，对约 1km 处的来袭目标实施拦截。为了给导弹提供精确制导以确保其与目标遭遇，载机上将配装一种被称为“导弹探测”、有效作用距离为 5km 的火控系统，能够对发射后的 VSRAAM 保持跟踪并适时发送指令以修正其飞行弹道。

按原计划，VSRAAM 将由英国航宇公司下属的动力集团负责研制，并曾获得英国国防部的经费资助，法国相关公司也曾考虑过加入该项目，但由于多种原因，VSRAAM 项目后来被中止。

10.6.3　美国“小型先进能力导弹”

“小型先进能力导弹”（SACM）是美国空军正在发展的“下一代空中主宰”（NGAD）系列导弹中的代表型号，具备传统空战/反导自卫双重用途，将主要用于配装 F－22/35 战斗机以争夺 2030 年后的战场空中优势，同时也可供其他多种固定翼飞机携带使用（图 10－9）。

SACM 被广泛视为美军现役 AIM－9X“响尾蛇”近距空空导弹的后继型号，其战技性能将较后者有巨大提升。按照美国空军的要求，SACM 的战时用途可简单归纳为四个方面：①作为 F－22、F－35 等战术飞机的主力空战武器，将兼具近距格斗和超视距拦截作战能力，可与 AIM－120 中距空空导弹配合使用，有效对付敌方第四/五代战斗机和巡航导弹；②可兼作 F－22、F－35 等

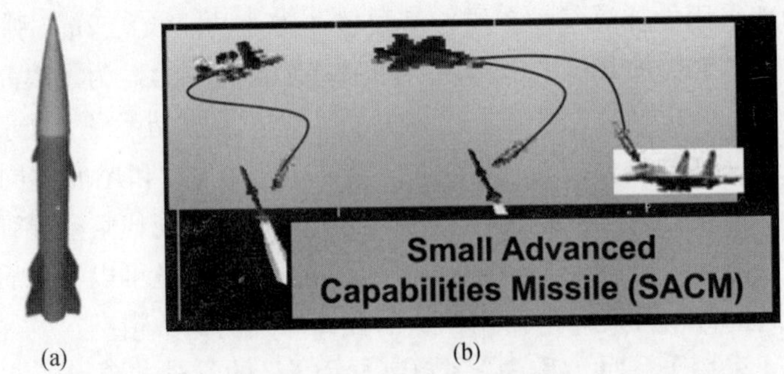

(a) (b)

图 10－9 SACM 外形假想图及该弹基本用途 （图片来源：美国空军研究实验室）

(a)美国空军研究实验室报告中文件出现的 SACM 外形假想图；

(b)美国空军研究实验室报告文件中展示的 SACM 基本用途：①配装 E－3 预警机等大军机用于反导自卫；②配装 F－35 等战术飞机用于打击敌方战斗机，同时兼顾反导自卫。

战术飞机的反导自卫武器，通过对来袭的敌方对空导弹实施拦截，以提高载机的战场生存力；③可用作加油机、预警机、通信指挥机等特种飞机的反导自卫武器，专门用于拦截来袭的敌方对空导弹，以提高这类高价值空中目标的战场生存力；④具备一定的对面攻击能力，可对多种地/水面目标实施打击。

为了满足上述能力需求，SACM 将会采用先进弹体气动设计、低成本宽视场成像导引头、能量优化的制导/导航/控制、气动力/姿态控制发动机/推力矢量复合控制、抗干扰的制导引信一体化、高毁伤效能的新型动能/非动能杀伤战斗部和高密度装药的固体火箭发动机等众多先进技术，进而具备以下性能特点：①极高的机动性和敏捷性，能有效打击各种高速高机动目标；②大离轴/越肩发射能力，能有效对付从各个方向(包括后半球空域)来袭的目标；③体积重量大幅缩减，可成倍增加载机携弹量，并能很好地适应隐身作战飞机内埋弹舱高密度挂载的需要(图 10－10)；④良好的经济可承受性，生产采购成本和单次杀伤所耗成本均可得到有效控制。

SACM 于 2011 年 2 月在美国空军航空武器中心(AAC)的年度报告中首次公布于世，目前洛克希德·马丁、波音和雷神公司都在开展该弹的概念研究工作。如果研制工作顺利的话，预计 SACM 将会于 21 世纪 30 年代投入使用。

10.6.4 美国“微型自卫弹药”

“微型自卫弹药”(MSDM)是美国空军计划研制的一种机载近距反导自卫武器。与上面介绍的 SACM 相比，MSDM 将是一种体积更小、重量更轻、“防御色彩”也更浓的小型机载武器，其主要用途是拦截摧毁来袭的敌方对空导弹，同时兼顾打击近距离上的敌方飞机目标。

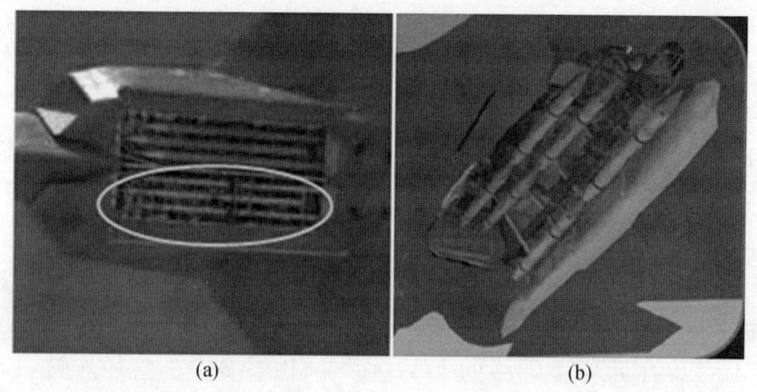

(a) (b)

图 10－10 SACM 可在 F－22(a)、F－35(b)战斗机的弹舱内高密度挂载
（图片来源：美国空军研究实验室）

按照美国空军的要求，MSDM 将具备极高的机动/敏捷性和突出的快速响应能力，可以撞击杀伤方式对近距离上任意方向出现的目标实施拦截，同时还将具有良好的经济可承受性以便大量装备使用。战时，MSDM 不但可与其他更大型、射程更远的空空导弹配合，执行传统空战任务，更重要的是还将作为机载软杀伤自防护系统的有力补充，甚至部分取代后者，对来袭敌方对空导弹实施硬杀伤式拦截，从而使载机有能力在高风险的“反介入/区域拒止”(A2/AD)①战场环境下活动。MSDM 作为一种微型空空导弹，其体积、重量将较传统空空导弹大幅缩减，甚至比 SACM 还要小得多(图 10－11)，由此可以成倍增加载机携弹量，并能更好地适应 F－22、F－35 等隐身作战飞机内埋弹舱高密度挂载的需要。根据今后的技术进展情况，MSDM 还有可能会采用与箔

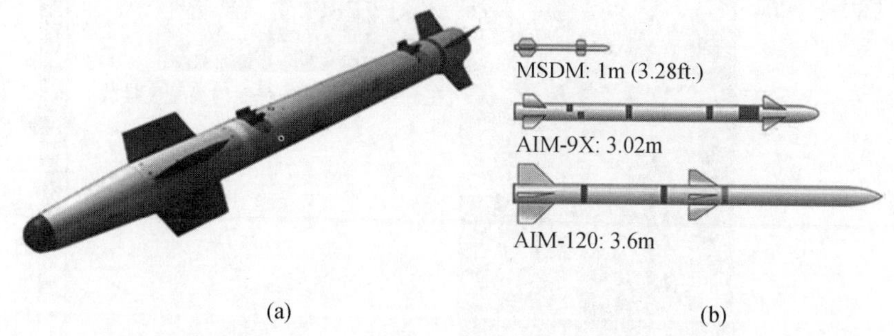

(a) (b)

图 10－11 MSDM 外形假想图(a)及该弹与 AIM－120/AIM－9X 空空导弹外形尺寸对比示意图(b) （图片来源：阿克拉・弗雷登 | artstation. com；美国空军研究实验室）

① “反介入/区域拒止”(A2/AD)是 21 世纪初以来美国军方提出的军事术语，大意是“对手运用各种手段限制、阻止美军力量进入有争议的区域”。

条/红外干扰弹类似的发射方式，而无须另外配装专门的发射装置，从而在有效增强战术飞机及其他军机平台自防护能力的同时，不会对载机主战弹药的携带造成明显影响。

MSDM 目前尚处于概念研究阶段，根据美国空军 2015 年 2 月发布的“MSDM 导引头概念设计”计划招标书，洛克希德·马丁、诺斯罗普·格鲁曼和雷神等公司均在开展 MSDM 拦截弹及其导引头的早期研发工作。其中，洛克希德·马丁公司提出的 MSDM 方案是一种采用主动毫米波雷达制导、以固体火箭发动机为动力装置的微型拦截弹；该弹弹体紧凑小巧，所需占用的机上空间仅为 AIM－120 中距空空导弹的 1/3，而与 GBU－39“小直径炸弹”(SDB)相当；该弹导引头则是在洛克希德·马丁公司先前为美国陆军“爱国者”－3“导弹性能增强”(MSE)改进计划开发的主动毫米波雷达导引头基础上发展而来，将具有极高的制导精度，可确保拦截弹以撞击杀伤方式拦截摧毁来袭目标。

10.6.5 美国 CUDA 小型空空导弹

CUDA 是美国洛克希德·马丁公司推出的一种低成本、多用途小型雷达制导空空导弹概念方案(图 10－12)。该弹除了可用于打击有人/无人机、巡航导弹等空中目标以及车辆、小型舰艇等地/水面目标外，还将具备拦截面空/空空导弹甚至反弹道导弹(拦截处于助推/上升段的敌方弹道导弹)的能力。

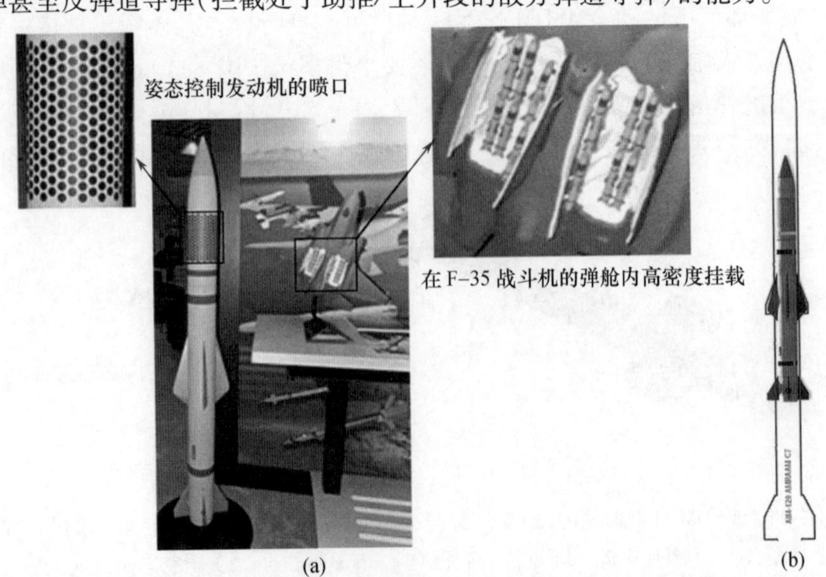

图 10－12　CUDA 小型空空导弹模型(a)及该弹与 AIM－120 中距空空导弹外形尺寸对比示意图(b)　(图片来源：flightglobal. com)

与传统空空导弹相比，CUDA 的最大特点就是通过引入微型姿态控制发动机技术，实现了直接侧向力/气动力复合控制，可为导弹提供精确的末段修正，再加上该弹所采用的先进末制导技术(初期采用主动毫米波雷达末制导，今后可换装更加先进的多模导引头)，使其制导/控制精度达到了极高水平，可以对目标实施撞击杀伤。不仅如此，直接侧向力/气动力复合控制还使导弹的快速响应能力和机动能力均得到大幅度提高，进而非常有助于对对空导弹、弹道导弹等高速高机动目标实施拦截。

由于 CUDA 采用了撞击杀伤方式，可以彻底取消战斗部，再加上动力装置、弹载设备等方面的技术进步，使全弹的体积重量大幅缩减。该弹弹体长约 1.78m(比现役近距空空导弹还要短，不到 AIM - 120 中距空空导弹的一半)，全重约 82kg(与现役近距空空导弹基本相当)，非常适合供隐身作战飞机的内埋弹舱高密度挂载。例如，当 CUDA 由美军 F - 22、F - 35 战斗机的机腹弹舱内埋携带时，二者的携弹量可分别增至原来的 2 倍(8 枚)和 3 倍(12 枚)，从而使持续作战能力得到显著增强。

CUDA 通过取消战斗部，还可以将节省出来的部分弹体空间/重量用来携带更多燃料，因此其有效射程将远远超过同等体积、重量的传统近距空空导弹。在此基础上，洛克希德・马丁公司还计划发展一种加装助推发动机的 CUDA 增程型，预计其射程将接近以整体式固体火箭冲压发动机为动力的欧洲“流星”中远距空空导弹。

CUDA 的研究工作是由洛克希德・马丁公司自筹资金开展，并于 2012 年 9 月在美国空军协会技术展示会上首次向外界公开，后来在美国国防部国防高级研究计划局的“空中主宰倡议”(ADI)计划框架下得到了经费资助。由于 CUDA 的性能特点比较符合美国空军“小型先进能力导弹”(SACM)计划的需求，该弹或其后续改进型今后将有可能作为洛克希德・马丁公司的技术方案参加 SACM 项目竞标。

10.6.6　美国“游隼”小型空空导弹

“游隼”(peregrine)是美国雷神公司推出的一种小型低成本空空导弹概念方案(图 10 - 13)。该弹主要供美军现役第四代/五代战斗机高密度挂载，用于打击各种有人/无人机、巡航导弹等空中目标。但根据“游隼”的性能特点，以及美国新一代空空导弹的发展动向和美国军方的相关能力需求，外界普遍认为该弹(或其后续改进型)将具备拦截来袭对空导弹的潜力，今后可用于载机的反导自卫作战。

“游隼”的设计思想与洛克希德・马丁公司的 CUDA 空空导弹类似，即在

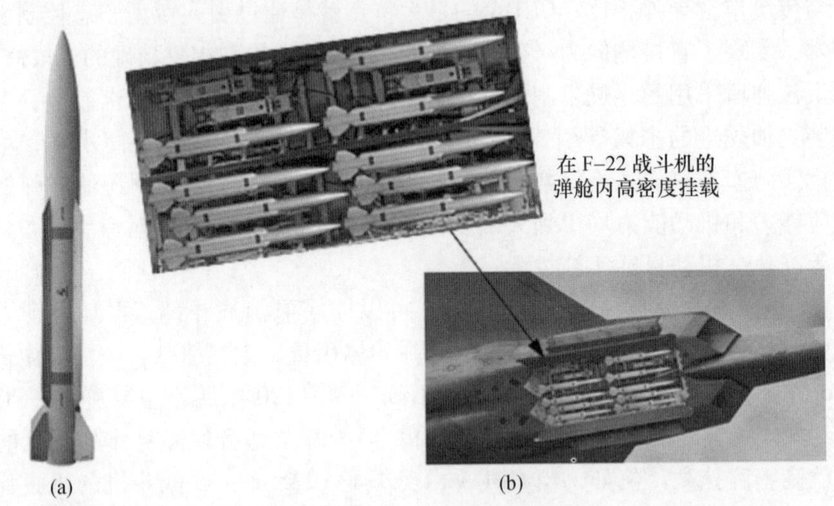

图 10－13　“游隼”小型空空导弹外形(a)及该弹由 F－22 战斗机弹舱高密度挂载假想图(b)
(图片来源：美国雷神公司；阿克拉·弗雷登 | artstation. com)

确保主要战技性能指标不至于降低甚至有所提高的前提下，最大程度地缩减导弹的体积、重量，以便实现在现役四代机、尤其五代机(使用内埋弹舱)上的高密度挂载。根据雷神公司公布的数据，“游隼”弹体长约 1.8m，弹重约 68kg，均与 CUDA 非常接近，远低于 AIM－120 中距空空导弹，而与 AIM－9 等现役近距空空导弹基本相当，由此可使美军现役四代/五代机的携弹量提高 2～3 倍。但与 CUDA 不同的是，“游隼”并没有采用撞击杀伤方式，而沿用了传统的破片杀伤战斗部，这尽管会对弹体小型化、轻量化等方面带来一定影响，但由此可以有效地降低成本费用和技术难度(如无须采用微型姿态控制发动机技术)。为了进一步控制研发/采购成本，“游隼”将会大量采用各种成熟技术、甚至“货架产品”，并且会通过 3D 打印技术来制造零部件。

“游隼”的导引头将是一种先进的“多模自主导引头”(至少包括红外成像制导在内)，可在白昼/黑夜和各种气象条件下可靠地探测跟踪各种移动/固定目标，再加上其采用的新型高性能动力装置、轻量化弹体结构、高性能模块化控制系统和小型高爆破片杀伤战斗部等先进技术，将可以实现在同一弹体上综合“AIM－120 中距空空导弹的远射程/自主制导能力”和“AIM－9X 近距空空导弹的高机动能力”。不过，按照雷神公司的设想，“游隼”服役后将不会取代现役的 AIM－120 和 AIM－9 空空导弹，而只是作为二者的补充。

与 CUDA 一样，“游隼”也是由雷神公司自筹资金研发。该弹概念方案于 2019 年 9 月 16 日在美国空军协会年度会议上首次向外界公布，目前仍处于概念研究和早期开发阶段，但其部分子系统/部件已经开始进行测试并取得了相当进展。同样与 CUDA 类似，“游隼”的性能特点也比较符合美国空军“小型先进能力导弹”(SACM)计划的需求，该弹或其改进型今后将有可能作为雷神公司的技术方案参加 SACM 项目竞标。

10.6.7　欧洲“硬杀伤防御辅助系统”

“硬杀伤防御辅助系统”(HK－DAS)是欧洲 MBDA 公司推出的一种战术飞机 APS 概念方案，计划用于配装目前在研的两种欧洲新型战斗机：英国、瑞典、意大利合作研制的“暴风”和法国、德国、西班牙合作研制的“未来空战系统”(FCAS)。该系统作为载机综合自防护系统的一部分，通过采用一种与美国“微型自卫弹药”(MSDM)类似的小型反导自卫导弹(图 10－14，图 10－15)，可在近距离上对来袭的敌方对空导弹实施“硬杀伤”式拦截，从而为高威胁战场环境下的军机提供一种“终极防御”手段，对于传统机载软杀伤自防护系统也将是强有力的补充。

图 10－14　2019 年 6 月第 53 届巴黎航展上公布的“硬杀伤反导系统”拦截弹外形图
(图片来源：欧洲 MBDA 公司)

与 21 世纪初以来出现的其他各种机载反导自卫导弹方案一样，HK－DAS 拦截弹的弹体也非常小巧，长不到 1m，弹重不超过 10kg，其外形尺寸/重量仅相当于一枚便携式防空导弹。该弹通过采用先进的红外成像导引头，达到了非常高的制导精度，由此可以取消装战斗部，而以撞击杀伤方式来摧毁目标。为了给 HK－DAS 拦截弹提供精确的目标指示，载机上将会安装 MBDA 公司研制的新一代多光谱红外及主/被动射频探测系统，该系统中集成有大量传感器，并且分散布设在载机机体各处，由此可组成一套先进的分布式传感器网络，有效提高对来袭威胁的探测、告警能力。尤其值得指出的是，该系统中还将包括一部安装在机身尾部、两台发动机中间的后视雷达，用以对后方来袭目标进行精确探测跟踪，并引导拦截弹对其实施拦截。

按照设计要求，HK－DAS 拦截弹将会以保形方式(半埋方式外挂或内埋弹舱携带)配装在载机上，以尽量减少对载机气动/隐身性能的破坏。其初步方案

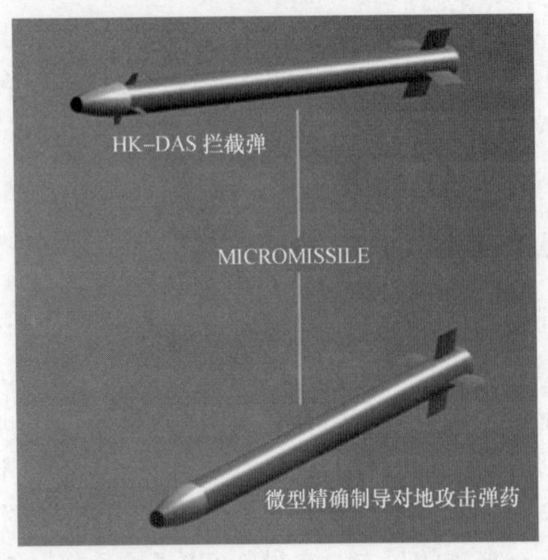

图 10 - 15　2019 年 9 月第 11 届英国国际防务展上公布的 HK - DAS 拦截弹以及由其派生发展的一种微型精确制导对地攻击弹药外形图　（图片来源：欧洲 MBDA 公司）

是沿着载机机身四周布设多个内埋于机体、采用轴向弹射方式的专用发射装置(亦即 7.4.3 节中介绍的“专用内埋弹舱中布设专用发射装置”)，这不仅能有效满足气动/隐身性能方面的要求，还将非常有助于提高系统对付后方、侧方、上方来袭目标的能力。由于这样的原因，载机在设计研制阶段就应考虑到配装 HK - DAS 的需要，并在机上选择合适的部位用以布设发射装置。根据 HK - DAS 的性能特点，战时载机要获得足够的防护，至少应携带 4 枚 HK - DAS 拦截弹；如果载机希望获得更加可靠的防护，还可以将该弹的携弹量增加到 6 ~ 8 枚。

HK - DAS 研制中将会引入通用化、模块化、多用途等先进理念，并大量采用“商用货架”产品，由此可以有效降低研制采购成本，同时还便于实现家族化、系列化发展。目前 MBDA 公司已经计划在 HK - DAS 拦截弹弹体的基础上，通过换装爆破战斗部，派生发展出一种可取代现役“硫磺石”空地导弹、供载机内埋弹舱高密度挂载的微型精确制导对地攻击弹药，进而有效增强“暴风”、FCAS 等飞机执行近距空中支援任务的能力。

HK - DAS 于 2019 年 6 月在第 53 届巴黎航展期间以“硬杀伤反导系统”(Hard Kill Anti - Missile System)的名称首次公布于世，同年 9 月在第 11 届英国国际防务展上以“硬杀伤防御辅助系统”的正式名称再次出现。目前 MBDA 公司一方面正与意大利莱昂纳多公司和英国 BAE 系统公司合作，进一步对 HK - DAS 概念方案进行完善，同时也在就该系统今后集成到载机上的相关问题，与空客军用飞机公司、法国达索公司等飞机研制商展开探讨。按计划，HK - DAS 将于 2040 年后正式投入使用。

第11章　基于高能激光武器的机载主动防护系统

自20世纪90年代以来，一场世界范围内的新军事革命迅速展开，大批高新技术被广泛应用于军事领域，并有力地推动了武器装备的更新和发展。在这样的时代背景下，世界主要军事大国均热衷于各种新概念武器的研制，由此不可避免地会给军机主动防护技术的未来发展带来深远影响甚至重大变革。目前国外正在研发的新概念武器，主要有定向能武器(如激光、高能微波和粒子束武器)、动能武器(如电磁炮、电热炮武器)和非致命性武器(如网络攻防、气象和非致命化学武器)等三大类型。在这些新概念武器中，高能激光、高能微波、电磁炮和电热炮在今后的军机APS中均有不同程度的应用前景，而高能激光是其中技术相对较为成熟的一种，有望在不久的将来投入实用，因此本章将对基于高能激光的机载APS① 发展情况做专门介绍。

11.1　机载反导自卫高能激光武器的相关概念

激光武器是定向能武器的一种，它可利用定向发射的激光束来直接毁伤目标或使之失效。根据输出功率大小及其对目标的杀伤效果，激光武器可分为低能激光(LEL)武器和高能激光(HEL)武器两大类，二者均可用于军机的反导自卫作战。其中，低能激光武器又称软杀伤激光武器、激光致盲武器，其输出功率较小，主要通过干扰、饱和、破坏导引头上探测器/电路的方式，对来袭的红外制导对空导弹实施致盲，使其丢失或偏离目标。与高能激光武器相比，低能激光武器具有成本低廉、制造工艺简单、对平台要求较低等特点，其技术已经相当成熟，目前已经在国外的部分先进军机上得到应用。例如，目前国外先进军机已经大量装备使用的定向红外对抗系统中，有很大一部分采用了激光器

---

①　考虑到高能激光武器独特的杀伤机理，本章将主要以对空导弹作为拦截对象，对其反导作战效能进行研究，实战中高能激光武器同样可对各种非制导对空弹药进行拦截摧毁。

作为干扰光源，这些激光器实质上就是一种低能激光武器。不过，低能激光武器由于输出功率有限(目前定向红外对抗系统中用作干扰光源的激光器功率通常仅为数十瓦甚至数瓦)，在用作军机反导自卫装备时存在着先天不足，它们只能以软杀伤的方式对付红外制导导弹，对于采用采用雷达或其他制导方式的导弹则无能为力，这在战时很可能会导致严重后果。要解决这个问题，只能进一步增大激光武器的输出功率，直至将其发展成高能激光武器，使其可通过高能激光束直接对目标实施硬杀伤。

高能激光武器又称硬杀伤激光武器，按照美国国防部的定义，是指平均输出功率不低于20kW或者每个脉冲的能量不低于30kJ的激光武器。高能激光武器发射的激光束携带有巨大能量，当其集中照射到来袭导弹表面时，会与目标材料相互作用，产生烧蚀、激波、辐射等破坏效应，从而对目标造成多种杀伤效果(包括导引头探测器元件被烧坏、崩裂、脱落，弹体外壳穿孔、破裂、炭化，燃料箱内部的燃料被引燃，战斗部被引爆)，最终使目标遭到彻底毁伤，永久性丧失战斗力。高能激光武器的这种特性可使其通过硬杀伤的方式，对所有种类的来袭导弹实施“一击致命”式的拦截摧毁，而无须考虑这些导弹采用的是何种制导方式。不仅如此，由于高能激光武器对来袭导弹的毁伤部位并不局限于导引头，而是扩展到几乎整个弹体表面，这无疑将有助于提高对目标的命中概率，同时降低系统瞄准跟踪的难度。此外，当高能激光武器由于发射距离、气象条件等原因而导致威力有所下降时，由于其对一定射程内的来袭导弹仍具备软杀伤能力，因此仍可当作低能激光武器使用，而不至于彻底丧失作战能力。这些性能特点，使高能激光武器在军机反导自卫作战领域具有广阔的应用前景，非常适合用作机载APS的拦截武器。

当高能激光武器用于执行军机反导自卫作战任务时，也需要像目前发展中的其他各种用途的高能激光武器系统一样，由指挥控制、激光器、光束控制、伺服跟踪瞄准、冷却散热和能源供给等多个分系统，共同构成一套完整的机载反导自卫高能激光武器系统。该系统的作战流程也与其他各种高能激光武器系统大同小异，完成一次典型的反导自卫作战任务需要经历以下三个阶段：①机载威胁告警/目标探测分系统通过各种技术途径获取目标情报信息，并将其传送给指挥控制分系统；②指挥控制分系统对目标信息进行相应处理后，引导伺服跟踪瞄准分系统捕获、锁定和跟踪目标，后者再引导光束控制分系统精确对准目标；③当目标抵达适当位置时，指挥控制分系统发出攻击指令，启动激光器，后者发射的激光束经过光束控制分系统照射到目标上并对其进行杀伤。

11.2　高能激光相对于传统机载 APS 拦截武器的主要性能优势

高能激光作为一种典型的新概念武器，具有一系列明显有别于传统反导武器(火炮、导弹等)的性能特点和独特优势，尤其是当其用于军机反导自卫任务场合、对面空/空空导弹这类高速高机动小目标实施拦截时，这些性能优势将会更加突出地展现出来，由此可以显著提高反导作战效能。

1. 反应速度快，命中精度高

激光在空中以光速传播，其速度远远超过导弹等常规武器，目标与之相比基本可视为静止状态，因而高能激光武器射击时根本无须考虑提前量，再加上激光是沿直线传播，高能激光武器射击时完全不用考虑“弹道”特性，由此可彻底避免火炮、导弹等武器需要提前计算拦截点的问题，这不仅显著缩短了反应时间，而且极大地提高了命中精度，可真正实现“发现即摧毁”“指哪打哪”，战斗中只要瞄准了目标，后者基本不存在靠机动来躲避打击的可能。

高能激光武器的这种特性，对于拦截高速高机动目标和近距离内突然出现的目标相当有利，非常适合军机在复杂多变、激烈对抗的战场环境下实施近距/超近距反导自卫作战。例如，当敌我双方战斗机以近距空空导弹为主要武器进行近距格斗空战时，由于敌方导弹发射距离近，导致防御一方的反应时间非常短暂，此时要想以导弹、火炮等传统手段对来袭导弹实施拦截，将会面临极大困难，若换用高能激光作为拦截武器，则可使问题得到有效解决。

2. 机动灵活，火力转移迅速

与导弹发射后通常需要数分钟甚至更长时间才能命中目标相比，高能激光击中并毁伤目标所需的时间是以秒为单位来计量的(其长短主要取决于为确保激光束的能量积累而需要在目标表面停留的时间①)，再加上激光束质量接近于零，射击时几乎不产生后坐力，可以通过光束控制反射镜系统来快速改变射击方向，因此高能激光武器具有发射速度快、火力转移迅速的特点，可在短时间内拦截来自不同方向的多个目标，或者对同一方向来袭的多个目标实施连续拦截，这对于机载 APS 抗击敌方多枚导弹的齐射/连射攻击非常有利。

3. 毁伤机理独特，可有效防止反导作战伤及本机/友机

激光方向性好，经聚焦后可形成一束半径仅为数厘米甚至更细的激光束，从而使其主要能量被集中在非常狭小的范围内，再加上激光是通过烧蚀而不是

① 该时间长短随激光束能量大小和目标特性差异而有所不同。

靠破片/子弹丸、爆轰/冲击波来毁伤目标的，因此只要高能激光武器系统能够精确地瞄准、照射目标，就能确保激光束在对来袭导弹实施有效毁伤的同时，最大程度地减少甚至完全避免对本机/友机的损伤。若有必要的话，还可以通过精确照射目标导引头等部位的方式，使激光束对目标的毁伤仅局限在该部位而不影响到弹体其他各处，从而在使来袭导弹完全失效的同时避免将其引爆，防止由此产生的大量破片给本机/友机带来损伤。

高能激光武器这样的特性，一方面使其非常适合在敌我双方短兵相接的混战环境(如近距格斗空战)下使用，避免因为担心机载 APS 使用过程中会伤及本机/友机而过于"束手束脚"；另一方面，还有助于压缩机载 APS 的拦截区近界，进而增大军机反导自卫作战的防御纵深，提高对目标的拦截成功率。

4. 单次发射成本低，作战效费比高

空空导弹等现代机载精确制导弹药的采购成本非常昂贵，其单价动辄数万、数十万甚至上百万美元，并且只能一次性使用。相比之下，高能激光武器每次发射所耗费的成本仅为数千、数百、数十美元甚至更低①，因而拥有良好的经济可承受性和极高的作战效费比，这在耗资巨大的现代战争中非常具有现实意义，对各国军方极富吸引力。

5. 杀伤威力可控，战场使用灵活

高能激光武器对目标的杀伤威力可控，战时可根据目标类型和战术需求的不同，通过调整激光武器的输出功率、照射时间和发射距离来获得不同程度的打击效果，包括非杀伤性警告、功能性损伤(如通过损伤导引头的方式致盲来袭导弹)、结构性破坏(如通过引燃传感器、发动机等设备致使目标瘫痪)以及彻底摧毁目标(如引爆来袭导弹的战斗部)。因此机载高能激光武器在实战中使用非常灵活，既可以作为进攻性武器，也可以用作防御性装备；既可用于打击空中目标，也可以摧毁地/水面目标；既可以拦截敌机发射的导弹，也可以直接打击敌机本身；既可以对目标实施软杀伤，也可以对其进行硬摧毁。

6. 不受电磁干扰，隐蔽性好

空空导弹等传统制导弹药发射后，需要通过红外、雷达等导引头的引导来实现对目标的精确打击，均存在被敌方干扰的可能。而激光发射后，光束是以光速直奔目标而去，途中不需要任何制导，现有的各种电磁干扰手段均对其不起作用，因此高能激光武器特别适合在电磁环境日趋复杂的现代战场上使用。

此外，由于高能激光武器发射的激光束无声无烟，敌方难以对激光发射的

① 以美国海军于 2014 年 8 月在"庞塞"号两栖船坞运输舰上试验性部署的舰载"激光武器系统"(LaWS)为例，该系统每次发射仅需消耗几度电，其直接成本不到 1 美元。

具体位置进行准确判定，这将有助于提高载机在战场上的隐蔽性，增强其生存力。

7. 持续作战能力强

与炮弹、导弹等传统弹药不同，高能激光武器发射的激光束可通过机上的电能产生，因此只要机上燃油尚未耗尽，能够持续为激光器供电，就不会出现“弹药打光”的情况。美国空军研究实验室（AFRL）的研究测试数据表明，机载战术高能激光武器一次射击通常仅需消耗燃油 1L 左右，因此战时军机只需加挂一具容量为数百升的小型副油箱，就可以维持机载激光武器的数百次发射。对于一架可携带 6 ~ 8 枚空空导弹（其总重将达数百、上千千克）的战术飞机来说，若将同样的载荷用于挂载高能激光武器并增加燃油携带量，将至少可以进行上百次激光发射。而对于有效载荷远大于战术飞机的大军机来说，只要冷却散热问题能得到有效解决，其机载高能激光武器将可以较高的射速连续作战数小时甚至更长时间。

不仅如此，对于配装有高能激光武器的军机来说，战时还很容易通过空中加油来获得燃油补充，从而在无须着陆的情况下恢复到“弹药充足”状态。相比之下，炮弹、导弹等传统弹药则很难进行空中补给。

11.3　高能激光武器的固有性能缺陷对机载 APS 作战效能的影响

如同其他任何武器都有自己的缺点和不足一样，高能激光武器也说不上是万能的。囿于自身独特的杀伤机理和传输特性，目前技术条件下高能激光在用作硬杀伤武器时存在着诸多“软肋”，导致其战时作战效能会受到很大制约，这也是高能激光武器迟迟没能进入实用化的一个重要原因。不过，当高能激光被用作机载 APS 的拦截手段并承担军机反导自卫作战任务时，这些固有性能缺陷均可以在相当程度上得到缓解或回避，这无疑非常有助于机载反导自卫高能激光武器从目前在研的各种高能激光武器中“脱颖而出”，率先实现实用化。

1. 高能激光武器作战效能受天气影响较大的问题

高能激光武器在战场环境下使用时，其作战效能受气象条件的影响非常大，云层、雨雪、雾霾、风沙、烟尘均对激光有着强烈的衰减作用，由此会显著降低高能激光武器的杀伤威力和有效射程。因而与大部分传统武器相比，高能激光武器的全天候作战能力较差，在恶劣气象条件下其作战效能将会急剧下降甚至完全丧失，这在现代战场上无疑是一个致命短板。

尽管这样，由于军机反导自卫作战的特殊性，若将高能激光武器搭载于军机平台并用作机载APS的反导拦截武器时，其上述性能缺陷并不显得特别突出。因为在现役的各种类型军机中，除了直升机以及部分处于特定飞行阶段(起飞/降落、低空/超低空突防等)的固定翼飞机外，其余大部分军机战时主要是在中高空活动，由此比较容易避开低空稠密大气和恶劣气象条件对机载激光武器使用的影响。即使对于低空活动的直升机和处于部分特定飞行阶段的固定翼飞机来说，尽管其机载高能激光武器的作战效能将不可避免地会有所下降，但由于此时它们与敌方防空火力之间的交战距离将非常近，机载高能激光武器作战效能受气象条件的影响将远不如远距离发射时那样显著，其发射的激光束往往仍拥有足够的威力对来袭导弹实施硬杀伤；退一步讲，即使此时激光束能量已经衰减到一定程度，以致于基本丧失对目标的硬杀伤能力，通常也仍能对来袭的红外制导对空导弹进行软杀伤，而红外制导导弹正好是军机在低空、超低空面临的主要导弹威胁。

2. 高能激光武器在大气中射程有限及难以攻击视距外目标的问题

激光在大气中传输时会受到大气分子吸收、大气中微粒的散射以及大气折射等因素的影响，其能量将会随着传输距离的增加而不断衰减。与此同时，随着传输距离的增加，激光束的发散角将会不断增大，其在目标上形成的光斑也将相应增大，进而会导致照射到目标上的激光束功率密度降低。由于这些原因，战时高能激光武器对目标的杀伤威力将会随着距离的增加而逐渐减弱，最终将完全丧失对目标的硬杀伤能力。

此外，对于高能激光武器来说，还存在着难以攻击“视距外”目标的问题。因为激光是沿直线传播的，发射后既不能“拐弯”，也无法对“弹道”进行修正，导致其只能攻击“视距内”目标，对于障碍物后面或地平线/水天线以下的目标则无能为力。由于地球表面曲率的影响，当高能激光武器搭载于地面/水上作战平台使用时，其难以攻击视距外目标的问题将表现得尤为明显，进而导致其射程非常有限(通常仅为10km左右)，在很多场合难以满足作战需求，尤其不适合作为进攻性武器使用。

但是当高能激光武器被军机平台搭载并在空中战场上担负反导自卫作战任务时，其上述性能缺陷对系统作战效能的影响并不算严重。这主要表现在四个方面：①机载APS的用途与目前的舰载/车载APS类似，主要用来对付较近距离上出现的来袭导弹，本来就不需要太远的射程，机载反导自卫高能激光武器的有效射程即使按照上面提到的10km来计算也基本够用了；②由于空中战场(尤其是中、高空)的大气较地/海面稀薄，并且受雨、雪、雾等天气现象的影响较小，机载高能激光武器在作战过程中的威力/射程下降问题也远没有低空、地/水面使用时那样严重；③与地面/水上作战平台相比，军机平台上的传感器通视距离更远，武器射界更广，来袭导弹与本机之间出现障碍物的概率也更小，这将从而有助于延长机载高能激光武器系统的“视距”和实际射程；④激光武器发射速度快、火力转移迅速，可在短时间内对同一目标连续实施多次拦截，即使其有效射程较短，也能确保在来袭导弹飞抵载机“安全半径”之前，对其实施足够次数的拦截以提高拦截成功率，而没必要像传统反导武器那样，需要尽量提升射程以确保足够大的作战纵深，进而增加拦截次数。

3. 目标及载机高速高机动飞行导致激光瞄准跟踪难度增大的问题

与传统弹药引爆后将会在瞬间毁伤目标不同，高能激光对目标的毁伤是一种烧蚀过程，其杀伤能力和效果主要取决于能将多少激光能量传递并沉积到目标的某一部位上。因此，高能激光武器要实现对目标的硬杀伤，不仅需要激光束精确照射到目标的某一部位，而且必须使激光束在该部位停留一段时间，使能量积累到足以毁伤目标的程度后才能产生预期效果。此外，为了尽可能提高激光束的功率密度，高能激光武器发射的激光束经汇聚后照射到目标上的光斑往往非常小，要使其准确覆盖目标的某一特定部位也将是件不容易的事。高能激光武器的这些特性，对于其攻击高速高机动目标相当不利，因为目标的高速高机动飞行不仅会显著增大系统瞄准跟踪的难度，要求伺服跟踪瞄准分系统具备极高的精度，而且不利于激光束在目标表面某一部位较长时间停留以累积热能。尤其是对于机载反导自卫高能激光武器来说，其拦截对象（对空导弹）是现有各种空中目标①中高速高机动飞行能力较强的一种，再加上载机平台自身通常也会处于一定的机动飞行状态（战术飞机更是如此），要实现对目标的有效毁伤无疑会面临更大的难度。

不过，如果从现代探测/跟踪传感器所达到的性能水平和对空导弹的目标特性两方面对比分析，将可以看出对空导弹的高速高机动性能对防护激光攻击的帮助实际上并不算大，其对机载反导自卫高能激光武器作战效能的影响也较为有限。

一方面，如 5.4 节所述，自 20 世纪 80 年代以来，随着红外/紫外探测技术的快速发展，各种机载红外/紫外传感器在探测精度和作用距离方面的提升非常明显，尤其是角分辨率已经达到非常高的水平，从而使军机平台瞄准跟踪高速高机动小目标时所面临的困难在很大程度上得到克服。例如，目前国外机载定向红外对抗系统中采用的红外/紫外传感器已经有能力精确瞄准来袭导弹的导引头部位并引导激光/红外干扰光束对其进行致盲，甚至当载机平台是同

① 现代战场上的空中目标主要包括弹道导弹、巡航导弹、空地导弹、反舰导弹、制导/无制导炸弹、火箭弹、火炮/迫击炮炮弹、反坦克导弹、固定翼飞机、直升机、无人机等。

样具备高速高机动性能的战斗机时也可做到这一点[①]，这样的瞄准/跟踪精度完全足以支持机载高能激光武器对来袭导弹的硬杀伤。

另一方面，由于对空导弹是各类空中目标中弹/机体较为脆弱的一种(参见3.2节)，在同等条件下往往更容易遭到激光毁伤，这意味着对于相同功率的机载高能激光武器来说，毁伤对空导弹所需要的照射时间，要比毁伤飞机或弹道导弹之类目标短得多，由此可大幅降低激光束瞄准跟踪目标的难度。此外，对空导弹与其他大部分导弹武器一样，在其飞行全程的很大一部分时间内(尤其是在逐渐接近目标的末段)均需要将头部大致指向目标，致使其整个弹体中最容易遭激光损伤的薄弱部位(导引头)完全暴露在对方拦截火力下，因此机载高能激光武器若以烧毁导引头的方式对来袭导弹实施拦截，其瞄准跟踪目标的难度还会进一步降低。

4. 来袭导弹采用各种抗高能激光防护技术的问题

为了应对激光反导武器对弹道导弹、巡航导弹突防所带来的威胁，多年来国外一直在研究开发各种抗高能激光防护技术，主要包括：在弹体外部采用隔热保护层，以提高弹体的耐高温能力；让弹体做自旋转运动，使入射激光能量分散到弹体表面更大的面积上；在弹体表面(尤其是导引头等要害部位)敷覆特殊涂层，以反射一部分入射激光。目前这类技术正日趋成熟，并且已经开始在部分弹道导弹/巡航导弹(如法国M51潜射弹道导弹)上得到应用，由此会在相当程度上增大对方高能激光武器反导作战时的难度。

对于对空导弹来说，今后采用类似技术来提高自身对高能激光的防护能力也是完全有可能的。例如，目前国外现役的部分对空导弹出于简化制导、控制等原因，在飞行中弹体会以一定的转速保持自旋(如美国“拉姆”舰空导弹、部分便携式防空导弹)，从而使其对抗高能激光武器攻击的能力在无意中得到了一定增强。尽管这样，多年的研究和测试结果表明，对空导弹要想全面沿用甚至移植上述各种抗高能激光防护技术并达到理想的防护效果，将会面临很大困难。例如，考虑到导引头是对空导弹整个弹体中最容易被激光损伤的部位，通常需要对其进行重点防护加固，但这将会对导引头整流罩的选材和厚度提出相当苛刻的要求：既要确保足够的抗高能激光防护能力(需兼具耐高温和激光反射性能)，同时还应具备良好的透波性能；不仅如此，若重点对导引头部分进行激光防护加固，还很可能会导致导弹头部重量过重，使弹体的重心前移，进

① 美国早在20世纪90年代后期就通过实施“战术飞机定向红外对抗系统”(TADIRCM)项目对F/A-18E/F等战术飞机搭载定向红外对抗的可行性进行了验证，目前已经开始为F-35战斗机研制名为“威胁无效化防御资源”(ThNDR)的新型定向红外对抗系统，俄罗斯也在为其苏-57战斗机开发类似装备。

而影响整个弹体的布局设计；若不惜代价，对导弹的整个弹体进行全面防护，不仅仍然需要解决导引头整流罩的选材和厚度问题，还会造成弹体大幅增重，严重影响导弹战术性能并增加发射平台（尤其是军机）的负担。至于弹体自旋转技术，由于滚转弹体存在着控制力方向不够准确的缺点，采用这类技术的导弹通常响应能力较差，进而会影响其对付高机动目标的能力，再加上很多导弹受弹上设备的限制，并不适合做连续滚转，因此弹体自旋转技术目前主要应用于一些近程、低空防空/反导导弹，对其他绝大多数对空导弹来说则不太适用；即使对于这些近程、低空防空/反导导弹来说，弹体自旋转对其防护高能激光武器攻击的帮助也并不突出，因为这类导弹的弹径普遍较小，弹体旋转过程中分散激光能量的效果也相应较差。

综合考虑这些因素，可以认为在今后相当长时期内，对空导弹在面对机载反导自卫高能激光武器的攻击时，将很难进行可靠有效的防护。

5. 高能激光武器应对饱和攻击时的能力上限问题

高能激光武器尽管具备机动灵活、火力转移迅速的特点，可在短时间内对连续来袭的多个目标实施打击，但囿于自身的独特杀伤机理，高能激光武器在面对敌方导弹/飞机发动的饱和攻击时并非完全无懈可击，而是存在着能力上限问题。因为高能激光武器系统每次发射时只能攻击一个目标，在此过程中激光以烧蚀方式完成对目标的毁伤需要一定时间，随后系统转移火力并指向下一个目标还需要一定时间，由此导致同一部高能激光武器系统在一定时间段内所能对付的目标总数会受到限制。

尽管这样，多年的研究分析结果表明，若只是针对军机反导自卫作战这种特定的任务场合，高能激光武器应对饱和攻击时的能力上限问题所带来的后果实际上并不算太严重，其对机载 APS 作战效能的影响也基本在可以接受的范围之内。

一方面，由于对空导弹的弹体普遍较为脆弱，加上军机实施反导自卫作战的距离通常较近，高能激光传输过程中能量衰减较少，因此完成对目标的烧蚀毁伤所需时间也较短；同时，由于军机平台普遍拥有较好的高速高机动性能，若有必要的话，还可以适时调整本机位置和机身姿态，以协助机载高能激光武器尽快瞄准目标，从而压缩其转移火力所需的时间。由此一来，高能激光武器在执行军机反导自卫作战任务时，其前后两次开火射击之间的间隔时间将可以有效缩短，从而有助于增加相同时间段内所能对付的目标总数。

另一方面，今后随着机载高能激光武器系统向小型化、轻量化、模块化方向发展，对军机平台搭载条件的要求也将大幅降低，届时即使是战术飞机也可以固定安装两个甚至多个激光发射转塔（激光炮塔），或者外挂两个甚至多个高能激光武器吊舱，体型更大、搭载能力也更强的大军机可配装的激光炮塔/吊舱数量无疑将会更多，由此可以成倍提升系统对付多目标来袭、以至饱和攻击的能力。

此外值得指出的是，尽管现代战场上坦克装甲车辆遭到敌方数枚甚至更多导弹(或非制导弹药)齐射/连射攻击的情况已经司空见惯，多枚反舰导弹齐射以至饱和攻击更是以苏联为代表的部分国家军队对付大中型水面舰艇的典型战术。但如3.2节所述，除了一些非常特殊的场合外，现代战争中很少会出现使用3枚以上的对空导弹同时/连续攻击一个空中目标的情况。

考虑到这些因素，对于今后承担反导自卫作战任务的机载高能激光武器来说，其应对敌方对空导弹齐射/连射攻击的能力在绝大多数场合下将是完全足够的。

11.4 基于高能激光武器的机载 APS 未来发展方向

由以上分析可以看出，当高能激光武器配装在军机平台上并用于执行反导自卫任务时，将能够在充分发挥激光武器各种先天性能优势的同时，最大程度地缓解、回避其固有性能缺陷，由此可获得极高的反导作战效能。因此，多年来美国、苏联(俄罗斯)等军事强国对基于高能激光的军机反导自卫武器发展非常重视，在此领域进行了长期探索研究并取得了大量成果，其技术正逐渐接近实用化。从这些国家在相关领域的最新动向来看，机载反导自卫高能激光武器在向实战装备发展的过程中，已经明显呈现出以下几方面的特点。

1. 电激光器将取代化学激光器，成为未来反导自卫高能激光武器的核心

截至21世纪初，美国、苏联、欧洲所研发的高能激光武器大都采用的是化学激光器(利用化学反应释放的能量来产生激光)，这主要是因为化学激光器经过长期发展，是当时各类激光器中技术最成熟、转换效率最高(可达40%)并且最先达到实战所需要的“武器级功率”(100kW)的一种，距实用化水平已经相当接近。例如，20世纪90年代以来美国推出的两种非常著名的机载高能激光武器系统——“机载激光器”(ABL)和“先进战术激光器”(ATL)均采用的是化学氧-碘激光器(COIL)，并且二者在靶场射击测试中均有不俗表现。尽管这样，多年的研究和测试结果也同时表明，目前技术条件下化学激光器要供军机搭载使用，还存在着诸多性能缺陷——系统复杂，体积庞大，结构笨重，只有大中型运输机才能搭载使用；所使用的化学燃料易燃，剧毒，有腐蚀性，并且工作过程中会向外排放有害废气，影响飞机和机上人员的安全；每次出击均需专门补充化学燃料，使用维护繁琐复杂，费用居高不下。这些弊端的存在，严重限制了化学激光器在军机平台、尤其是战术飞机上的应用，更不适合将其作为军机的反导自卫装备使用。正是由于这样的原因，加上其他一些相关因素，尽管美国军方曾一度计划批量采购“机载激光器”(ABL)并投入实战部署，但最终还是放弃了采购计划，而将其转用于技术演示验证。

电激光器是将电能转化为光能的激光器，主要包括固体激光器、液体激光器、光纤激光器、碱金属蒸汽激光器、自由电子激光器和二氧化碳激光器。与化学激光器相比，电激光器是以搭载平台所提供的电力为能源，普遍具有体积小、重量轻、效率高、寿命长、结构紧凑等特点，非常适合机体空间、重量载荷和能源供给均较为有限的作战平台搭载使用，在用于机载高能激光武器时具有明显的先天优势。尤其是对于电激光器中最受关注，同时技术也相对较为成熟的固体激光器来说，其在具备上述电激光器优点的同时，还可通过功率合成的方式达到远超化学激光器的输出功率，今后只需对激光器模块数量进行相应增减，即可有效满足从地面“反火箭炮、火炮及迫击炮”(C-RAM)、战术反导直至战略反导的多层次任务需求，其在军机反导自卫作战领域的应用前景无疑更加广阔。

此外值得指出的是，今后多电(MEA)/全电飞机(AEA)飞机技术的日益成熟，也将为电激光器在军机上的应用创造良好条件。所谓多电/全电飞机，就是以电力作为飞机的主要二次能源，部分或全部取代传统飞机系统中的液压能和气压能。通过采用多电/全电飞机技术，可以将机上的发电、配电和用电设备作为一个整体来进行设计，并根据用电设备的实际负荷对发电系统进行统一、有效的分配，不仅会带来系统体积缩小、重量减轻、复杂度降低、可靠性/维护性提高等众多优点，而且可以有效满足今后机上系统对电力需求的急剧增长，确保机载武器系统、尤其是高能激光这类耗能巨大的新概念武器获得稳定、充足、方便的电力供应。

由于上述原因，自 21 世纪初以来，美国、德国等发达国家在高能激光武器领域的研究重点已经相继从传统的化学激光器转向电激光器，并取得了一系列重大进展。以美国为例，美国国防部高能激光联合技术办公室与陆军、海军和空军合作，先后实施了“联合高能固体激光器”(JHPSSL)和“耐用电激光器倡议”(RELI)等项目，对以固体激光器为代表的电激光器相关技术进行深入研究，使激光器的能量转换效率、集成度和功率水平不断提高，为今后研制更具实战意义的机载高能激光武器奠定了坚实基础。

2. 机载反导自卫高能激光武器输出功率不宜低于 100kW 的“武器级功率”

由于对空导弹是目前各类空中目标中抗高能激光毁伤能力较差的一种，加上军机反导自卫作战很多时候都是在空气较为稀薄的中高空并且在相当近的距离上发生的，因此从理论上讲，机载高能激光武器要对来袭对空导弹实施硬杀伤式拦截，通常数十千瓦甚至更低功率的高能激光就能满足要求。考虑到对空导弹还存在着导引头这一薄弱部位，机载反导自卫高能激光武器若是以烧毁(并不是致盲)导引头的方式对来袭导弹进行拦截，甚至10kW级功率的激光即可胜任，这样的功率水平已经低于高能激光定义标准的下限。例如，计算表明，当机载激光武器系统对距离为5n mile(9.26km)、导引头整流罩由厚度10mm的陶瓷材料制成的面空导弹实施拦截时，功率仅需达到12.1kW就可有效毁伤后者的导引头①。

不过，当机载高能激光武器在战场环境下使用时，其对来袭对空导弹的毁伤效果会受到多种因素的影响，要确保对目标拥有足够高的拦截成功率，其实际所需的输出功率将远不止上述理论条件下的数值。这主要有四个方面的原因：①在对空导弹的弹体总表面积中，弹身部分所占比例远大于导引头，高能激光武器必须具备毁伤目标弹身的能力(而不能仅限于对导引头的毁伤)才能有效提高拦截成功率，而对空导弹弹身部分的抗激光毁伤能力远高于导引头，对激光武器功率的要求也相应会提高；②当高能激光武器对来袭导弹实施拦截时，大多数情况下并不能保证激光沿着与弹体表面垂直的方向照射到目标上，入射激光往往会与弹体表面呈一定角度，这相当于增加了弹体外壳的厚度(类似于坦克倾斜装甲所达到的效果)，若激光功率过低将难以有效毁伤目标；③适当提升高能激光武器的功率，才能增加单位时间内向目标传递的能量，从而缩短毁伤目标所需要的激光照射时间，进而提高战场环境下对来袭导弹的拦截摧毁概率，或者降低对伺服跟踪瞄准设备的性能要求，同时减少对载机机动飞行的限制；④机载反导自卫高能激光武器需要在功率方面留出一定余地，以满足载机低空/超低空突防(低层大气较为稠密)、恶劣气象条件(此时激光传输衰减严重)、高速高机动飞行(此时会出现较强湍流)等特殊场合下的作战需求，并应对今后对空导弹可能采用的各种抗激光防护技术。

国外多年的研究和测试结果表明，当高能激光武器达到100kW(为目前工业激光切割设备功率的30倍以上)这一功率水平时，将会具备非常突出的战术意义和实战价值：能够在确保搭载平台安全的距离上，快速拦截并引爆飞行中的火箭弹、火炮炮弹、迫击炮弹，或者有效摧毁小型地面车辆、小型水面船只、无人机以及相当一部分战术导弹。因此，以美国为代表的西方国家军方和工业界普遍认为100kW是激光武器能对战场目标实施有效硬杀伤的最小阈值功率，并将其称作“武器级功率”。显然，从对空导弹的目标特性(大体上相当

① 数据来自文献[191]。

于加装了制导系统的火箭弹)来看，要对其实施快速拦截并有效毁伤，机载反导自卫高能激光武器的功率同样不宜低于 100kW 的水平。如果从实战需要出发，机载反导自卫高能激光武器最好还应具备一定的对付敌方有人驾驶飞机(如直接打击敌方空空导弹的载机)或其他空中/地(水)面目标的能力，其功率往往还需要在 100kW 基础上再做一定提升。例如，美国著名防务智库——战略预算评估中心(CSBA)的高级研究员、前美国空军飞行员马克·冈津格(Mark Gunzinger)就认为，机载高能激光武器要在能有效拦截来袭对空导弹的同时，兼具打击敌方各种有人驾驶飞机的能力，其功率选择在 150～200kW 的范围内将较为合适。事实上，目前由美国国防部国防高级研究计划局(DARPA)主导实施、今后可用于军机反导自卫的“高能液体激光区域防御系统”(HELLADS)，其功率就被确定为 150kW 级(参见 11.6 节)。

3. 软杀伤与硬摧毁、防御性与进攻性高能激光武器将会实现融合式发展

与目前的低能激光武器只能对来袭对空导弹实施软杀伤(致盲其导引头)并且只能对付红外制导导弹不同，今后的机载高能激光武器可通过硬杀伤的方式对所有类型的来袭导弹实施拦截，二者在承担军机反导自卫任务时的作战效能不可同日而语。美国著名军事网站“Foxtrot Alpha”等媒体甚至认为，今后的高能激光武器一旦与载机上的“360°全方位态势感知”“头盔信息显示”[①]等先进技术设备相结合，将会在载机周围形成一个可 360°全向覆盖整个机体并将所有来袭威胁(包括各种对空弹药和作战飞机)拦阻在“安全半径”之外的球形“护罩”，从而使载机对各种传统对空火力具备“免疫”能力，届时从理论上讲，敌方除非同样使用高能激光武器，否则将很难穿透此“护罩”。

不仅如此，今后机载反导自卫高能激光武器对部分来袭导弹的拦截同样也可以通过软杀伤的方式来实现。例如，操作人员出于节省机上能源或减少附带杀伤等原因，通过有意调低激光输出功率的方式来对目标实施软杀伤；或者高能激光武器尽管处于高功率状态，但因天气条件恶劣或目标距离过远，致使激光束威力降低以致于难以对目标实施硬杀伤，而不得不转为软杀伤。在今后的战场上，机载反导自卫高能激光武器可由机组人员根据战场态势、周边环境和目标类型的不同，在软、硬两种杀伤方式中灵活选择，从而在确保对来袭导弹实施有效拦截的前提下，最大程度地提高效费比。

从长远看，今后随着输出功率和杀伤威力的持续提升，机载反导自卫高能激光武器对来袭导弹的硬杀伤能力将不断增强，最终还将有能力直接对敌方对

① 二者分别以 F－35 战斗机上的“光电分布式孔径系统”(EODAS)和“头盔显示系统”(HMDS)为典型代表。

空导弹的发射平台(如敌方空空导弹的载机)以至其他各种空中/地(水)面目标实施打击。届时,机载防御性与进攻性高能激光武器之间的差异将日趋模糊,二者将会在很大程度上实现融合式发展,对于相当部分军机来说,战时只需配备高能激光这一种武器就可同时完成制空作战、打击地/水面目标和反导自卫等多种任务,其作战灵活性将会得到极大提高。例如,2005 年 6 月,美国海军研究生院学员、海军陆战队少校罗博·曼斯菲尔德(Robb Mansfield)在其硕士论文《用于战术航空的高能固体及自由电子激光器系统》(*High Energy Solid State and Free Electron Laser Systems in Tactical Aviation*)中,就对以高能激光为主战武器的战术飞机如何与敌方飞机/地(水)面防空系统对抗的问题进行了研究探讨,并假想了一场发生于两架 F/A－18(只配备高能激光武器)与两架米格－29 战斗机(携带有 R－27 雷达制导中距空空导弹)之间的对抗空战。在该空战场景下,双方交战过程如图 11－1 所示:①随着双方距离的缩短,米格－29 抢先发射空空导弹,对 F/A－18 实施超视距攻击;②米格－29 发射的空空导弹遭 F/A－18 机上高能激光武器的拦截摧毁,攻击行动失败;③双方距离进一步缩短,米格－29 进入到 F/A－18 机上高能激光武器有效射程之内,随即遭到后者发射的高能激光束攻击(文中建议应重点瞄准攻击敌机的操纵面、座舱盖、进气道等易损部位)。

由此可以看出,以目前机载低能激光武器的入役使用为开端,包括反导自卫高能激光武器在内的机载激光武器在其未来发展过程中,将大体上会经历“软杀伤→软/硬杀伤兼顾”“防御性武器→攻防兼备武器”“辅助武器→主战武器”三个方面的转变,在此过程中其威力将逐步提升,功能也不断拓展,其在未来航空武器装备体系中的地位也将相应地会不断提高和稳固。

4. 高能激光武器与载机的整合程度将不断提高,最终将实现共形安装

与其他机载 APS 一样,今后军机反导自卫高能激光武器系统在载机上的配装方式也可分为外挂吊舱和内置安装两种,二者各有利弊(参见 4.4 节)。不过,在机载高能激光武器投入使用的早期,由于其体积、重量难以大幅缩减,只有部分大军机才具备内置安装使用的条件,而对于以战术飞机为代表的其他载机来说,由于机体空间较为有限,设备装填密度大,要想将整个高能激光武器系统完全整合进机体内部,将会面临很多困难和不便,此时采取外挂吊舱的配装方式比较合适。例如,多年来美国军方和工业界就一直在探讨为 F－15/16、F/A－18E/F、F－22/35 等战斗机配装反导自卫用的高能激光武器吊舱。

今后随着技术的进步,机载高能激光武器系统的体积、重量将会逐步缩减,最终将会达到足以供战术飞机或其他轻小型军机内置安装的程度;与此同

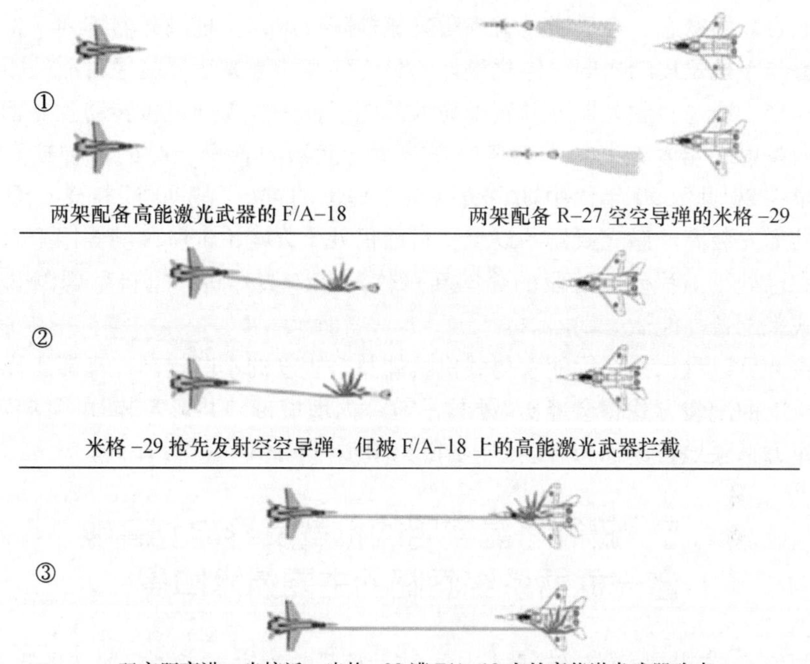

图 11 - 1　配备高能激光武器的 F/A - 18 与配备空空导弹的米格 - 29 战斗机之间的对抗空战示意图　(图片来源：罗博·曼斯菲尔德 | 美国海军研究生院)

时，机载高能激光武器系统的功能也将不断拓展，最终将发展成为一种集软杀伤与硬杀伤、防御性与进攻性于一体的主战武器，很多任务场合下军机仅凭高能激光这一种武器即可保证行动使命的完成，而根本无须携带使用其他武器弹药。届时，对于大部分承担一线作战任务的军机来说，以外挂吊舱方式配装高能激光武器的意义已经不大，而内置安装方式的优势却能得到充分展现，因此完全可以考虑将高能激光武器系统整合进机体内部(仅激光炮塔暴露在外)，使其作为一种固定机载武器永久性地安装在载机上。正是由于这样的原因，多年来美国军方和工业界在考虑为 F - 22、F - 35 隐身战斗机配装高能激光武器吊舱的同时，也一直没有放弃将高能激光武器集成到这类飞机机体内部的努力。

从长远看，对于今后的军机来说，即使以内置安装方式来配装高能激光武器，其缺点也仍不可忽视，主要包括：系统占用的机体内部空间仍嫌过大；高能激光武器射击时需要转动炮塔，影响反应速度；激光炮塔突出于机体外，对载机气动/隐身性能仍有一定影响，其产生的湍流还会影响到高能激光武器的精度和威力。为了解决这样的问题，国外已经开始探索高能激光武器与载机机身共形安装的概念，今后通过引入激光相控阵技术，实现激光器阵列、光束控制设备与飞机蒙皮结构的一体化设计，最终使高能激光武器能像目前的相控阵雷达那样，通过对激光器阵列实施高效的电子控制，无须机械转动就能朝着特定方向发射高能激光束，从而避免高能激光武器内置安装时的种种缺点。例如，早在20世纪90年代中期，美国空军提出的“光子战斗机”概念方案中就有了共形安装高能激光武器的设想；目前仍处于方案论证阶段的美国第六代战斗机和已处于工程研制阶段的美国新一代B－21轰炸机，也将考虑以共形安装方式来配备高能激光武器。

由此可以看出，今后随着与载机机体整合程度的不断提高，高能激光武器在载机上的配装方式将会经历“外挂吊舱→内埋携带→共形安装”的发展路线，美国军方形象地将其称为“爬行→步行→跑步”（crawl→walk→run）。

11.5 研制可靠实用的机载反导自卫高能激光武器系统面临的主要技术障碍

与舰载/车载高能激光武器相比，机载反导自卫高能激光武器在搭载平台、作战对象和战场环境等方面的差异很大，导致其开发过程中面临的技术问题往往更加严重，入役后在操作使用过程中面临的限制也将会更多，因此要研制一种可靠实用的机载高能激光武器并将其集成到今后的机载APS中，将非常富有挑战性。从多年来国外在相关领域的研究进展情况来看，今后机载反导自卫高能激光武器在向实用化发展的过程中，技术方面尤其需要重点解决以下几个问题。

1. 机载高能激光武器系统的SWaP问题

SWaP问题是指“体积、重量及能源”问题，它一直是军机平台配装高能激光武器系统时面临的最大技术挑战。

在目前技术条件下，由于高能激光器的能量转换效率普遍较低（目前效率最高的化学氧－碘激光器也仅为40%），导致外界向其提供的全部能量中，只有一小部分被用于转换生成激光束，其余大部分均以热能的形式散失了。然而要使高能激光武器拥有足够的杀伤威力，又必须确保其发射的激光束中携带有足够多的能量，使系统的输出功率达到足够高的水平。因此，高能激光武器系统对外部的实际总能源需求，通常远远超过了其输出功率，从而对搭载平台的能源供给提出了很高要求，将不得不在搭载平台上配备一套庞大笨重的储能供能机构。由于这样的原因，再加上目前技术条件下的高能激光武器系统还需要配备一套同样庞大复杂的冷却散热装置，导致整个系统的体积重量长期居高不下，对搭载平台内部空间、有效载荷等方面的要求也相应地会“水涨船高”。

对于水面舰船和陆上车辆来说，前者的体积和吨位庞大，后者则可以考虑将高能激光武器系统的各个分系统分散布置在多辆车上(包括外部供能)，因而在机体空间、重量载荷和能源供给等方面所面临的限制较小，要解决高能激光武器系统的 SWaP 问题也相对更为容易。而军机平台(尤其是较小型的战术飞机/直升机)由于众所周知的原因，对机载设备在体积重量、能源需求等方面的增加一向非常敏感，因此在解决高能激光武器系统的 SWaP 问题时面临的困难，显然要比水面舰船和陆上车辆大得多。

要解决机载高能激光武器系统的 SWaP 问题，只能依靠技术进步，尤其是开发出更高效的储能供能和冷却散热技术，实现高能激光器的小型化、轻量化、集成化，进而大幅提高整个系统的功率－体积/重量比，而这些目标的实现均还有待时日。

2. 机载高能激光武器系统的冷却散热问题

由于目前高能激光器的能量转换效率有限，当高能激光武器系统工作时，其从外界获得的全部能量中，只有小部分被用于生成激光束，其余大部分则被转换成了热能。这不仅会造成极大的能源浪费，若不将这些废热及时散发掉，还会产生更加严重的后果：一方面会导致激光束质量降低，激光器工作效率下降(尤其是难以持续发射)甚至受到损伤；另一方面还会显著增强载机的红外辐射特征，严重影响其在战场上的隐蔽性。因此，载机平台需要采用各种热管理技术，必要时还需专门配装一套庞大复杂的冷却设备(有时其体积重量甚至不亚于激光器本身)，来对高能激光武器进行冷却散热以保证其正常工作，这不仅会大量占用载机平台的机体空间和有效载荷，而且冷却装置本身也需要消耗一定能源。

今后随着机载高能激光武器系统输出功率的增大，所产生的废热将会越来越多，为了及时处理这些废热而给载机机体空间、重量载荷和能源供给等方面带来的负担也会相应地不断增加，进而会进一步加剧系统本来就已相当严重的 SWaP 问题，因此冷却散热已经成为现代军机、尤其战术飞机配装高能激光武器时面临的最大技术挑战之一。例如，对于一套输出功率为 100kW(刚好达到“武器级功率”)、转换效率为 32% ~33% (在目前已属先进水平)的机载高能激光武器系统来说，在其工作期间，每生成 100kW 的激光束能量，就会同时产生约 200kW 的废热并要求载机及时处理，然而目前技术条件下战术飞机通常仅具备数十千瓦的冷却能力。如果再考虑到随着军机综合战技性能的不断提高，机上其他各种电器设备(如大功率有源相控阵雷达)工作时所产生的废热也呈不断增加的趋势，今后为军机配装高能激光武器系统时面临的冷却散热问题将更加严重。

3. 载机平台振动所引起的激光束抖动问题

振动作为日常生活和工程作业中普遍存在的一种力学现象，会对很多设备的工作带来不利影响，而对于高能激光武器来说，搭载平台振动所引起的激光束抖动，给系统作战效能带来的影响尤为严重。因为抖动会使激光束难以稳定地聚焦在目标的特定部位(瞄准点)，导致位于此处的激光光斑能量密度急剧下降，对目标的杀伤威力也相应地会大幅降低。研究表明，在水面舰船、陆上车辆和空中军机这三种作战平台中，军机平台所产生的振动对高能激光武器作战效能的影响，相对来说更为严重。

对于水面舰船来说，尽管在航行过程中舰体会前后左右不断摇摆(较高海况条件下更是如此)，同时舰上发动机和其他机械设备的工作运转也会使舰体产生不同程度的振动，但考虑到水面舰船的内部空间很大，不仅非常便于采取各种减振增稳措施，而且还可以将高能激光武器布置在尽可能远离振动源的位置，因此总的来说舰载高能激光武器受搭载平台振动的影响完全可以限制在一定范围内。而对于陆上车辆来说，将可以通过配备射击稳定装置(目前坦克装甲车辆上广泛使用)来克服行驶过程中车体摇摆振动对高能激光武器的影响，必要时还可以停车射击并辅以支撑柱等增稳措施，同时还可以通过将高能激光武器与主要振动源(例如发电装置)分散配装在不同车辆上的方式，来尽可能减小前者所在车体的振动。

军机平台则与水面舰船和陆上车辆不同，当其在空中飞行时，由于各种内部原因(发动机、机械设备等)和外部因素(气动作用、大气湍流等)，其机体不但可能发生较大幅度的摇摆，而且还会产生较为严重的振动。尤其是对直升机来说，由于存在旋翼这一主要振动源，再加上尾桨和其他一些高速旋转部件工作时所产生的振动载荷，导致振动问题更加突出。考虑到军机平台所处空中环境、机体内部空间有限以及对增重非常敏感等原因，目前技术条件下的各种减振措施还难以有效解决其飞行中的振动问题(目前飞行器所发生的重大事故中有相当一部分就与振动有关)，进而不可避免地会对机载高能激光武器的工作造成很大影响。例如，在美国"机载激光器"(ABL)研制过程中，如何控制由飞机机体振动所引起的激光束抖动，就被列为该项目七项关键技术和重大挑战之一，但相关技术直至项目结束也仍没能完全成熟。

4. 载机空中飞行所导致的湍流效应问题

与水面舰船和陆上车辆不同，军机平台战时将会在空中以较高速度飞行，在此期间机体附近将难免会出现不同强度的湍流：①随着载机飞行速度的提高，尤其是当其速度逐渐接近以至超过声速时，机体的快速移动将会在自身后方形成越来越强的湍流；②载机在以较高速度飞行过程中，自身的较剧烈机动、机身表面的各种突出物以及发动机排放的高温高速喷流，同样会在机体附近产生较强的湍流；③对于直升机来说，尽管其飞行速度不如固定翼飞机，但由于存在着高速旋转的主旋翼和尾桨，再加上其发动机喷流在主旋翼下洗气流的影响下会向四周扩散，致使机体周围的湍流也非常复杂。研究和测试结果表明，上述湍流的存在将会给机载高能激光武器系统的作战效能带来非常不利的影响：当武器系统发射的激光束通过载机周围的湍流时，将会产生光束抖动、强度起伏、扩展及漂移等一系列湍流效应，进而引起激光束的相位畸变，导致其难以正常聚焦，最终会影响到激光束的杀伤威力和瞄准精度。

为了确保机载高能激光武器系统的作战效能不会因为载机机体附近湍流的影响而明显下降，就必须采取相应的技术措施，及时探测并且消除大气湍流所导致的激光束畸变。从美国、俄罗斯等国多年来在相关领域的经验来看，“自适应光学”技术将是解决这一问题的有效途径。不过，自适应光学技术尽管从概念原理上看并不复杂，但实现起来会涉及光学、机械、电子等领域内的众多技术问题，要达到完全实用化还有相当长的路要走。例如，美国“机载激光器”(ABL)项目中就采用了自适应光学技术对大气湍流所引起的激光束畸变进行补偿，该技术同样也被列为项目七项关键技术之一，但历经多年研究开发，最终仍没能实现质的突破。

5. 战时高能激光武器的附带杀伤问题

如前所述，激光武器相对于传统弹药的主要性能优势之一就是可对特定目标甚至目标的特定部位实施高精度打击，从而最大程度地减少战时的附带杀伤。但需要指出的是，激光武器的这种性能优势只有在激光束准确命中预定目标的情况下才能体现出来，而一旦错失目标，激光束将会沿着直线对沿途可能遇到的任何目标[①]实施无区别杀伤，尽管其威力会随着距离的增加而递减，但只要激光束没有遇到障碍物或者能量衰减到完全丧失杀伤力，其“有效射程”将可以抵达视界所及的任何位置，并给不同距离上的目标带来不同的伤害：在近距离上可对目标造成硬杀伤，在较远距离上可对部分目标造成软杀伤，即使在相当远的距离上仍可能会对人眼这样的脆弱目标造成伤害。

由此可见，一旦高能激光武器在使用中出现附带杀伤，其后果往往比传统弹药更加严重。因为对于导弹、炮弹、火箭弹等传统弹药来说，一方面其对非军事目标的附带伤害程度将会受到自身战斗部杀伤半径的限制，另一方面这类

① 这些目标包括水面的军用舰艇、民用船舶，地面的人员、动物、车辆及其他各种设施，空中的飞鸟、飞机，太空中的卫星、飞船。

弹药还可以安装自毁机构，若发射后没能命中目标，将会在一段时间后自毁以减轻甚至避免附带杀伤。即使考虑到部分弹药没有安装自毁机构以及战时可能出现部分弹药自毁机构失效等情况，由于无动力弹药（包括燃料耗尽后的有动力弹药）在飞行中会因为空气阻力和重力作用而逐渐下坠，它们对外界可能带来的附带伤害也将会被控制在其预定目标周边一定距离的范围之内，而不会像激光束那样沿着发射方向一直延伸下去。

此外还需注意的是，传统弹药发射时通常会出现各种声、光、烟等现象，爆炸后还会或多或少地在现场遗留下一些弹体残骸和碎片，如果有必要的话，外界将能以此为证据查找责任方，而激光不但发射过程中“无声无息”，而且毁伤目标时不会有任何残骸/碎片产生，因而很难进行相关的查证，这也会给今后战争中附带杀伤的监控带来很大困扰。

今后随着高能激光武器功率的提高，其造成附带杀伤时的后果（包括有效杀伤距离和对目标的伤害程度）也将会越来越严重。因此，未来战场上高能激光武器在用于包括军机反导自卫在内的所有作战行动时，如何减少以至避免对非军事目标的附带杀伤，将是一个非常棘手的问题。

11.6 国外机载反导自卫高能激光武器发展现状及前景

目前，美国、俄罗斯、德国、法国、英国、以色列、日本等国均在积极开展高能激光武器的研发工作，其中美国处于明显的领先地位。在机载反导自卫高能激光武器领域也同样如此，美国多年来试制的各型机载高能激光武器普遍具备拦截来袭对空导弹的能力（或潜力），目前已开始实施多项专用机载反导自卫高能激光武器项目，其发展速度大大超前于其他国家。因此本节将以美国为代表，简要介绍国外机载反导自卫高能激光武器的发展情况。

1. 美国机载反导自卫高能激光武器相关技术发展历程

1960 年美国研制出世界上第一台红宝石激光器后，美国军方即着手研究将激光技术应用于军事领域，并投入巨资进行各类高能激光武器的研发。在以地面车辆、海上舰船和空中军机为搭载平台的各类高能激光武器中，机载（空基）高能激光武器尽管技术难度最大，但却始终受到美国军方的高度重视，其研发工作起步较早，进展也非常明显，并长期为外界所瞩目。美国军方之所以大力研发各种机载高能激光武器，除了希望能将其广泛应用于反弹道导弹/巡航导弹、反无人机、打击传统有人驾驶飞机、对地/水面目标攻击等任务场合外，另外一个主要目的就是利用其来拦截来袭的敌方对空导弹，以提高己方军机的战场生存力。

早在 20 世纪 60 年代后期，美国国内就有人提出了“空中战舰”概念：在一架大型飞机上配装一部或多部大威力高能激光武器，用以拦截正在射向本机/友机的敌方面空/空空导弹，或者直接对敌方战斗机实施打击，从而为己方轰炸机提供护航。由于当时越南战争正如火如荼，战争中越军大量使用苏制 SA－2 地空导弹并给美军飞机造成了重大损失，因此以著名核物理学家、美国“氢弹之父”爱德华 · 泰勒(Edward Teller)为首的一批科学家对“空中战舰”概念甚为推崇，并建议军方尽早为其作战飞机配备兼具拦截来袭对空导弹和打击敌方飞机能力的高能激光武器。该建议很快就得到了美国军方的回应和认可，并直接促成了世界第一种搭载有高能激光武器的军机——“空中激光实验室”(ALL)的问世(图 11－2)。

图 11－2　美国“空中激光实验室”(图片来源：archives. gov)

ALL 项目始于 20 世纪 70 年代初，由美国空军主导实施，其主要内容是将一套功率为 400kW 的 CO_2 气体激光器搭载在 NKC－135A 飞机①上并进行各种飞行/射击测试，从而对军机平台搭载高能激光武器并拦截空中目标(包括对空导弹、巡航导弹)的技术可行性进行演示验证。在项目实施期间，ALL 曾多次成功地进行射击测试，尤其是在 1983 年 5—6 月间的数次试验中，ALL 击毁了由 A－7“海盗”攻击机发射的 5 枚 AIM－9B“响尾蛇”空空导弹，堪称机载高能激光武器发展史上的一个重要里程碑，初步展示了高能激光武器在军机反导自卫领域的应用潜力。不过，由于当时技术水平的限制，ALL 存在着系统庞大笨重、作战距离过短②等性能缺陷，因此难以作为实战武器使用，而只适合用于技术演示验证，该项目后于 1984 年终止。

① NKC－135A 是由 KC－135A 加油机改装而来，专门用于承担机载激光武器的空中测试任务。

② 由于激光波长较长、系统反射镜口径有限等原因，ALL 实际作战距离仅 5km 左右。

继 ALL 之后，美国空军于 20 世纪 90 年代开始实施“机载激光器”(ABL)项目①。与 ALL 相比，ABL 换装了一套兆瓦级化学氧－碘激光器，载机平台也改为更大型的波音 747－400F 货机(图 11－3)。ABL 尽管以探测、跟踪和摧毁助推段弹道导弹为主要任务，但同样也具备拦截来袭巡航导弹、无人机甚至对空导弹的能力。有鉴于此，美国国内曾有人提出这样的设想：战时利用 ABL 为己方执行空中预警/指挥、战斗空中巡逻等任务的飞机提供掩护，拦截敌方射来的对空导弹从而增强这些飞机的战场生存力。在 ABL 相关技术的基础上，美国军方还曾一度考虑过将化学氧－碘激光器小型化并以外挂吊舱的形式供战术飞机携带，从而使 F－15 之类的战斗机具备类似 ABL 那样的强大反导能力。但由于技术复杂、成本过高、实用性较差等诸多原因，ABL 最终没能获得美国军方的正式订货，被转为演示验证项目后于 2011 年年底被终止。

图 11－3　美国“机载激光器”　(图片来源：美国国防高级研究计划局)

在对 ABL 进行测试的同时，美国空军还利用其技术实施了一项名为“先进战术激光器”(ATL)的演示验证项目。ATL 采用了与 ABL 相同的化学氧－碘激光器，但仅使用了一个激光器模块(ABL 则使用了 6 个)，其功率降为 100～300kW，载机平台也改为较小型的 C－130 战术运输机(图 11－4)。ATL 的主要任务是在较近距离(有效射程约 15km)上打击地面战术目标，但同时也具备拦截来袭的巡航导弹甚至面空导弹的潜力。ATL 项目于 2002 年开始启动，2009 年完成了两次对地面靶标的射击测试后结束。

由上可以看出，在世界首台激光器面世以来的半个多世纪中，美国机载高

① ABL 项目在 2001 年后被移交给美国国防部导弹防御局。

图 11－4　美国“先进战术激光器”　（图片来源：美国国防高级研究计划局）

能激光武器发展可以说经历了漫长曲折的过程，由于在部分关键技术领域始终没能取得突破，致使其机载高能激光武器迟迟无法投入实战部署。尽管这样，美国军方和工业界通过 ALL、ABL、ATL 等一系列项目的实施，充分验证了机载高能激光武器在精确打击空中/地面目标方面的巨大潜力，使美国军方看到了机载高能激光武器的广阔应用前景，也坚定了其发展后续同类武器的信心。同时，通过这些项目的实施，美国在目标搜索/跟踪、激光大气传输补偿、抖动控制和高能激光束管理等机载高能激光武器相关技术领域取得了一系列巨大进展，由此建立起来的雄厚技术储备以及在此期间所取得的经验教训将可转用于其他同类武器的研制，从而为今后新一代机载高能激光武器的发展奠定了坚实的基础。

2. 美国机载反导自卫高能激光武器技术领域当前动向

进入 21 世纪以来，凭借多年来的技术积累和丰富经验，美国军方与工业界合作，启动了一系列名目繁多、技术路线各异的高能激光武器研究计划。目前美国陆军、空军、海军、海军陆战队四个军种以及国防高级研究计划局、导弹防御局（MDA）等军方机构均在实施各自的高能激光武器研究项目，并且在通用原子、雷神、波音、诺斯罗普·格鲁曼、洛克希德·马丁、达信等著名防务公司的大力参与支持下，取得了众多阶段性技术成果，所推出的各种高能激光武器相关产品距离实用化也越来越近。在这些研究项目中，有两项与机载高能激光武器的未来发展密切相关，并且其技术可直接应用于今后的军机反导自卫装备，因而尤其值得关注，它们分别是“高能液体激光区域防御系统”(HELLADS)和“航空自适应/航空光学波束控制”(ABC)项目。这两个项目均由美国国防高级研究计划局与空军研究实验室联合主持实施，分别对适于未来军机搭载的高能激光武器及其配套激光炮塔的相关技术进行探索研究和演示验证，对于美军机载反导自卫高能激光武器尽早实现实用化并正式列装入役具有重要的现实意义。

HELLADS 项目于 2001 年启动，其目的是研制一种可拦截对空导弹、巡航导弹、火箭弹、火炮/迫击炮弹等空中目标的战术高能激光武器，并且特别要求系统体积小、重量轻、结构紧凑，以便于配装到装甲车辆、巡逻艇、战斗机甚至无人机等小型战术作战平台上(图 11－5)。根据该项目提出的初步性能要求，HELLADS 的功率为 150kW①，包括冷却设备在内的系统总重不超过 750kg(仅为目前同类激光器的 1/10)，同时其体积不大于 $3m^3$(仅相当于一个大型冰箱)，整个武器系统的重量－功率比小于 5kg/kW。为了达到这样的性能指标，HELLADS 的研制商(通用原子航空系统和达信防务系统公司)通过采用一系列独具匠心的设计理念和技术创新，在 HELLADS 激光器上综合了固体激光器和液体激光器各自的优点，使其同时兼具前者的高功率输出特性和后者的优越热管理性能②，从而有效缩减了系统的体积、重量，尤其是无须配备庞大笨重的冷却系统。其中通用原子航空系统公司的 HELLADS 方案样机已于 2015 年夏季以“激光武器系统验证机”(DLWS)的名义，在新墨西哥州的白沙导弹靶场进行地面射击测试，其射击目标除了专门用于模拟面空导弹的靶弹外，还包括火箭弹、迫击炮弹以及地面车辆。与此同时，通用原子航空系统公司还在进行更新一代 HELLADS 激光器的研发，其体积重量将会进一步缩减。

ABC 项目则于 2004 年启动，旨在对未来军机所使用的小型全向射击激光炮塔的相关技术进行验证测试(图 11－6)。该项目的技术成果对于今后推出具有实战意义的机载高能激光武器至关重要，因为传统的军机炮塔是突出于机身之外的，当载机以较高速度飞行时炮塔后方会产生较强的湍流，进而会影响到

① 按照美国工业界的评估，此威力的高能激光将足以摧毁 10km 外的飞机、导弹等目标。

② 传统的液体激光器与固体激光器各有优缺点：前者能够发射连续光束，但光束质量较差，并且在高功率运行时热效应严重，需要大型冷却系统；后者效率高，光束强度更大，但只能发射脉冲光以防止过热。HELLADS 由于兼具二者特性，已不再是传统意义上的液体激光器。

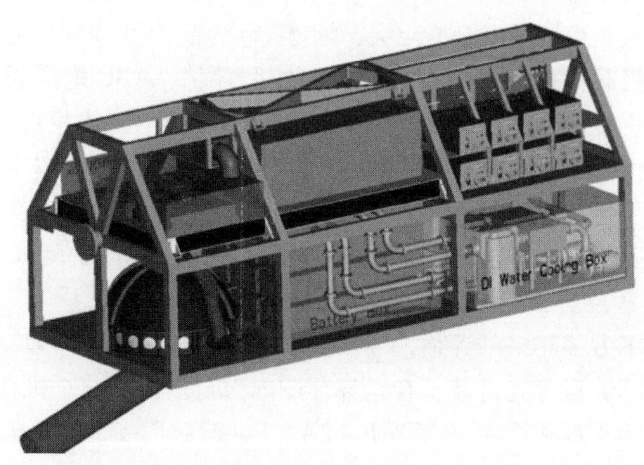

图 11－5　美国“高能液体激光区域防御系统”样机内部结构图
（图片来源：美国国防高级研究计划局）

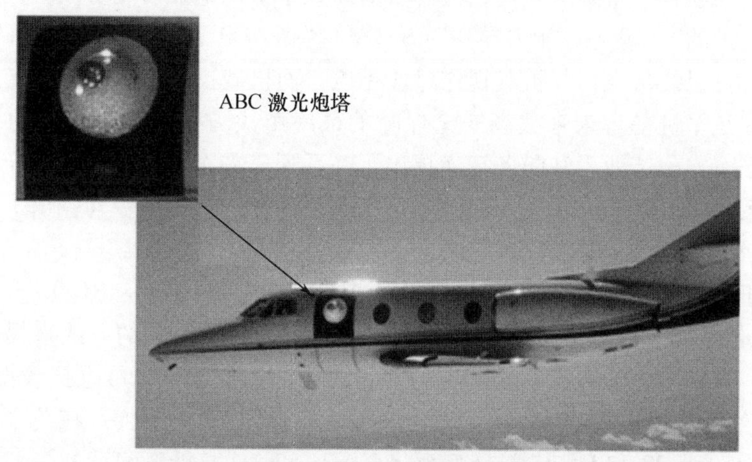

图 11－6　美国“航空自适应/航空光学波束控制”激光炮塔及其空中测试平台
（图片来源：美国空军研究实验室）

激光向后发射时的杀伤威力和瞄准精度，由此导致机载高能激光武器只能对前方目标进行射击，而难以对付从载机侧方和后方来袭的目标。考虑到后方往往是敌方飞机/导弹来袭的一个重要方向，若上述问题不解决，战时无疑会给载机带来严重的安全隐患。在 ABC 项目中，通过采用洛克希德·马丁公司开发的主动流动控制和光学补偿技术，将可以有效消除炮塔湍流对激光后向发射的不利影响，允许高能激光武器对从任何方向来袭的目标进行射击，从而为机载高能激光武器的实用化扫清技术障碍。不仅如此，该技术经后续改进后，对于消除载机自身高速移动和发动机尾流所导致的机体后方湍流也同样有效，同时还有助于增强激光束穿透障碍(云层、烟雾等)的能力并增大其有效射程，从而进一步改善机载高能激光武器的性能。按照评估，ABC 炮塔技术一旦发展成熟，将可以直接安装在轰炸机等大型军机上，其改型(体积将适当缩减)则可安装到战斗机等战术飞机甚至小型无人作战飞机上。到 2012 年年底，ABC 项目已经完成了各种相关技术的研究评估及激光炮塔的设计工作，并从 2013 年开始将炮塔安装在一架法制“隼”10 喷气公务机上进行空中测试。

3. 美国机载反导自卫高能激光武器发展前景展望

根据美国军方多年来的评估，今后随着新一代先进防空导弹、第五代战斗机、反隐身探测装置等先进装备在世界范围内大量扩散，其军机在未来战场上面临的威胁将远比现在严重，甚至 B－2A、F－22、F－35 等飞机引以为傲的隐身性能优势也将会逐渐丧失，因而迫切需要通过各种新概念防护手段来提高战场生存力。在这样的背景下，美国国内各界对高能激光武器在军机反导自卫领域的应用前景一直高度重视，甚至目前尚处于早期论证研究阶段、正式入役还为时甚远的“小型先进能力导弹”(SACM)/“微型自卫弹药”(MSDM)等先进机载反导自卫装备也仅仅被其视作过渡手段，而机载反导自卫高能激光武器才被其认为是军机平台未来战场安全保障的最终解决方案。基于这样的指导思想，美国军方、工业界和防务智库提出了一系列未来军机搭载高能激光武器的概念方案，同时开始着手探讨相关的技术实现途径，由此初步勾勒出了美军机载高能激光武器的未来发展路线图。

对于战术飞机来说，美军现役的 F－15、F－16 和 F/A－18C/D/E/F 等第四代/四代半战斗机今后将可以通过外挂高能激光武器吊舱的方式来提高自防护能力，这种高能激光武器的输出功率和威力均较为适中，可直接毁伤(而不仅仅是致盲)来袭的各种类型(而不仅仅是红外制导)对空导弹。在美军第五代战斗机中，F－22 和 F－35 初期型也将会配备吊舱式高能激光武器，但这些吊舱将会采用隐身化设计，以尽量减少对载机战场隐蔽性的破坏；F－35 部分后续改进型上的高能激光武器则将很可能采用内置安装方式，并且其功率和威力也会有相应提高，用途也将不再局限于自身防御。目前尚处于方案论证阶段的美军第六代战斗机尽管同样可携带高能激光武器吊舱，但是洛克希德·马丁公司等厂商已经开始探讨以共形安装的方式来为其配备高能激光武器，并且这种高能激光武器的威力将进一步提升，可对各种空中/地(水)面目标实施有效打击。

对于大军机来说，多年来美国国内一直在研究为现役的 AC－130 炮艇机和 B－52H、B－1B、B－2A 战略轰炸机配装高能激光武器。由于这类飞机在高能激光武器搭载保障条件方面远优于战术飞机，因此它们尽管均具备携带高能激光武器吊舱的能力，但内置安装才是其配装高能激光武器的主要方式，并且这些飞机上的高能激光武器的功率和威力将远大于战术飞机，从一开始就可作为攻防兼备武器使用，尤其是可对地/水面目标实施有效打击。当美军新一代 B－21 轰炸机服役后，其上的高能激光武器将很可能会采用更先进的共形安装方式，并且威力也将更加强大。除了上述用于一线作战的大军机外，今后战时只要有需要，美军其他各种大型作战支援飞机(加油机、预警机、运输机等)也可通过加装高能激光武器、尤其是临时外挂高能激光武器吊舱的方式来增强自身的战场生存力。

对于军用直升机/倾转旋翼机来说，由于其大部分型别在高能激光武器搭载保障条件方面与固定翼飞机差距甚大，再加上直升机振动问题普遍较为突出、低空飞行时扬起的尘土会影响光束质量等原因，导致其在配装高能激光武器时会面临更多更大的困难。先前美国军方和工业界只是对体型较大、搭载保障条件相对更为充裕的 CH－47“支奴干”/CH－53“种马”重型直升机和 V－22“鱼鹰”倾转旋翼机进行过配装高能激光武器的早期论证，但随着高能激光武器系统小型化、轻量化、集成化程度的提高，普通直升机/旋翼机配装机载高能激光武器的条件也正日益成熟，美国军方已经开始着手为体型更小的 AH－64“阿帕奇”/AH－1“眼镜蛇”武装直升机和 MH－60“黑鹰”多用途直升机加装高能激光武器。目前美军特种作战司令部正在与陆军合作，进行 AH－64 直升机挂装高能激光武器吊舱(由雷神公司研制)的可行性测试(图 11－7)。

图 11－7 左翼外侧挂架下携带有高能激光武器吊舱并准备进行空中测试的 AH－64 武装直升机 (图片来源：militaryaerospace. com)

在进行各种军机平台配装高能激光武器的探讨论证的同时，美国军方也早已开始了相关的飞行员培训工作，以帮助飞行员尽早熟悉高能激光武器的性能特点并掌握其操作技能。早在 21 世纪初，美国空军研究实验室就与柯特兰空军基地合作，通过在现有飞行训练模拟器中加装高能激光武器模块的方式，专门改装了数台 F－16 战斗机训练模拟器用以担负上述任务。与此同时，美国军方也开始了未来机载高能激光武器相关战术战法的探索，并着手对相关的作战概念和理论进行完善。例如，2015 年 9 月，时任美国空军空中作战司令部司令的霍克·卡莱尔(Hawk Carlisle)上将在出席空军协会年会时就强调指出，在今后“第五代战争”的空战中，战斗机将会广泛使用高能激光武器来防御敌方导弹的攻击。

11.7 国外典型机载反导自卫高能激光武器方案、计划或构想

自 20 世纪 90 年代以来，随着机载激光武器技术的日趋成熟及相关作战概念的逐渐完善，美国军方和工业界陆续提出了一系列机载高能激光武器概念方案或发展构想。在这些方案和构想中，除了部分本身就是专用的军机反导自卫装备外，其余的也以拦截来袭对空导弹作为主要能力特征，因而在相当程度上代表了美国机载反导自卫高能激光武器的未来发展方向，本节将就此做简要介绍。

11.7.1 光子战斗机

“光子战斗机”(Fotofighter)是美国空军在 20 世纪 90 年代中期提出的一种未来先进战斗机概念方案，旨在对一种结构紧凑、对载机平台性能的影响小、可兼顾对空/地作战的高性能机载激光武器进行探索研究(图 11－8)。

图 11－8 “光子战斗机”概念方案示意图 （图片来源：美国空军指挥与参谋学院）

按照当时美国空军的设想，光子战斗机将是一种高机动、高隐身性能、以高能激光为主要武器的有人驾驶飞机，其机体蒙皮内埋设有半导体激光器阵列

和探测/跟踪传感器(二者均与机体表面完全共形，以节省空间并减小对飞机结构和气动外形的影响)，战时可自动完成从威胁探测、目标跟踪到激光发射的完整作战流程。通过对激光器阵列实施高效的电子控制，光子战斗机将可以同时对多个目标(包括敌方飞机、导弹等空中目标，装甲车辆、炮兵阵地等地面目标)发动激光打击，并且还可以根据目标的不同种类和特性，使射向这些目标的激光束威力各不相同，从而使机载高能激光武器对目标的毁伤程度可以在“软杀伤”到“硬摧毁”范围内灵活调整。当激光器阵列处于低功率状态时，还可以作为通信发射/接收机使用，用来与友机或其他友邻兵力之间实现低截获概率(LPI)通信。除上述性能特点外，光子战斗机还将引入先进的无线能量传输(WPT)技术，可以在飞行中接收己方其他空中/地面平台以激光束或其他手段传送来的能量，从而为机上的激光器提供能源补给。

11.7.2　F-35 战斗机配装高能激光武器的构想

在美军现役的各型战术飞机中，F-35 战斗机在配装高能激光武器时拥有一系列明显的先天优势，因此多年来美国军方和工业界就一直将其视作今后机载高能激光武器的主要搭载平台，并为此进行了长期的探讨论证。

在 F-35 战斗机上，由于取消了传统的中央液压系统，而将电能作为机上唯一的二次能源，因此该机发电功率高达 20MW，今后将可为机载高能激光武器提供充足的电力。出于降低全机红外辐射特征的需要，F-35 还配装有一套完善的冷却循环设备，可利用燃油为介质对飞行中被气动加热的机体蒙皮进行冷却(被加热的燃油随后将被送到发动机中燃烧)，今后这套设备同样可用来对高能激光武器系统进行冷却散热。此外值得指出的是，F-35 服役后，其动力系统仍在进行后续改进，因此该机的电力输出和热管理能力还有进一步提升的较大空间，这对今后配装高能激光武器无疑更加有利。

在 F-35 的三种型别中，F-35B(短距起飞/垂直起降型)将是搭载高能激光武器时平台条件最好的一种。因为该机座舱后方安装有一套庞大复杂的轴驱动升力风扇，将其拆除后可获得一个容积达 $100ft^3$(约 $2.8m^3$)并且形状也非常理想的空间，正好可用来安装高能激光装置及其他相关设备。不仅如此，安装于该处的高能激光装置还可以非常方便地就近获得电力供应，因为此处原本用于驱动风扇并直接与 F135 主发动机相连的传动轴，将正好可以用来带动发电机(图 11-9)。而对于 F-35 系列飞机中的 F-35A/C 型来说，二者与 F-35B 上升力风扇对应的位置处是一个大型燃油箱，今后若将其拆除，则可采取与 F-35B 类似的方式来配装高能激光武器系统，只不过需要付出飞机续航力下降的代价。

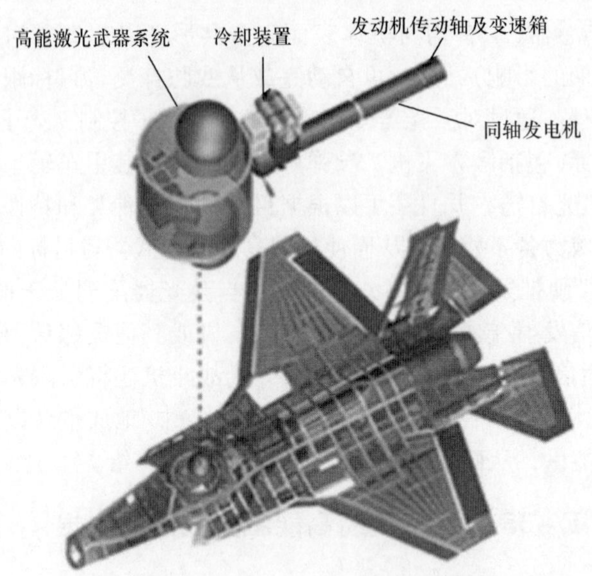

图 11-9　F-35B 战斗机配装高能激光武器概念方案图
（图片来源：罗博·曼斯菲尔德丨美国海军研究生院）

综合考虑机体空间、重量载荷和能源供给等因素，今后 F-35 配装的高能激光武器功率预计将为 100kW 级，并且很可能会选用洛克希德·马丁（F-35 战斗机的研制商）或通用原子航空系统公司的产品。其中，洛克希德·马丁公司的产品方案采用了先进的模块化光纤激光器，具有体积小、重量轻、能量转换率高（已达 40%）、可通过增减模块来调整输出功率等特点，非常适合配装在战斗机等战术飞机上。根据需要，今后 F-35 战斗机可以在座舱后方的机身上部或下部选择安装一座激光炮塔，也可以在这两处各布置一座炮塔，以实现机体周围 360°球形空域内全向火力覆盖（图 11-10）。

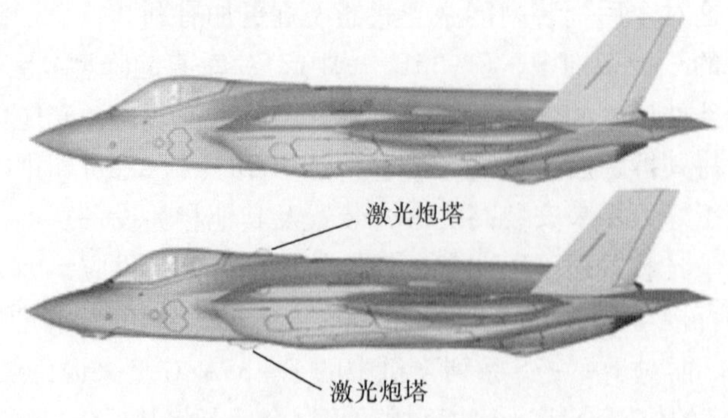

图 11-10　F-35 战斗机上激光炮塔安装位置示意图
（图片来源：美国空军研究实验室）

今后F－35机载高能激光武器的配套火控设备（伺服跟踪瞄准设备）将可以直接使用该机现有的AN/AAQ－37光电分布式孔径系统（EODAS）和AN/AAQ－40光电瞄准系统（EOTS），这两种设备均能有效探测跟踪各种空中/地（水）面目标并提供精确的目标数据，其性能完全可以满足机载高能激光武器系统的需要。此外，今后F－35上配备的名为"威胁无效化防御资源"（ThNDR）、以低能激光器为干扰光源的先进定向红外对抗系统，也可以用来为机载高能激光武器提供目标指示。

按照国外媒体的评估，如果进展顺利的话，F－35配装高能激光武器的设想最早将会在2025年左右实现，届时该机将很可能会成为世界第一种正式配装高能激光武器的战斗机（图11－11）。

图11－11　F－35C舰载战斗机利用高能激光武器拦截来袭对空导弹的战斗场景假想图　（图片来源：美国国防高级研究计划局）

11.7.3　未来空中优势平台激光器系统

"未来空中主宰平台激光器系统"（Laser System for Future Air Dominance Platforms）是美国空军研究实验室提出的一项未来机载激光器技术研究计划，旨在探索、开发可用于"下一代空中主宰"空战平台（相当于第六代战斗机）的先进机载激光器，在此基础上发展的机载激光武器将可以帮助这些飞机在2030年后高风险、高对抗性的"反介入/区域拒止"（A2/AD）战场环境中夺取空中优势。

在"未来空中主宰平台激光器系统"计划框架下，将会重点发展三类不同功率的机载激光器：①低功率型激光器将用于目标照射、跟踪、瞄准，以及致盲来袭的敌方对空导弹或敌机上的光电传感器；②中等功率型激光器将可发展成防御性激光武器，用于拦截摧毁(而不仅仅是致盲)来袭的敌方对空导弹；③高功率型激光器则可发展成进攻性激光武器，除了可承担载机平台的反导自卫任务外，还可用于对敌方飞机和地/水面目标实施打击。在这三类激光器基础上发展而来的机载激光武器系统均可在 0 ~ 65000ft(0 ~ 19877m)高度范围，*Ma*0.6 ~ *Ma*2.5 飞行速度范围内正常操作使用，从而能与今后载机平台的飞行包线相适应。

根据美国空军研究实验室于 2013 年 11 月发布的"未来空中主宰平台激光器系统"计划信息征询书的要求，上述机载激光器及配套光束控制系统的研究测试工作将会独立于载机平台进行。当计划进展到一定程度后，还将会对激光器进行一系列空中飞行测试和模拟战场环境下的验证测试，以确保其技术成熟度在 2022 年之前能达到 5 以上。

11.7.4 "持久"反导自卫高能激光武器系统

"持久"(Endurance)是由美国国防高级研究计划局主导实施的一项以高能激光为拦截武器的机载反导自卫系统研发项目，旨在研制一种可由有人/无人机携带、能有效拦截各种光电/红外(EO/IR)制导对空导弹的吊舱式高能激光武器系统，以提高己方各种空中平台的战场生存力。"持久"项目相关合同已于 2013 年 10 月由 DARPA 授出，由诺斯罗普·格鲁曼和洛克希德·马丁公司负责实施。

"持久"项目是由 DARPA 先前实施的"亚瑟王神剑"项目派生而来的，将后者所开发的相干光学相控阵(OPA)技术首次投入实际应用。光学相控阵激光器与传统激光器不同，它是由多个结构完全相同的激光器模块构成，每个模块又包含多个激光器阵列单元，由此可带来三方面的突出性能优势：①系统具有良好的可扩展性，可通过增加模块数量来构成更大的激光器阵列，从而在成倍提高输出功率的同时，不会导致系统体积、重量的大幅增加；②激光器阵列可由多个低能耗电驱动激光器(光纤或二极管激光器)的相干合成来实现，整个系统的能量转换效率很高(超过 35%)，从而可有效降低对能源供给的需求；③激光器阵列中的所有单元均采用了自适应光学技术，使整个系统具备很强的大气湍流校正补偿能力，由此可获得近乎完美的光束质量，确保系统能在较远距离上对目标实施精确打击(图 11 - 12)。由于引入了相干光学相控阵技术，"亚瑟王神剑"项目最终可开发出功率达数百千瓦，而重量可降至化学激光器(目前能量转换效率最高的激光器)的 1/10，并且结构更加紧凑的高性能激光器，由此可有效解决传统高能激光武器配装军机平台时面临的"体积、重量及能源”(SWaP)问题。

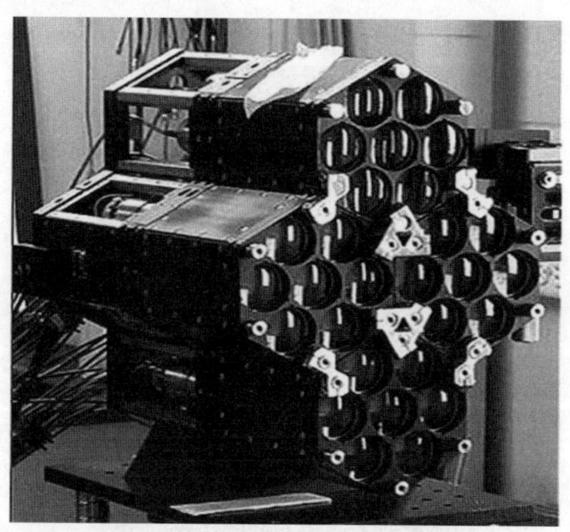

图 11-12　一部用于测试的“亚瑟王神剑”光学相控阵激光器阵列，包括 3 个模块共 21 个阵列单元，另外预留有 1 个模块共 7 个单元的空间
（图片来源：美国国防高级研究计划局）

“持久”系统在采用源自“亚瑟王神剑”项目的激光器技术后，将能很好地满足美国国防高级研究计划局提出的威力足够(激光束足以有效毁伤来袭导弹)、体积小、重量轻、便于维护等性能要求。在此基础上，“持久”系统将加装一套轻便灵活的光束定向及控制设备，可实现对快速移动目标的识别、粗跟踪和精跟踪，以确保激光束能够精确照射目标，从而高效完成拦截摧毁来袭对空导弹的任务。此外，按照美国国防高级研究计划局的要求，“持久”系统吊舱除了主要用于军机自防护外，还将具备情报/监视/侦察(ISR)、目标指示等附加功能。

11.7.5　SHiELD 反导自卫高能激光武器系统

SHiELD① 是由美国空军研究实验室主导实施的一项机载高能激光武器技术演示验证项目，旨在开发一种可供超声速作战飞机外挂携带的反导自卫高能激光武器系统吊舱，并对其在战场环境下防御面空/空空导弹攻击的效能进行验证测试。该项目承包商为诺斯罗普·格鲁曼和洛克希德·马丁公司，其相关合同在 2016—2017 年间签署，并曾在 2019 年 4 月 23 日的地面测试中成功击

① SHiELD 全称是“Self-protected High-Energy Laser Demonstrator”，意为“自防护高能激光器验证机”，国内有部分媒体将其英文缩写 SHiELD 直接意译为“盾”。

落数枚飞行中的空射导弹靶标(图 11－13)，其首次空中测试(由 F－15 战斗机携带)预计将在 2021 年前进行。

图 11－13　SHiELD 系统的地面测试样机　(图片来源：美国空军研究实验室)

SHiELD 系统的核心部件将是一部体积和重量均大幅缩减、结构非常紧凑的小型激光器，但截至本书发稿日，其具体类型仍未确定。不过，从 21 世纪初以来美国在机载高能激光武器研究领域的动向来看，SHiELD 系统将很可能会采用电激光器，尤其是其中的固体激光器(通用原子、诺斯罗普·格鲁曼等公司正在研制)或光纤激光器(洛克希德·马丁公司正在研制)。SHiELD 激光器的功率被确定为数十千瓦的中等水平，尽管低于 100kW 的“武器级功率”，但是已经远大于目前定向红外对抗系统中用作干扰光源的低能激光器的功率(通常仅为数十瓦甚至数瓦)，因此仍可以在一定距离上摧毁来袭对空导弹，至少可以烧毁目标的导引头，而不像定向红外对抗系统那样只能致盲来袭导弹，并且只能对付红外制导导弹。

根据美国空军研究实验室提出的初步性能要求，SHiELD 系统今后将会以外挂吊舱形式配装载机，整个吊舱的全重将控制在 1500 lb(681kg)之内，其体积则不大于美国空军现役 F－15、F－16 战斗机目前所使用的 600 gal(2271 L)标准副油箱，因而非常便于各种战术飞机外挂携带。战时，外挂在载机机身或机翼下方的 SHiELD 系统将会通过专门设计的活动炮塔瞄准目标并发射激光束，在载机下半球空域具有较好的射界。

SHiELD 尽管是演示验证项目，但今后如果技术足够成熟，也可能会转为正式采购项目。按照美国空军研究实验室的设想，SHiELD 系统将主要配装美军现役 F－15/16、F/A－18E/F 等第四代/四代半战斗机，用于这些飞机的近距反导自卫；经过适当改进后，SHiELD 系统也可配装 AC－130 炮艇机、战略轰炸机等更大型军机①，此时不仅用于载机的反导自卫，还可对付各种地面“软”目标(包括各种传感器、通信设备以及其他脆弱易损的高价值设备)；若进一步增大功率，今后 SHiELD 系统还可发展为一种机载进攻性武器，具备对敌方各种空中和地/水面目标实施远距离摧毁的能力。

11.7.6　大型飞机电激光器

“大型飞机电激光器”(ELLA)是一项由美国国防高级研究计划局(DARPA)与美国空军研究实验室合作实施，为 B－1B 超声速战略轰炸机加装 100kW 级高能激光武器并进行射击测试的技术演示验证项目。该项目始于 2010 年，其主要内容是将 DARPA 主持研制的“高能液体激光区域防御系统”(HELLADS)激光器安装到 B－1B 轰炸机的弹舱内进行试飞验证，并对典型的空中和地面目标进行实弹射击测试(图 11－14)。

图 11－14　B－1B 轰炸机腹部弹舱及待安装的 HELLADS 激光器
(图片来源：美国战略与预算评估中心)

按照项目要求，ELLA 将兼具对地、对空作战能力，除了可对各种地/水面目标实施高精度打击外，还可用于拦截包括对空导弹在内的各种来袭空中目标。在项目实施过程中，将先由 HELLADS 项目承包商——通用原子航空系统公司研制一套同时集成有 150kW 激光器、电源和热管理系统的“激光武器系统

① 除了上述飞机外，SHiELD 吊舱必要时也可配装 F－22/35 等五代机甚至今后的六代机，以及运输机、加油机、预警机等大军机。

验证机"(DLWS)，并在靶场对各种典型战术目标进行地面实弹射击测试，其中包括在海拔1800~3000m[①]的山顶上对山下目标进行射击，以及在地面同时拦截两枚飞行中的地空导弹靶弹(模拟俄制S-300地空导弹)；随后DLWS将会被安装到B-1B轰炸机弹舱内并与目标搜索/跟踪系统集成，再进行各种飞行测试以及对地面、空中目标的射击试验。

与美国先前实施的各个机载高能激光武器研究项目相比，ELLA项目最引人注目之处在于其选用了B-1B战略轰炸机，而不再是传统的大中型运输机作为载机，这也是美国首次采用作战飞机作为机载高能激光武器试验平台，由此可为机载激光器提供更加贴近战场态势的测试环境，从而更好地为轰炸机等作战飞机配装高能激光武器进行先期验证。有鉴于此，外界曾一度认为，如果今后ELLA计划进展顺利，能达到足够的技术成熟度并且美国军方有现实军事需求的话，ELLA将有可能转为正式采购项目并列装部队，部分媒体甚至曾将加装ELLA系统的B-1B轰炸机直呼为未来的"激光轰炸机"(图11-15)。

图11-15　B-1B轰炸机发射激光拦截来袭敌方空空导弹的战斗场景假想图
(图片来源：美国国防高级研究计划局)

11.7.7　AC-130炮艇机配装高能激光武器的构想

AC-130炮艇机是美国空军特种作战司令部的主力装备之一，战时主要执行近距空中支援、空中封锁、武装侦察等任务，此过程中经常会面临敌方地空导弹的严重威胁，再加上该机沿用了C-130运输机的机体，不可避免地会沿袭后者在战场防护能力方面的先天劣势，因此对高性能自防护装备有着迫切需求。但从另一方面看，AC-130作为一种大军机，在机体空间、重量载荷和能

① 目前美军部分作战飞机执行对面攻击任务时的典型飞行高度接近这一范围。

源供给等方面，均较战术飞机有着明显的优势，更易于解决长期困扰机载高能激光武器的“体积、重量及能源”(SWaP)问题。由于这两方面原因，美国军方、尤其是美国空军特种作战司令部对于为 AC－130J(AC－130 系列飞机中的最新型别)配装高能激光武器一直持浓厚兴趣，并且希望这一目标能在2020年左右实现。今后如果不出意外的话，AC－130J 将很可能是美军第一种正式配装高能激光武器的军机(图 11－16)。

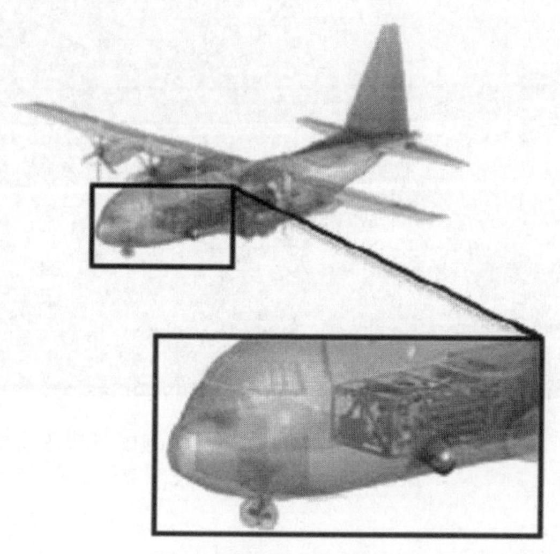

图 11－16　AC－130 炮艇机安装高能激光武器示意图
(图片来源：美国战略与预算评估中心)

根据美国空军特种作战司令部提出的初步性能需求，AC－130J 机载高能激光武器系统的功率初期将定为 120kW，今后可进一步提高至 160～200kW；系统全重将不超过 5000lb(2268kg)，所占机上空间至多只与现役 AC－130J 上的一门火炮相当；激光炮塔既可以布置在 AC－130J 的机身侧面(取代该位置处的 30mm 机炮)，也可以布置在机身腹部，并且不排除在一架飞机上同时安装两座炮塔。在为 AC－130J 配装高能激光武器的过程中，将会大量采用“高能液体激光区域防御系统”(HELLADS)和“航空自适应/航空光学波束控制”(ABC)项目中的相关技术，尤其是二者所开发的高能激光器和激光炮塔，只不过会根据载机平台特点做一定的适应性改进。此外，AC－130J 机载高能激光武器系统还会充分吸取先前“机载激光器”(ABL)和“先进战术激光器”(ATL，该系统同样以 C－130 运输机作为载机平台)项目中的经验教训，并且使用二者在目标搜索与跟踪、激光大气传输补偿、高能激光束管理等领域的部分技术成果。

按照美国空军特种作战司令部的设想，今后 AC－130J 飞机上的高能激光武器系统除了会用作反导自卫装备，以提高载机在未来战场尤其是“反介入/区域拒止”(A2/AD)环境下的生存力外，还将会广泛用于对地/水面目标的打击，以充分发挥高能激光武器打击精度高、杀伤威力可调、作战隐蔽性好、持续作战能力强等独特性能优势，保证特种作战行动的顺利展开(图 11－17)。

图 11－17　配装有高能激光武器的 AC－130 炮艇机战斗场景假想图
(图片来源：military. com)

11.7.8　“光束投影及补偿”计划

“光束投影及补偿”(BP&C)是美国空军研究实验室实施的一项为未来轰炸机开发高性能反导自卫高能激光武器的研究计划。按照计划要求，这种高能激光武器的功率为 100kW(即“武器级功率”)，可与载机机身共形安装，并且具有超高灵敏度及 π 球面度范围内的衍射极限性能，主要用于拦截来袭的敌方对空导弹，同时也可对付各种有人/无人机及其他空中目标。

根据 2012 年 1 月签署的相关合同，BP&C 计划的研究工作由美国空军研究实验室定向能分部与 TAU 技术公司合作实施，除了积极探索可实现相控阵激光束控制的有效途径外，还将在高分辨率成像、可使高能激光束在目标处相干叠加的相位传感、波前传感、光束投影、系统级光束控制架构等技术领域开展研究，最终将开发出一种具有良好可扩展性的光束控制架构，可确保高能激光武器系统在满足相关战术性能要求的前提下，实现与载机机身表面的共形安装。

考虑到美国空军现役最先进的 B－2A 轰炸机以及研制中的新一代 B－21 轰炸机均采用了飞翼布局(后者已经确定会配装高能激光武器)，今后若以与机身表面共形的方式为这类飞机配装高能激光武器，将可以在充分发挥机载高能激光武器战术性能的同时，最大程度地减少对飞翼布局升阻比大、隐身性能好等固有优势的不利影响，因此 BP&C 计划的实施对于美国空军战略轰炸机的未来发展具有重要的现实意义。不仅如此，由于美军新一代战斗机、运输机、加油机等军机也将广泛采用飞翼、翼身融合等先进气动布局，今后随着 BP&C 计划的进展，其相关技术在进行一定的改进后，将同样可以应用在这些飞机上。

参考文献

[1] 陈黎,张洋. 国外军用运输机/轰炸机主动防护技术现状与发展趋势研究[C]. 探索 创新 交流——第四届中国航空学会青年科技论坛文集(第4集). 北京:航空工业出版社,2010.

[2] 陈黎. 让"黑鹰"不再坠落:以色列研发 Fliker 直升机主动防护系统[N]. 中国航空报,2012-08-11(B03).

[3] Mark C. Cherry,Stuart. C. Kramer,Joel. J. Hagan. A comparison of guided and unguided anti-missile kinetic kill countermeasures:Proceedings of the IEEE 1996 National Aerospace and Electronics Conference NAECON 1996[C]. Piscataway, NJ: IEEE Service Center,1996:547-552.

[4] 思冀,育农. 机尾防护雷达[J]. 航空知识, 1975(2):12-13.

[5] Azriel K. Lorber, Alon Gany. Concept and Evaluation of A Guided Antimissile Deffense System for Aircraft: AIAA Guidance, Navigation and Control Conference, August 15-17,1988[C]. Washington, DC: AIAA, 1988:1135-1141.

[6] 马明. 论空空反导弹武器[J]. 战术导弹技术,2002(5): 41-45.

[7] Axriol K. Lorber. Needed:antimissile defense for aircraft. Aerospace America, 1986,24(9):70-72.

[8] Mark C. Cherry, Bruce R. Dewitt, Christopher G. Dusseault,et al. A Systems Engineering Approach To Aircraft Kinetic Kill Countermeasure Technology: Development Of An Active Air Defense System For the C/KC-135 Aircraft[R]. Wright-Patterson AFB,OH:Air Force Institute of Technology, Dec 1995.

[9] John A. Skorupa. Self-Protective Measures To Enhance Airlift Operations In Hostile Environments[M]. Maxwell AFB, AL:Air University Press, September 1989.

[10] Mark E. Ennis. Feasibility Analysis for Predicting A Kinetic Kill Zone for Aircraft Homing Missile Defense[R]. Wright-Patterson AFB,OH:Air Force Institute of Technology,March 1994.

[11] Tom Masiello. Keynote Address:Wright Dialogue with Industry[R]. Wright-Patterson AFB,OH:Air Force Research Laboratory,21 July 2015.

[12] 马明. 空空反导弹武器简介[J]. 现代军事,2001(7):42-43.

[13] 王怀威,李曙林,童中翔. 考虑主动自主防御能力的飞机生存力模型[J]. 北京理工大学学报,2011, 31(8): 991-995.

[14] 沙正平. 飞机设计手册[M]. 北京: 航空工业出版社,2005.

[15] 张洋. 世界飞机手册(2011)[M]. 北京:航空工业出版社,2011.

[16] 朱宝鎏,朱荣昌,熊笑非. 作战飞机效能评估(第2版)[M]. 北京:航空工业出版社,2006.

[17] 王怀威; 李曙林; 童中翔. 基于作战能力的飞机生存力模型及其综合权衡[J]. 北京航空航天大学学报,2011,37(8):933-936.

[18] 张考,马东立. 军用飞机生存力与隐身设计[M]. 北京:国防工业出版社,2002.

[19] 李寿安,宋笔锋,李东霞,等. 飞机生存力设计技术评价及选择方法研究[J]. 电光与控制, 2008, 15

(7):26-29,38.

[20] 王小平. 简论飞机生存力的设计[J]. 洪都科技, 2000(2):25-30.

[21] 姬东朝,宋笔锋,喻天翔. 作战飞机生存力设计及评估方法[J]. 火力与指挥控制, 2007, 32(10):13-16,21.

[22] 杨哲,李曙林,周莉,石晓朋. 飞机作战生存力设计参数灵敏度分析[J]. 北京航空航天大学学报, 2013, 39(8):1096-1101,1121.

[23] 裴扬,宋笔锋,李占科. 飞机易损性评估的基本方法研究[J]. 弹箭与制导学报, 2004, 24(2):70-74.

[24] 魏毅寅. 世界导弹大全(第三版)[M]. 北京:军事科学出版社,2011.

[25] Paul Scharre. Robotics on the Battle field Part II: The Coming Swarm[R/OL]. Washington, DC: Center for a New American Security. (2014-10)[2017-03-12]. https://www.scribd.com/document/308869344/CNAS-TheComingSwarm-Scharre.

[26] 张海麟, 彭训厚. 第二次世界大战与战后局部战争刍议[J]. 军事历史研究, 2005(1):57-66.

[27] 刘亚洲. 当代世界军事与中国国防[M]. 北京:中共中央党校出版社,2016.

[28] HyperWar: Army Air Forces Statistical Digest World War II[DB/OL]. [2018-03-23]. https://ibiblio.org/hyperwar/AAF/StatDigest/index.html.

[29] 郑保国. 当今世界剧变背景下的时代主题和未来走向[J]. 马克思主义研究,2019(1):106-119.

[30] 邓媛. "十三五"期间的军事安全环境[J]. 政工学刊,2016(3):82-83.

[31] Laura Thomson. The ten most expensive military aircraft ever built[EB/OL]. Airforce-technology(2019-05-30)[2019-11-23]. https://www.airforce-technology.com/features/most-expensive-military-aircraft.

[32] Joint Chiefs of Staff. The National Military Strategy of the United States of America 2015 [R/OL]. (2015-06)[2016-09-11]. https://www.jcs.mil/Portals/36/Documents/Publications/2015_National_Military_Strategy.pdf.

[33] James C Ruehrmund, Christopher J Bowie. Arsenal Of Airpower: USAF Aircraft Inventory 1950-2016 [M]. Arlington, VA: Mitchell Institute Press, February 2018.

[34] Air Force Association. USAF Almanac 2019[R/OL]. (2019-05-29) [2019-11-22]. https://www.airforcemag.com/article/USAF-Almanac-2019.

[35] Walter J. Boyne. Linebacker II[J]. Air Force Magazine, 1997(11):48-57.

[36] 陈黎. 美国"空海一体战"和航空武器装备发展[J]. 国际航空, 2011(8):31-32.

[37] More Data From Desert Storm[J]. Air Force Magazine,1996(1):62-66.

[38] Rebecca Grant. Desert Storm[J]. Air Force Magazine,2011(1):40-45.

[39] Robert S. Dudney. The Gulf War II Air Campaign, by the Numbers[J]. AIR FORCE Magazine,2003(7):36-42.

[40] 徐品高. 新一代防空导弹提高制导控制精度的需求与技术途径[J]. 战术导弹技术,2002(3):1-8.

[41] Charles Neary. Navy Tactical Missiles[R]. Washington D. C.: OPNAV N86, February 2011.

[42] Jim Wilson. Weapons Of the Insurgents[J]. Popular Mechanics,2004(3):64-69.

[43] Soviet Rpg-7 Antitank Grenade Launcher Capabilities And Countermeasures[R]. Fort Monroe, Virginia: USA TRADOC, November 1976.

[44] 王业．廉价防空新锐 瑞典博福斯“阿布拉姆”火箭系统[J]. 现代兵器,2008(8):21 - 22.

[45] Dieter Haug, Hans Joachim Wagner. Active Hardkill Protection Systems - Analysis and Evaluation of different System Concepts [J]. Strategie & Technik, 2009(Autumn): 42 - 46.

[46] Ручной противотанковый гранатомет РПГ - 7: ТТХ и боевое применение[EB/OL]. (2019 - 04 - 29)[2019 - 07 - 21]. https://militaryarms. ru/oruzhie/granatomety/rpg - 7.

[47] Ручные противотанковые гранатомёты, реактивные противотанковые гранаты[EB/OL]. [2019 - 07 - 21]. http://army. lv/ru/rpg - 7/1465/485.

[48] David Fulghum, Amy Butler. New Bomber Force Could Reach 200[EB/OL]. (2012 - 02 - 17)[2012 - 10 - 11]. https://aviationweek. com/defense - space/new - bomber - force - could - reach - 200.

[49] 路乔．“0.1 秒和 0.001 秒间的较量”从主动装甲到电磁装甲[J]. 兵器知识,2005(8):71 - 72.

[50] 金立峰,余凤全．水面舰反鱼雷技术及发展趋势分析[J]. 电子世界,2013(20):94 - 95.

[51] 华菊仙．高射炮也能打“蚊子”——攻防兼备的 C - RAM 武器系统[J]. 现代兵器,2007(4): 38 - 41.

[52] Nicole Curtis. C - RAM Task Force[J]. Air Defense Artillery,2005(7 - 9):7.

[53] Marcelo Bender Perotoni, Luiz Alberto Andrade. Numerical evaluation of an air - to - air missile radar cross section signature at X - band[J]. Aerosp. Technol. Manag. ,2011,3(9 - 12):287 - 294.

[54] Guilherme G. Peixoto, Mauro Angelo Alves, Alerto José de Faro Orlando, et al. Measurements in an Outdoor Facility and Numerical Simulation of the Radar Cross Section of Targets at 10 GHz [J]. Aerosp. Technol. Manag. ,2011,3(1 - 4):73 - 78.

[55] 张明德．认识真实的空空导弹(一)—空空导弹的实际效能与使用限制[J]. 航空档案, 2007(6): 42 - 53.

[56] 张明德．认识真实的空空导弹(二)—空空导弹的实际效能与使用限制[J]. 航空档案, 2007(7): 44 - 53.

[57] 张明德．认识真实的空空导弹(三)—空空导弹的实际效能与使用限制[J]. 航空档案, 2007(8): 34 - 47.

[58] 李向东,苏义岭,韩永要．导弹目标在破片式战斗部作用下的易损性评估[J]. 2007, 27(5): 468 - 472.

[59] Euijung Sohn, Tom Meitzler, Darryl Bryk et al. A Comparison of the Detection Rates for Infrared and Visual Imagery of a Person Holding an RPG(U)[R]. Detroit Arsenal, Warren, MI: USA TACOM, Feb 2004.

[60] RPG - 7 - Modern Firearms [EB/OL]. [2012 - 11 - 02]. https://modernfirearms. net/en/grenade - launchers/russia - grenade - launchers/rpg - 7 - eng

[61] RPG - 7V anti - tank rocket launcher ammunition[EB/OL]. [2015 - 10 - 04]. http://gunrf. ru/rg_granatomet_ps - 7_PG - 7VM_eng. html.

[62] 罗健,侯云辉,任良,等．定向破片拦截下 RPG - 7 类反坦克火箭弹(静态)毁伤模式的试验研究[J]. 弹箭与制导学报, 2013, 33(2): 41 - 43,46.

[63] Vincent Schuetz. Anti - Rpg Warhead: An Aircraft Protection Solution[R]. Arlington, VA: Joint Aircraft Survivability Program Office, Journal 18/SUMMER 2018.

[64] RPG Replicas [EB/OL]. [2017 - 01 - 24]. https://inertproducts. com/rpgs.

[65] Suzanne R. Stratton, Robert L. Bender. Radar Cross - Section (RCS) Measurements of a Dismount With Rocket - Propelled Grenade (RPG) Launcher at Ka - Band [R]. Adelphi, MD: Army Research Laborato-

ry, July 2006.

[66] Frode Dahl. F－35 Lightning II[R]. Olso, Norway: F－35 Program Norway, Nov 07, 2013.

[67] Carlo Kopp. Flanker Radars in Beyond Visual Range Air Combat[R/OL]. (2014－01－27)[2017－02－12]. http://www. ausairpower. net/APA－Flanker－Radars. html.

[68] Jaco Verpoorte, Pieter Jorna, Adriaan Hulzinga, et al. Smart Antennas in Aerospace Applications[R]. Amsterdam, Netherlands: National Aerospace Laboratory(NLR), April 22, 2009.

[69] Doukas Gaitatzis. Ρωσία: Τα 10 κορυφαία εκθέματα που πρέπει να δείτε στην MAKS 2019 [EB/OL]. (2019－08－28)[2019－11－03]. http://www. proelasi. org.

[70] 余宏明,张志坚. 毫米波雷达及其对抗[J]. 舰船电子工程, 2007, 27(2): 168－172.

[71] Roberto Sabatini1, Mark A Richardson, Ermanno Roviaro. Development and Flight Test of an Avionics Lidar for Helicopter and UAV Low－Level Flight [J]. JAAE, 2013, 2(3): 1－13.

[72] 马超杰,王科伟. 机载军用激光雷达技术[J]. 航空科学技术, 2007(5): 10－13.

[73] Piotr Butowski. WORLD－CLASS 'FLANKER' [J]. Combat Aircraft, 2018(2): 70－77.

[74] Pettersson, Gran Sven Erik. An illustrated overview of ESM and ECM systems[D]. Monterey, CA: Naval Postgraduate School, September 1993.

[75] Martin Welch, Mike Pywell. Electronic Warfare Test and Evaluation[R]. Neuilly, France: The Research and Technology Organisation(RTO) of NATO, December 2012.

[76] Greg Lemons, Karen Carrington, Thomas Frey, et al. F－35 Mission Systems Design, Development, and Verification[C/OL] //2018 Aviation Technology, Integration, and Operations Conference, June25－29, 2018, Atlanta, Georgia. Washington, DC: AIAA, 24 Jun 2018[2019－09－28]. https://www. lockheedmartin. com/content/dam/lockheed－martin/eo/documents/webt/F－35_Mission_Systems_Design_Development_and_Verification. pdf.

[77] Диана Михайлова. Разработки ООО "Радионикс": ГСН, РЛС, РЭБ[EB/OL]. (2018－10－20)[2019－05－02]. https://diana－mihailova. livejournal. com/2820683. html.

[78] 钟新辉,宋凯,王强. 反空空导弹的导引头研究[J]. 火力与指挥控制, 2003, 28(4): 49－50.

[79] 付伟. 导弹逼近紫外告警技术的发展[J]. 光机电信息, 2002(8): 26－29.

[80] 第七届中国珠海航展: 苏－35 用 OLS 观瞄系统装备中国歼 11B 战机[EB/OL]. (2008－11－09)[2012－02－05]. http://mil. news. sina. com. cn/p/2008－11－09/1052529338. html.

[81] 李炳军,江文杰,梁永辉. 基于导弹羽烟紫外辐射的日盲型探测器件[J]. 航天电子对抗, 2006, 22(6): 7－10.

[82] 王玺,方晓东,聂劲松. 军用紫外技术[J]. 红外与激光工程, 2013, 42(6): 58－61.

[83] 石岚,王宏. 美军激光告警技术与装备发展分析[J]. 红外与激光工程, 2008, 37(增刊): 335－339.

[84] 马明. 反雷达制导空空导弹的方法与策略[J]. 航空兵器, 2001(3): 25－28.

[85] 金先仲. 机载制导武器[M]. 北京: 航空工业出版社, 2009.

[86] 张伟. 机载武器[M]. 北京: 航空工业出版社, 2008.

[87] Владимир Морозов, Валерий Обухович, Сергей Сидоренко. Энциклопедия современной военной авиации 1945－2002 [M/OL]. 2005 [2014－09－13]. https://mymirknig. ru/knigi/military_history/170456－enciklopediya－sovremennoy－voennoy－aviacii－1945－2002. html.

[88] Военная авиация России: РИХТЕР Р－23[EB/OL]. [2017－03－02]. http://www. aveaprom. ru/oruz-

ie - push - r23. php.

[89] 毕开波,杨兴宝,陆永红,等. 导弹武器及其制导技术[M]. 北京:国防工业出版社,2013.

[90] 黄长强,赵辉,杜海文,等. 机载弹药精确制导原理[M]. 北京:国防工业出版社,2011.

[91] 孙连山,梁学明. 航空武器发展史[M]. 北京:航空工业出版社,2004.

[92] Ron Barrett, Gary Lee. Guided Bullets: A Decade Of Enabling Adaptive Materials R&D[R]. Auburn, AL: Auburn University, Dec 2004.

[93] Ronald Barrett. Adaptive Fight Control Actuators and Mechanisms for Missiles, Munitions and Uninhabited Aerial Vehicles (UAVs)[M] //Agneta Balint. Advances in Flight Control Systems. Rijeka, Croatia: IN-TECH, 2011: 1 - 22.

[94] Richard Fong, William Ng, Peter Rottinger, et al. Application Of Airbag Technology For Vehicle Protection And Non - Lethal Applications: 23rd International Symposium On Ballistics Tarragona, Spain, 16 - 20 APRIL 2007[C]. Madrid, Spain: ISB, 2007: 87 - 93.

[95] Авиационное вооружение[EB/OL]. [2017 - 10 - 04]. http://www. airwar. ru/enc/weapon/avv_data. html.

[96] 张勇,杨军. 机载空空反导弹作战系统效能仿真分析[J]. 弹箭与制导学报, 2006,26 (1):51 - 53.

[97] 张琳,韩晓明. 防空反导战斗部毁伤增强型破片技术分析[J]. 四川兵工学报, 2012,33(8):15 - 17.

[98] Dennis R. Jenkins; Brian Rogers. Boeing B - 52G/H Stratofortress[M]. Arlington, TX: Aerofax Inc, September 1st 1990.

[99] Andreas Parsch. Directory of U. S. Military Rockets and Missiles: Missile Scrapbook[EB/OL]. (2007 - 01 - 02)[2014 - 07 - 09]. http://www. designation - systems. net/dusrm/app4/other. html.

[100] DOD 101 - United States Weapon Systems [EB/OL]. [2018 - 07 - 12]. https://fas. org/man/dod - 101/sys/index. html.

[101] 许捷. 俄罗斯战斗机即将装备后射型导弹[J]. 中国航天, 1994(9):37.

[102] 刘浩,张士卫. 空空导弹新型内埋轴向弹射发射技术探析[J]. 四川兵工学报,2013,34(9): 28 - 31.

[103] 芮守祯,邢玉明. 导弹发射动力系统发展研究[J]. 战术导弹技术,2009(5):4 - 9.

[104] Research And Technology Organization. Technologies for Future Precision Strike Missile Systems[M]. Hull (Qu'ebec), Canada: St. Joseph Ottawa/Hull, July 2001.

[105] Mechanical Solutions, Inc. System for protection against missiles: US8701538B2[P/OL]. 2014 - 04 - 22 [2018 - 10 - 02]. https://patents. google. com/patent/US8701538B2/en.

[106] Bill Gunston. The Illustrated Encyclopedia of Aircraft Armament[M]. London, United Kingdom: Orion Books, 1988.

[107] John T. Correll. The Air Force and the Vietnam War[R]. Arlington, VA: Air Force Association, Dec 2004.

[108] Statistics From the Storm[J]. AIR Force Magazine, 1998(4):42 - 55.

[109] John A. Tirpak. Victory in Kosovo[J]. Air Force Magazine, 1999(7):24 - 27.

[110] Nathan Hodge. Military Helicopters May Get Gunshot Location System[J/OL]. wired(2010 - 03 - 24) [2014 - 06 - 19]. https://www. wired. com/2010/03/military - helicopters - may - get - gunshot - loca-

tion – system.

[111] Mark Couch, Dennis Lindell. Study on Rotorcraft Safety and Survivability: 66th American Helicopter Society International Annual Forum 2010, Phoenix, AZ, 10 – 13 May 2010[C]. Red Hook, NY: Curran Associates, Inc. 2011: 2434 – 2445.

[112] Mark Couch, Dennis Lindell. Study on Rotorcraft Safety and Survivability[C/OL] //International Helicopter Safety Symposium, Cascais, Portugal, 3 – 4 October 2010. Fairfax, VA: International Helicopter Safety Foundation, 2010 [2015 – 04 – 30]. http://www.ihst.org/portals/54/2010ihss/Day1_14%20SRS%20Summary%20 – %20Public%20Release%20(IHSS).pdf.

[113] CIAO – Columbia International Affairs Online[DB/OL]. [2014 – 02 – 17]. https://www.ciaonet.org.

[114] Rodney Stewart. RPG Encounter Modeling[R]. Wright – PattersonnAFB, OH: Survivability Vulnerability Information Analysis Center(SURVIAC). 2012.

[115] David Anderson, D G Thomson. Improving rotorcraft survivability to RPG attack using inverse methods[C] //David H. Titterton, Mark A. Richardson. Technologies for Optical Countermeasures VI(SPIE Proceedings Vol. 7483). Bellingham, WA: SPIE, 2009.

[116] 陈海涛,卞恩荣,廖文和. 旋翼洗流影响直升机红外辐射的计算分析[J]. 南京航空航天大学学报, 2008, 40(5): 600 – 604.

[117] 赵永,姚连钰,李松维. 直升机红外辐射的理论计算[J]. 飞机设计, 2010, 30(5): 36 – 38.

[118] 张强,王华明,胡章伟. 直升机噪声信号的小波分析[J]. 声学学报(中文版), 2001, 26(5): 450 – 454.

[119] Doug Jackson. Helicopter Yaw Control Methods[EB/OL]. (2001 – 07 – 08)[2016 – 10 – 11]. http://www.aerospaceweb.org/question/helicopters/q0034.shtml.

[120] Carlo Kopp. Are Helicopters Vulnerable? [J]. Australian Aviation, 2005(3): 59 – 63.

[121] Nicholas G. Law. Integrated Helicopter Survivability[D]. Bedfordshire: Cranfield University, May 2011.

[122] Krzysztof Sibilski. Modeling of Helicopter Self – Defense System[C/OL] //48th AIAA Aerospace Sciences Meeting Including the New Horizons Forum and Aerospace Exposition, 4 – 7 January 2010, Orlando, Florida. Washington, DC: AIAA, 25 Jun 2012 [2014 – 11 – 13]. https://arc.aiaa.org/doi/abs/10.2514/6.2010 – 36.

[123] Carlo Kopp. Helicopter Combat Survivability[J]. DefenseToday, 2009(6): 39 – 41.

[124] CPI IP, LLC. Rocket Propelled Barrier Defense System: US8399816B2[P/OL]. 2013 – 03 – 19[2016 – 07 – 21]. https://patents.google.com/patent/US8399816B2/en.

[125] Rena Marie Pacella. Invention Awards A Chopper Shield[EB/OL]. (2007 – 05 – 14)[2014 – 10 – 04]. https://www.popsci.com/scitech/article/2007 – 05/invention – awards – chopper – shield.

[126] CPI IP, LLC. System and method for rapid aiming and firing of defensive countermeasures: US8536500B2[P/OL]. 2013 – 09 – 17[2017 – 11 – 13]. https://patents.google.com/patent/US8536500B2/en.

[127] An RPG Defense System For the US Military[EB/OL]. [2018 – 11 – 02]. https://www.cpi – nj.com/rpg – defense – for – the – us – military.

[128] Orbital ATK, Inc. Methods and apparatuses for engagement management of aerial threats: US9501055B2[P/OL]. 2016 – 11 – 22[2019 – 12 – 08]. https://patents.google.com/patent/US9501055B2/en.

[129] Andre Forkert. SOFIC 2015: 1st Active Protection System for Helicopters[EB/OL]. MILITARY TECHNOLOGY(2015 – 05 – 21) [2017 – 11 – 02]. http://www.miltechmag.com/2015/05/sofic – 2015 –

1st – active – protection – system. html.

[130] Helicopter Active RPG Protection (HARP)[EB/OL]. (2016 – 08 – 05)[2017 – 04 – 27]. https://www. onr. navy. mil/ ~/media/Files/Funding – Announcements/BAA/2015/N00014 – 15 – R – BA14. ashx.

[131] Aviation Safety Network[DB/OL]. [2018 – 11 – 02]. https://aviation – safety. net.

[132] Авиация в локальных конфликтах[DB/OL]. [2018 – 11 – 02]. http://www. skywar. ru.

[133] United States Strategic Bombing Survey Summary Report(European War)[R]. Washington, DC: United States Government Printing Office, 30 September 1945.

[134] 聂毅,黄文韵. 新一代战斗机使预警机面临严峻挑战[J]. 国际航空, 2012(4):27 – 29.

[135] 陈黎. 强调“系统家族”——浅析美国下一代轰炸机发展新概念[J]. 国际航空, 2011(4): 47 – 50.

[136] 陈黎. 美国下一代轰炸机突防措施分析[J]. 飞航导弹, 2011(9): 80 – 83.

[137] 陈黎. 俄罗斯下一代轰炸机 PAK DA 特点[J]. 国际航空, 2013(11): 16 – 19.

[138] 赵洁,张洋. 大国博弈——美俄下一代远程轰炸机最新发展分析[J]. 国际航空, 2018(5): 16 – 19.

[139] 陈黎, 杨新军. 新一代海上巡逻机发展综述[J]. 航空科学技术, 2014(2):1 – 5.

[140] US Military Aircraft [EB/OL]. [2018 – 04 – 23]. https://www. globalsecurity. org/military/systems/aircraft.

[141] 陈黎. 民用支线飞机军用潜力分析[J]. 航空科学技术, 2015(7):1 – 5.

[142] Уголок неба[EB/OL]. [2019 – 08 – 24]. http://www. airwar. ru.

[143] Jacqueline D. van Ovost. Global Mobility: Anywhere, Anytime, Any Threat? Countering The Manpads Challenge[R]. Maxwell AFB, AL: Air University, December 2005.

[144] Zeki Yildirim. Self – defense of Large Aircraft[R]. Monterey, CA: Naval Postgraduate School, June 2005.

[145] John Matsumura, Randall Steeb, Blake Crowe, et al. Survivability Options for Maneuver and Transport Aircraft [R]. Santa Monica, CA: RAND Arroyo Center, 2004.

[146] Man – Portable Air Defence Systems(MANPADS): Countering the Terrorist Threat[R]. Canberra, Australia: Department of Foreign Affairs and Trade, June 2008.

[147] Peter E. Davies, Wiek Luijken, Adam Tooby. North American XB – 70 Valkyrie[M]. New York, NY: Bloomsbury Publishing, March 2018.

[148] Graham M. Simons. VALKYRIE: The North American XB – 70[M]. Barnsley, South Yorkshire: Pen & Sword Books Ltd, 2011.

[149] Pye Wacket[EB/OL]. [2018 – 09 – 21]. http://www. astronautix. com/p/pyewacket. html.

[150] Проект ракеты “воздух – воздух” Convair “Pye Wacket” (США. 1959 – 1961 год)[EB/OL]. (2014 – 02 – 16)[2018 – 04 – 14]. https://raigap. livejournal. com/256742. html.

[151] Northrop Grumman Systems Corp. Kinetic air defense: US9671200B1[P/OL]. 2017 – 06 – 06[2019 – 12 – 18]. https://patents. google. com/patent/US9671200B1/en.

[152] Lauren Schumacher. The Development Of Design Requirements And Application Of Guided Hard – Launch Munitions On Aerial Platforms [D]. Lawrence, KS: University of Kansas, August 2016.

[153] 陈黎. “代差”的弥合——在战斗机划代上美俄由不同走向趋同[J]. 国防科技工业, 2011(3): 58 – 59.

[154] 陈黎. 世界战斗机发展概况及展望[J]. 国防科技工业, 2009(11):54 – 57.

[155] 陈黎. 从 F - 15SE 看三代半战斗机市场需求[J]. 国际航空, 2010(12):33 - 36.

[156] 陈黎. 波音战斗机改进的启示[J]. 国际航空, 2011(10):38 - 40.

[157] 陈黎. F - 35 项目启示录[J]. 国际航空, 2013(8):14 - 17.

[158] Международный Мемориал[DB/OL]. [2014 - 05 - 10]. https://www. memo. ru.

[159] Rebecca Grant. The Crucible of Vietnam[R/OL]. (2013 - 01 - 31)[2015 - 11 - 13]. https://www. airforcemag. com/article/0213vietnam.

[160] John T. Correll. The Air Force In the Vietnam War[R]. Arlington, VA: Air Force Association, December 2004.

[161] John A. Tirpak. Washington Watch: Victory in Kosovo[EB/OL]. AIR Force Magazine(2008 - 06 - 11)[2014 - 03 - 26]. https://www. airforcemag. com/article/0799watch.

[162] 张昌治. 超视距空战趋向成熟[J]. 现代军事, 1998(4):34 - 35.

[163] Bill Sweetman, Fighter Tactics[EB/OL]. Jane's International Defence Review (2001 - 05 - 29)[2012 - 03 - 11]. http://www. janes. com/defence/air_forces/news/idr/idr010529_1_n. shtml.

[164] Mackenzie Eaglen. Repair and Rebuild: Balancing New Military Spending For A Three - Theater Strategy [R]. Washington, DC: American Enterprise Institute, October 2017.

[165] Dylan Malyasov. US Air Force plans to upgrade the B - 1B aircraft in the Fighter/Interceptors[EB/OL]. (2015 - 04 - 09)[2017 - 06 - 23]. https://defence - blog. com/news/us - air - force - plans - to - upgrade - the - b - 1b - aircraft - in - the - fighterinterceptors. html.

[166] Frank C. Pandolfe. IAMD Requirements, Plans, and Programs: 2nd Annual IAMD Symposium, Laurel, MD, July 14, 2011[C]. Arlington, VA: NDIA, 2011.

[167] Развитие программы ПАК ФА[EB/OL]. (2013 - 11 - 29)[2014 - 05 - 11]. https://bmpd. livejournal. com/675239. html.

[168] УПРАВЛЯЕМЫЕ РАКЕТЫ МАЛОЙ ДАЛЬНОСТИ - Военный паритет[EB/OL]. (2016 - 07 - 20)[2017 - 05 - 12]. http://www. militaryparitet. com/nomen/russia/rocket/urocketvb/data.

[169] Charles Bickers. UK funds anti - missile system for aircraft[J]. Jane's Defence Weekly, 1996, 25(16) (April 17, 1996):16.

[170] John 'Beach' Wilcox. Arming 5th & 6th Gen Aircraft In An A2/AD Environment [R]. Eglin AFB, FL: AFRL Munitions Directorate, January 2014.

[171] Tom Masiello. National Defense Industrial Association Air Armament Symposium[R]. WRIGHT - PATTERSON AFB, OH: Air Force Research Laboratory, 05 November 2014.

[172] John "Beach" Wilcox. 37th Air Armament Symposium: Wilcox. Arming 5th & 6th Gen Combat Aircraft [R]. Eglin AFB, FL: AFRL Munitions Directorate, 5 October 2011.

[173] Dave Majumdar. Details emerge about Lockheed's Cuda missile [EB/OL]. (2013 - 02 - 23)[2017 - 11 - 02]. https://www. flightglobal. com/details - emerge - about - lockheeds - cuda - missile/108869. article.

[174] John "Beach" Wilcox. USAF Weapons Technology[R]. Eglin AFB, FL: AFRL Munitions Directorate, 8 April 2014.

[175] Charles "CR" Davis. Precision Strike Annual Review: Air Armament Center Perspective(War - Winning Capabilities…On Time, On Cost)[R]. Eglin AFB, FL: Air Armament Center, 23 February 2011.

[176] Nathan Smith. Munitions Directorate Overview to Industry[R]. Eglin AFB, FL: AFRL Munitions Directorate, 2015.

[177] John "Beach" Wilcox. USAF Weapons Technology[R]. Eglin AFB, FL: AFRL Munitions Directorate, 8 April 2014.

[178] Peregrine Air - to - Air Missile [EB/OL]. [2019 - 10 - 21]. https://www. raytheon. com/capabilities/products/peregrine - air - air - missile.

[179] Garrett Reim. Raytheon unveils Peregrine: new medium - range, air - to - air missile [EB/OL]. (2019 - 09 - 17)[2019 - 10 - 21]. https://www. flightglobal. com/raytheon - unveils - peregrine - new - medium - range - air - to - air - missile/134340. article.

[180] Akela Freedom. Peregrine Missile [EB/OL]. (2019 - 12 - 17) [2019 - 12 - 24]. https://www. artstation. com/artwork/QzqgA4.

[181] Timothy Bucklin. DSEI 2019: Tempest Shown Off with New Family of Weapons[EB/OL]. (2019 - 09 - 12)[2019 - 11 - 09]. https://www. overtdefense. com/2019/09/12/dsei - 2019 - tempest - shown - off - with - new - family - of - weapons.

[182] MBDA Offers Insight Into Ongoing Results Of Team Tempest Work[EB/OL]. (2019 - 09 - 10)[2019 - 11 - 09]. https://www. mbda - systems. com/press - releases/mbda - offers - insight - into - ongoing - results - of - team - tempest - work.

[183] Robin Hughes. MBDA unveils Team Tempest weapon system concepts[EB/OL]. (2019 - 09 - 26) [2019 - 11 - 09]. https://www. janes. com/article/91538/mbda - unveils - team - tempest - weapon - system - concepts.

[184] Carlo Kopp. High Energy Laser Directed Energy Weapons[R/OL]. (2014 - 01 - 27)[2018 - 05 - 11]. http://ausairpower. net/APA - DEW - HEL - Analysis. html

[185] Richard J. Dunn, III. Operational Implications of Laser Weapons[R]. Arlington, VA: Northrop Grumman Analysis Center, September 2005.

[186] NAVSEA Warfare center. Directed Energy Applications Across Land, Air, and Sea [J]. LEADING EDGE, 2012, 7(4): 26 - 35.

[187] Mark Gunzinger. Changing The Game: The Promise Of Directed - Energy Weapons[R]. Washington, DC: Center for Strategic and Budgetary Assessments, 2012.

[188] 陈黎. 美国机载激光器研发近期进展情况及未来前景[J]. 激光与红外, 2011, 41(3): 243 - 247.

[189] 熊泽涛, 陈黎. 美国大型飞机电激光器的发展与使用前景[J]. 国际航空, 2012(2): 22 - 24.

[190] Henry A. Obering III, Mark Gunzinger. Directed Energy Summit Summary Report [R]. Washington, DC: Center for Strategic and Budgetary Assessments, July 28, 2015.

[191] Robb P. Mansfield. High Energy Solid State and Free Electron Laser Systems in Tactical Aviation[D]. Monterey, CA: Naval Postgraduate School, June 2005.

[192] Brandon R. Abel. Air Superiority And The Anti - Access/Area - Denial Environment In The Asia Pacific In 2044[R]. Maxwell AFB, AL: AIR COMMAND AND STAFF COLLEGE, April 2014.

[193] Laser weapons show their stuff in real - world conditions[EB/OL]. (2018 - 07 - 01)[2019 - 06 - 12]. https://www. militaryaerospace. com/unmanned/article/16707237/laser - weapons - show - their - stuff - in - realworld - conditions.

[194] Jack A. Jackson, Brian L. Jones, Lee J. Lehmkuhl. An Operational Analysis for Air Force 2025: An Application of Value - Focused Thinking to Future Air and Space Capabilities[R]. Maxwell AFB, AL: Air Command and Staff College, May 1996.

[195] John G. Dayton. LASERS, The Price Of Admission In 2045[R]. Maxwell Afb, Al: Air Command And Staff College, April 2015.

[196] Laser Advancement for Next – Generation Compact Environments(LANCE)[EB/OL]. (2017 – 01 – 06) [2018 – 06 – 14]. https://govtribe.com/opportunity/federal – contract – opportunity.

英文缩略语表

	英文缩写	英文全称	中文词义
1	3DAWS	3 - Dimensional Advanced Warning System	三维先进告警系统
2	AAC	Air Armament Center	航空武器中心
3	A2/AD	Anti - Access/Area Denial	反介入/区域拒止
4	ABC	Aero - Adaptive/Aero - Optic Beam Control	航空自适应/航空光学波束控制
5	ABL	Airborne Laser	机载激光器
6	ABMS	Advanced Battle Management System	先进作战管理系统
7	ACC	Air Combat Command	空中作战司令部
8	ACIDS	Aircraft Close - In Defense System	机载近距防御系统
9	ADI	Air Dominance Initiative	空中主宰倡议
10	AEA	All Electric Aircraft	全电飞机
11	AFRL	Air Force Research Laboratory	空军研究实验室
12	AI	Artificial Intelligence	人工智能
13	ALL	Airborne Laser Laboratory	机载激光实验室
14	AMAWS	Active Missile Approach Warning System	导弹来袭有源告警系统
15	APS	Active Protection System	主动防护系统
16	ARDEC	Army Armament Research, Development and Engineering Center	陆军军械研发工程中心
17	ARI	Airpower Research Institute	空中力量研究所
18	ARL	Army Research Laboratory	陆军研究实验室
19	ASALM	Advanced Strategic Air - Launched Missile	先进战略空射导弹(或译为“阿萨姆”)
20	ASMP	Air - Sol Moyenne Portée(法语)	中程空对地导弹(或译为“阿斯姆普”)
21	ASN	Aviation Safety Network	荷兰航空安全网络
22	ATL	Advanced Tactical Lase	先进战术激光器
23	ATP	Acquisition, Tracking ,and Pointing	捕获、跟踪与瞄准
24	AT3	Advanced Tactical Targeting Technology	先进战术瞄准技术

（续）

	英文缩写	英文全称	中文词义
25	BDM	Bomber defense missile	轰炸机自卫导弹
26	BLAM	Barrel Launched Adaptive Munition	炮管发射自适应弹药
27	BP&C	Beam Projection & Compensation	光束投影及补偿
28	CEC	Cooperative Engagement Capability	协同作战能力
29	CIWS	Close – In Weapon System	近距武器系统
30	CIAO	Columbia International Affairs Online	哥伦比亚大学国际事务在线
31	CMWS	Common Missile Warning System	通用导弹告警系统
32	COIL	Chemical Oxygen – Iodine Laser	化学氧碘激光器
33	C – RAM	Counter – Rocket, Artillery and Mortar	反火箭炮、火炮及迫击炮
34	CSBA	Center for Strategic and Budgetary Assessments	战略预算与评估中心
35	DARPA	Defense Advanced Research Projects Agency	国防高级研究计划局
36	DIRCM	Directional Infrared Countermeasures	定向红外对抗
37	DLWS	Demonstrator Laser Weapon System	激光武器系统验证机
38	DTIC	Defense Technical Information Center	防务技术信息中心
39	EAPS	Extended Area Protection and Survivability	扩展区域防护与生存
40	ELLA	Electric Laser on Large Aircraft	大型飞机电激光器
41	EODAS	Electro – Optical Distributed Aperture System	光电分布式孔径系统
42	EOSS	electro – optical sighting system	光电观瞄系统
43	EOTS	Electro – Optical Targeting System	光电瞄准系统
44	ESSM	Evolved Sea Sparrow Missile	增强型“海麻雀”导弹
45	EWP	Enclosed Weapons Pod	封闭式武器吊舱
46	FAAM	Future Advanced Air – to – Air Missile	未来先进空空导弹
47	FARA	Future Attack Reconnaissance Aircraft	未来攻击侦察直升机
48	FCAS	Future Combat Air System	未来空战系统
49	FCLAS	Full Spectrum Active Protection (FSAP) Close – In Layered Shield; 或 Full Spectrum Close – in Layered Shield	全谱近距多层防御
50	FOALLS	Far Off Axis Laser Location System	离轴激光定位系统
51	GHLM	Guided Hard – launch Munitions	制导硬发射弹药
52	HAAWC	High Altitude Anti – Submarine Warfare Weapon Capability	高空反潜作战武器能力

（续）

	英文缩写	英文全称	中文词义
53	HALTT	Helicopter Alert and Threat Termination	直升机告警及威胁终止
54	HALWR	High – Accuracy Laser Warning Receiver	高精度激光告警接收机
55	HAPS	Helicopter Active Protection System	直升机主动防护系统
56	HARLID	High Angular Resolution Laser Irradiance Detector	高角分辨率激光探测器
57	HARP	Helicopter Active RPG Protection	直升机主动 RPG 防护
58	HELLADS	High Energy Liquid Laser Area Defense System	高能液体激光区域防御系统
59	HFI	Hostile Fire Indication	敌方火力指示
60	HEL	high energy laser	高能激光
61	HK – DAS	Hard Kill Defensive Aid System	硬杀伤防御辅助系统
62	HKSPCS	Hard Kill Self – Protection Countermeasure System	硬杀伤自防护对抗系统
63	HMDS	Helmet Mounted Display System	头盔显示系统
64	HTK	Hit to kill	撞击杀伤
65	IAAPS	Integrated Army Active Protection System	综合陆军主动防护系统
66	IDA	Institute for Defense Analyses	防务分析研究所
67	IR MAWS	Infrared Radiation Missile Approach Warning System	导弹来袭红外告警系统
68	IRST	Infrared Search and Track	红外搜索跟踪系统
69	ISR	Iintelligence, Surveillance and Reconnaissance	情报、监视、侦察
70	JASPO	Joint Aircraft Survivability Program Office	联合飞机生存力计划办公室
71	JDAM	Joint Direct Attack Munition	联合直接攻击弹药
72	JHPSSL	Joint High Power Solid – State Laser	联合高能固体激光器
73	JSF	Joint Strike Fighter	联合打击战斗机
74	LADAR	Laser Detection and Ranging	激光探测与测距（激光雷达）
75	LAHAT	Laser Homing Attack or Laser Homing Anti – Tank	拉哈特
76	LaWS	Laser Weapon System	激光武器系统
77	LDM	Lenticular Defense Missile	透镜状自卫导弹

（续）

	英文缩写	英文全称	中文词义
78	LEL	low energy laser	低能激光
79	LIDAR	Light Detection and Ranging	激光探测与测距(激光雷达)
80	LLNL	Lawrence Livermore National Laboratory	劳伦斯利福摩尔国家实验室
81	LREW	Long Range Engagement Weapon	远程交战武器
82	LWR	Laser Warning Receiver	激光告警接收机
83	LPD	Low Probability of Detection	低检测概率
84	LPE	Low Probability of Exploitation	低利用概率
85	LPI	Low Probability of Intercept	低截获概率
86	LRBDM	Long Range Bomber Defense Missile	远程“轰炸机自卫导弹”
87	LSCC	Linear Shaped Charge Cutter	线型聚能切割器
88	MALD	Miniature Air Launched Decoy	微型空射诱饵
89	MAPS	Modular Active Protection System	模块化主动防护系统
90	MDA	Missile Defense Agency	导弹防御局
91	MEA	More Electric Aircraft	多电飞机
92	MEFP	Multiple Explosive Formed Penetrator	多爆炸成型弹丸
93	MEMS	Micro – Electro – Mechanical System	微机电系统
94	MHTK	Miniature Hit – to – Kill	微型撞击杀伤
95	MLD	Missile Launch Detector	导弹发射探测器
96	MILDS	Missile Launch Detection System	导弹发射探测系统
97	MMP	Multi Mission Pod	多任务吊舱
98	MMW	Millimeter wave	毫米波
99	MOSA	Modular Open Systems Approach	模块化开放式系统开发方法
100	MSDM	Miniature Self Defense Munition	微型自卫弹药
101	MSE	missile segment enhancement	导弹性能增强
102	MSIC	Missile and Space Intelligence Center	导弹与航天情报中心
103	NAVAIR	Naval Air Systems Command	海军航空系统司令部
104	NAWCWD	Naval Air Warfare Center Weapons Division	海军空战中心武器分部
105	NGAD	Next Generation Air Dominance	下一代空中主宰
106	NBILST	Narrowband Interleaved Search and Track	窄波束交错搜索跟踪
107	NIFC – CA	Naval Integrated Fire Control – Counter Air	海军一体化火控 – 防空
108	OPA	optical phased array	光学相控阵
109	OSF	Optronique Secteur Frontal	前扇区光学
110	PIF	Pilotage Induit en Force(法语)	直接侧向力

（续）

	英文缩写	英文全称	中文词义
111	PMAWS	Passive Missile Approach Warning System	无源导弹逼近告警系统
112	PIRATE	Passive Infrared Airborne Tracking Equipment	被动红外机载跟踪设备
113	RCS	radar cross section	雷达散射面积
114	RELI	Robust Electric Laser Initiative	耐用电激光器倡议
115	RPG	Rocket Propelled Grenade	火箭推进（助推）榴弹
116	RWR	Radar Warning Receiver	雷达告警接收机
117	SAC	Stragtegic Air Command	战略空军司令部
118	SACM	Small Advanced Capabilities Missile	小型先进能力导弹
119	SHiELD	Self – protected HIgh – Energy Laser Demonstrator	自防护高能激光器验证
120	SIP	System In Package	系统级封装
121	SOC	System on Chip	片上系统
122	SOCOM	Special Operations Command	特种作战司令部
123	SRBDM	Short Range Bomber Defense Missile	近程“轰炸机自卫导弹”
124	SURVIAC	Surviability/Vulnerability Information Analysis Center	生存力/易损性信息分析中心
125	SWaP	Size, weight and power	尺寸、重量及能源
126	TADIRCM	Tactical Aircraft Directional Infrared Countermeasures	战术飞机红外定向对抗
127	TARDEC	Tank Automotive Research, Development and Engineering Center	坦克车辆研发工程中心
128	THAAD	Terminal High Altitude Area Defense	末端高空区域防御
129	ThNDR	Threat Nullification Defensive Resource	威胁无效化防御资源
130	TRADOC	Training and Doctrine Command	训练与条令司令部
131	TTI	Time To Intercept/Impact	到达/碰撞时间
132	TRAPS	Tactical RPG Airbag Protection System	战术火箭助推榴弹气囊防护系统
133	TVC	Thrust vector control	推力矢量控制
134	UV MAWS	Ultraviolet Missile Approach Warning System	导弹来袭紫外告警系统
135	VHPA	Vietnam Helicopter Pilots Association	越南战争直升机飞行员协会
136	VSRAAM	Very Short Range Air – to – Air Missile	超近距空空导弹
137	WPT	Wireless Power Transmission	无线能量传输